万水 MSC 技术丛书

MSC Nastran 非线性分析指南

陈火红　王　进　田利思　编著

中国水利水电出版社
www.waterpub.com.cn

·北京·

内 容 提 要

本书介绍了国际著名的有限元分析软件 MSC Nastran 的隐式非线性分析技术及使用方法，包括软件总体介绍，非线性分析类型及求解策略，非线性分析的设置、监控以及错误修改，矩阵方程的求解方法，分析结果的输出及后处理，工程应用中常见的材料模型，常用的单元类型，几何非线性与屈曲分析技术，接触分析技术及使用方法，热分析和热机耦合分析有关功能，非线性动力学分析功能及使用方法，裂纹扩展分析技术、惯性释放、刹车啸叫、重启动、二次开发等高级功能和常见问题解答等。

本书内容比较丰富，读者可以根据需要进行选择性阅读。要充分掌握软件的相关功能，需要多实践。本书实例较多，实用性强，实例相关的文件可到网站（www.waterpub.com.cn 或 www.wsbookshow.com）下载。

本书适合作为广大工程技术人员和理工科院校相关专业的高年级本科生、研究生及教师学习 MSC Nastran 软件的学习用书和使用参考书。

图书在版编目（ＣＩＰ）数据

MSC Nastran非线性分析指南 / 陈火红，王进，田利思编著. -- 北京 ：中国水利水电出版社，2019.4
（万水MSC技术丛书）
ISBN 978-7-5170-7559-2

Ⅰ. ①M… Ⅱ. ①陈… ②王… ③田… Ⅲ. ①非线性－有限元分析－应用软件－指南 Ⅳ. ①O241.82-62

中国版本图书馆CIP数据核字(2019)第056773号

责任编辑：杨元泓　　　加工编辑：王开云　　　封面设计：李　佳

书　　名	万水 MSC 技术丛书 MSC Nastran 非线性分析指南 MSC Nastran FEIXIANXING FENXI ZHINAN
作　　者	陈火红　王　进　田利思　编著
出版发行	中国水利水电出版社 （北京市海淀区玉渊潭南路 1 号 D 座　100038） 网址：www.waterpub.com.cn E-mail：mchannel@263.net（万水） 　　　　sales@waterpub.com.cn 电话：（010）68367658（营销中心）、82562819（万水）
经　　售	全国各地新华书店和相关出版物销售网点
排　　版	北京万水电子信息有限公司
印　　刷	三河市铭浩彩色印装有限公司
规　　格	184mm×260mm　16 开本　28.25 印张　695 千字
版　　次	2019 年 4 月第 1 版　2019 年 4 月第 1 次印刷
印　　数	0001—4000 册
定　　价	98.00 元

前　　言

作为一款国际上著名的分析软件——MSC Nastran 软件，于 20 世纪 80 年代开始在我国的航空、航天、汽车、造船、通用机械等工程领域和科研领域得到广泛的应用，为各领域的产品设计、科学研究做出了很大贡献。MSC Software 公司不断完善和扩充 MSC Nastran，特别是在 2006 年开始集成和开发了很多高级非线性分析功能，使它的分析功能和应用领域得到了很大的加强和扩展。航空航天、汽车、船舶等行业的技术人员已经开始大规模地使用 MSC Nastran 的高级非线性分析功能，这种功能不需要将原有的线性分析模型转换成非线性专用软件进行非线性分析，极大地提高了工作效率、减少了数据转换出错的可能性。

从 2003 年开始，国内陆续出版了一些 MSC Nastran 应用的教材，给广大用户学习和使用该软件提供了较大的帮助。由于这些教材大部分偏重于线性静力学、动力学分析，对于非线性分析涉及不多，不能满足用户学习使用非线性求解功能的需要，本书作者依据多年的软件使用以及对用户培训和技术支持的经验，编写了本书。目的就是希望将 MSC Nastran 目前已有的隐式非线性技术和使用方法做一个比较系统的介绍，便于不同的使用者掌握相关的技术并应用到科研和工程项目之中。

本书共分 12 章。第 1 章主要对 MSC Nastran 软件进行总体介绍，包括软件概述、非线性模块功能、相关文档和文件、软件输入文件和实例。第 2 章主要介绍非线性分析类型及求解策略，包括线性和非线性的区别、非线性分析类型、控制方程、载荷增量和迭代方法、收敛控制及相应的算例。第 3 章介绍非线性分析的设置、求解、监控以及错误修改，包括作业参数设置、求解参数设置、分析监控、分析产生的常见信息、矩阵方程的求解方法等。第 4 章介绍分析结果的输出及后处理，包括输出请求参数、结果文件类型及选择、后处理软件及非线性分析结果的后处理等。第 5 章介绍工程应用中常见的材料模型，包括弹性材料、复合材料、非线性弹性材料、弹塑性材料、粘弹性材料、超弹性材料、垫片材料模型、记忆合金材料、失效和损伤模型、材料参数拟合及有关算例。第 6 章介绍常用的单元类型，包括插值函数、主要变形单元类型介绍、常用刚性单元介绍、单元类型选择及建模指南以及不同单元类型结果分析比较案例。第 7 章介绍几何非线性与屈曲分析技术，包括几何非线性相关的分析（大位移与大转动分析、大应变分析、跟随力、扰动分析），软件屈曲与后屈曲分析技术及应用算例。第 8 章介绍软件接触分析技术及使用方法，包括接触探测方法、变形接触体的定义、刚性接触体的定义、接触关系的定义、接触分离准则及软件处理方法、摩擦类型以及有关接触分析的算例。第 9 章主要涉及软件热分析和热机耦合分析的有关功能，包括热分析、顺序热应力分析、耦合分析及相关工程算例。第 10 章主要介绍非线性动力学分析功能及使用方法，包括非线性瞬态动力学分析有关技术和方程、动力学载荷和边界条件施加以及算例分析。第 11 章介绍一些高级分析技术及案例，包括裂纹扩展分析技术、惯性释放、刹车啸叫、重启动、二次开发功能介绍、裂纹扩展和刹车啸叫算例。第 12 章主要对常见问题进行解答，包括高级分析序列 SOL 400 使用中的常见问题及解答、SOL 600 的功能特点等。

由于 MSC Nastran 非线性分析的功能涉及很广，本书篇幅有限，不能面面俱到，只能对部分重点内容做一些介绍，其他功能可以参考软件英文文档以及其他教材。

　　本书主要内容由陈火红编写，王进和田利思负责编写了书中的多个算例。其中王进编写了 5.4.4、5.5.4、5.5.5、7.4、8.8.2、8.9、8.10、8.11 章节，田利思编写了 6.5、6.6、9.2.5、9.3.2、9.4.2、10.5、11.1.4、11.2.2、11.5.2 章节。

　　本书在编写过程中得到了 MSC 公司大中华区的众多同事的支持、协助，作者借此机会对李伟、王翮、李保国、郭茵、仰莼雯、陈志伟、孙丹丹、裴延军、卞文杰、雒海涛、张跃、刘庆、郝逸凡、姜正旭、宋金松、王彬等同事所给予的指导与协助表示衷心的感谢。另外，也衷心地感谢曾经教导过我们的老师与领导、曾经一起切磋过技术的同事与朋友。

　　由于作者水平有限，书中疏漏之处在所难免，敬请广大读者指正。

编　者
2018 年 10 月

目　　录

1

软件总体介绍

1.1 概述

MSC Nastran 是 MSC 软件公司（简称 MSC 公司）的旗舰产品。MSC 是全球公认的 CAE 领导者，MSC 软件公司提供了丰富的软件产品，包括 MSC Nastran、Adams、Patran、Marc、Dytran、APEX、Actran、Simufact、Digimat、Cradle、SimManager 等，这些产品使广大用户有能力模拟工程所需的任何细节级别的工程部件各种力学行为。其中有很多是强大的通用分析平台，可以用来解决广泛的结构、传热、热和结构耦合、流体等工程问题，还可以组合在一起并辅以量身定做的特殊模块和接口，解决一些特定行业所特有的工程问题。

SOL 400 模块是 MSC 公司最近十多年重点研发的 MSC Nastran 求解序列，组成部分如图 1-1 所示。它的原有基础是 MSC Nastran SOL 106（非线性静力分析）、SOL 129（非线性瞬态响应分析）、SOL153（稳态热分析）和 SOL 159（瞬态热分析）等模块。SOL 400 在原有 MSC Nastran 模块基础上，用 DMAP 语言将 MSC 公司高级非线性分析软件 Marc 先进的接触算法、材料模型、求解策略直接编入了 MSC Nastran 之中，另外还加了众多新的求解分析功能，使 MSC Nastran 的非线性分析功能得到了显著的增强。

由于 SOL 400 非线性分析的功能涉及很广以及本书篇幅有限，本书侧重介绍 SOL 400 的基本理论、算法以及应用案例。对于大量的具体数据卡片不做完整全面的介绍，但对于重要的常用的数据卡片会做一些介绍，以便读者能充分理解书中介绍的应用案例并有助于将来实际工程问题的模拟。

目前有不少前后处理软件支持 MSC Nastran 的建模工作，本书主要以 Patran 界面为主来介绍 MSC Nastran 输入数据的产生。对于一些友商提供的前后处理器，有些数据卡片可能不能产生，需要用户对 MSC Nastran 的输入文件进行一些补充和修改工作。对 MSC Nastran 输入文件卡片格式的详细说明，读者可以查看参考文献[13]。

图 1-1　SOL 400 的构成

1.2　MSC Nastran 相关的文档

　　MSC Nastran 相关的文档有很多，在近几年推出的版本中有单独的安装介质。具体的文档名如图 1-2 所示。下面对几个常用的手册作简单介绍。

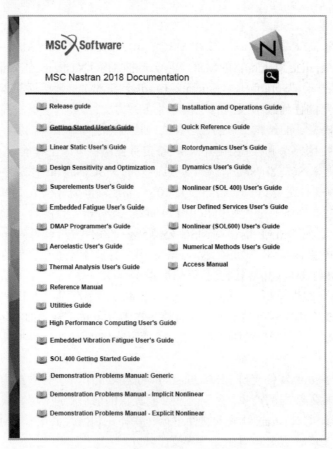

图 1-2　MSC Nastran 文档

MSC Nastran Quick Reference Guide（常简称为 QRG），中文也常称为快速参考手册。QRG 包含所有 MSC Nastran 的输入卡片完整说明。在每个数据文件部分中，卡片按字母顺序排列，因此很容易找到。每个卡片提供选项的描述、格式、示例、详细信息和常规备注。用户会发现所有的 SOL 400 输入卡片在 QRG 都有完整的描述。

MSC Nastran Linear Static User's Guide，MSC Nastran 线性静力分析用户指南提供 MSC Nastran 基本使用的支持信息，同样也有助于 SOL 400 的使用。

MSC Nastran Dynamics User's Guide，MSC Nastran 动力学分析用户指南提供 MSC Nastran 动力学分析功能使用的支持信息，同样也有助于 SOL 400 的使用。

MSC Nastran Reference Manual，MSC Nastran 参考手册提供 MSC Nastran 相关的输入、单元库、载荷和边界条件的支持信息。

MSC Nastran Demonstration Problems Manual，提供涉及的 MSC Nastran 输入、单元库、载荷和边界条件的实际使用的例题，包括输入、求解技术的介绍和结果的信息。在早期的版本中是一个单独的文档文件，从 MSC Nastran 2018 版开始，分为 Generic、Implicit Nonlinear 和 Explicit Nonlinear 三个单独的文档文件。

作为 MSC Nastran 目前最合适的前后处理器，Patran 的文档也有很多，其中以下三个文档对用户做非线性分析会比较有帮助：

- Patran User's Guide：用户指南，提供开始使用 Patran 对 MSC Nastran 非线性分析菜单的基本信息。不需要有很多的 CAE 或有限元分析的经验就能理解和使用本指南中的信息。

- Patran Reference Manual：与 MSC Nastran 的参考手册相应，这本手册提供了在 Patran 中基本操作功能、几何建模有限元建模、材料模型、单元特性、载荷和边界条件施加、分析参数设置和结果后处理等方面的完整说明。

- MSC Nastran Preference Guide：给出了以 MSC Nastran 作为分析求解器所涉及使用 Patran 有关的具体的信息。所有应用窗口和所需的输入都为 MSC Nastran 量身定做。

MSC 软件提供了以 Patran 作为前后处理器的 MSC Nastran SOL 400 使用培训并有专门的培训教程（包括 NAS400、NAS133、NAS134）。使用培训包括逐步使用图形用户界面（GUI）来驱动非线性问题的模拟。如中国用户有培训的需求可以及时与 MSC 中国区的有关人员联系。

1.3　MSC Nastran 隐式非线性求解器 SOL 400

SOL 400 是全球功能最齐全的 CAE 求解器 MSC Nastran 的一系列应用模块之一，它集成了全球最早的通用非线性有限元求解器 Marc 先进非线性求解能力，可以用于分析各种结构的几何非线性、材料非线性和接触问题。目前 MSC Nastran 集成 Marc 功能有两种方式：第一种是采用 SOL 400，Marc 算法完全嵌入在 MSC Nastran 形成一个完全集成的 MSC Nastran 求解器，这是利用 MSC Nastran 解决非线性问题的默认解决方案；第二种是 SOL 600，MSC Nastran 先对输入数据进行预处理而后调用 Marc 求解器求解。在 SOL 400 中，具有 MSC Nastran 所有的基础功能，而 SOL 600 只选择 MSC Nastran 部分的基础功能进行集成。这也是 MSC 建议 SOL 400 作为解决非线性问题的默认解决方法的原因。这两个 MSC Nastran 非线性隐式求解序列均拥有一个广泛的有限元单元库供用户建立仿真模型以及一套可以处理非常大的矩阵方程的程序用于非线性分析求解。

众所周知，线性分析假设施加在结构上的载荷和结构的响应之间存在线性关系。一个结构在线性分析的刚度取决于其初始变形状态。线性静力问题一步求解，刚度矩阵只做一次分解。线性静力分析中存在固有的一些重要假设和局限性。材料的行为是这样的：应力与应变（线性）成正比，而载荷不超过材料的永久屈服点（材料保持弹性）。线性分析仅限于小位移，否则，结构的刚度发生变化，必须重新计算刚度矩阵。另外，假定载荷是缓慢施加的，以保持结构处于静力平衡状态。

当有非线性行为的材料和大变形（大转动和/或应变）发生时，有必要考虑结构中的非线性效应。此外，由于边界条件的改变，接触问题表现出非线性效应。

在非线性问题中，结构的刚度取决于位移，其响应不再是施加载荷的线性函数。当结构因载荷而发生位移时，刚度将会发生改变，而随着刚度的变化，结构的响应也会变化。其结果是，非线性问题需要增量求解的方案，将问题分解为多个增量步，每步先计算位移而后更新刚度。每一步都使用前一步的结果作为起点。因此，在分析过程中，必须多次生成和分解刚度矩阵，分析时间和成本随之大幅增加。

非线性问题提出了许多挑战。有时非线性问题并不总是有唯一的解，甚至有时非线性问题得不到分析结果，尽管这个问题似乎可以正确地定义。

非线性分析需要选择一种解决方案策略，其中包括将载荷划分为合理的增量步，控制数值处理，并计划在重新启动分析时改变解决方案策略的可能性。使用哪种解决方案取决于结构本身、加载的性质和预期的非线性行为。在某些情况下，一种方法可能优于另一种方法；在另一些情况下，可能正好相反。

即使可以得到一个求解结果，还有求解效率问题。每个求解过程都有矩阵运算和存储需求方面的优缺点。此外，关于整体效率的一个非常重要的因素是求解规模的大小。装配刚度矩阵所需的时间以及在方程求解后恢复应力所需的时间，与求解模型的自由度大致呈线性变化。另外，使用直接法求解器求解方程组需要的时间与系统矩阵的带宽呈平方关系，还与自由度的数目呈线性关系。

非线性有限元技术的早期发展主要受到核工业和航空航天工业的影响。在核工业中，非线性主要是关注由于材料的高温行为引起的材料非线性问题。而航空航天工业更关注几何非线性问题，包括简单的线性屈曲到复杂的后屈曲行为。目前非线性有限元技术已应用于汽车、生物力学、消费品工业、制造、造船等更多的工业领域。MSC Nastran SOL 700 可用于解决高速碰撞、爆炸等事件。

1.4 SOL 400 的分析功能

SOL 400 最重要的分析功能大致如下：

（1）SOL 400 可以求解线性和非线性（材料、接触和/或几何）静态、传热、模态（振动）、屈曲和瞬态动力结构有限元问题。

（2）SOL 400 具有很强的特征值求解功能，可以采用 Lanczos 或逆幂扫描迭代法求解线性或非线性动力学模态分析和线性屈曲分析。通过定义求解参数，可以控制特征值的收敛性和保留的模态。

（3）MSC Nastran 拥有先进的数值模拟技术，包括先进、高效的并行算法，支持非常大的模型。

（4）SOL 400 支持以下单元类型：

- 标量单元
- 梁单元
- 壳单元
- 二维平面应变单元
- 二维平面应力单元
- 轴对称单元
- 三维实体单元
- 低阶单元
- 高阶单元

（5）SOL 400 支持各类 RBE 单元和多点约束方程，可将一些特定的节点或自由度连接在一起。支持特殊的 MPC 实体，例如刚性连接，可以用来连接两个节点或等同于两个自由度的运动。支持小转动和大转动。

（6）SOL 400 支持以下载荷和边界条件：

- 约束节点位移（在指定自由度下的零位移）、强制节点位移（节点坐标系中指定自由度的非零位移）。约束和强制位移可以指定为相对位移或绝对位移。
- 适用于任何坐标系中的节点的力。
- 可以跟随的分布载荷。
- 施加到节点的温度。温度可以用作结构分析中的载荷，用户可定义参考温度。
- 惯性力、加速度和速度可以在全局坐标系中施加。
- 两个物体之间的接触可以通过选择接触体和定义接触相互作用特性来定义。可以模拟接触体之间的粘接、不粘，可以定义刚性接触面的强制运动或速度。

（7）SOL 400 支持温度无关和相关的各向同性、正交各向异性和各向异性材料性能。它们可以被定义为弹性、弹塑性、超弹性、亚弹性、粘弹性和蠕变本构模型。此外，SOL 400 还支持粘接区材料、垫片材料和热机械形状记忆材料。非线性弹塑性材料可以通过指定分段线性应力-应变曲线来定义，还可以是温度和/或速率相关的。

（8）物理属性可与 SOL 400 单元相关，如梁单元的截面特性、梁和杆单元的截面积，还有工程上常用的壳单元、平面应力单元、平面应变单元、薄膜单元的厚度，弹簧参数和节点集中质量等等。

（9）断裂力学分析功能包括结构裂纹扩展和粘接区界面拉伸和闭合分析，对复合材料单元有很多分层失效指数标准。

（10）SOL 400 通过 PCOMP、PCOMPG 支持层压复合实体单元和壳单元，材料属性通过 PCOMPLS 卡片定义。每一层都有各自的材料、厚度和方向，可以代表线性或非线性的材料行为，还支持失效指数计算。可采用 PCOMPF 卡片支持快速积分技术。使用 PSHELL 可以考虑等效的材料模型。

（11）分析作业可以包括（可能的）复杂加载历史（如在多步制造过程中发生）。一个 SOL

400 分析（子工况）可以包含多个指定加载顺序的分析步。

1.5 MSC Nastran 文件架构介绍

本节介绍 MSC Nastran 输入文件格式、命名和组织。这些内容中很少是 SOL 400 所独有的，因为它提供了运行 SOL 400 所需的信息，因此还是做一个比较全面的介绍。内容包括执行、控制和模型数据等以及如何将它们组织为 MSC Nastran 能成功读取和处理的输入文件。使用图形化的前、后置处理器如 Patran，会减少用户理解这些信息的需求，因为从 GUI 通常会用正确的格式写出分析所需要的输入文件。如果使用前后处理器、用户要添加 GUI 不支持的内容或者怀疑 GUI 创建的输入文件有错误，则需要了解这些信息。

本节还介绍了使用 MSC Nastran 分析结构的基本方法，并用一个简单的插销连接结构接触分析例子做一些说明。虽然和工程中使用 MSC Nastran 分析典型接触结构相比插销连接结构是比较简单的，但它是很多工程师在设计中会遇到的。

学习软件分析功能的最佳方法是做一些实例。本书附有多个实例，读者可以将实例有关的文件复制到各自的工作目录中并进行操作练习。本书对实例不是从头到尾每步的操作都编写出来，而是提供一些基本模型文件让读者进行有针对性的练习。如此处理有两个目的：第一，它使实例介绍的篇幅减到合理的大小；第二，更容易突出具体实例的要点。

1.5.1 MSC Nastran 输入文件概要介绍

使用 MSC Nastran 进行分析，用户必须产生一个输入文件描述结构的几何、材料性质、边界条件、载荷。除了定义物理结构外，输入文件还要指定所要执行的分析类型和其他相关信息。输入文件是 ASCII 文本文件，可以使用任何文本编辑器创建，也可以采用有 MSC Nastran 接口界面的前处理器创建。在输入文件的生成完成后，可将它提交批处理程序执行。一旦输入文件已提交，用户与 MSC Nastran 就没有额外的互动，直到工作完成。

MSC Nastran 输入文件，经常称为模型数据文件，后缀为 bdf；在 MSC Nastran 手册中常用 dat 作为后缀。该文件由三个不同的部分构成：

（1）Executive Control（执行控制部分），描述问题或求解类型和文件管理选项。

（2）Case Control（工况控制部分），定义载荷历程和输出请求。

（3）Bulk Data（模型数据部分），定义详细的模型、载荷和约束描述。

输入数据被组织在（可选的）块中。关键词识别每个可选块的数据。这种形式的输入使用户只指定需要定义问题的可选块数据。不同的输入块是"可选的"，许多都有内置的默认值，可以在没有任何显式输入的情况下使用。

一个典型的用于 MSC Nastran 分析的输入文件如图 1-3 所示，包括以下内容：

● 执行控制语句

以一个 CEND 参数结尾。

● 工况控制命令

以 BEGIN BULK 选项作为结尾。

● 模型数据卡片

模型数据以 BEGIN BULK 选项开始并以 ENDDATA 选项结尾。

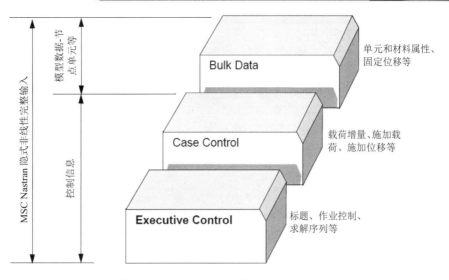

图 1-3　MSC Nastran 文档

1.5.2　MSC Nastran 输入转换

SOL 400 内部执行所有数据转换，以便系统不会因为用户所犯的数据错误而中止。程序按字母顺序读取所有输入数据选项并将其转换为整数、浮点数或关键词。如果它不能根据手册中给出的规范解释选项数据域，SOL 400 发出错误消息并显示不正确的选项响应信息。当出现此类错误时，程序试图扫描剩余的数据文件，并以致命错误消息结束运行。

可以使用两种输入格式约定：固定格式和自由格式。在一个文件中可以混合使用固定格式和自由格式选项。

固定字段的语法规则如下：

- 给出浮点数，是否有指数均可。如果有指数，它必须在字符 E 或 D 之后而且必须是右对齐的。如果数据是双精度的，则必须使用 D。

自由字段的语法规则如下，在 QRG 中可以看到模型数据项格式的更多细节。

- 检查每个选项是否包含了与在标准固定格式控制下所应包含的相同数量的数据项。这个语法规则允许用户在数据文件中混合使用固定字段和自由字段选项，因为在两种情况下，输入任意数据列表所需的选项数量都是相同的。
- 逗号可以分隔开各数据选项，逗号可以被任意数量的空格所包围。在一个数据项内，不会出现嵌入的空白。
- 给出浮点数，是否有指数均可。如果有指数，它前面必须有字符 E 或 D 而且必须立即跟在尾数后面，不能嵌入空格。
- 准确地给出关键词。
- 所有数据都可以输入大写或小写文本。
- 小字段格式仅限于每个字段占 8 列、大字段每个字段占 16 列。

对绝大多数模型数据项，MSC Nastran 对零和空白之间没有区别。因此，如果输入零值而默认值是其他数值，程序采用默认值而不是零值。如果用户希望使用零值，输入一个很小的值，如 1.0E-12。

1.5.3　各部分数据介绍

1. NASTRAN 语句

NASTRAN 语句用来指定控制内部求解过程或提供具体诊断的系统参数的可选命令。如果使用 NASTRAN 语句，必须放在执行控制语句之前。当需要指定与系统相关的参数，如为 I/O 语句设置一个 BUFFSIZE 描述语句的引用时，NASTRAN 语句是很有用的。对于 NASTRAN 语句的详细介绍可以参考快速参考手册中的 Executing MSC Nastran 部分。

2. 文件管理部分

如果需要文件管理部分（FMS），放在执行控制部分之前。FMS 的目的是分配文件、操纵数据库和执行重启动。它通常用于求解较大的问题。参考文献[19]中的第 14 章和第 15 章讨论了文件管理部分的使用。

3. 执行控制

这组数据卡片为求解问题提供全面的作业控制，并设置了初始开关来控制程序进行所期望分析的流程。执行控制部分包含以下语句：

- 选择要运行的求解序列（例如静力、正则模态）。
- 请求各类诊断输出。
- 包含用户编写的 DMAP。DMAP 是一个高级的主题，超出本书涉及的范围，读者可以参考相关的文档。

4. 工况控制

这组选项卡片提供载荷、约束和载荷增量法与控制程序求解。工况控制选项还包括允许更改初始模型设定的数据块。工况控制选项还可以指定打印输出和后处理选项。在线性求解序列中，包括 SOL 400 中的线性分析，每一组载荷必须由子工况（SUBCASE）命令语句开始而由另一子工况或模型数据命令语句结束。如果只有一个载荷工况，该子工况项是不需要的。在 SOL 400 中，分析步（STEP）工况控制命令对每个子工况下的非线性摄动分析是需要的。此外，在每个分析步中子分析步（SUBSTEP）工况控制命令用于 SOL 400 的耦合分析。

5. 模型数据卡片

这套数据输入初始载荷、几何和模型的材料数据并提供诸如边界条件等节点数据。模型数据选项也用于主导收敛控制和超单元功能。这组选项以 ENDDATA 选项结束。

1.6　SOL 400 实例

下面介绍 SOL 400 的一个简单算例，该算例模型为如图 1-4 所示的 U 形夹－插销－耳片结构。该算例的输入文件包括执行控制、工况控制和模型数据部分，这几部分也是每个 MSC Nastran 分析都必须有的。本小节涉及的有些概念将在后面各章中介绍。

1.6.1　建模、分析前的考虑

在开始一个计算机模型之前，思考以下问题：

（1）这个结构的加载路径是什么？结构的加载路径提供了结构的哪一部分需要详细建模的依据？此外，了解载荷如何在结构中传递有助于用户理解和验证结果。

图 1-4 分析模型图

注：图中箭头代表耳片上载荷施加节点所采用局部坐标系的 3 个方向。

（2）你的设计标准是什么？你可能关心疲劳，此时装配件的应力或应变或许变得很重要；是否会有屈曲失稳问题？ 这些问题的答案决定了需要多详细的模型。

（3）如果屈服是值得关注的，那么高应力发生在什么地方，应该使用什么失效标准？

（4）最大位移的数值是不是很小？如果位移与结构尺寸相比不是很小，就有必要进行大变形分析。预估可能需要哪些额外的分析，可以减少准备非线性分析输入文件所需的时间。

（5）如何验证有限元分析的结果？换言之，可以进行哪些独立的检查以确保答案是合理的？虽然估算应力和应变值是困难的，但载荷的总和应始终提供独立的"真实性检查"。

回到 U 形夹－插销－耳片结构，假设最初的设计标准是要求对于材料屈服具有足够的安全余量或要得到用于疲劳寿命计算的应力。结构的载荷为施加在耳片上表面中心点上的力。

在任何分析中，首先要确定要输出的结果量。在本例中，输出量是每个部件上的应力和接触应力或接触力。利用力的总和，可以估计接触点上的法向力和应力是否合理。一旦有了分析结果，就可以快速识别模型是否有明显的错误。对于许多工程问题，用户没法在手册中查到相应的公式。然而，用户总是可以做一些简化的假设并得到粗略的估计。有很好的估计，可简化模型校验。

这个应用实例展现了变形体曲面接触算法的分析能力。圆柱销装在耳片装配圆柱孔内。孔和销的直径稍有不同。节点力施加在耳片的顶面中心，U 形夹的底部假设是固定的。另外本例考虑了切向摩擦力。由于结构的对称性，如果假设载荷是对称的，实际上取装配体的一半模型就足以进行有限元分析，但本例还是分析整个模型。

位移分量、接触法向力和切向力是本例关注的结果。采用标准的 CTETRA 单元进行 SOL 400 分析。在 SOL 400 当前版本中，高级的大应变单元是由指向 PSLDN1 辅助卡片的 PSOLID 卡片来定义。

在准备生成有限元模型前，用户需要决定应该使用什么类型的单元以及需要多细的网格。用 CTETRA 单元模拟结构，可以使用 Patran 或其他网格程序来划分每个部件。这 3 个部件分别被 CTETRA 单元组成的网格所代表。CTETRA 单元用共同的网格节点连接到它们的相邻单元。节点的物理位置决定了 CTETRA 单元的"质量"。网格的"质量"将在后面的章节中描述。每一套 CTETRA 单元相关联的是具有材料属性（MAT1）和单元算式属性（PSOLID ＋ PSLDN1）的卡片。属性表示单元的物理属性，每个具有不同特性的单元集合都必须分别输入。材料的属性包括弹性模量和泊松比，通过 MAT1 材料卡片输入。

这种用有限元素表示真实结构的概念通常称为分网。因而，可以说 U 形夹—插销—耳片结构采用 CTETRA 单元进行网格划分。大多数模型的网格划分通过前处理软件（如 Patran）来实现。用于表示结构或结构部分的单元的相对数目通常称为网格密度。随着网格密度的增加，需要更多的单元，单元越多，尺寸越小。提高网格密度以提高结果精度的过程也被称为细化网格。

1.6.2 分析所用模型及输入数据

本例执行控制参数比较简单，主要是确定求解序列为 SOL 400。工况控制参数也不是很多，因为本例只有一个加载顺序。如下面所示每个分析步（STEP）和子工况（SUBCASE）的 ID 1 定义了应用于本次分析的所有需要的条件，包括工况控制命令：TITLE、NLSTEP、BCONTACT、SPC、LOAD，还有所要求的输出信息。特别要注意 NLSTEP 模型数据项和 LGDISP 参数。高级的十节点三维 CTETRA 实体单元可以很好地适合这类涉及大应变、大位移的分析。LGDISP 参数表明了本例是包括跟随力引起的刚度几何非线性问题。收敛控制参数由 NLSTEP 模型数据卡片定义。本例使用全牛顿-拉弗森法（为简洁起见，本书后文中常将牛顿-拉弗森法简称牛顿法）进行非线性迭代方法。载荷增量步的目标数量设置为 10，采用自适应载荷增量策略时，该数值仅用于确定设置初始载荷增量大小。每个增量的最大迭代设置为 10（默认值）。采用位移矢量的收敛策略，因为 NLSTEP 中关键字 FIXED 的第 4 字段默认设置为 1，因而每个计算载荷增量步都输出分析结果。

输入数据示例：

```
$ MSC.Nastran input file created on March        20, 2018 at 09:56:10 by
$ Patran 2017.0.3
$ Direct Text Input for Nastran System Cell Section
NASTRAN SYSTEM(316)=19
$ Replace 19 with 7 in line above to save datablocks
$ in MASTER instead of DBALL file for postprocessing.
$ Direct Text Input for File Management Section
$ Direct Text Input for Executive Control
$ Implicit NonLinear Analysis
SOL 400
CEND
执行控制参数结束，工况控制数据开始
$ Direct Text Input for Global Case Control Data
TITLE = MSC.Nastran job created on 06-Jun-05 at 16:06:37
    BCONTACT = 0
SUBCASE 1
 STEP 1
    SUBTITLE=Default
    ANALYSIS = NLSTATIC
    NLSTEP = 1
    BCONTACT = 1
    SPC = 2
    LOAD = 2
    DISPLACEMENT(SORT1,REAL)=ALL
```

```
SPCFORCES(SORT1,REAL)=ALL
STRESS(SORT1,REAL,VONMISES,BILIN)=ALL
NLSTRESS(SORT1)=ALL
BOUTPUT(SORT1,REAL)=ALL
$ Direct Text Input for this Subcase  工况控制数据结束，模型数据开始
BEGIN BULK
$ Direct Text Input for Bulk Data
PARAM,MRESTALL,1
PARAM      POST     1
PARAM      PRTMAXIM YES
BCPARA   0           NLGLUE  0           LINQUAD -1       IBSEP   4
         FTYPE   6
NLSTEP   1
         GENERAL                  4
         FIXED    10
         MECH     UV      .2
BCTABL1  0          8001      8002
BCONECT  8001                       3        1
BCONECT  8002                       3        2
BCTABL1  1          8003      8004
BCONECT  8003                       3        1
BCONECT  8004                       3        2
$ Elements and Element Properties for region : lug
PSOLID   1           1         0
PSLDN1   1           1
         C10      SOLID    Q
$ Pset: "lug" will be imported as: "psolid.1"
CTETRA   124848   1          167868  170969  167619  167858  167916  170304
         170305  167907   167915   170303
CTETRA   124849   1          167868  167619  167857  167858  170305  170306
         167909  167907   170
后续还有大量的单元节点编号、节点坐标、接触体等数据
$ Nodal Forces of Load Set : Lug_Load
FORCE    1          300000  1         2500.    0.       0.       1.
$ Referenced Coordinate Frames
CORD2R   1                    2.25    4.       5.       2.25     8.79909 9.79909
         9.03694 4.       5.
ENDDATA 8e900415 全部数据结束
```

1.6.3　分析结果及后处理

分析模型如图 1-4 所示，U 形夹和耳片采用相对较粗的网格，而插销采用较细的网格。由于 Patran 默认采用基于曲率的分网策略，因此在部件曲率比较大的部分的网格也更细密。另外，从数据文件可以看到，单元类型是由 PSLDN1 和 PSOLID 模型数据定义，为大位移、大应变单元。

采用 MSC Nastran SOL 400 进行数值求解，得到的整个装配件的米塞斯等效应力如图 1-5 所示。结果显示中色谱的数字代表米塞斯等效应力，对于各向同性材料的金属材料，这是一个合适的应力度量（度量材料屈服的接近程度）。

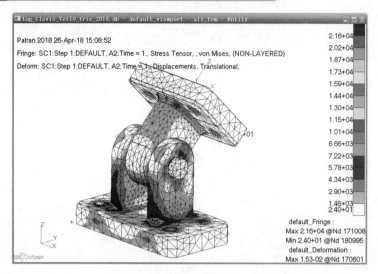

图 1-5　整个结构等效应力云图

为了更好地查看各部件的应力大小，可以单独显示每个部件的米塞斯应力，如图 1-6 所示。

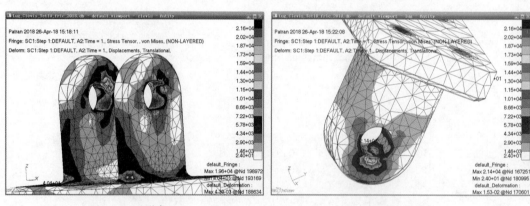

（a）U 形夹　　　　　　　　　　　　　（b）耳片

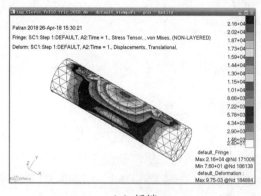

（c）插销

图 1-6　各部件等效应力云图

接触分析的主要关注结果之一是部件之间的接触应力。本例考虑了摩擦的影响，因为各部件之间相对运动很小，因而接触法向应力比任何摩擦应力分量都大得多。图 1-7 至图 1-9 分别为计算得到的各个部件的接触法向应力和摩擦应力。网格密度对于获得光滑、精确的应力等值线图非常重要。对于本例，由于力的平衡要求强制载荷平衡，整体的接触力是相当准确的，但如果模拟的目标是得到一个准确的接触应力分布图，建议采用更精细的网格。

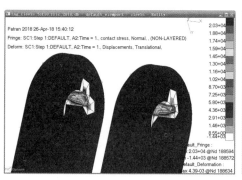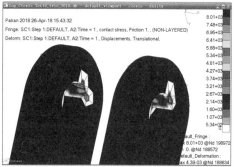

图 1-7　U 形夹接触法向应力云图（左）和摩擦应力云图（右）

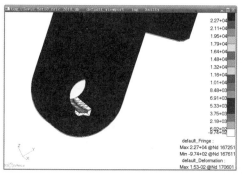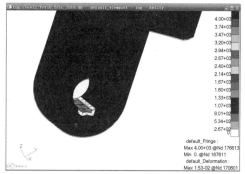

图 1-8　耳片接触法向应力云图（左）和摩擦应力云图（右）

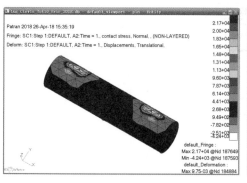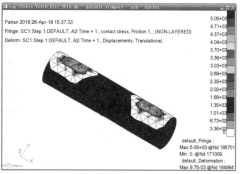

图 1-9　销接触法向应力云图（左）和摩擦应力云图（右）

分析提示：

● 收敛控制：在这个问题中非线性不严重或称相当温和，非线性主要是由于零件之间接触所引起的，建议同时使用位移和载荷残差收敛性检查。对于迭代算法和收敛测试软件带有默认设置。由于非线性程度可能会比较高，所有 SOL 400 分析默认采用完全纯牛顿-拉弗森迭代。用户也可以在前处理器 Patran 中设置有关参数，也可以通过 MSC Nastran 的 NLSTEP 卡片进行设置。另外，不同收敛准则之间可以自动切换。

● 在本例中，采用了节点到面段的接触探测算法，插销的体表面应该被定义为从属接触节点进行对主接触表面的接触搜索。一般来说，当具有较细网格的接触体为从属接触节点探测主接触表面时，很容易检测到。如果顺序错了，会看到节点从一个接触体穿透到另一个接触体中。这种情况可以通过使用面段对面段的接触算法来防止，具体将在第 8 章进一步讨论，此处不作更多介绍。

2

分析类型及求解策略

2.1 概述

依据平衡方程组是描述线性系统还是非线性系统，有限元方法使用不同的数值技术来求解方程。在本章中，根据用于解决问题的数值程序进行分类，我们将讨论可以解决的各种不同类型的分析问题。从工程的观点来看，所使用的数值方法决定了正在考虑的物理问题的行为的限制。例如，线性静力分析是基于材料和结构的受力与变形、应变和应力响应之间的线性假设，这种限制是由选择的解决方法决定的。如果我们发现当载荷超过某个水平时这些假设中的任何一个不再有效，线性静力解就不再准确，我们必须考虑非线性数值方法来获得包含所有物理问题的解。SOL 400 既可以用于线性问题的求解，也可以很好地解决各类非线性问题，包括大变形、材料和接触/边界非线性的问题。很多情况下，不同的求解类型可能是混合的。例如，为了准确地描述结构在载荷作用下的振型和固有频率，必须先进行非线性静力分析，得到正确的刚度矩阵，然后对其进行特征值提取，得到固有频率和振型。当非线性会明显降低实际临界屈曲载荷时情况类似。这些类型的求解被称为扰动分析和 SOL 400 的多分析步，在后续的章节中会继续讨论。多分析步的另一个重要用途是控制加载历程。不同的载荷和约束组成不同的载荷工况，然后按顺序赋给 SOL 400 非线性步（STEP）和子工况（SUBCASE）。通过这种方式，用户可以控制在分析中应用的加载顺序，以便模拟各类复杂的加载历程模拟过程。

本章主要介绍使用 SOL 400 求解的各种分析类型以及求解这些类型所需要提供的信息，包括可能需要的分析控制类型。

2.2 线性静力分析

线性静力分析是最简单、最具成本效益的分析类型。由于线性静力分析方法简单、成本低，结果往往令人满意，是最常用的结构分析方法。由于材料、几何形状或边界条件的非线性不包括在这种类型的分析中，各向同性的线性弹性材料的行为可以用两种材料常数来定义：杨氏模量和泊松比。

在线性静力分析中，我们假定挠度和应变非常小，应力小于材料屈服应力。因此，假定所施加的载荷与结构的响应之间呈线性关系。刚度可以被认为是保持不变的（即与位移和力无关），有限元平衡方程：

$$P = Ku \qquad (2\text{-}1)$$

是线性的，式中刚度矩阵 K 与广义位移向量 u 和广义力向量 P 无关。线性意味着载荷的增加或减少都会引起位移、应变和应力的按比例增加或减小。由于线性关系，只需要计算一次结构的刚度。从式（2-1）可以看到，结构对其他加载荷的响应为载荷向量乘刚度矩阵的逆矩阵。线性静态问题在一步中得到解决。此外，可以利用叠加原理来组合不同载荷工况联合作用的解。

事实上，线性静力分析只是对结构真实行为的近似。在某些情况下，线性分析非常接近真实的行为，在其他情况下，线性分析提供的结果可能会非常不准确。

下面是线性静力分析的主要步骤：

（1）输入：从 SOL 400 输入文件中将问题的几何（节点坐标和单元节点编号）、物理和材料性能、载荷和边界条件放入 MSC Nastran 数据库。

（2）单元刚度矩阵和力矢量计算：计算单元刚度矩阵和分布力的等效节点力。

（3）整体刚度矩阵和载荷矢量组集：整体刚度矩阵和组合节点力向量的组装。通过修改单元刚度矩阵和力向量，引入边界条件和约束条件。

（4）解方程：通过求解联立方程组计算节点位移矢量。

（5）应变能和反力计算：利用位移矢量、单元刚度矩阵和力向量计算应变能和反力。

（6）应力和应变计算：在每个单元的选定点计算应变和应力。

SOL 400 允许用户使用程序中的任何单元类型进行线性弹性分析。可以对所分析的结构指定各种运动约束和载荷，可以包括各向同性、正交各向异性和各向异性弹性材料。

线性条件下可以采用迭加原理。线性分析不需要像非线性分析那样存储那么多数据，因此更节省内存。

2.3 非线性分析

在许多工程结构中挠度（位移）和应力与载荷的变化不成比例。在这些问题中，结构的响应取决于它的当前状态，平衡方程反映了结构的刚度取决于 u 和 P 两者的事实：

$$P = K(P,u)u \qquad (2\text{-}2)$$

当结构因载荷而产生位移时刚度将改变，随着刚度的改变结构的响应也变化。其结果是，非线性问题需要增量求解策略，将问题分解为多个增量步计算位移，然后更新刚度。每一步都使用前一步的结果作为起点。因此，在分析过程中，必须多次生成刚度矩阵并进行求逆，从而在分析中会显著增加分析时间和成本。

另外，由于响应与载荷不成比例，各载荷工况必须分开求解，叠加原理不适用。

2.3.1 非线性来源

结构分析中有三种非线性来源：材料、几何和非线性边界条件。

1. 材料非线性

线性分析假定应力和应变之间的线性关系，而材料非线性是由应力应变非线性关系引起的。此外，大应变会影响材料的性能。

虽然从微观角度中获得材料连续或宏观行为的尝试已经取得了相当大的进展，但到目前为止，公认的本构关系绝大多数都是唯象的。获取实验数据困难通常是准确模拟材料行为的瓶颈，除了适用于弹性体和金属的常用材料模型外还有很多种其他材料模型。实际应用中比较重要的材料模型还有：复合材料、粘塑性、蠕变、土壤、混凝土、粉末和泡沫。图 2-1 显示了典型的弹塑性、弹-粘塑性和蠕变行为。

材料非线性的例子包括金属塑性、土壤和混凝土类材料行为、橡胶类材料的超弹性（应力应变关系是非线性弹性）。各种塑性理论可供选择如米塞斯或 Tresca（金属）、Mohr Coulomb 或 Drucker Prager（摩擦材料如土壤或混凝土）。三种后继屈服面的定义可在 SOL 400 中找到。它们是各向同性硬化、运动硬化、兼有各向同性和运动硬化特点的混合硬化。大多数塑性材料的行为，不论是否有包申格效应 SOL 400 都可以模拟。

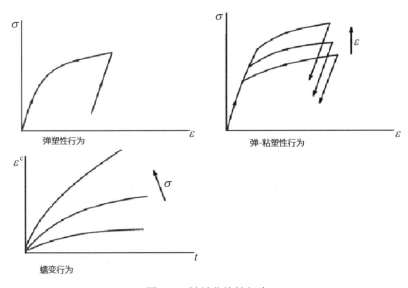

图 2-1　材料非线性行为

2. 几何非线性

几何非线性问题涉及大位移，"大"意味着位移使线性分析方程中固有的小位移假设失效。例如一个承受横向载荷的薄板，如果板的中面的挠度接近于板的厚度，则就是大位移问题，此时线性分析不再适用。

几何非线性是由应变与位移之间的非线性关系、应力与力之间的非线性关系两方面产生的。如果应力度量与应变度量相共轭，两种非线性源具有相同的形式。这种类型的非线性在数学上是明确定义的，但往往难以用数值处理。几何非线性发生的三种重要类型如下：

（1）大转动问题。

（2）屈曲和快速通过问题（图 2-2、图 2-3）。

（3）大应变问题，如制造、碰撞和冲击问题。在这些问题中，由于大应变和大位移等，在数学上很难把它们分成单一的几何非线性或材料非线性问题。

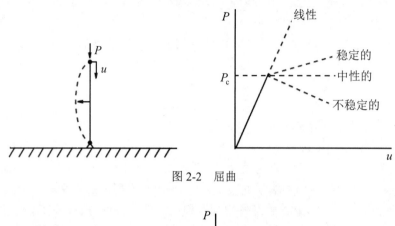

图 2-2　屈曲

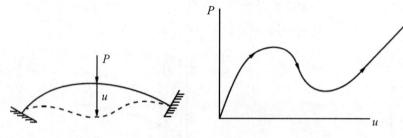

图 2-3　快速通过

3.　非线性边界条件

边界条件和/或载荷也可能导致非线性，这些载荷可以是保守的，比如离心力场（图 2-4）；也可以是非保守的，就像悬臂梁上的跟随力一样（图 2-5）。同时，跟随力的问题可以是局部非保守的，但如果对整个结构进行积分则代表了一个保守的加载系统。承受外压的薄壁筒（见图 2-6）就是这方面的一个典型例子。

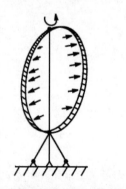

图 2-4　离心载荷问题（保守）

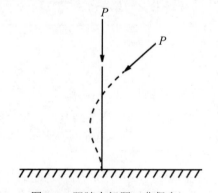

图 2-5　跟随力问题（非保守）

接触和摩擦问题也会导致非线性边界条件。这类非线性现象在工程中有很多，如装配模拟、金属成型、齿轮啮合、机械部件的过盈配合、充气轮胎接触和碰撞（见图 2-7）。结构上的载荷，如果它们随结构的位移而变化，就会引起非线性。如果在加载过程中由于接触使约束发生了变化，那么可以认为是边界非线性问题，需要使用 BCTABLE/BCTABLE1、BCONECT、

BCONPRG、BCONPRP、BCBODY 或 BSURF 模型数据输入卡片选项。传统的非线性序列 SOL 106 或 SOL 129 用间隙（GAP）单元来模拟接触问题，但 SOL 400 不鼓励使用间隙单元。

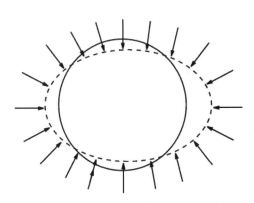

图 2-6　承受外压的薄壁筒（总体保守）

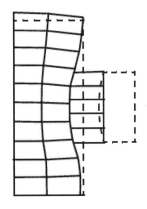

图 2-7　接触问题

2.3.2　非线性分析步与分析类型

用 SOL 400 可以解决很多类型的应力分析问题。应力问题的基本分类是确定要进行的是静力分析还是瞬态动力学或是扰动分析。在动态响应中，惯性效应是重要的。SOL 400 具备很好的灵活性，一个分析作业可以包含数个静力分析、动力分析和摄动分析。

灵活性的一个重要方面是 SOL 400 允许用户通过加载历程进行逐步分析，这是通过定义分析步来完成的。SOL 400 的一个重要概念是将问题的历程划分为作业的各个分析步（STEP）。对于 SOL 400 线性分析和非线性分析程序之间有一个明显的区别。对于两种情况，加载条件的定义不同，时间度量是不同的，结果应以不同的方式解释。分析步是历程上任何一个阶段，比如是一个瞬态热分析、一个蠕变分析或一个瞬态动力学分析等。在其最简单的形式中，分析步只是载荷从一值变为另一个值的静力分析。在每个分析步中用户选择合适的求解类型，从而确定了各分析步的分析类型，如：动态应力分析、屈曲特征值分析、瞬态热分析等。不同的分析步可以有不同的分析类型，因而分析作业具有很大的灵活性。由于模型的状态（应力、应变、温度等）在所有非线性分析步骤中被更新，以前历程的影响总是包含在每一个新分析步的响应中。因此，如果在几个几何非线性静力分析步之后进行自然频率提取，则将包括预载荷引起的刚度。线性迭加不能应用于非线性问题。一般来说，不同的加载顺序（各分析步的重新排序）需要重新分析。

在非线性静力分析中，首先确定要在分析的特定阶段应用的总载荷值。这个加载值是通过 LOAD 工况控制命令来选择的，该命令指定了模型数据中存在的载荷集 ID 号。在这种情况下，分析步的功能相当于加载历程中的一种里程碑类型。它可能是一个期望点或一个加载的性质发生变化的点（例如，首先施加内部压力载荷，然后在薄壁筒上施加轴向载荷）。这些分析步是加载历程的主要分区。加载历程可以分成多个子工况，因为可以提供更多的求解控制和重新启动策略。

响应过程可能是非线性的分析步称为一般分析步。一个响应只是线性的分析步称为线性扰动分析步。由于 SOL 400 对这样的线性分析处理为有预载荷、预变形状态的线性扰动，其线性分析功能比一个纯粹的线性分析程序更广。

ANALYSIS 卡片指定各类求解类型，在 SUBCASE、STEP、SUBSTEP 下都可以指定实际的分析类型。在后面一些章节中，会介绍各种分析步类型的组合以及它们是如何完成的。

任何 STEP 的求解是一种在同一个 SUBCASE 里上一个 STEP 解的继续。在一个 STEP 里的 SUBSTEP 求解同时进行（耦合分析）。此部分将在本书第 9 章里详细讨论。

2.3.3　分析类型的指定

一般的分析步包含非线性效应（不是必需的，可以用一般分析步定义一个响应完全线性的问题）。每一个一般分析步的起始状态一般是上一个一般分析步的结束状态，模型的状态在一般的非线性分析步骤中随着加载的历程不断变化。

在一般的非线性分析步骤中，载荷必须定义为总的数值。MSC Nastran SOL 400 认为总时间在通用的非线性分析步中总在增加。每一分析步都有自己的分析步时间，每一分析步都以零开始。如果分析步的分析过程具有物理时间尺度，如瞬态动力学分析，则"分析步时间"对应于物理时间。否则，时间是任意的时间尺度，对于一个分析步，通常为 0.0～1.0。所有一般非线性分析步骤的步长都累积到总时间。

1.　非线性静力分析（ANALYSIS = NLSTATICS）

非线性可能是由大位移效应、材料非线性和边界非线性（如接触和摩擦）引起的。这种行为要求通过一系列的增量步（increment）来求解问题，在每个增量中迭代以获得平衡。大多数情况下，采用 SOL 400 提供的自动增量步策略是首选。软件也提供用户直接控制参数，有经验的用户可以针对具体问题来设置。

对于涉及后屈曲行为的静力学分析，在载荷位移响应表现出负刚度，结构必须释放应变能保持平衡，必须采用自动载荷增量求解策略，平衡迭代使在每个增量步得到平衡解。

局部屈曲，可以通过 NLSTEP 模型数据卡中的 ADAPT 选项来启用准静态阻尼。但是，此选项只与高级非线性单元一起工作。全局屈曲，可以通过对 NLSTEP 卡片中的 ARCLN 选项激活弧长法。该选项主要适用于非接触的问题。

2.　非线性瞬态动力学（ANALYSIS = NLTRAN）

当研究涉及有惯性效应的瞬态动态响应时，采用该求解类型。当问题包含非线性行为，必须采用直接积分方法，ANALYSIS = NLTRAN。大多数情况下，NLSTEP 提供的自动增量步策略是首选。软件也提供用户直接控制参数，有经验用户可以针对具体问题来设置。对于线性瞬态动力学分析，应采用 2.3.4 节介绍的 MTRAN 摄动方法。

3.　蠕变（ANALYSIS = NLSTATICS）

此分析过程执行瞬态、静态、应力/位移分析。用于涉及 MATVP 卡片描述的材料行为的分析。时间积分法是由 NLSTEP 模型数据卡控制的。

4.　粘弹性（ANALYSIS = NLSTATICS）

用于由 MATVP 材料选项描述材料的时域分析。材料行为的耗散部分是通过归一化的剪切和体积松弛模量的 Prony 级数来定义。时间积分法类似蠕变分析，使用 NLSTEP 模型数据卡控制。

5.　热传递分析（ANALYSIS = HSTAT 或 HTRAN）

传热问题包括传导、强迫对流、边界之间辐射与对流等都可由 SOL 400 解决。这些问题可以是瞬态或稳态的、线性或非线性的。热分析单元允许储热（比热）和热传导，也允许流体通过网格引起的强制对流，还提供了热界面单元，用于模拟固体和流体之间边界层之间的传热，或在两个相邻的固体之间的传热。具备壳体热分析单元，工程中有大量的结构属于板壳结构。对于网格节点数量相同的模型，二阶单元通常给出更精确的结果。热和力学求解都涉及的分析被称为 SOL 400 中的多物理场求解。

2.3.4　线性摄动分析

在 SOL 400 中，在基本状态基础上求解线性摄动响应为线性分析。基本状态是在线性扰动步之前最后一个非线性分析步结束时的当前状态。因此，在 SOL 400 中线性分析的概念是相当广泛的。小提琴弦在不断调紧的情况下的自然频率分析就是一个简单的例子。对弦的几何非线性分析可以在几个分析步中完成，其中每一个分析步都增加了张力。在每一个分析步结束时，都可以用线性扰动分析步提取当时的频率。

在线性扰动分析步骤中，载荷大小（包括规定的边界条件的大小）仅定义为载荷扰动的大小。同样，任何求解变量的值只输出扰动值，不包括基本状态中变量的值。

在线性摄动分析步骤中，模型的响应由其基本状态的刚度定义，塑性和其他非弹性效应被忽略。对于超弹性材料，采用在基础状态下的切线弹性模量。在扰动分析中，接触条件不能改变，保持在基本状态中定义的接触状态。扰动分析中不允许摩擦滑动，如果定义了摩擦定律和摩擦系数，所有接触点都假定为粘着。如果在一般分析步中包含了几何非线性而且线性摄动研究为以该分析步为基础，那么应力硬化或软化效应和（由压力和其他跟随力引起的）载荷刚度效应都包含在线性摄动分析中。此时，扰动应力和应变被定义为相对于基础构型的。对于与温度和场变量相关的材料，温度和场变量摄动的影响被忽略。当然，温度扰动会产生热应变的扰动。有些求解过程是纯线性扰动过程，比如：

- 线性静力学（ANALYSIS = STATICS）
- 分歧屈曲分析（ANALYSIS = BUCK）
- 固有频率分析（ANALYSIS = MODES）
- 模态法线性瞬态动力学分析（ANALYSIS = MTRAN）
- 模态法复特征值分析（ANALYSIS = MCEIG）

线性扰动分析可以在一个完全非线性分析中多次进行，这是通过在线性扰动步之间进行持续的非线性响应分析步来实现的，线性扰动响应不影响非线性分析的持续进行。一般来说，瞬态动力学分析不能被中断来进行摄动分析，进行摄动分析之前，SOL 400 要求结构进入静态平衡。

模态法线性瞬态分析和线性静力分析在时域中进行，线性扰动分析步时间不会累积到总时间。对于线性静态扰动，每个新分析步的起始时间总是从零开始。

2.3.5　常用的非线性分析类型简介

1．静力学分析

当惯性效应可以忽略时，可以采用静态应力分析，这可能也是一个实际时间尺度的问题，例如当材料有粘塑性响应时，屈服应力与应变率相关，分析可以是线性的或非线性的。非线性可能是由大位移效应、材料非线性和边界非线性（如接触和摩擦）引起的。

非线性静力分析需要求解非线性平衡方程，程序采用全牛顿-拉弗森或修正全牛顿-拉弗森迭代法。许多问题涉及历程相关的响应，因此通常通过一系列的增量步得到求解结果，在每个增量中通过迭代得到平衡。有时必须保持增量较小（意味着转动和应变增量必须小），以确保对历程相关影响的正确模拟，但最常见的是，增量步大小的选择是计算效率的问题，如果增量步太大则需要更多迭代。每一个解方法都有一个有限的收敛半径，这意味着过大的增量步可以阻止获得任何求解结果，因为初始状态与正在寻求的平衡状态太远以至于超出了收敛半径。因此，对增量步大小有一个算法限制。大多数情况下，自动增量策略是首选，因为它会基于以上那些考虑选择增量的大小。用户可以对增量步大小进行直接控制，使有经验的用户对一些特定问题可以选择更经济的方法。本章包含了用于求解非线性静态问题的数值方法完整的讨论，要了解如何获得一个收敛求解，请参阅第 3 章。

2. 后屈曲分析

几何非线性静力问题经常涉及屈曲或坍塌行为，在载荷位移响应表现出负刚度，和结构必须释放应变能保持平衡。在这种情况下，有几种处理方法。一种是动态地处理屈曲响应，从而实际地模拟结构坍塌响应中包含惯性效应的动力学响应。这很容易实现，当静力学求解不稳定时，通过使用重启动选项终止静力学分析过程，切换到瞬态动力学求解。在一些简单的情况下，位移控制可以提供一个解，甚至当共轭载荷（反作用力）随着位移增加而减小时都可以。更普遍的是，静态平衡状态的响应不稳定时可以采用修正的 Riks 法。该方法用于比例加载即载荷的大小是由一个单一的标量参数控制。该方法通过控制每个增量中的载荷-位移曲线的路径长度来获得平衡解（而不是控制载荷或位移增量），从而使载荷量成为系统的未知量。即使在复杂、不稳定的情况下，该方法也能得到问题的解。Riks 法不能用于接触、传热、耦合或有强迫运动等情形。

3. 蠕变、粘塑性和粘弹性行为

静态分析中随时间变化的材料响应可能涉及蠕变和膨胀（一般发生在相当长的时间段），或屈服应力与速率有关（在相当快速的过程中，例如金属加工问题中，这一点通常很重要）。屈服应力与速率有关，使用常规的静力学分析必须引进一个合适的时间尺度才能使 SOL 400 正确处理粘塑性。利用向后差分算子对塑性应变进行积分，蠕变问题以及粘弹性模型，由蠕变求解程序分析（这是由包含一个非零的时间间隔的 NLPARM 卡片指定）。非线性蠕变问题通常通过非弹性应变的向前差分积分（"初始应变"法）有效地解决，因为该算子的数值稳定性极限通常足够大，因而可以在不多的时间增量步中得到求解结果。线性粘弹性模型由一个简单的、隐式的、无条件稳定的算子积分。在这种情况下，自动时间步长策略是由用户指定的精度容差参数控制的。它限制了一个增量步中最大非弹性应变率变化量。

4. 非线性瞬态响应分析

MSC Nastran 的 SOL 129 和 SOL 400 可用于非线性瞬态响应分析，需要设 ANALYSIS = NLTRAN 分析。非线性瞬态响应问题分为几何非线性、材料非线性和接触问题三大类。主要求解操作是载荷和时间步、带有可接受平衡误差的收敛测试的迭代和刚度矩阵更新。迭代过程基于牛顿-拉弗森法。切线矩阵更新自动执行以提高计算效率，也可以由用户指定参数。自适应方法是以两点递推（或一步）公式为基础实现的。在瞬态动态环境中，精度和效率要求的最佳时间步长是连续变化的。自动时间步长调整的基本概念是，在前一个时间步长上，基于增量变形模式的起决定作用的频率可以预测时间步长的适当大小。在预测过程中这个概念会有涉及时间滞后的缺陷。此外，非线性性质的变化不能从以前的时间步变形模式预测。

2.4　载荷增量和迭代求解

2.4.1　非线性分析控制方程

连续域中每一个无穷小单元的要求必须满足由平衡方程、本构模型和相容方程组成的控制微分方程的系统。对于非线性问题，控制方程应满足整个载荷应用的历程。材料非线性表现在本构关系中。几何非线性主要体现在应变-位移关系中，但改变施加的载荷也会影响平衡方程。约束的变化影响边界条件，会成为接触问题。

大多数已知的固体力学问题的解析解都是基于理想几何和线性近似。然而，本质上要更为复杂并且是非线性的。线性系统是一般问题的一个非常特殊的情况，甚至我们所求的非线性解也只处理一般非线性问题中特殊情形的一小部分。当遇到非线性系统时，通常没有一般的数学解存在，叠加原理不再适用。该系统甚至可能是非保守的。

结构分析的第一个阶段是将物理系统理想化为一个更简单、更易于管理的工程问题。通过工程直觉、实验数据、经验观察和经典解，理想化过程包括简化几何、边界和连接条件、加载条件等。如果理想化的结构体系提出了一个不能采用经典分析方法的问题，则需要进一步的理想化即离散化，用于数值分析。

对于离散系统，控制微分方程转化为代数方程组，有限元模型用节点上互连的有限元组合表示一个结构。状态变量是节点的位移（位移法或刚度法），它把代表分布应力的虚力作用在单元边界上，通过节点力的平衡满足节点处的平衡要求，在单元积分点满足材料本构关系，相容性是由单元之间的位移连续性来保证的。

请注意，几何线性问题要求仅在初始几何中计算单元的应变位移关系矩阵。在 SOL 400 中，当 LGDISP 与高级单元一起使用时，采用一致更新的拉格朗日方法。对于几何非线性问题，SOL 106 和 SOL 129 采用一种近似的更新的拉格朗日方法，为了消除刚体转动的影响，采用更新单元坐标系进行线性应变计算，但平衡是建立在静止坐标系的最终位置上。该方法不需要对单元矩阵[B]重新计算（在没有大应变时是常数），而单元坐标进行了连续的更新。

具体详细的控制方程可以参考有关专著以及本书参考文献[10]。

2.4.2　非线性求解过程

在广泛的数值实验的基础上，试图建立一个适合大多数问题而不需要具备很好的直觉或经验的健壮的通用策略。将各类理论、算法、准则和参数值与众多测试问题结合在一起得到简捷的实施方式。非线性分析的主要特点要采用增量法和迭代过程来获得一个解，主要问题是如何从求解非线性平衡方程的增量迭代过程中选择最有效的方法。载荷或时间步长的增量大小对计算效率和计算精度影响最大，特别对于路径相关的问题。增量和迭代过程是相辅相成的，因为增量步长越大，求解需要的迭代次数越多。过小的增量步会降低计算效率而且也不能显著地提高精度，而过大的增量步可能会降低效率和精度，甚至可能导致发散。

在缺乏结构响应经验的情况下，不可能对增量步长进行优化。NLSTEP 自适应载荷增量策略基于非线性程度确定增量大小。当响应为线性时，不需要递增的加载步骤。原则上，选择载荷增量（蠕变分析的时间增量）的大小应使材料非线性问题每个增量步的应变或应力变化均匀，使几何非线性问题的位移变化速率一致。NLSTEP 中有一些自适应方法控制参数，如自动时间步调整准则和当发散时对载荷增量进行二分法处理。默认的方法是使用 NLSTEP 卡片中指定初始载荷增量值，然后依据收敛所需迭代次数与希望的迭代次数 NDESIR 比较来增加或减少步长。如果迭代次数远超期望的迭代次数 NDESIR，下一增量步的时间步长就会减小。相反，如果迭代次数远比期望的迭代次数 NDESIR 少，时间步长将增大。增加/减少的幅度由 SFACT 值控制。

对于一个分析作业，通过指定不同的 NLSTEP 参数，每个分析步的增量的大小可以变化。建议即使指定了相同的值，也对每个分析步分别定义 NLSTEP 参数，以便在分析步级别的参数调整。

2.4.3 求解策略

非线性有限元计算包括材料应力应变关系计算、单元力计算和各种全局求解策略。计算过程涉及增量和迭代的过程，从局部的子增量步到全局求解的过程。有限元程序的性能可以从三个不同的角度来考察：计算效率、求解精度和有效性。非线性程序的所有这些属性都可以通过自适应算法加以改进。

在非线性有限元分析计算过程中，可以采用自适应算法，载荷大小或时间增量对效率和精度影响最大。然而，很难确定最优载荷或时间增量大小，自适应算法缓解了这一困难。在非线性分析中，CPU 消耗量最多的是刚度矩阵更新运算和单元力计算。从效率的角度来看，应尽量减少刚度矩阵更新和迭代次数的数量，这可能是一对相互矛盾的要求。

MSC Nastran 非线性分析中的自适应功能包括以下方面：

- 静力学和隐式动力学牛顿-拉弗森迭代
  - 自适应刚度矩阵更新策略
  - 选择 BFGS 更新
  - 选择线性搜索进程
  - 自适应载荷增量的二分法及恢复
- 静力学分析中的后屈曲和快速通过问题的弧长法
  - Crisfield 弧长法
  - Riks 和修正的 Riks 法
  - 自适应弧长调整
  - 极限情况下的自适应切换算法
  - 在路经反向时的自适应纠正
- 瞬态响应分析的直接时间积分
  - 二次准确的动态算子
  - 自动时间步长调整

注意：以上功能有些不适合 SOL 400。

1. 牛顿-拉弗森迭代法

通常，牛顿-拉弗森法分纯牛顿-拉弗森法和修正的牛顿-拉弗森法，如图 2-8 所示。总地来说，纯牛顿-拉弗森法每迭代一次都需要更新刚度矩阵及矩阵求逆，每次迭代花费时间多，但收敛快，所需的迭代次数少。而修正的牛顿-拉弗森法可以迭代多次再重新形成刚度矩阵及求逆等，每次迭代花费时间少，但收敛慢，所需的迭代次数多，甚至难以收敛直至发散。

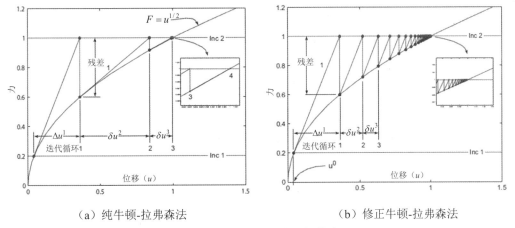

（a）纯牛顿-拉弗森法　　　　　　　　　（b）修正牛顿-拉弗森法

图 2-8　牛顿-拉弗森迭代算法

2. 刚度矩阵更新策略

求解算法的其他特性中，刚度矩阵更新可能对非线性解的成功有着最深刻的影响。然而，有些问题由于缺乏正确更新时间的先验信息，因此很难有一个健壮的更新策略算法。在这一节中，以静力学为例概要介绍一下刚度更新策略。

在 MSC Nastran 采用多种改进的牛顿法修正方法。一些修正的牛顿法是每隔几次迭代中更新一次刚度矩阵。然而当刚度的急剧变化时，修正的牛顿法可能会导致求解发散，如图 2-9 所示，除非恰好在临界点进行了重新计算切线刚度。为此，自适应矩阵更新方法是必不可少的，刚度更新策略建立在必要的基础上更新刚度矩阵，如可能发散的时刻。

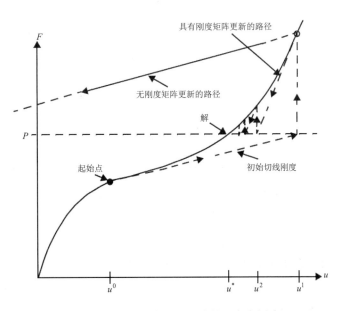

图 2-9　基于刚度更新策略的混合牛顿法

3. 更新原理

牛顿法有时会被困在一个无限循环中，围绕着局部极值点振荡，如图 2-10（a）所示。当切线刚度不是正定的时候放弃微分刚度，可使牛顿法迭代中克服这一困难，如图 2-10（b）所示。然而，如果用弧长法求解静态解，则非正定刚度矩阵将被保留并用于迭代。从用户的角度来看，刚度更新过程主要是由 NLSTEP 模型数据卡片中的 KMETHOD（PFNT、FNT、SEMI、ITER 或 AUTO）和 KSTEP（整数）选项控制。

注意：如果模拟包含接触应该使用 PFNT。

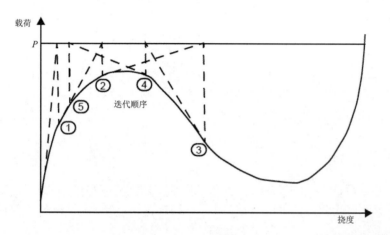

（a）当刚度为负时，如果采用参数 PARAM,TESTNEG = -1，迭代在③处停止；

如采用 TESTNEG = +1 或 0 即进入陷阱

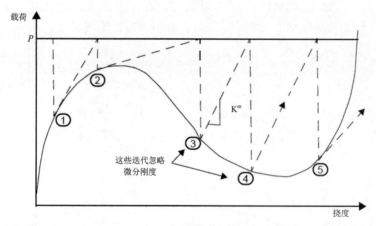

（b）当 PARAM,TESTNEG = -2，如刚度对角项出现负值时，迭代去掉微分刚度

图 2-10　迭代不收敛

4. 拟牛顿法

对于一些非线性不是很严重的问题采用拟牛顿更新方法可以加快收敛速度，提高修正牛顿迭代法的整体有效性。

拟牛顿更新方法被认为是牛顿迭代求解方案中最为复杂的方法，代表了牛顿迭代过程广泛算法开发的高峰。已经开发了有效的非线性迭代近似逆 Hessian 矩阵代替牛顿法所需的真正的逆。拟牛顿方法在非线性优化中得到了广泛而成功的应用。一个被称为 BFGS（Broyden-Fletcher-Goldfarb-Shanno）更新的拟牛顿法，由 Matthies 和 Strang 引入到有限元分析中。经验表明，BFGS 方法对程序的性能影响显著。

注意：BFGS 方法不能用于包含接触问题的仿真，也不能用于 SOL 400 求解序列。

对于 BFGS 更新，在迭代过程中获得的信息用于逆刚度矩阵修改。这种逆刚度矩阵的近似更新导致了搜索方向的割线模量。随着这些更新的积累，BFGS 方法使刚度矩阵类似于切向刚度重新组集。结合了线性搜索的 BFGS 更新的性能有效性和效率在很大程度上取决于如何实现。

拟牛顿方法的基本思想是利用下降过程中收集到的信息构造近似逆 Hessian 矩阵。在下一次迭代中使用当前近似来定义修正牛顿方法中的下一个可行方向。

BFGS 的更新在以下情况下，是不合适的：

情况 1：当求解在当前迭代发散时。

情况 2：当 BFGS 更新产生刚度矩阵的逆接近奇异时。

情况 3：当 BFGS 更新产生刚度矩阵接近奇异时。

情况 4：当参与 QN 矢量产生的两个连续数据点太靠近时。

情况 5：当 BFGS 更新对刚度矩阵的逆的变化可以忽略时。

2.4.4　载荷增量步大小的影响

选择适当的载荷步长（时间步长）是非线性求解方案的一个重要方面。大的步长，往往导致每个增量步有很多迭代，如果步长过大，会导致结果不准确甚至不收敛。另一方面，使用太小的步长效率会比较低。

在目前的新版本中，NLSTEP 模型数据卡提供一个统一的载荷增量步策略，可以取代原有的选择项，如 NLPARM、TSTEPNL、NLPCI 和 NLSTEP。此选项可用于静态和动态分析，可用于选择固定的或自适应的时间步进控制，可以定义收敛准则，对于结构分析、热传递分析和耦合分析还有其他选择。MSC 已经使 SOL 400 尽可能强大、高效和用户友好，尤其在 Patran 上做了专门的接口界面。对于许多问题，默认输入是适当的，可以尽量减少作业设置并获得准确的结果。

NLSTEP 选项有一个关键词 CTRLDEF，可以基于用户预计的模型非线性程度自动设置时间步调整和收敛容差。这使得基于用户对模型非线性判断的智能默认设置成为可能，在本书 2.4.6 小节有详细说明。

当计划采用固定的载荷增量步时，很重要的是要选择一个合适的加载步长捕获加载历程和允许在一个合理的迭代次数内得到收敛的解。对于复杂的载荷历程，往往需要将分析分解成不同步长的不同载荷工况。对于固定的步长，不能得到收敛结果时，可以采用二分法选项来削减步长。当一个增量步迭代发散时，在每个迭代后可以显示大的波动，造成程序最终退出的原因可以是以下几个方面：迭代的最大次数已到、单元扭曲反向、在接触分析中节点滑动离开了刚性接触体（参见第 3 章）。这些变形通常在后处理中看不到。如果步长削减功能被激活，这些问题发生时以前的增量分析结束状态将从内存或磁盘的备份中恢复，然后将增量步细分成多个子增量步。步长大小可以多次减半直到获得收敛结果或用户指定的缩减次数达到为止。一旦子增量步收敛，分析将继续完成原来增量步的其余部分，对于中间子增量步没有结果会写入结果文件中，当原始增量完成时，继续下一个增量计算，并保留原始增量步的步数，这些问题可以用 NLSTEP 增量步选项回避。MSC Nastran 默认的 NLSTEP 自适应载荷增量法也是加载策略的推荐方法。

2.4.5　NLSTEP 模型数据卡

对于 SOL 400，NLSTEP 卡片可以用于选择执行一个非线性静力分析或非线性瞬态分析。NLSTEP 卡片用于代替早期解序列（SOL 106 或 SOL 129）的 NLPARM 和/或 TSTEPNL 卡片。一旦有 NLSTEP 卡片出现在分析步的任何地方，那么分析步的 NLPARM 或 TSTEPNL 卡片将被忽略。当用于耦合分析时，NLSTEP 卡片必须在第一个子分析步命令上面。一个 NLSTEP 卡片用于分析步中的所有子分析步。

以下部分描述了对 NLSTEP 最常用的参数。所有参数的完整描述可以在 QRG 中的 NLSTEP 卡片下找到，如图 2-11 所示。

NLSTEP 描述 SOL 400 中的结构、热学和耦合分析的控制参数以及 SOL 101 中的线性接触分析控制参数；指定 SOL 400 中时间/载荷步的收敛准则、步长控制和数值方法。对于多物理场，它控制结构和热分析；定义 SOL 101 中线性接触分析的分析偏好和控制参数。有三组数据可以通过这个选项输入：

（1）定义用于各种模拟的参数的一般数据。此数据由 GENERAL 关键字提供。

（2）选择用于控制时间/载荷步程序类型。这些程序由关键词 LCNT, FIXED, ADAPT 或 ARCLN（弧长法）激活。一个工况只能选择一个关键词。

（3）物理类型相关联的数据，由关键词 MECH、HEAT、COUP 和 RCHEAT 激活。一个作业可以将所需的参数都输进去。

1	2	3	4	5	6	7	8	9	10
NLSTEP	ID	TOTTIME	CTRLDEF						
	"GENERAL"	MAXITER	MINITER	MAXBIS	CREEP				
	"FIXED"	NINC	NO						
	"ADAPT"	DTINITF	DTMINF	DTMAXF	NDESIR	SFACT	INTOUT	NSMAX	
		IDAMP	DAMP	CRITTID	IPHYS	LIMTAR	RSMALL	RBIG	
		ADJUST	MSTEP	RB	UTOL				
	"ARCLN"	TYPE	DTINITFA	MINALR	MAXALR	SCALEA	NDESIRA	NSMAXA	
	"HEAT"	CONVH	EPSUH	EPSPH	EPSWH	KMETHODH	KSTEPH		
		MAXQNH	MAXLSH	LSTOLH					
	"MECH"	CONV	EPSU	EPSP	EPSW	KMETHOD	KSTEP	MRCONV	
		MAXQN	MAXLS	LSTOL	FSTRESS				
	"COUP"	HGENPLAS	HGENFRIC						

图 2-11　NLSTEP 卡片有关参数

ID：通过 NLSTEP 工况控制命令调用。

TOTTIME：本分析步的总时间。

CTRLDEF：可选 QLINEAR, MILDLY 和 SEVERELY 中之一，也可以留空。这些参数用于设置默认收敛参数。

1. GENERAL

MAXITER：每个时间步内的最大迭代次数（默认为 10）。

MINITER：每个时间步中的最小迭代数（默认为 1）。

MAXBIS：每个迭代步中的最大缩减次数（默认为 10）。当设为负值并达到时即使不收敛也继续下一步计算（谨慎使用）。

CREEP：用于蠕变分析步（1=蠕变，0=无蠕变）。

2. FIXED

NINC：时间步（增量步）的步数。

3. ADAPT

DTINITF：初始时间步步长，用总加载步时间(TOTTIME)的分数定义（实数，默认=0.01），如果 DTINITF>=DTMAXF 则 DTINITF 重设为 DTMAXF。如果 CTRLDEF 设为 QLNEAR，用户应设 DTINITF 等于 TOTTIME。

- DTMINF：最小时间步步长，用总加载步时间(TOTTIME)的分数定义（实数，默认=1e-5）。
- DTMAXF：最小时间步步长，用总加载步时间(TOTTIME)的分数定义（实数，默认=0.5）。
- NDESIR：每个增量步期望的迭代次数（整型数，默认=4）。
- SFACT：依据迭代次数的时间步长调整系数（实型数，默认=1.2）。
- INTOUT：输出标记。整型数 > -1（默认= 0）。
  - -1：只输出本分析步最后一个增量步的结果。
  - 0：每个增量步的结果都输出。
  - > 0：按 INTOUT 等间隔输出结果。为达到这些时间点，时间步长将会临时调整。
- NSMAX：当前载荷工况最大的增量步数（整型数，默认=99999）。如果到了此极限，作业将停止。
- IDAMP：标记在静力学分析中激活人工阻尼。
  - 输入 4：用于基于阻尼的时间步长控制。
  - 输入 5：用于基于阻尼的时间步控制但不加阻尼。
  - 输入 6：当最小时间步长达到则加阻尼。对于具有高级单元的非线性分析强健和稳定的解推荐使用。
  - 输入 0：不加阻尼（整型数，默认=0）。
- DAMP：阻尼比（实型数，默认= 2e-4）。
- CRITTID：TABSCTL 的 ID 号，用于要采用的定义用户准则的模型数据卡（整型数，默认=0）。
- IPHYS：标记是否需要加上自动物理准则以及当用户准则没有被满足时分析如何进行下去（整型数，默认=2）。
  - 2：不加自动物理准则，当任何用户准则不能满足时停止。
  - -2：不加自动物理准则，当任何用户准则不能满足时继续。
  - 1：加自动物理准则，当任何用户准则不能满足时停止。
  - -1：加自动物理准则；当任何用户准则不能满足时继续。
- LIMTAR：输入 0 将用户准则作为限制，1 将用户准则作为目标（整型数，默认=0）。仅当有通过 CRITTID 给定的用户准则有用。

- RSMALL：依据用户准则时间步长变化最小比率（实型数，默认=0.1）。
- RBIG：依据用户准则时间步长变化最大比率（实型数，默认=10）。
- ADJUST：自动时间步长调整的时间步长跳过因子。仅用于动力学问题（整型数，默认=0）。
- MSTEP：获得主要周期响应的步数（10 <整型数 < 200 或 = -1；默认=10）。
- RB：定义在自适应过程中为步长函数保持相同时间步长的边界（0.1 < 实型数 <1.0，默认 = 0.6）。
- UTOL：定义位移容差（0.0001 < 实型数 < 1.0，默认= 1.0）。

4. ARCLN
- TYPE：弧长法的约束类型（字符型："CRIS""RIKS"或"MRIKS"，默认="CRIS"）。
  - ➢ CIRS：Chrisfield 法。
  - ➢ RIKS：Riks 法。
  - ➢ MRIKS：修正的 Riks 法（推荐的）。
- DTINITFA：初始时间步步长，用总加载步时间（TOTTIME）的分数定义（实数，默认=0.01）。
- MINALR 增量步之间最小允许调整的弧长比率（默认= 0.25）。
- MAXALR 增量步之间最大允许调整的弧长比率（默认= 4.0）。
- SCALEA：控制载荷对弧长约束的比例系数（默认=0.0）。
- NDESIRA：用于自适应弧长调整的每个增量步期望的迭代次数（默认= 4）。
- NSMAXA：最大的增量步数（整型数，默认=1000）。如果到了此极限，作业将停止。

5. HEAT
- CONVH：选择收敛准则的标记（字符型="U""P""W""V""N""A"或任何其他组合，默认 UPW）。
  - ➢ U：温度容差控制。
  - ➢ P：残余热流（热载荷）容差控制。
  - ➢ W：能量（功）容差控制。
  - ➢ V：采用矢量分量标准。
  - ➢ N：采用长度标准。
  - ➢ A：容差度量自动切换。
- EPSUH：温度（U）准则的容差（实型数，默认=0.01）。
- EPSPH：热流（P）准则的容差（实型数，默认=0.01）。
- EPSWH：能量（W）准则的容差（实型数，默认=0.01）。
- KMETHODH：控制方程系数矩阵更新的方法（字符型 "PFNT""AUTO" 或 "ITER"，默认="AUTO"）。
- KSTEPH：采用 ITER 法时方程系数矩阵更新前的迭代次数（整型数，默认=1）。
- MAXQNH：被存到数据库中拟牛顿修正矢量最大数目（整型数，默认= MAXITER），对于 PFNT 没用。
- MAXLSH：每次迭代允许的最大线性搜索次数（整型数，默认=4）。对于 PFNT 没用。
- LSTOLH：线性搜索容差（0.01 < 实型数 < 0.9，默认= 0.5）。

6. MECH
- CONV：选择收敛准则的标记（"U""P""W""V""N""A"以及组合，默认= PV）。
  - ➤ U：位移误差控制。
  - ➤ P：残余力误差控制。
  - ➤ W：能量（功）误差控制。
  - ➤ V：采用矢量分量标准。
  - ➤ N：采用长度标准。
  - ➤ A：误差度量自动切换。
- EPSU, EPSP, EPSW：分别为位移（U）、载荷（P）和功（W）准则的容差（默认= 0.1, 0.1,0.1）。默认值会基于 CTRLDEF 的值进行调整。
- KMETHOD：控制刚度调整的方法。
  - ➤ PFNT：纯全牛顿法，默认和强烈推荐的方法
  - ➤ ITER：修正的牛顿法，刚度矩阵每隔 KSTEP 次迭代更新一次。不适合模型中有接触或非线性很严重的问题求解。
- KSTEP：刚度更新前的迭代次数，仅用于 ITER 法（默认= 10）。
- MRCONV：标记指定转动和矩是否包含在收敛测试中，仅当 CONV 设为UPV 或 UPN 时使用（默认=3）。
  - ➤ 0：检查力、力矩、位移和转动。
  - ➤ 1：检查力、力矩和位移。
  - ➤ 2：检查力、位移和转动。
  - ➤ 3：检查力和位移。
- MAXQN：最大的拟牛顿矢量个数（整型数，默认= MAXITER），对于 PFNT 没用。
- MAXLS：每次迭代允许的最大线性搜索次数（整型数，默认=4），对于 PFNT 没用。
- LSTOL：线性搜索容差（0.01 < 实型数 < 0.9，默认= 0.5）。
- FSTRESS：用于限制在材料计算子增量大小的有效应力分数（0.0 < 实型数 <1.0，默认 = 0.2），仅对非材料增强单元有用。

7. COUP
- HGENPLAS：塑性功生热转化系数（实型数，默认=0.0）。
- HGENFRIC：摩擦生热转化系数（实型数，默认=0.0）。

Patran 中不同迭代算法的参数定义菜单，如图 2-12 所示。

2.4.6 CTRLDEF 参数设置

对于 MSC Nastran 非线性分析的初级使用人员，上一小节所述的 NLSTEP 卡片参数好像一台拥有很多旋钮、转盘和开关的调音台，对于如何定义这些参数可能会觉得为难。能不能变成一个如图 2-13 所示的那样简单的旋钮，用户只要依据模型的不同情况调整一下旋钮的位置即可？

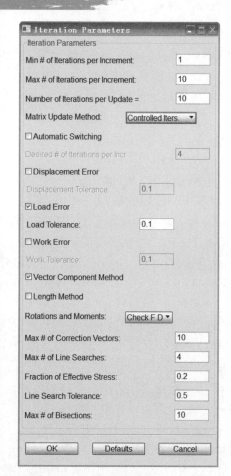

图 2-12　纯全牛顿法（左）和拟牛顿法（右）迭代参数定义

图 2-13　简便参数设置设想

　　为了方便用户使用，MSC 公司根据数百个实际模型的测试，在近几年的版本中为用户提供了智能的默认设置功能，对大部分模型适用。用户只要依据模型非线性的程度定义一下增量步的类型和 CTRLDEF 参数，就不再需要定义步长控制、迭代参数了。CTRLDEF 参数选项有：Default（Blank）、QLINEAR、MILDLY、SERVERLY。

QLINEAR 适合没有大变形、材料非线性但有接触非线性的模型。选用该参数后，默认采用固定步长，程序自动设定 NINC = 1（固定步长）或 DTINITF = 1.0（如选自适应步长）即单个载荷增量步，CONV = PV，EPSP = 0.001 以及 KMETHOD = PFNT。

MILDLY 适合中等非线性问题，模型可以包括几何非线性、材料非线性和接触非线性。选用该参数后，默认采用固定步长，程序自动设定 NINC = 10（固定步长）或 DTINITF = 0.1（如选自适应步长），CONV = PV，EPSP = 0.01 以及 KMETHOD = PFNT。

SERVERLY 适合高度非线性问题，可以包括几何高度非线性、大应变和存在很多接触对的问题。选用该参数后，默认采用固定步长，程序自动设定 NINC = 50（固定步长）或 DTINITF = 0.01（如选自适应步长），CONV = PV，EPSP = 0.01 以及 KMETHOD = PFNT。

如果没有选用以上三种参数而是采用 Default（Blank），默认采用固定步长，程序自动设定 NINC = 50（固定步长）或 DTINITF = 0.01（如选自适应步长），CONV = PV，EPSP = 0.1 以及 KMETHOD = PFNT。不推荐使用 Default（Blank）。

前后处理器 Patran 相应的菜单如图 2-14 所示。

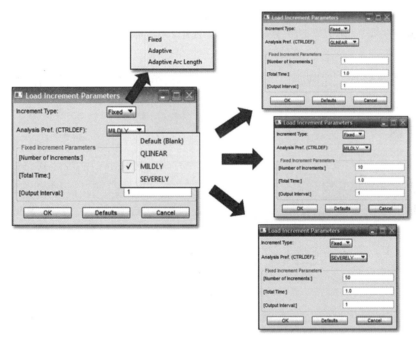

图 2-14　迭代控制参数快捷定义

当然，上述智能选项不一定是最佳的设置，对于有经验的专家可以按照自己的经验来确定某个具体分析模型的加载、迭代参数。

2.5　收敛控制

用于确定是否在任何给定迭代中得到收敛有残余力、位移和应变能三种方法。用户可以选择这三个准则中的一个也可以指定残余力和位移准则的组合。采用 AND（和）组合意味着必须同时满足残差和位移的收敛准则，而 OR（或）组合则只要满足任何一个收敛准则即可。

如果使用残余力准则，可能存在残余力为零的情况，在这种情况下需要切换到位移准则。一个自动切换选项（默认使用）允许软件在运算过程中自动切换。

在 SOL 400 收敛的默认措施是残余力，这基于最大残余力与最大约束反力二者绝对值之比。这种方法是合适的，因为残余力度量不平衡力，该值应尽量最小。这种技术也适用于牛顿法。当非线性不严重时，该方法具有不需迭代就能收敛的附加优点。用户可以完全控制通过 Patran 中定义迭代参数或通过在输入文件中对 NLSTEP 卡片中的相关参数进行修改。

2.5.1　残差准则

根据最大残余载荷与最大反力的比较方式，残差准则的表达形式有如下两种。

相对残差准则表达式为

$$\frac{\|\boldsymbol{F}_{\text{residual}}\|_{\infty}}{\|\boldsymbol{F}_{\text{reaction}}\|_{\infty}} < \text{TOL}_1 \tag{2-3}$$

或　　$$\frac{\|\boldsymbol{F}_{\text{residual}}\|_{\infty}}{\|\boldsymbol{F}_{\text{reaction}}\|_{\infty}} < \text{TOL}_1 \quad \text{且} \quad \frac{\|\boldsymbol{M}_{\text{residual}}\|_{\infty}}{\|\boldsymbol{M}_{\text{reaction}}\|_{\infty}} < \text{TOL}_2 \tag{2-4}$$

式中，$\boldsymbol{F}$ 为载荷矢量；$\boldsymbol{M}$ 为转动矢量；TOL_1 和 TOL_2 为控制误差；$\|\boldsymbol{F}\|_{\infty}$ 表示分量 $\boldsymbol{F}$ 的最大绝对值。

残差准则有个缺点，在诸如自由热扩散等一些问题中，不存在反力。在这种条件下，应使用位移收敛准则。

2.5.2　位移准则

根据位移矢量增量的修正量与位移增量的比较方式，位移准则的表达式有如下两种。

相对位移准则表达式为

$$\frac{\|\delta\boldsymbol{u}\|_{\infty}}{\|\Delta\boldsymbol{u}\|_{\infty}} < \text{TOL}_1 \tag{2-5}$$

$$\frac{\|\delta\boldsymbol{u}\|_{\infty}}{\|\Delta\boldsymbol{u}\|_{\infty}} < \text{TOL}_1 \quad \text{且} \quad \frac{\|\delta\boldsymbol{\varphi}\|_{\infty}}{\|\Delta\boldsymbol{\varphi}\|_{\infty}} < \text{TOL}_2 \tag{2-6}$$

式中，$\Delta\boldsymbol{u}$ 为位移增量矢量；$\delta\boldsymbol{u}$ 为位移增量矢量修正量；$\Delta\boldsymbol{\varphi}$ 为转动增量矢量的修正量；$\delta\boldsymbol{\varphi}$ 为转动增量矢量。

采用该收敛测试准则，如果最后迭代步的最大位移修正量远小于该增量步的实际位移变化，则满足收敛条件（图 2-15）。该测试准则的不足之处是无论求解精度要求如何，至少需要一个迭代步才能得到结果。

2.5.3　应变能测试准则

该收敛测试准则与位移测试准则类似，比较最后一个迭代步的应变能修正量和增量步的应变能。使用该准则要检查整个模型，该准则的表达式为

$$\frac{\delta E}{\Delta E} < \text{TOL}_1 \tag{2-7}$$

式中，ΔE 为增量步的应变能；δE 为迭代步中增量应变能的修正量。

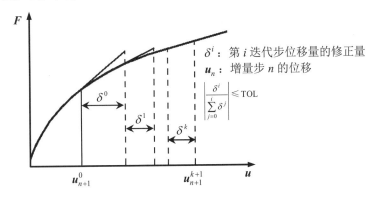

图 2-15　位移准则示意

上述应变能均为总能量，是在整个体积上的积分。

该测试准则的不足之处与位移测试准则相同，不论求解精度如何，至少需要一个迭代步；其优点是可使求解精度整体提高，而不是仅仅提高与一个节点相关的局部求解精度。

2.5.4　测试准则的组合和切换

测试准则的组合和切换可以同时进行多个准则的收敛测试，比如同时选择残差（准则 1）和位移（准则 2）即必须同时满足两个准则时才认为已满足收敛条件。还可以自动选择并切换至合理的收敛判断准则，其自动选择的基本原则为：

- 如果位移增量过小，则切换为以残差是否满足收敛准则作为收敛判据。
- 如果反力过小，则切换为以位移是否满足收敛准则作为收敛判据。
- 如果结构没有应力和变形，则切换为以能量是否满足收敛准则作为收敛判据。

2.5.5　再次迭代准则

基本算法与用户输入的"期望的循环数（desired number of recycles）"一起作用。如果当前增量使用比预期的迭代次数少，下一个增量步的时间步长很可能将增加。如果一些增量步的迭代次数超过了规定的最大次数，时间步将采用二分法进行削减后再求解。如果该增步量迭代次数超过希望的次数但没有超过最大允许迭代次数前收敛，则时间步长减少被推迟到下一个增量。当接触发生变化时，如有新的接触、滑动或分离发生，需要特别注意。牛顿法和接触导致的迭代之间有区别，只有前者用于控制时间步长的变化。否则，时间步长常常会被过度地减少。

除此算法外，软件还提供一种基于人工阻尼的静力分析方案。应变能变化的估值用于在不稳定的情况下施加人工阻尼（应变能突然减少)，这些估值也用于修改时间步长。

对于自适应步长，用户也可以定义一些特别的控制时间步长准则。用户可以在 Patran 中定义，如图 2-16 所示。在 MSC Nastran 输入文件中通过 NLSTEP 模型数据卡中 ADAPT 关键词后面的 CTITTID 参数指定准测 ID 号，通过 TABSCTL 模型数据卡指定具体的准则。用户可以设定一个增量步中位移、转动、应力、温度等的限制来控制步长大小。如果违反准则，则进行二等分来减小时间步长，因而用户准则作用是可以限制步长过大。还有一种选择，可以将准则视为目标，例如为了达到特定的准则定义位移增量可以让下一个增量步时间步长增大。当然在一个增量步计算期间，时间步长是不会增加的。

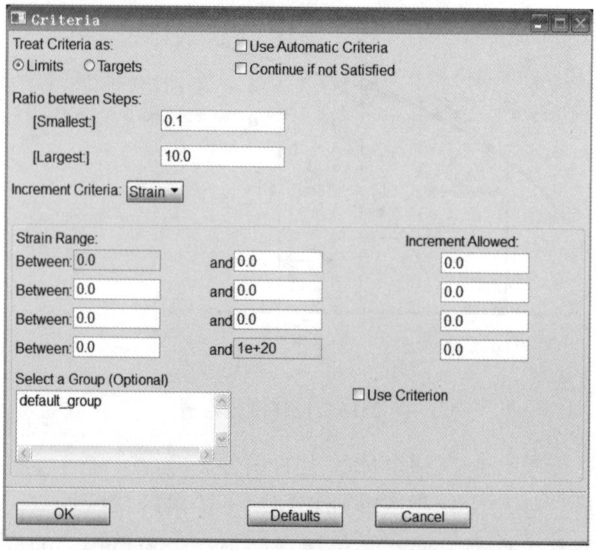

图 2-16　用户定义的步长控制准则

默认的循环准则如下：指定所期望的迭代次数 NDESIR，默认值为 4。对于严重非线性的问题或收敛误差很小的问题，可能需要增加这个数目。此数值用作载荷增量步的目标值。如果当前增量步迭代次数小于所期望迭代次数，则下一个载荷步长将增大。时间步长的增加是基于一个步长调整系数，用户也可以指定，典型值在 1.2～1.5 的范围内。虽然较大的步长调整系数会使时间步长的增加显得更积极，应该指出，如果突然遇到突发的非线性可能需要大量的迭代和载荷削减处理。为了避免这种情况，以下逻辑用于更大的步长调整系数：如果在一个增量迭代的实际数量大于所期望次数 60%（即当前增量步不是很容易收敛），而步长调整系数设在 1.25～1.5625 之间时，下一个增量步步长调整系数限制为 1.25；对于设定步长调整系数为 1.5625 以上的值时则按 80% 比例取值。

3

分析设置与求解调试

3.1 概述

本章介绍如何建立和运行 SOL 400 分析作业的实际操作步骤，包括 Patran 的有关菜单命令的使用。Patran 界面设置可以指导用户通过建立 SOL 400 分析作业，包括执行部分的作业信息如选择求解类型和求解参数等，创建子工况和分析步，使用子工况参数指定所需的分析步/子工况控制信息，使用 Analyse - Entire Model - Full Run 提交作业；在作业运行时以及完成后采用 Monitor - Job - View sts 来监控以及用 Monitor - Job - View f06 查看运行信息包括可能出现的作业错误信息。本章内容涉及 Patran 软件的用户界面和设置、提交、监控作业的功能。本章介绍了如何指定分析类型，不过没有详细说明建立的各个分析步的分析类型。有关分析类型的详细信息，请参见本书第 2 章及其他有关章节以及软件安装自带的有关文档。

除了介绍作业的建立和执行之外，本章还介绍了作业监控和作业查错的方法。同时，介绍了 Patran 具有监控和查看各种 MSC Nastran 分析文件（如.sts、.f06 等）的能力。另外还介绍了对于失败的作业如何调试的推荐方法，包括对从简单格式错误产生的错误消息进行解释的指导，以及分析作业因不能达到平衡状态而终止时出现的收敛问题的解决方法。最后，介绍了各类方程矩阵求解方法及其特点。

3.2 运行 SOL 400 作业的方式

3.2.1 运行方式介绍

运行 SOL 400 作业的方式有多种，比较常用的是在 Patran 界面中直接提交、用命令行提交和单击 MSC Nastran 图标提交。后面两种运行方式在运行前要保证输入文件已经存在。

输入文件产生的途径：

（1）利用具有图形界面的前后处理器如 Patran 等。

（2）修改已有的模型/输入文件。

（3）使用文本编辑器从头开始。

输入文件的生成完成后，被提交执行批处理（MSC Nastran 不是交互式的程序）。一旦输入文件已提交，通常用户与 MSC Nastran 没有额外的互动直到作业完成，但用户可以进行以下操作：

● 如有必要，在完成前终止工作。

● 监控一些关键文件，如.f04、.f06、.sts、.log 文件。

调用 nastran 命令运行 MSC Nastran 作业。nastran（用户的系统管理员可以指定一个不同的命令名称）命令可用于要求影响 MSC Nastran 的作业执行选项的关键词。nastran 的命令格式：

nastran input_data_file [keyword1 = value1 keyword2 = value2 ...]

其中 input_data_file 是包含输入数据的文件名，keyword$i$ = value$i$ 是一个或多个可选的关键词分配参数。例如，使用数据文件 example1.dat 运行作业，输入以下命令：

nastran example1

参数细节可以参见参考文献[13]中的 Executing MSC Nastran 部分。

提交 MSC Nastran 的作业细节与用户的计算机系统相关，可以联系相关的计算机系统人员或 MSC Nastran 安装指南以获得进一步的信息。

3.2.2 利用 Patran 执行 MSC Nastran 分析

如图 3-1 和图 3-2 所示，Patran 中的 Analysis 应用窗口可以用于控制 MSC Nastran 的执行。

图 3-1 Analysis 应用窗口

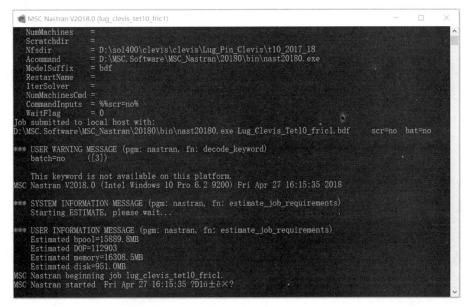

图 3-2　在 Patran 提交后 MSC Nastran 运行窗口

当 Action 设置为 Analyze，Method 是将完整的 Full Run 或 Analysis Deck 运行或产生分析输入文件，在分析窗口中单击了 Apply 应用按钮后，会产生 jobname.bdf 文件并启动 MSC Nastran 作业。当分析成功完成时，生成一个或多个输出文件。这些输出文件可以直接导入或连接到 Patran 数据库后处理通过设置菜单来访问结果。

1. 如何得知分析结果

如果用户从 MSC Nastran 的图标提交的作业（即不在 Patran 中提交），只要运行主窗口显示作业没有停止，即表明分析仍在运行，如图 3-3 所示。如果用户在 Patran 提交的作业并且在启动 Patran 时加了 -stdout 选项，用户可以在 Patran DOS 主窗口看看何时提交 MSC Nastran 的作业、何时 MSC Nastran 完成作业的，如图 3-4 所示。完成任务后，在运行目录中查看生成了哪些文件。

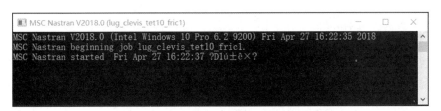

图 3-3　单击 MSC Nastran 图标提交后的运行主窗口

2. 如何得知作业成功完成

在工作目录中，用户会看到典型的 jobname.f06、jobname.f04、jobname.log 等文件。如果这些文件存在，表明用户成功提交了 MSC Nastran 的作业。要了解运行是否成功，打开 jobname.sts 文件并查看文件尾部的数据。对于大多数分析，Exit= 0 意味着运行是成功的。

如果作业没有成功完成，查看在 .f06 文件中是否有"FATAL（致命）"的错误或检查.f04 文件是否存在资源不足的问题。

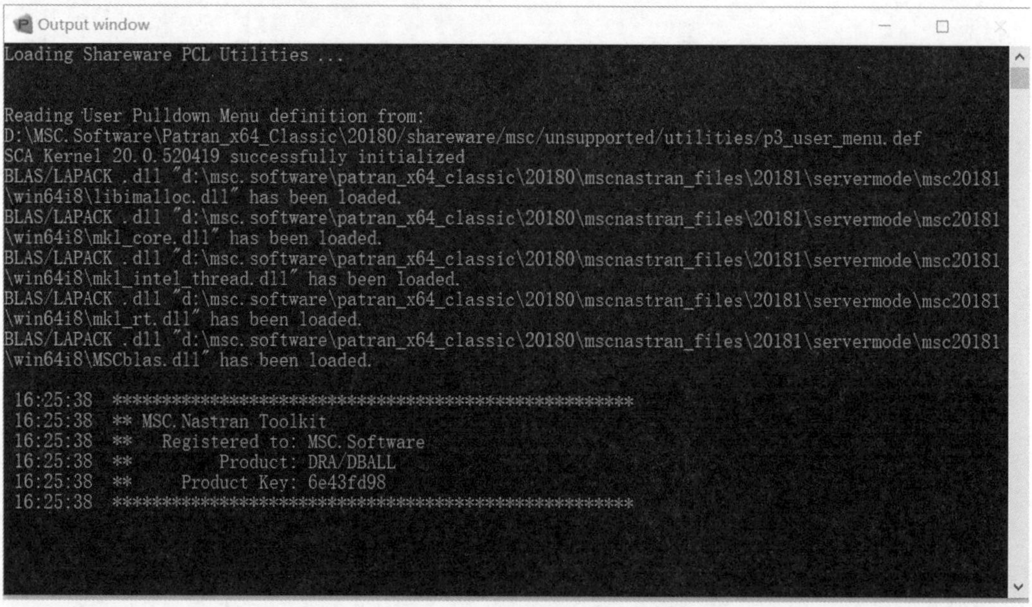

图 3-4　在 Patran 中提交后的运行主窗口

3.3　设置多分析步的分析

SOL 400 分析允许六种分析类型组合（非线性单物理场分析、非线性链式多物理场分析、非线性多物理场耦合分析、线性扰动分析、网格/时间步不同的非线性多物理场链式分析和标准线性多物理场分析）。如果有多个子工况，将首先求解线性子工况。

3.3.1　子工况、分析步与分析作业

Patran 中有两种接口界面可以创建 SOL 400 分析作业。

第一种：选择隐式非线性作为解的类型，如图 3-5 所示。此选项允许用户使用 SOL 400 所提供的大多数分析功能和进行有关参数设置。

注意：如果采用新的接口界面，没有子工况定义的窗口而是载荷步定义窗口。

第二种：采用传统界面，分析类型分为结构分析、热分析两大类。如果是结构分析，其设置与非 SOL 400 分析（如 SOL 106 或 SOL 129）类似，选择求解 SOL 400 序列即可；如果是热分析，则界面与 SOL 153 或 SOL 159 类似。使用非 SOL 400 专有菜单界面尤其适用于热分析和频率响应分析。为了让用户熟悉这两种不同的设置方法，在本书的例题中有些采用了第一种接口方式，有些采用了第二种接口方式，请读者留意。

在 SOL 400 中子工况的概念与其他求解序列有所不同。

在 MSC Nastran 传统的线性分析求解序列中，一个子工况包含所有的载荷和单一的线性分析工况的边界条件。为了计算效率，一个相同的运行分析作业中可以运行多个子工况（使用相同的刚度矩阵逆矩阵），简单求解使用不同的载荷的多个子工况。例如，一个载荷工况可以表示一个与时间相关分析中一个时间点的载荷和边界条件。在一个线性分析模型中可以施加多个载荷工况作为研究模型在不同加载条件下的响应。

图 3-5　直接采用隐式非线性分析类型

在 MSC Nastran 传统的非线性分析求解序列中，多个子工况的运行用于在模型中定义载荷历程，前一个子工况的结束点是下一个子工况的起点。

在 SOL 400 中除了有子工况外还有分析步（也称载荷步、STEP）的概念，多个分析步构成一个子工况。对于 SOL 400 的一般规则是：所有子工况的求解结果是相互独立的。任何分析步的求解结果是同一个子工况前一个分析步求解结果的延续。在一个分析步中子分析步的求解结果同时发生（耦合分析）。

分析步是 SOL 400 特有的机制，用于将载荷、边界条件、输出请求和其他各种参数关联起来作为一个完整运行作业的一部分。每一分析步都可以用第 2 章列出的各种分析类型指定。对于每个分析类型，用户可以定义求解参数和输出请求。定义分析步时要选择载荷工况并定义相关求解参数，通常需要多个增量步求解。

在 Patran 中如果采用传统接口界面，对于 SOL 400 Subcase Select 也与其他的求解序列类似，但 Select Steps for New Subcase 按钮不再是灰的（可被单击）。就像在任何其他的求解序列，用户也可以选择子工况。Selected Load Steps 列表中显示的载荷步指 Patran 里定义的子工况可用于分析载荷步。在子窗口会显示给用户将来运算时被选中的载荷步中哪个将作为子工况中第一个运行。此处概念稍有交叉，因为它与 Patran 的"子工况"概念有点冲突。为了帮助用户查看子工况与载荷步的设置，有一个树状子窗口用来显示子工况以及有哪些载荷步被选在各个子工况中，如图 3-6 所示。用户可以与树状子窗口或列表框交互。在选中树状子窗口中某项后可以使用鼠标右键进行操作，实现添加和删除子工况、载荷步或其他操作。

如果采用新的接口界面，除载荷步定义窗口取代了子工况定义窗口外，窗口名 Load Step Select 也取代了 Subcase Select，但其他类似传统接口界面。

在 MSC Nastran 中，工况控制命令提供的载荷、约束、载荷增量方法以及控制初始弹性分析后的处理程序。工况控制命令还包括允许初始模型指定更改的块。工况控制命令还可以指定打印输出和后处理选项。每一组载荷集必须以子工况/分析步开始并由另一子工况/分析步或模型数据（BEGIN BULK）命令结束。如果只有一个载荷工况，则不需要子工况/分析步。子工况选项要求程序执行一个或一系列的增量步。这些选项的输入格式描述参见参考文献[13]。

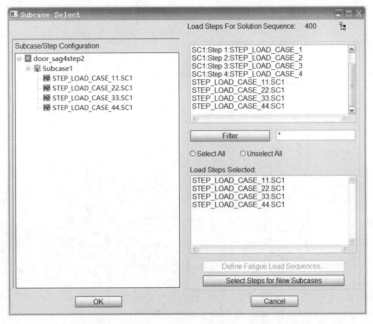

图 3-6　分析步的选择

3.3.2　在 Patran 中定义分析参数

1. 选择分析类型

采用传统菜单界面设置求解类型的步骤如下：

（1）单击"Analysis"应用按钮。

（2）在 Analysis 应用窗口中，单击"Solution Type..."按钮并从 Solution Type 已有的列表中选择 Implicit Nonlinear。

（3）单击 Subcases...，选择要在当前设置的分析步中使用的求解的类型，如图 3-7 所示。

（4）对当前分析步指定子工况参数。

（5）对每个分析步重复（3）～（4）步。

（6）在 Subcase Select... 菜单中，按正确的顺序选择已经建立的分析步、取消默认分析步/子工况，除非用户要用它，如图 3-6 所示。

（7）单击主应用窗口中的"Apply"按钮提交作业。

2. 定义数据转换参数

在 Patran 定义数据转换参数，对于不同界面菜单窗口有所不同，如图 3-8 所示。以下是传统界面设置转换参数步骤：

（1）单击"Analysis"按钮弹出 Analysis 应用窗口。

（2）在 Analysis 应用窗口中单击"Translation Parameters..."按钮。

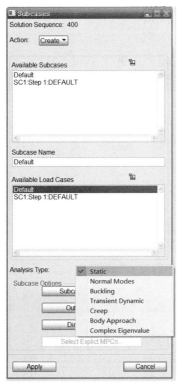

图 3-7　选择要使用的求解类型

（a）隐式非线性界面菜单

（b）传统的界面菜单

图 3-8　数据转换参数设置菜单

图 3-8 中的一些菜单参数含义如下：

Tolerances：容差。

- Division：避免被零除的错误发生。
- Numerical：确定两个实型数是否相等。
- Writing：在生成模型数据卡片时确定值是否为零。

Bulk Data Format：模型数据格式。

- Sorted Bulk Data：模型数据按字母顺序写出。
- Card Format：小域或大域。

Precision Control Options…：精度控制选项。

- Significant Digits：指定对实型数写出到 BDF 文件时的截断位数，例如如果此值指定为 2，则数字 1.3398 将被写成 1.34。
- Node Coordinates：定义在生成网格坐标时使用哪个坐标系框架。

Number of Tasks：任务数代表用于运行分析的处理器数量。假定环境是为分布式并行处理而配置的。

Numbering Options...：子窗口用来显示在数据转换时所有的 ID 被自动分配的偏移量。

Bulk Data Include File...：提示用户包含文件的文件名。

3．定义求解参数

求解参数控制 SOL 400 分析中的一系列功能。诸如选择求解器类型、建立重新启动、指定区域分解等功能都是求解参数的一部分。

在 Patran 中定义求解参数的步骤如下：

（1）单击"Analysis"按钮弹出 Analysis 应用窗口。

（2）在 Analysis 应用窗口中单击"Solution Type..."并选择"Implicit Nonlinear"，再单击"Solution Parameters..."按钮。

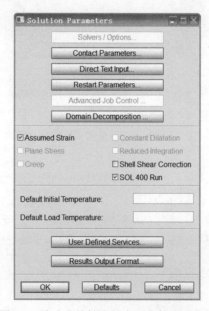

图 3-9　隐式非线性求解序列参数设置菜单

图 3-9 中的一些菜单参数含义如下：

Solvers/Options：指定用于数值求解线性平衡方程组的求解器。

Contact Parameters：定义用于探测和处理接触的选项。

Direct Text Input：用于直接在 MSC Nastran 输入文件管理、执行控制、工况控制和模型数据卡。

Restart Parameters：在 MSC Nastran 输入文件中包括重启动选项。

Advanced Job Control：为结果文件设置求解的替代版本和替代格式。

Domain Decomposition：指定区域分解是手动、半自动或自动完成的。

4. 通过选择子工况/分析步（载荷步）定义分析历程

● 产生子工况/分析步包括选择载荷工况。

● 创建子工况来定义加载历史。子工况步的选择顺序确定载荷和边界条件施加的顺序。

● 用户指定的是总载荷而不是增量载荷。也就是说，要将所有载荷放入属于该步的载荷工况下，甚至是在上一个通用步中已经使用过的载荷。

● 只有那些被选择的载荷步将被包含在分析中。

（1）子工况定义。图 3-10 为子工况定义窗口。

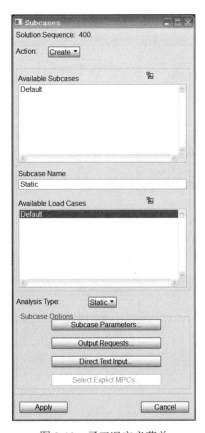

图 3-10　子工况定义菜单

Subcase Name：指定新子工况的名。

Available Load Cases：选择一个或多个已有的载荷工况到子工况中。

Subcase Options：

- Subcase Parameters：定义子工况控制载荷增量和迭代的参数，另外也定义子工况的非线性效应参数。
- Output Requests：定义节点和单元的结果量并决定结果输出的频度。
- Direct Text Input：用于直接在 MSC Nastran 输入文件管理、执行控制、工况控制和模型数据卡。
- Select Explicit MPCs：选择将包含在该子工况中的显式多点约束。

（2）子工况参数。子工况参数表示设置在 MSC Nastran 工况控制和模型数据卡片的部分，仅在指定的子工况有效，不影响其他子工况的分析。子工况参数依赖于所执行的分析类型。下面介绍一下适合静力学子工况参数。更多有关信息请参见参考文献[13]中的第 3 章。

1）在 Patran 中定义静力分析子工况参数。

- 单击"Analysis"按钮弹出 Analysis 应用窗口，参见图 3-1。单击"Solution Type"并检查一下 Implicit Nonlinear 是否被选为分析类型并单击 OK。
- 在 Analysis 应用窗口中选择"Subcases..."并在 Analysis Type 下拉菜单中选择 Static。
- 单击"Subcase Parameters..."按钮。

静力学分析参数定义菜单如图 3-11 所示。

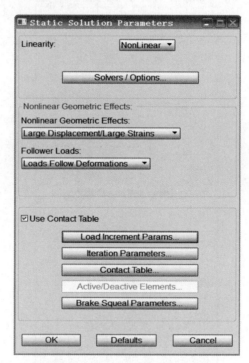

图 3-11　静力学分析参数定义菜单

Linearity：确定子工况是否考虑非线性的影响。

2）非线性求解参数。

- Nonlinear Geometric Effects：定义子工况包含的几何非线性或材料非线性类型。
- Follower Loads：指定力是否会跟随变形而改变方向。

Load Increment Params...：定义载荷增量是固定的或自适应的以及用哪种自适应的方法。

Iteration Parameters...：设置每个载荷增量步要求解平衡所采用的迭代参数。

Contact Table...：激活接触体、不激活接触体和控制分析中接触体的行为。

5．多分析步的分析设置

多分析步的设置在前面部分已做过一些介绍，在此再做一些补充说明。

在线性分析中，子工况是指通过将不同的负载向量代入方程而构成的单独的分析情况，使得每个子工况等效于单独的分析。SOL 400 保留了这个术语，并且允许用户通过将每个子工况作为单独的分析来在同一作业中运行多个单独的分析。这将子工况的第一分析步开始时的结构视为未变形的、无载荷的结构，没有从前一子工况传递来残余应力或应变。这与一个分析步相反，在分析步中，前一分析步结束时的载荷和条件构成了下一分析步的开始点。因此，在一个单独的分析中，一个子工况中的一系列的分析步构成了一组载荷步。具体的菜单窗口如图 3-6 所示。

3.4　采用非线性分析状态文件(.sts)监控

SOL 400 分析过程中会产生一个状态文件（jobname.sts），可供用户查询分析的进展情况以及作业是否已完成。用户实时监控 SOL 400 作业的最简便方法是用一个文件改变时会自动更新的文本编辑器打开.sts 文件。

一个 STS 文件的名称由作业的根名称和后缀 sts 组成，例如，my_job.sts。STS 文件给 MSC Nastran 用户提供了一个方便和简洁的方法来监控增量求解过程并检查整个迭代过程相关信息。经验丰富的用户可以查看 f06 文件中的非线性迭代信息的输出，这些迭代信息每条由百分号"%"开头。f06 文件提供非线性解的所有信息。无论手动或自动，时间步长程序用于分析过程时，此文件中的信息都重要。每个增量步成功求解结束后增加写入一行。一个典型的 STS 文件如图 3-12 所示。它的内容很好地由文件本身解释，图中所示的格式可能与有些版本给出的格式略有不同。

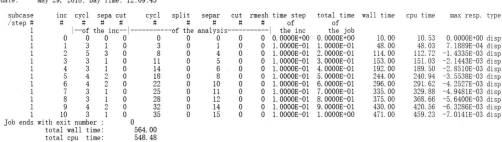

图 3-12　状态文件示例

第一列显示子工况/分析步号，而第二列显示分析步中的增量步号。如同在列 TIME STEP OF INC 中所看到的那样，并不是每一个增量步大小都是相等的。第三列（Cycl#）表明在该增量步中的迭代次数。

还有一个打开 jobname.sts 文件的便捷方式，用户可以在 Patran 分析窗口中的 Monitor 选项中打开该文件，如图 3-13 所示，Patran 已知作业目录和作业文件名。此外，用户还可以查看其他 MSC Nastran 的作业文件，包括.f06、.f04 和.log 文件。通过关键词搜索选项搜索.f06 文件可以很容易地找到 SOL 400 运行中的错误（搜索"fatal"可以立即找到使作业中止的致命错误）。

图 3-13　运行监控菜单

查看.f04、.f06 文件，可以关注以下信息：

● 　所有采用的收敛控制。

● 　所有迭代的细节。

● 　方程组求解器的信息，包括是否有数值奇异、零对角项和负特征值等。

● 　在针对求解困难和故障排除有用的信息，如高残余力位置、位移特别大的位置、接触变化位置等。

3.5　SOL 400 分析信息

MSC Nastran 产生了大量的有关执行的问题，.f04 文件提供程序模块被执行的序列信息以及每个模块所需要的时间；.log 日志文件包含系统信息。

由于操作系统或程序检测到的错误会导致 MSC Nastran 作业中止运行，如果设置了 DIAG

44，这些错误中的大多数发生时，MSC Nastran 将产生几个关键的内部表的转储（dump）。在转储时，有可能是一个致命的消息写入到该文件。此消息的一般格式是：

> ***SYSTEM FATAL ERROR 4276, subroutine-name ERROR CODE n

每当 MSC Nastran 不能满足继续求解的条件而发生中断时就会产生一些信息，如 FATAL ERRORS, 或其他文本。特定的中断原因通常会在.f06 和/或.log 文件中输出。

例如，在 SOL 400 中非线性分析会因发散而中断。此时，在.f06 结尾语句"＊＊＊END OF JOB ＊＊＊"之前会打印显示出"FATAL ERROR"，并且在紧接着发散的迭代信息后面（在.f06 文件中以"%" 开始）会找到下列打印信息：

> "N O N - L I N E A R I N T E R A T I O N M O D U L E O U T P U T"
> *** JOB DOES NOT CONVERGE AT THE CURRENT TIME STEP OR INCREMENT.
> *** SOLUTION DIVERGES FOR SUBCASE m STEP n.

MSC Nastran 有两个退出号，即：

- 0：normal exit　正常退出。
- -1：fatal error　致命错误。

MSC Nastran 提供很多用户致命错误信息(UFM)，在 STS 文件的结尾处，一个正常/成功地运行退出信息如图 3-14 所示。

```
Job ends with exit number :        0
              total wall time:     48.00
              total cpu  time:     47.33

              exit DEFINITION -----
              = 0  job terminates normally
              = 1  job terminates abnormally (check Fatal Error Message in F06)
```

图 3-14　STS 文件结尾信息

作业异常中止时用户可以参考 jobname.f06 文件给出的致命错误信息。这些信息将在本节稍后讨论。调试收敛问题的一个方法是使用 nloprm 模型数据卡片，如 nldbg = advdbg, dbgpost 等选项来启动在.f06 文件中输出载荷增量步诊断以便帮助调试模型。每一个载荷增量步的每次迭代在.f06 文件中产生一个报告，给出收敛性和刚度的更新信息，如图 3-15 所示。

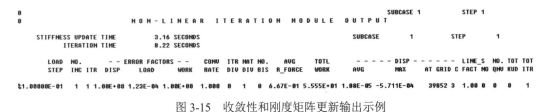

图 3-15　收敛性和刚度矩阵更新输出示例

如果作业在 100%加载前中止，则可以使用收敛信息来确定可能的原因。SOL 400 所使用的默认数值迭代方法是全牛顿法，根据迭代收敛所需的迭代次数来调整载荷增量大小。如果收敛很容易实现，增量载荷大小将被调整，如果需要比目标数更多的迭代才收敛，则将减少。一旦所选收敛准则的误差因子低于所要求的值（称为收敛容差），就认为收敛了。在这个收敛和刚度更新信息中，给出以下值：

LOAD STEP：当前增量载荷值达到的总载荷的系数。

NO. INC：当前增量步在当前分析步中的增量步号。

ITR：当前载荷增量步的迭代次数。

- - - - - - ERROR FACTORS - - - - -列下，度量收敛程度的收敛/误差系数。

- DISP：位移矢量残差。

- LOAD：载荷矢量残差。

- WORK：功值（应变能）残差。

CONV RATE：收敛率。

ITR DIV：在这个增量步中发散的迭代次数。

MAT DIV：由于增量步中的材料问题而导致的发散迭代次数。

NO. BIS：在这个载荷增量步的二分缩减的次数。

AVG R_FORCE：平均残余力。

TOTL WORK：在模型域中力对位移的积分（即总功）。

- - - - - DISP - - - - -列下，位移累计。

- AVG：在该载荷增量中发生的平均位移值。

- MAX：在该载荷增量中发生的最大位移值。

- AT GRID：给出最大位移出现的节点号。

- C：表示节点在最大位移发生时的自由度（分量）。

LINE_S列下，线性搜索参数。

- FACT：线性搜索因子（全牛顿拉法不能用）。

- NO：搜索的次数（全牛顿法不能用）。

NO. QNV：拟牛顿矢量的个数。

TOT KUD：本次分析/子工况的刚度矩阵更新总次数。

TOT ITR：本次分析/子工况的总迭代次数。

1. 收敛

从用户的角度来看，当执行非线性模拟时，最困难的事情是解决分析中遇到的收敛问题。

注意：MSC Nastran 的收敛可能有以下多种含义，注意区分：

• 迭代求解器的收敛

• 特征值提取的收敛

• 气动弹性颤振计算中的收敛性

• 优化的收敛

• 平衡的收敛

在本节中，我们只关注结构系统的平衡收敛。图 3-16 给出了用户要采取步骤的一个快速小结。对于结构分析，没有收敛意味着数值解没有达到所期望的精度水平。即使收敛了，强烈建议查看一下需要多少次迭代，并考虑迭代次数是否比较合理、是否过多。记住迭代次数对计算成本有着重要的影响，因此不仅要求求解收敛，而且还要高效的收敛。

2. 确定求解是否没有收敛

对于 SOL 400，如果没有收敛，软件退出号为 1。输出文件也给出了相应的信息，比如：

- 用户收敛次数的上限。

- 最小时间步长超出/时间步过小。

- 允许最小二分次数超出。

● 过大的矩阵主元比（Pivot Ratio）。

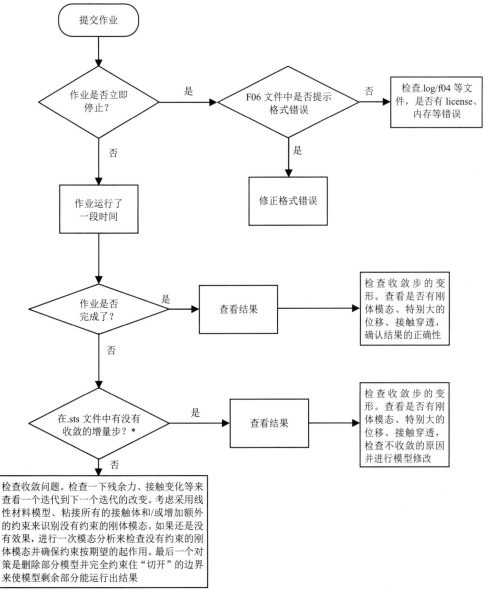

图 3-16　SOL 400 运行查错流程图

*有一步收敛的结果非常重要，因为这意味着有了合适的（还不一定正确）输入文件、载荷和约束。收敛结果对于潜在阻止模型运算完成的问题提供很多参考信息，潜在的问题包括：接触穿透、过大的应变或变形、自由飘动的部件（有时数值阻尼可让没有合适的边界条件或不合适的接触状态导致约束不够的部件收敛）。

3.　确定仿真作业收敛的快慢

为了确定求解收敛的快慢，检查 jobid.sts 文件看看每个增量步迭代次数。

每个增量步 1 次迭代：可能是误导的。这意味着，收敛测试是基于相对残余力/力矩，并可能有一个非常高的反力值。

每个增量步 2 次迭代：是非常好的。

每个增量步的迭代次数在 3~6 之间：通常是好的，也许应该使用较小的时间步长，但也可能说明在模拟中非线性的位置/特性发生了变化。

每个增量步的迭代次数为 7~8：表示应谨慎行事。

每个增量步的迭代次数大于 8：表示作业有问题，用户可能修改模型。

作业不收敛的原因有很多，在同一个模型中常常会出现多种现象。

3.6 方程矩阵求解方法介绍

3.6.1 求解程序

在数值求解时，软件不对刚度矩阵求逆，而是使用由高斯消去法演变的直接法或迭代法这两类方法。刚度（或切线刚度）矩阵可以是对称或非对称的，MSC Nastran 可以使用的求解程序见表 3-1。

表 3-1 MSC Nastran 可以使用的求解程序

	对称正定矩阵		对称非正定矩阵		非对称正定矩阵		非对称非正定矩阵	
	实数	复数	实数	复数	实数	复数	实数	复数
直接法顺序求解	是	是	是	是	是	是	是	是
直接法 SMP	是	是	是	是	是	是	是	是
直接法 DMP	是	是	是	是	是	是	是	是
直接法 DMP/SMP	是	是	是	是	是	是	是	是
基于单元的迭代法顺序求解	是	否	否	否	否	否	否	否
基于矩阵的迭代法顺序求解	是	是	否	否	否	否	否	否
基于矩阵的迭代法 DMP	是	是	否	否	否	否	否	否

3.6.2 矩阵条件

对于线性系统，类似于 SOL 101 遇到的，矩阵条件由那些可由用户控制的现象造成的。

（1）存在刚体模态，由于系统约束不够引起的。对于建筑物这样的结构，这是一个用户错误，应该使用 SPC 来确保没有刚体模态。对于飞行中的飞机或火箭的模型，这是正常的设计工作状态，所以应该使用惯性释放（INREL 参数）来消除刚体模态。如果用户不确定是否消除了一个模型的刚体模态，可以使用 AUTOSPC 工况控制选项。

（2）条件差的矩阵，因为实体单元使用非常大的长宽比。典型的，如果长宽比大于 100 会在结构分析中引起问题，此时，要么改进网格，要么切换到梁或壳单元。对于传热分析则没有问题。

（3）非常薄的壳或梁单元。问题是由于（高）薄膜和（低）弯曲刚度不匹配引起的。对于壳模型，这种情况更可能发生，在这种情况下，切换到薄膜单元可能更好。

（4）平板壳，因为在经典的 CQUAD4 和 CTRIA3 壳单元公式会在面法线方向上产生奇异。K6ROT 参数可以用来解决这个问题。

（5）材料的弹性模量的差异，例如，一个材料的杨氏模量 1.e7 而另一种材料的杨氏模量 1.e-1。确保模型中没有数据错误。

（6）泊松比= 0.5 并采用传统的实体单元，要么设置泊松比为 0.49 和/或使用高级的体积不可压缩单元。

（7）材料接近或超出稳定极限的正交各向异性材料。

（8）相互冲突的约束，这意味着以前定义为约束的自由度又作为保留自由度，可能会导致糟糕的矩阵条件。有时这可以手动修正，但推荐的方法是使用参数 AUTOMSET, YES。应该指出的是，这个过程中会增加相应的成本，但还是强烈建议用它，尤其是当使用节点对面段接触和在 MDLPRM 模型数据卡片中设置了 LMT2MPC = 1 的情况下。

对于非线性分析，较差矩阵条件的其他可能的来源有：

（1）当刚性单元（RBAR、RBAR1、RJOINT、RROD、RTRPLT、RTRPLT1、RBE1、RBE2、和 RBE3)与拉格朗日乘子一起使用时可能导致较差的数值条件数。

RIGID 刚性控制案例命令选择刚性单元的类型，它有以下格式：

$$RIGID = \begin{bmatrix} LINEAR \\ LAGRAN \\ LGELIM \end{bmatrix}$$

有几个策略：LINEAR 选择线性刚性单元，LAGRAN 会选择用拉格朗日乘子法的拉格朗日刚性单元，LGELIM 会选择用拉格朗日消去法的拉格朗日单元。

如果在 SOL 400 用户工况下控制文件中没有 RIGID 控制工况下命令，默认选择 RIGID=LAGRAN。

（2）如果只有小转动发生，所有的非线性都是由于材料的行为所致，那么可以使用 RIGID=LINEAR；否则，可以使用 RIGID=LGELIM。

（3）当发生结构屈曲时，这可能是全局屈曲，如经典欧拉梁或柱屈曲或起皱的航空航天板材结构。用户可以使用 NLSTEP 卡片中有关参数获得求解结果，也可以考虑惯性项的影响，即采用瞬态动力响应进行分析。

（4）接触，特别是当一个物体分离时，会有多个刚体模态。

（5）接触时，使用节点对面段接触算法且使用拉格朗日乘子。拉格朗日乘子导致病态系统，因为从理论上说，它们导致对角线上的值精确为零。这个问题可以通过使用 MDLPRM 模型数据卡片中的选项 LMT2MPC = 2 来解决。当已通过 SPARSESOLVER 执行控制语句激活了 PARDISO 求解器，就没有必要采用前述设置。这种技术不能用于传热或热机耦合分析。

（6）使用 PARAM, LMFACT 可以减轻与拉格朗日乘子的数值相关的问题。LMFACT 默认值会在输出文件中输出。如果条件数不好，则建议用户将默认值除 100 后输入。

（7）类似 LMFACT，用户可利用 PARAM, PENFN 降低惩罚因子的值。

因此，对于非线性模型，在增量过程中查看条件数是非常有意的。SPARSESOLVER 执行控制语句可以用于控制一些主元数值输出信息的总量。

LMFACT 和 PENFN 参数是运动单元的比例因子和罚函数。采用 LMFACT 和 PENFN 目的是使运动单元和/或接触的零件的刚度值与模型中的其他单元的刚度矩阵值数量级相同。太小的值会产生不准确的结果，而过大的数值会产生数值困难。通常给 LMFACT 和 PENFN 赋相同的值。如有特殊要求，用户可以给 LMFACT 和 PENFN 指定不同的值。但是，如果用户要给 LMFACT 和 PENFN 不同的值一定要小心。如果 PENFN = 0 和 LMFACT = 0，然后为刚性单元的求解方法成为纯粹的拉格朗日乘子法而不再是增广拉格朗日法。

用于运动单元的默认值是由 SOL 400 基于单个单元的几何形状和刚度矩阵的平均大小自动计算的。这意味着实际的比例因子对于每个运动单元是不同的。

3.6.3　直接求解器

对于所有要求解的问题直接求解器都是健壮的，尽管它们可能需要更多的资源来支持大规模实体模型。如果存在较差的数值条件（由于非常薄的壳、混合的材料或屈曲），那么计算成本仅略有增加，可以忽略不计。

MSC Nastran 直接求解器（MSCLDL 和 MSCLU）也可以采用并行和 GPGPU 技术进行加速。MSC 求解器具有分布式内存、共享内存和组合求解功能。由于硬件的不断改进和模型尺寸的变化，很难预测这些技术对性能改善的幅度。

在 MSC Nastran 2014 版本中引入了英特尔 MKL PARDISO 求解器中。如果有足够的内存，SMP 显示加速比大大提高。该求解器通过在 SPARSESOLVER 执行控制语句采用 FACTMETH = PRDLDL 来激活。

SPARSESOLVER 执行控制语句也可以选择其他的求解方法以及其他选项，但还是推荐使用 MSC Nastran 直接求解器或 PARDISO 求解器。

3.6.4　线性方程并行求解

在 MSC Nastran 提交时设置 SMP = N 后 MSC Nastran 直接求解的 SMP 功能就被激活，因此分解（DCMP）模块、向前消元-回代（FBS）模块在芯内级别并行。

当使用 SMP 时推荐 PARDISO 求解器，该求解器在多核计算机具有更好的可扩展性。然而，它消耗的内存为 MSC Nastran 直接求解器的 2～5 倍。

对 MSC Nastran 直接求解器，使用 DOMAINSOLVER STATDMP 激活 DMP 功能。区域数目通过在 MSC Nastran 的提交命令 DMP = M 设置。

DMP 的实现是通过使用信息传递接口（MPI）实现的，而默认的 MPI 是可以接受的，用户可以自由选择一个特定的 MPI。

对于直接求解器通常设置 DMP = 2 或 = 4。

对于 SOL 400 目前推荐使用 SMP 和 PARDISO 求解器，如果有足够的可用内存尽量在芯内运行 PARDISO 求解器。DMP 的技术将继续得到支持，SOL 400 采用 MATDIGI 模型数据卡片是最好的选择。

3.6.5　内存使用

用户可以通过在命令行上指定内存来指定工作所需的内存量。默认值是 MEM = max，它表示内存等于"允许的最大内存量"。这个内存量由 MEMORYMAXIMUM 关键词设置。MEMORYMAXIMUM 的默认值是机器上 50% 的物理内存。

当 DMP 用于并行仿真，那么用于每个进程的内存量为 MEMORYMAXIUM 除以所需的进程数。

例如，DMP = 2，给用户每个 DMP 处理器可用内存的 1/4。给予 User Open Core、Executive System、Master、Scratch Memory (smem) 和 buffer Pool (bpool) 的内存量与具体的问题相关。

如果 SOL 400 采用 MSCLDL 求解器，各种系统的内存标准划分的目的是提供尽可能多的内存 bpool 降低矩阵计算 I/O 成本单元。如果 SOL 400 使用 PARDISO，内存划分目的是确保 Pardiso 求解器在芯内运行。尽管 PARDISO 求解器也可以在芯外求解，但是如果没有足够的内存可用让 PARDISO 求解器在芯内求解，建议使用 MSCLDL 求解器。

出于上述原因，使用 PARDISO 求解器经常使用超过一半的存储器系统。这可以通过内存设置实现，比如机器有 128 GB 的内存可以设置 MEMORYMAXIMUM = 100GB。在此提供一点大致信息，一个 4 百万自由度的汽车车身模型并设 MEM=max 并采用 PARDISO 求解器在芯内求解。提交求解时提交的参数为：

```
mem=max, smp=2,mode=i8
```

有关内存信息参见表 3-2。

表 3-2　内存信息

Total System Memory	Total MSC Nastran Memory	User OpenCore	Buffer Pool
96gb	48gb	35gb	11.75gb

在芯内运行 PARDISO 求解器需要 12.45 GB 的内存，意味着 User OpenCore 有足够的内存在芯内运行程序。

在某些情况下，可能需要使用超过一半的系统内存来保证 PARDISO 求解器在芯内运行，在此时对于上面例子的系统可以设置 MEM=max 与 MEMORYMAXIMUM=80gb。

3.6.6　迭代求解器

迭代求解器是求解大型系统的一种可行的方法。迭代求解器分为两类：基于单元的和基于矩阵的。工况控制命令 SMETHOD 用于指定具体的类型，如果有的话，利用 ITER 模型数据卡片可以进一步定义控制。这些迭代方法是基于预条件共轭梯度法的。这些迭代方法的最大优点是，它们允许在计算成本较低的情况下解决非常大的系统问题。无论硬件配置如何，这都是正确的选择。这些方法的缺点是，求解的时间不仅依赖于问题的大小，而且取决于系统的数值。一个条件差的系统会导致收敛速度很慢并因此增加计算成本。

在讨论迭代求解器时，引入了两个相关概念：分形维数和条件数。两者都是数学概念，尽管分形维数是一个更简单的物理概念。分形维数，其范围在 1～3 之间，是衡量"矮胖的"度量。例如，梁的分形维数为 1，而立方体的分形维数为 3。一般来说，当问题的分形维数大于 2.5 时，即模型主要由三维实体单元构成，迭代法更好。

条件数与系统的最低值与最高特征值比值相关。这个数字也与奇异比相关，在使用直接求解器时，在 SOL 400 输出文件中会有奇异比的报告。涉及梁或壳的问题时，条件数通常是小的，因为膜和弯曲刚度差异较大。

有些类型的分析对迭代求解器是不合适的，这些类型包括：

● 多工况的弹性分析。

● 显式蠕变分析。

● 特征值分析。

多工况弹性或显式蠕变分析采用不同的载荷矢量进行反复求解。当使用直接求解器时，使用回代非常高效。如果使用迭代求解器，刚度矩阵不会被分解，一个新的载荷矢量就需要一个完整的求解过程。

迭代求解器使用工况控制命令 SMETHOD 激活。使用 SMETHOD=ELEMENT 激活基于单元的迭代求解器（CASI）；SMETHOD=MATRIX 则激活基于矩阵的迭代求解器。两种迭代求解器都导致内存需求、磁盘 I/O 和缓存磁盘空间显著减少。

迭代求解器具有控制精度的附加参数，涉及线性解方面的收敛性。

注意：牛顿法的迭代收敛控制参数仍然主宰整个结构计算的准确性。

此外，所实现的迭代求解器不能用来解决病态问题或非正定模型。有关详细信息，请参见矩阵条件部分的说明。

使用预条件迭代求解改善条件数以减少迭代次数，在 ITER 模型数据选项中设置。

对于基于矩阵的迭代求解器，有许多预条件处理方法，可以使用默认的 Block Incomplete Cholesky (BIC)。对于条件良好的系统，雅可比方法可能更快。

对于基于单元的迭代求解器，只有一个选择：

ITER, PRECOND,CASI

使用基于单元的迭代求解器，需要满足以下条件：

● 无 GENEL 单元。

● DMIG 矩阵必须小。

● 不能缩聚到超单元。

● 无特征值分析。

● 无惯性释放。

● 无标量点，采用传统节点。

● 非热分析或热机耦合分析。

● 不支持 AUTOSPC。

基于矩阵的迭代求解器的限制比较少。可在 ITER 模型数据卡片中获得附加控制，比较重要的参数有：

ITSMAX：允许的最大迭代次数。对于良好的系统，最大迭代次数应该与自由度的平方根同一个数量级。MSC Nastran 使用较大的数。

ITSEPS：收敛准则，设为 1.e-6。

PARAM, CASIEMA：Yes 或 No。如果选了 Yes，当 CASI 求解器遇到一个条件数不好的系统或非正定矩阵时，软件会自动切换到直接求解器，不推荐使用。

　　PARAM,CASPIV, 1.e-10：这是确定系统是否处于较差条件数状态的矩阵主元比（pivot）阈值。小于该值会导致 CASI 求解器打印一个错误信息，然后停止运算，除非参数 CASIEMA 设为 Yes。

　　对于一个正定系统，最大迭代次数等于要求解的自由度个数。对于一个条件良好的系统，需要的迭代次数应小于方程数的平方根。

　　如果系统是非正定的，在 NLSOLV 模块会产生一个致命的错误，这种情况可能有多种原因。当切换到直接求解器能得到一个数值解，需要格外注意确认得到的是有意义的工程解。

　　注意：目前两个迭代求解器都不能利用 GPGPU 硬件加速器。

　　基于单元的迭代求解器如果在命令行指定则自动利用 SMP 技术。基于矩阵的迭代求解器可以同 DMP 技术一起使用，更多的细节请查看参考文献[13]中有关模型数据卡片 MDLPRM 和 DMPITER 部分。

4

结果输出及后处理

4.1 概述

本章主要介绍 SOL 400 分析输出结果的类型及设置，内容包括：指定输出结果中包含哪些特别结果量的输出工况控制卡片；如何使这些输出要求体现在 SOL 400 输入文件以及在 Patran 中如何设置；哪些结果量（如接触结果输出）包含在要求的输出数据块中；不同的求解序列推荐输出什么格式或文件类型；哪些结果是可以输出的和推荐输出的。

MSC Nastran 早期的输出文件格式有 XDB、OP2、MASTER/DBALL 等，自 2016 版本开始引入了基于 HDF5 标准的新的结果数据库，目前在 Patran 2018 中是默认结果输出格式。这是一个开放的格式，允许用户更加容易获取结果。该数据可以通过公共的阅读器进行访问，也可以通过 Python、Java 或者 C++进行存取。在 2018 版本中，HDF5 输出数据块支持 SOL 101、SOL 103、SOL 105、SOL 107、SOL 108、SOL 109、SOL 110、SOL 111、SOL 112、SOL 200 和 SOL 400。

HDF5 的浏览器 HDFView 可以在https://support.hdfgroup.org/downloads/index.html 站点中下载。图 4-1为用 HDFView 对结果文件进行浏览的实例。

另外，近几年的版本对 MASTER/DBALL、OP2 结果格式也做了较大的改进，支持更多的结果量的输出，导入后处理器的效率也有所提高。

本章不对所有要求的结果进行详细解释，读者可以参考有关软件随机文档。在这一章中，对结果进行了比较完整的介绍，包括各种结果的数学描述，如柯西应力和工程应变定义。对前后处理器如 Patran 产生一些结果图像条纹图的细节做一些解释，简要说明条纹图结果值是如何通过数值计算得到的。理解这些计算对于解释条纹图的结果是很有必要的，特别当一个区域网格比较粗时，意味着在计算应力的单元积分点到用于图形显示的边界上的节点之间有一个较大距离的数值外插。

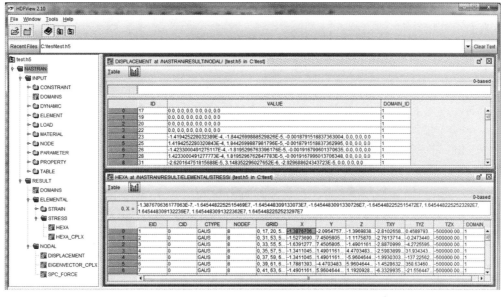

图 4-1　HDFView 浏览结果文件

4.2　工况输出要求

作为输入的一部分，用户要指定要求从 MSC Nastran 输出的结果量以及用哪种格式输出，MSC Nastran 输出的格式包括 MASTER/DBALL、OP2、XDB 和 HDF5。输出文件的格式通过 PARAM,POST 模型数据卡片指定，输出要求被放置在输入的工况控制部分（如何申请 MASTER/DBALL 输出和工况控制中输出要求参见下面卡片数据例子）。对大多数 MSC Nastran 求解序列 DISPLACEMENT、SPCFORCES 和 STRESS 是最常见的输出要求，SOL 400 中的 NLSTRESS 和 BOUTPUT 输出要求可以输出非线性分析求解特有的结果，如失效指标、非线性应力/应变张量、接触状态、接触力和接触应力等。这些选项控制可通过 Patran 分析菜单窗口设置。

```
SOL 400
CEND
TITLE = EXAMPLE
BCONTACT = ALL
SUBCASE 1
STEP 1
TITLE=This is a default subcase.
ANALYSIS = NLSTATIC
NLSTEP = 1
BCONTACT = ALLBODY
SPC = 2
LOAD = 1
DISPLACEMENT(SORT1,REAL)=ALL
SPCFORCES(SORT1,REAL)=ALL
STRESS(SORT1,REAL,VONMISES,BILIN)=ALL
NLSTRESS(SORT1)=ALL
```

```
BOUTPUT(SORT1,REAL)=ALL
BEGIN BULK
```

MSC 公司建议 SOL 400 分析输出使用 MASTER/DBALL、HDF5 或新的.op2（PARAM, POST,1）文件格式。使用 MASTER/DBALL 格式的优点是，它包含了从 MSC Nastran 运行所有的数据库信息并可用于以后提取模型的属性。这种格式的缺点是它是平台特定的（即不可跨平台移植），占用了更多的磁盘空间。新的.op2 格式优势需要的磁盘空间比 MASTER/DBALL 少，具有一定的跨平台的可移植性[更多细节参见参考文献[13]的文件管理部分（FMS）]。

SOL 400 可以得到与 SOL 106 和 SOL 129 所得完全相同的应力和应变结果，还能提供更高级的模拟能力。在下面的章节中详细讨论了所使用的应力和应变度量。对于 SOL 400 分析所有可能返回的结果完整列表请参阅参考文献[13]。

输出要求如 BOUTPUT、STRESS、DISPLACEMENT、NLSTRESS 和 SPCFORCES，用来告知 MSC Nastran 分析得到的输出量，它们是 MSC Nastran 的工况控制命令。用户可以在参考文献[10]中的第 2 章 MSC Nastran 文件部分找到有关的 MSC Nastran 输入文件更多信息。表 4-1 是一个 MSC Nastran 分析可以选择工况控制输出的要求。

表 4-1 MSC Nastran 输出要求描述

工况控制输出要求	描述
ACCELERATION	要求按指定形式和类型输出加速度矢量
BOUTPUT	要求输出接触状态、接触界面上的截切力、截切分布力、法向力、法向分布力等
DISPLACEMENT	要求按指定形式和类型输出位移或压力矢量
	注意：PRESSURE、VECTOR 都是 DISPLACEMENT 等价命令，但目前很少使用
EDE	要求输出所选单元每个循环中能量的损失
EKE	要求输出所选单元动能
ELSDCON	要求输出基于单元应力的应力不连续量
ENTHALPY	要求按指定形式输出瞬态热分析中的焓矢量
ESE	要求输出所选单元的应变能
EQUILIBRIUM	指定平衡力计算输出选项，包括施加的载荷、单点约束力、由多点约束和刚性单元引起的力。仅支持 SOL101
FLUX	要求按指定形式和类型输出传热分析中梯度和热流
FORCE	要求按指定形式和类型输出流体-结构耦合分析中的单元力或粒子速度 注意：ELFORCE 是 FORCE 的等价命令
GPFORCE	要求输出所选节点的力平衡计算结果
GPKE	要求输出所选节点的动能，仅在模态分析中采用
GPSDCON	要求输出基于节点应力的网格应力不连续量（参见 GPSTRESS）
GPSTRAIN	要求仅打印输出节点应变
GPSTRESS	要求仅打印输出节点应力
HDOT	要求按指定形式输出瞬态传热分析中焓矢量变化率

工况控制输出要求	描述
MODALKE	要求模态动能计算并按指定输出形式
MODALSE	要求模态应变能计算并按指定输出形式
MEFFMASS	要求在正常模态分析中输出模态有效质量、参与因子和模态有效质量分数
MPCFORCES	要求按指定形式和类型输出多点约束反力矢量
NLSTRESS	要求按指定形式和类型输出非线性求解序列得到的非线性单元应力
NLOUT	要求附加的非线性分析结果的输出。需要参考 NLSTRESS 工况控制命令
OLOAD	要求按指定形式和类型输出载荷矢量
RCROSS	要求在随机分析中互功率谱密度和互相关函数的计算与输出
SPCFORCES	要求按指定形式和类型输出单点约束反力矢量
STRAIN	要求按指定形式和类型输出应变
STRESS	要求按指定形式和类型输出应力 注意：ELSTRESS 是等价的命令
STRFIELD	要求用于图形后处理和网格应力不连续量的节点应力计算
SVECTOR	要求按指定形式和类型输出特征矢量
THERMAL	要求按指定形式和类型输出温度
VELOCITY	要求按指定形式和类型输出速度矢量

　　如用户要找到其他的结果类型或更详细的每个输出要求类型的完整列表，请参见参考文献[13]中工况控制部分。

　　工况控制命令 NLOPRM 能更好地控制在求解过程中的非线性求解结果的输出。它支持用户直接访问 MSC Nastran 非线性求解结果即使作业仍在运行；给用户一些工具来监控和调试的非线性求解过程和获得一些非线性求解过程内在信息；允许用户打印出在接触前和接触过程中从接触约束得到的 MPCY 和 MPC 方程。

　　1. 输入

$$NLOPRM = [OUTCTRL = \{STD, SOLUTION, INTERM\}]$$

$$\left[NLDBG = \left\{ \begin{array}{l} NONE \\ NLBASIC, NRDBG, ADVDBG, \left\{ \begin{array}{l} N3DBAS \\ N3DMED \\ N3DADV \end{array} \right\} \end{array} \right\} \right]$$

$$\left[DBGPOST = \left\{ \begin{array}{l} NONE \\ LTIME \\ LSTEP \\ LSUBC \\ ALL \end{array} \right\}, \ MPCPCH = \left\{ \begin{array}{l} NONE \\ BEGN, OTIME, STEP \\ TBEGN, YOTIME, YSTEP \end{array} \right\} \right]$$

2. 示例

NLOPRM OUTCTRL=STD,SOLUTION DBGPOST=LTIME
NLOPRM OUTCTRL=(SOLUTION,INTERM), MPCPCH=(OTIME,STEP)

3. 输出

NLOPRM 工况控制命令的输出基本上是由四个关键词 OUTCTRL、NLDBG、DBGPOST 和 MPCPCH 控制。每个关键词有一组描述，可以一次指定一个或多个并列。可以预定输出到几乎所有 MSC Nastran 输出的文件，如.f06、.pch、.op2 和.dball，这取决于使用哪个关键词。

注意：

（1）NLOPRM 工况控制命令可能只出现所有的 SUBCASE、STEP 和 SUBSTEP 分隔符之上。

（2）对于 OUTCTRL=SOLUTION，只有非线性的求解结果如非线性应力、应变、接触状态等在用户指定的输出时间间隔输出。对于超单元，不计算和恢复任何求解结果。一旦所有非线性迭代完成，作业就终止。当作业带有 scratch=post 设置启动后，非线性解的结果也保存在 DBALL 文件中，当工作完成时，它们可以用于后处理。

（3）当指定 OUTCTRL=INTERM 时，在用户指定的输出间隔，非线性的求解结果如应力、应变、接触状态等将输出到各自单独的.op2 文件用于后续的后处理。当作业还在运行时，用户也可以访问这些文件。一个典型的.op2 文件名称为作业名称后跟一个八位数的号码作为后缀名，如 my_job.00000008。在.f06 文件中会有一个.op2 文件的相关信息，标明其对应的载荷或时间增量步、分析步、子分析步和子工况。

（4）NLDBG 是 SOL 400 用户高级接触输出要求。用户可以查看更多的接触非线性迭代细节。在模型调试选项中 N3DBASE 可以在.f06 中打印出一些基本接触信息。包括主动接触节点在被接触面上的接触条件和接触分离力。标准的接触状态输出可以通过工况控制命令 BOUTPUT 要求输出。

（5）DBGPOST 用于选择非线性迭代信息以便用于调试模型。当 DBGPOST 被激活，会创建一个 MSC Nastran 的数据块 OFDBGDT，用于存储在用户指定的载荷或时间增量步、分析步或子工况中迭代过程中的位移与残余力矢量。

（6）MPCPCH 可以在 punch 文件中以 MPC 或 MPCY 模型数据卡片的格式输出接触分析过程中的多点约束。这可能是用户了解 MSC Nastran 如何处理接触的最有用工具。

4.3 MSC Nastran 结果量

对于大多数求解序列，Patran 中 MSC Nastran 接口界面窗口包括两种输出要求窗口：基本的（Basic）和高级的（Advanced）。基本窗口保留能够指定在整个模型输出要求的简易性，采用 MSC Nastran 的工况控制命令的默认设置。有一个特殊的集合定义在 Patran 称 ALL FEM，代表在 Patran 中 MSC Nastran 接口界面确定的所有参与分析的节点和单元。此默认集合用于在基本输出要求窗口中选择的所有输出要求。

高级输出要求窗口允许用户更改默认选项。由于输出要求必须与分析类型相匹配，所以窗口将根据不同的求解序列进行更改。高级输出要求增加了能够将一个给定的输出要求与 Patran 子集关联的功能，通过 Patran 中组（group）的功能易于实现。此功能可以用于显著减少模型结果的输出量、优化输出文件的大小和减少结果导入前后处理器的时间。Patran 中组的功能细节可以参见参考文献[20]中有关内容。

SOL 400 产生的应力和应变结果不同于其他求解序列的结果。

4.3.1　Patran 指定结果输出菜单

如图 4-2 所示的窗口用来要求从 MSC Nastran 输出用于后处理（后处理文件）和文本验证（文本文件）的结果。

（1）单击"Analysis Application"按钮弹出 Analysis 应用窗口。

（2）在 Analysis 应用窗口选择 Subcases... 和选择 Output Requests... 从 Subcase Options 部分。

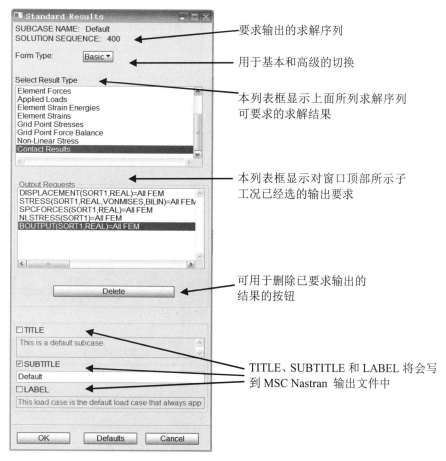

图 4-2　指定输出结果的基本菜单界面

4.3.2　高级输出要求

高级输出要求窗口如图 4-3 所示，它为创建输出要求时提供了极大的灵活性。输出的要求可与不同组以及不同的超单元关联。可供选择的输出要求取决于所选的求解类型、求解参数和转换参数。高级输出要求窗口对所选的结果类型会出现不同的菜单，表 4-2 中列出了高级输出要求及其相关选项的说明。

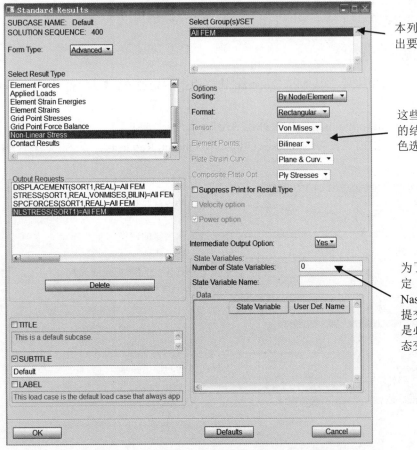

图 4-3　指定输出结果的高级菜单界面

表 4-2　选项描述

选项	菜单标号	工况控制命令或模型数据选项	组别	是否允许多选择	描述
Sorting（排序）	By Node/Element	SORT1	单元	否	输出显示为每个载荷、频率、特征值或时间的节点/单元的表格列表
	By Frequency/Time	SORT2	单元	否	输出显示为每个节点或单元的频率或时间的表格列表
Format（格式）	Rectangular	REAL	单元	否	要求复数以实部和虚部的格式输出
	Polar	PHASE	单元	否	要求复数以幅值和相位的格式输出
Tensor（张量）	Von Mises	VONMISES	单元	否	要求输出米塞斯应力或应变
	Maximum Shear	MAXS	单元	否	要求输出最大剪应力或八面体应力或应变

选项	菜单标号	工况控制命令或模型数据选项	组别	是否允许多选择	描述
Element Points（单元点）	Cubic	CUBIC	单元	否	要求输出 QUAD4 单元在角节点处和单元中心的应力或应变，使用带三次弯曲校正的应变计方法
	Corner	CORNER	单元	否	要求输出 QUAD4 单元在角节点处和单元中心的应力或应变
	Center	CENTER	单元	否	仅要求输出 QUAD4 单元在单元中心的应力或应变
	Strain Gage	SGAGE	单元	否	要求输出 QUAD4 单元在角节点处和单元中心的应力或应变，使用应变计的方法
	Bilinear	BILIN	单元	否	要求输出 QUAD4 单元在角节点处和单元中心的应力或应变，使用双线性外插的方法
Composite Plate Options（复合材料板选项）	Element Stresses	在工况控制中为 STRESS=N（或 ALL）以及在模型数据卡片中 PARAM, NOCOMPS, -1	单元：表面	否	复合材料层应力和失效指数的输出被抑制。输出等效均匀单元的单元应力
	Ply Stresses	在工况控制中为 STRESS=N（或 ALL）以及在模型数据卡片中 PARAM, NOCOMPS, -1	单元：表面	否	输出复合材料层应力和失效指数。模型应包含定义复合材料的 PCOMP 卡片
	Ply Strains	在工况控制中为 STRESS=N（或 ALL）以及在模型数据卡片中 PARAM, NOCOMPS, -1	单元：表面	否	输出复合材料层应变和失效指数。模型应包含定义复合材料的 PCOMP 卡片
	Element and Ply Stresses	在工况控制中为 STRESS=N（或 ALL）以及在模型数据卡片中 PARAM, NOCOMPS, -1	单元：表面	否	输出复合材料层应力和失效指数、等效均质单元的单元应力。模型应包含定义复合材料的 PCOMP 卡片
	Element and Ply Strains	在工况控制中为 STRESS=N（或 ALL）以及在模型数据卡片中 PARAM, NOCOMPS, -1	单元：表面	否	输出复合材料层应变和失效指数、等效均质单元的单元应变。模型应包含定义复合材料的 PCOMP 卡片
Plate Strain Options（平面应变选项）	Plane Curv.	STRCUR	单元：表面	否	此选项仅用于单元应变输出要求。在板壳单元的参考面上输出应变和曲率
	Fiber	FIBER	单元：表面	否	此选项仅用于单元应变输出要求。输出位置 Z1 和 Z2（在单元属性中指定）上的应变

选项	菜单标号	工况控制命令或模型数据选项	组别	是否允许多选择	描述
Output Coordinate（输出坐标）	Coord	COORD CID	单元：表面、体	是	为节点应力输出选择输出坐标系。坐标系 0 是基本的坐标系
Volume Output（体输出）	Both	Blank	单元：体	是	要求输出正应力、主应力、方向余弦、平均压应力和米塞斯等效应力
	Principal	PRINCIPAL	单元：体	是	要求输出主应力、方向余弦、平均压应力和米塞斯等效应力
	Direct	DIRECT	单元：体	是	要求输出正应力、平均压应力和米塞斯等效应力
Fiber（纤维）	All	FIBER, ALL	单元：表面	是	指定输出所有纤维位置节点的应力，即在 Z1，Z2 和参考平面位置。Z1 和 Z2 的距离在单元属性中定义（默认 Z1 =−厚度/2、Z2 =+厚度/2）
	Mid	FIBER, MID	单元：表面	是	指定在参考面上输出节点应力
	Z1	FIBER, Z1	单元：表面	是	指定输出 Z1 位置的节点的应力（默认 Z1 =−厚度/2）
	Z2	FIBER, Z2	单元：表面	是	指定输出 Z2 位置的节点的应力（默认 Z2 =厚度/2）
Normal（法向）	X1	NORMAL X1	单元：表面	是	指定输出坐标系的 X 轴作为正向纤维和剪切应力输出的参考方向
	X2	NORMAL X2	单元：表面	是	指定输出坐标系的 Y 轴作为正向纤维和剪切应力输出的参考方向
	X3	NORMAL X3	单元：表面	是	指定输出坐标系的 Z 轴作为正向纤维和剪切应力输出的参考方向
Method（方法）	Topological	TOPOLOGICAL	单元：表面	是	指定用拓扑方法计算平均节点应力。这是默认值
	Geometric	GEOMETRIC	单元：表面	是	指定用几何插值法计算平均节点应力。当相邻单元面斜率有较大差异时，应采用这种方法
X-axis of Basic Coord（基本坐标系的 X 轴）	X1	AXIS, X1	单元：表面	是	采用几何插值法时，指定输出坐标系的 X 轴作为 X 输出轴和局部 X 轴

选项	菜单标号	工况控制命令或模型数据选项	组别	是否允许多选择	描述
X-axis of Basic Coord（基本坐标系的 X 轴）	X2	AXIS, X2	单元：表面	是	采用几何插值法时，指定输出坐标系的 Y 轴作为 X 输出轴和局部 X 轴
	X3	AXIS, X3	单元：表面	是	采用几何插值法时，指定输出坐标系的 Z 轴作为 X 输出轴和局部 X 轴
Branch（分叉）	Break	BREAK	单元：表面	是	采用几何插值法时，将多单元交接处处理成应力不连续的
	No Break	NOBREAK	单元：表面	是	采用几何插值法时，不将多单元交接处处理成应力不连续的
Tolerance（容差）	0.0	TOL=0.0	单元：表面	是	定义单元面之间的斜率容差。相邻单元面之间斜率的超出该容差意味着不连续的应力
Adaptive Cycle Output Interval（自适应循环输出间隔）	0	在 OUTPUT 模型数据卡片中 BY = n	P -单元	每个工况一个	要求在每隔 n 次自适应循环输出分析结果。对于 $n=0$，只输出最后一个自适应循环的结果。为 68 或更高版本 SOL 101 和 SOL 103 求解序列使用
Intermediate Output Options（中间输出选项）	Yes	NLSTEP 模型数据卡片上的 INTOUT 项	所有的	每个工况一个	要求输出每个已计算载荷增量步的结果。仅适用于非线性静力分析
	No	NLSTEP 模型数据卡片上的 INTOUT 项	所有的	每个工况一个	要求输出子工况最后载荷增量步的结果。仅适用于非线性静力分析
	All	NLSTEP 模型数据卡片上的 INTOUT 项	所有的	每个工况一个	要求输出每个已计算载荷增量步或用户指定的载荷增量步的结果。仅适用于非线性静力分析
Suppress Print for Result Type（抑制结果打印类型）	N/A	在工况控制输出要求卡片上指定 PLOT 选项而不是 PRINT	所有的	是	抑制将所选择的结果类型打印到.f06 文件
Output Device Options（输出设备选项）	Print	在工况控制输出要求卡片上指定 PRINT	所有的	是	.f06 文件将是输出介质
	Punch	在工况控制输出要求卡片上指定 PUNCH	所有的	是	Punch 文件将是输出介质

选项	菜单标号	工况控制命令或模型数据选项	组别	是否允许多选择	描述
	Both	在工况控制输出要求卡片上指定 PRINT 和 PUNCH	所有的	是	.f06 和 Punch 文件将是输出介质
State Variables（状态变量）		在工况控制中的 NSSTRESS 以及在模型数据卡中的 NLOUT、ESV	所有的	是	为完全支持带有用户定义服务（UDS）的 MSC Nastran SOL 400 分析作业的提交，需要指定状态变量。使用此部分指定状态变量
	Number of State Variables		所有的	是	输入状态变量数目的文本框
	State Variable Name	在模型数据卡片中的 SV	所有的	是	输入选定状态变量名称的文本框
	Data	在模型数据卡片中的 ESV	所有的	是	显示状态变量及其名称的电子表格

4.4　分析结果文件

当 SOL 400 分析已经成功完成后，程序就创建和保存了状态文件（jobname.sts）、打印文件（jobname.f06）和要求的结果文件。表 4-3 列出了 MSC Nastran 主要相关的文件及说明。

表 4-3　MSC Nastran 主要相关的文件及说明

文件	说明
job_id.dat/bdf	MSC Nastran 输入文件：由 Patran 等前处理器软件对模型定义的文本文件（分析数据的预处理、模型的建立和作业信息），MSC Nastran 手册中有对具体数据的详细文档说明。通常用.dat 为后缀，Patran 默认采用.bdf 作为后缀，意指"bulk data file"即模型数据文件
job_id.f06	程序运行文本文件：详细格式、警告和错误信息，以及结果输出，都可以由 MSC Nastran 在分析处理过程写入这个文件中。通常是一个大文件，它也可以包含用户可读格式的结果。虽然没有前/后处理器能读取这个文件的结果，它的优点是所有的输出模块可以写它。这个文件的一个非常常用的用法是，一旦运行停止，搜索"fatal"一词，就能确定是否有"fatal（致命的）"消息告诉运行失败的原因
job_id.log	"日志"文件：命令行选项和执行链接的摘要。例如，MSC Nastran 写出其按时间顺序列表记录的分析过程系统级消息总结
job_id.sts	"状态"文件：一个可以快速查看作业运行状态的文本文件，其中包含关于时间/载荷增量的作业统计信息。它支持所有求解类型，该文件对于监视增量/迭代加载过程中非线性求解的进展特别有用。在 SOL 400 分析期间，使用一个允许自动更新文件的文本编辑器打开这个文件非常有用。在这种情况下，每一个收敛的增量步完成后都会弹出一条新的行，为用户提供分析的实时进展。对于这些非线性运行，观察增量步大小的变化也是很有帮助的，因为过多的步长缩减或非常小的时间步长表明作业求解有困难，用户可以终止运行并解决问题。有关使用此文件的详细信息，请参阅本书第 3 章

文件	说明
job_id.op2	二进制"结果"文件：通常是一个非常大的文件，包含整个有限元模型和所要求的输出结果
job_id.h5	二进制文件 job_id.h5：HDF5 格式的结果数据库，是使用 MDLPRM, HDF5,1 模型数据卡片要求输出的
job_id.f04	job_id.f04 文件：给出指定的文件的历史记录、磁盘空间使用情况以及在分析过程中使用的模块。对于调试分析作业很有用
job_id.MASTER or job_id.DBALL	用于结果后处理。完整的描述参见后面 MASTER 和 DBALL 文件部分
job_id.MASTER	推荐的"索引"模块的一部分，与系统单元（cell）绑定在一起。通过设置系统单元"316"的数值为"7"，一个 MSC Nastran 数据库被标识并由 MSC Nastran 保存。这个系统的单元告诉 MSC Nastran 可对 IFP 和 OFP 数据块创建索引文件并将被索引的数据块移动到主文件。这意味着用户在 MSC Nastran 运行完成后可以删除 DBALL 文件。例如，如果用户想对 some_job.bdf 获得一个索引 MASTER 数据文件，必须执行以下命令： \<...\> / NASTRAN some_job.bdf sys316 = 7 SCR =no sdir= /tmp 这个例子产生 some_job.MASTER 和 some_job.DBALL 数据库文件。用户可以删除*.DBALL 文件，因为它不包含任何结果或重要的数据模型。然而，如果用户想执行一个重启动，那么 DBALL 文件必须保留以便将来使用，而 MASTER 文件可以移动到其他目录
job_id.DBALL	默认情况下，所有将存储在数据库中用于重启动的所有数据将位于\ DBALL 数据库集 DBsets 中。这些参数允许一些数据块存储在 DBsets 中而不是 DBALL 中，这是由用户用 INI 文件管理语句中定义的。任何或所有这些参数可以被设置为 SCRATCH 以降低整体磁盘空间的使用；例如，PARAM,DBUP,SCRATCH 或 PARAM，DBALL，SCRATCH。然而，自动重新启动效率会降低，因为通常分配给一个永久的 DBset 数据将被重新计算
job_id.IFPDAT	该文件包含模型数据卡片对 IFPStar 重启动处理[SYSTEM（444）= 1]
job_id.plt	包含由输入文件中指定的 MSC Nastran 绘图仪命令要求的绘图信息
job_id.pch	包含输入文件中要求的穿孔（punch）输出
job_id.xdb	旧的使用 Patran 的后处理结果数据库。不建议 SOL 400 使用，因为它不包含所有的非线性量
其他临时文件	在分析过程中生成的几个临时文件，在运行完成 MSC Nastran 后将自动删除

在 Patran 中指定文件输出格式叙述如下。

结果输出格式（Results Output Format）是用来要求用于 MSC Nastran 分析结果后处理和验证的，图 4-4 为传统接口界面下的输出结果格式指定菜单窗口。

（1）单击"Analysis Application"按钮弹出 Analysis 应用窗口。

（2）在 Analysis 应用窗口中选择"Solution Type"按钮后弹出 Solution Parameters 窗口。

（3）在 Solution Parameters 窗口中选择"Results Output"按钮会出现 Results Output Format 窗口。

（4）从这个窗口中，用户可以选择希望使用的输出文件格式。本章的下一节将提供关于每种格式的更多信息，以帮助用户选择最佳格式。

对于 SOL 400 专用接口界面，略有不同，如图 4-5 所示。

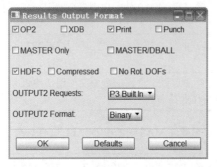 

图 4-4　通用界面结果文件输出格式指定　　图 4-5　SOL 400 专用接口界面结果文件输出格式指定

对于文本输出的结果文件（.f06），在输出输入文件的回应后，会打印出 OLOAD RESULTANT，是基于本次分析的基本坐标系原点的载荷的合力。其次是 USER INFORMATION MESSAGE (UIM) 5293，这说明运行的 ε 和外力功。ε 是模型数值条件的度量，而外力功则是由于施加的外力做的功。这两个值可用于模型校验和模型验证，更详细的讨论可参考参考文献 [19]（第 10 章）。

4.5　Patran 中 SOL 400 分析结果的后处理

4.5.1　直接访问（DRA）结果文件

Patran 拥有直接访问 MSC Nastran 分析结果的功能，在导入结果时设方法为 Attach 即可。此时结果不导入数据库，而是保存在外部结果文件中。只有元数据（标签）被导入数据库。在后处理中，需要从外部文件访问和提取结果。如果结果文件被移动或删除，则连接将被终止，Patran 会发出此错误信息。只要结果文件保持连接，打开/关闭数据库时用户不必去连接（Attach）。可以尝试进行 MSC Nastran 常用类型分析，有助于了解是如何做的以及如何避免问题。

Patran 可以从 SOL 400 分析结果读入数据并做后处理。通常如果用户使用 MASTER/DBALL、OP2、HDF5 结果文件格式，用户会得到最完整的结果集（即刚性接触体信息如接触力等）。

Patran 中的 Results 菜单窗口提供齐全的结果后处理功能，可以用于创建、修改、删除、显示、隐去以及操纵结果的可视化图同时查看有限元模型。此外，结果可以通过多种方式导出、插值、外推、转换和平均，所有这些都可以由用户控制。

用户可以控制绘图工具的颜色/范围设置和其他属性，还可以控制和创建静态和瞬态结果的动画。

从数据库中选择结果，并使用简单的菜单条设置绘图工具。支持结果变换，可以从求解得到矢量和张量结果导出标量或从张量结果中导出矢量。允许各种可视化工具处理所有可用的结果。

如果作业是在 Patran 中产生的，Patran 作业名和同名的 MSC Nastran 作业名同时存在，用户只需要使用 Results 的工具，Patran 将导入或将连接 jobname.xxx 后处理结果文件，无需用户选择后处理文件。如果用户没有创建 Patran 中作业，用户也可以导入的模型和结果后处理（MASTER/DBALL、OP2、HDF5 文件均可）。

4.5.2 显示结果的各类方法

将仿真模型定义为分析模型需要大量的数据，而仿真分析中返回的数据量也很大。就像仅仅用文本编辑器来构建模型几乎是不可能的一样，用手工阅读和解释结果同样困难。强烈推荐使用带有图形用户界面的后处理器，如 Patran。

Patran 结果后处理功能给用户强大的图形功能，可以用各种不同的方式显示结果量：

- 结构变形图。
- 色带云图。
- 标记图（矢量、张量）。
- 自由体。
- 曲线（XY）图。
- 上述图的动画。

结果后处理的功能以非常灵活和通用的方式对待所有结果量。此外，为了获得最大的灵活性，可以使用下面一些功能：Sorted、Reported、Filtered、Derived、Deleted。

所有这些功能都有助于对工程问题的结果进行深入的理解。

结果后处理是面向对象的，提供了创建、显示和操作的后处理图，可以快速了解结果数据的性质。显示图像趋势是提供足够实时的图形操作性能。性能将取决于硬件，但保持在所有支持的显示设备上尽可能功能一致。

同样具备交互式结果后处理的能力。高级可视化功能允许创建许多可以保存、同时绘制和交互操作的绘图类型，并在单击鼠标按钮时报告结果量，以更好地理解力学行为。一旦定义，可视化图留在数据库中，以便立即访问，并以一致和易于使用的方式提供结果处理和审查的手段。

4.5.3 接触分析结果的后处理

在 MSC Nastran 结果文件中的刚性的几何结果包含每个增加量步移动和转动的信息。刚体 NURB 数据（刚性几何）可以导入到一个空的数据库，但仅下列条件下任何移动或旋转的刚性几何是唯一可显示、可动画播放：标准输出包括在每个增量结束时对每个接触体的信息小结。此信息报告增量步的刚体速度、转动中心的位置以及接触体上的总载荷。总载荷值是通过累加与刚体接触的所有节点的接触力来获得的。处于平衡状态的变形体没有载荷报告。

更多的信息可以通过 NLPOPRM 工况控制命令中的 NLDBG 关键词设置获得。此时，所有接触活动都被报告。也就是说，每当一个新的节点接触到一个表面或从一个表面分离时，就会给相应的消息。

MSC Nastran 结果文件包含变形体和刚性体的结果。在进行接触分析时，用户可以获得三种结果。首先，是变形体的常规结果，包括变形、应变，应力以及诸如塑性应变和蠕变应变等非弹性行为的度量。除了在传统边界条件下的反作用力外，还可以得到刚体或其他变形体作用在其上的接触力和摩擦力。通过对这些力分布的位置，用户可以观察到在何处发生接触，但 MSC Nastran 还允许用户选择接触的状态作为一个结果文件变量：

- 0：意味着节点没有接触。
- 0.5：意味着节点近似接触（热分析使用）。
- 1：意味着节点处于接触状态。
- 2：意味着节点在循环对称边界上。

其次，可以获得在变形体上接触的合力、刚体上的合力和力矩。力矩是参考用户定义的刚体转动中心。这些合力的时程对许多工程为分析中都是很重要的。当然，如果一个刚体上没有合力，就意味着它与任何变形体都没有接触。

最后，如果通过 NLPOPRM 工况控制卡片中的 NLDBG 关键字增加打印要求，输出文件反映很多接触信息，如某个节点何时发生接触、与哪个刚体/面段接触、何时发生分离、何时节点接触到尖角、在局部坐标系中的位移以及在局部坐标系统接触力。对于大规模的分析问题，这会导致大量的输出。

在后处理中可以显示变形体和刚体的运动。

5

材料模型

5.1 概述

在结构分析问题中会遇到各种各样的材料，这些材料中的任何一种，都可以用一系列的本构模型来描述材料的行为。可以把感兴趣的材料按其呈现的力学行为大体上分为以下几类：

- 弹性材料：当载荷被移除时位移、应力等完全恢复。
- 率相关的材料：力学行为与变形速率相关，包括橡胶和高温下的玻璃等粘弹性材料。
- 非弹性材料：在移除载荷不会恢复并有永久变形存在，此类材料包括弹塑性金属材料、粘土和有损坏性的材料。

本章主要介绍如何在 SOL 400 中模拟材料行为。模拟材料行为包括指定描述材料行为的本构模型和定义代表材料所需的实际材料数据两部分。本构模型中包括与方向相关的材料行为。各节讨论本构关系（应力-应变关系），提供模型的图解表示，并包括关于使用模型的建议和注意事项。

非线性材料行为模拟是获得结构响应的一个关键组成部分，特别是载荷大、温度高、使用非金属材料等工程问题。MSC Nastran SOL 400 提供的很多种本构模型，对有些模型可以有多个数值方法。原有的求解序列 SOL 106 和 SOL 129 已有一些材料模型及相应的数值方法，新加的材料模型及数值方法主要基于 Marc 的技术，使用时首选新的数值方法。新材料模型公式还需要使用较新的单元数值方法，这些单元常被称为"高级"单元。这些单元在本书第 6 章中有详细的介绍，也可以参考软件有关文档。因而，使用先进的材料模型，还需在传统的属性卡片外再加新的属性卡片（PBARN1、PBEMN1、PRODN1、PSHLN1、PSHLN2 和 PSLDN1）。另一种方法是使用 NLMOPTS 模型数据选项和 PROPMAP 关键词。

SOL 400 支持的材料模型见表 5-1。

表 5-1 SOL 400 支持的材料模型

物理现象	模型数据	限制	是否需要高级单元
各向同性弹性	MAT1		
各向异性弹性	MAT2	仅壳单元	否
正交各向异性弹性	MAT3	仅 CTRIA6X 单元	否
正交各向异性弹性	MAT8	仅壳单元	否
三维正交各向异性弹性	MATORT		是
传统的塑性（小应变）	MATEP 或 MATS1		否
Chaboche、Barlat、Power Law、Johnson-Cook、Kumar 等塑性模型	MATEP		是
大应变塑性	MATEP		是
高级损伤模型	MATF		是
垫片材料	MATG		是
超弹性（Mooney、Ogden、Aruda-Boyce、Gent、Foam）	MATHE		是
广义的 Mooney	MATHP		否，但推荐使用高级单元
记忆合金	MATSMA		是
小应变非线性弹性	MATS1		否
Digimat 复合材料	MATDIGI		是
小应变各向同性粘弹性	MATVE		是
大应变粘弹性	MATVE		是
粘塑性	MATVP		是
蠕变	CREEP	NLPARM	否
蠕变	MATVP		是
粘接区模型	MCOHE		是

在 Patran 上可以很方便地定义材料模型，如图 5-1 所示。

图 5-1 Patran 上的材料模型定义菜单

5.2　线弹性材料

SOL 400 能够处理各向同性、正交各向异性和各向异性线弹性材料的所有行为。

各向同性线弹性模型代表工程材料最常用的模型。该模型具有的应力与应变之间的线性关系，以胡克定律为代表。图 5-2 显示单轴拉伸试样应力和应变是线性比例关系。单轴拉伸的应力应变之比是材料弹性模量（杨氏模量）的定义。

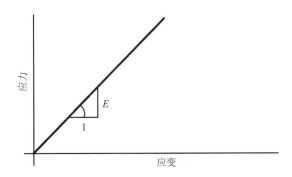

图 5-2　单轴拉伸应力-应变关系

理想的弹性材料具有以下性质：

- 具有唯一自然的弹性参考状态，当导致其变形的力消失后材料将回复到该状态。
- 弹性参考状态与当前状态之间的变形过程是可逆的，结构中的应力是可以完全释放的。
- 在给定温度下，应力与应变之间有一一对应的关系，通常线弹性材料的应力-应变关系遵循胡克（Hooke）定律。

在小变形量下，许多材料都表现近似线弹性的行为，通常按照线弹性方法，在单轴情况下，载荷 F 和变形 u 的曲线可以转换为应力-应变图。在小应变状态下，可以采用工程应变 ε 和工程应力 σ：

$$\varepsilon = u / L_0 \tag{5-1}$$

$$\sigma_{\text{eng}} = F / A_0 \tag{5-2}$$

上二式中，L_0 为初始长度；A_0 为初始截面积。

对于弹性材料，需要考虑三类材料：各向同性弹性可压缩材料、正交各向异性弹性可压缩材料和各向异性弹性可压缩材料。

1. 各向同性弹性可压缩材料

这种材料由胡克定律描述，应力应变之间具有线性关系而且与路径无关。应力-应变关系可以表示为

$$\sigma_{ij} = \lambda \delta_{ij} \varepsilon_{ii} + 2G \varepsilon_{ij} \tag{5-3}$$

式中，λ 为拉梅系数；G 为剪模量，可由下式表示

$$\lambda = vE / (1+v)(1-2v), G = E / 2(1+v) \tag{5-4}$$

式中，E 为杨氏模量；v 为泊松比，可以由 ISOTROPIC 模型定义选项指定。

2. 正交各向异性弹性可压缩材料

2D 正交异性材料在很多文献中有详细的描述，在此不再赘述。

对于 3D 各向同性材料，每个平面均为对称面，所有的方向均为对称轴。一个 3D 正交各向异性材料只有三个互相正交的对称平面。对于平行于这些平面的坐标系，这些材料的连续定律由下列更一般的胡克定律给出：

$$
\begin{bmatrix} \varepsilon_{11} \\ \varepsilon_{22} \\ \varepsilon_{33} \\ \gamma_{12} \\ \gamma_{23} \\ \gamma_{31} \end{bmatrix} = \begin{bmatrix} \dfrac{1}{E_{11}} & -\dfrac{v_{21}}{E_{22}} & -\dfrac{v_{31}}{E_{33}} & 0 & 0 & 0 \\ -\dfrac{v_{12}}{E_{11}} & \dfrac{1}{E_{22}} & -\dfrac{v_{32}}{E_{33}} & 0 & 0 & 0 \\ -\dfrac{v_{13}}{E_{11}} & -\dfrac{v_{23}}{E_{22}} & \dfrac{1}{E_{33}} & 0 & 0 & 0 \\ 0 & 0 & 0 & \dfrac{1}{G_{12}} & 0 & 0 \\ 0 & 0 & 0 & 0 & \dfrac{1}{G_{23}} & 0 \\ 0 & 0 & 0 & 0 & 0 & \dfrac{1}{G_{31}} \end{bmatrix} \begin{bmatrix} \sigma_{11} \\ \sigma_{22} \\ \sigma_{33} \\ \tau_{12} \\ \tau_{23} \\ \tau_{31} \end{bmatrix}
\tag{5-5}
$$

根据相容矩阵的对称性，材料常数受到如下约束：

$$
E_{11}v_{21} = E_{22}v_{12} \tag{5-6}
$$

$$
E_{22}v_{32} = E_{33}v_{23} \tag{5-7}
$$

$$
E_{33}v_{13} = E_{11}v_{31} \tag{5-8}
$$

采用这些关系，三维的正交异性材料有 9 个独立常数：

$$
E_{11} \text{、} E_{22} \text{、} E_{33} \text{、} v_{12} \text{、} v_{23} \text{、} v_{31} \text{、} G_{12} \text{、} G_{23} \text{、} G_{31}
$$

这 9 个常数可由 ORTHOTROPIC 选项指定。注意不等式：

$$
E_{22} > v_{23}^2 E_{33} \text{、} E_{11} > v_{12}^2 E_{22} \text{、} E_{33} > v_{31}^2 E_{11} \tag{5-9}
$$

必须满足，这是正交各异性材料稳定的必要条件。

对于 SOL 400、SOL 600 和 SOL 700，用 MATORT 卡片直接输入上述 9 个独立常数即可。对于其他求解序列，目前只能通过 MAT9 卡片输入各向异性材料弹性矩阵的上对角 21 个常数，当然对于正交各异性材料非零项也只有 9 个。将式（5-5）中的柔性矩阵求逆后可以得到弹性矩阵，应力和应变形式关系写成以下形式：

$$
\begin{bmatrix} \sigma_{11} \\ \sigma_{22} \\ \sigma_{33} \\ \tau_{12} \\ \tau_{23} \\ \tau_{31} \end{bmatrix} = \begin{bmatrix} d_{11} & d_{12} & d_{13} & 0 & 0 & 0 \\ d_{21} & d_{22} & d_{23} & 0 & 0 & 0 \\ d_{31} & d_{32} & d_{33} & 0 & 0 & 0 \\ 0 & 0 & 0 & G_{12} & 0 & 0 \\ 0 & 0 & 0 & 0 & G_{23} & 0 \\ 0 & 0 & 0 & 0 & 0 & G_{31} \end{bmatrix} \begin{bmatrix} \varepsilon_{11} \\ \varepsilon_{22} \\ \varepsilon_{33} \\ \gamma_{12} \\ \gamma_{23} \\ \gamma_{31} \end{bmatrix}
\tag{5-10}
$$

其中：

$$d_{11} = \frac{1 - \nu_{23}\nu_{32}}{E_{22}E_{33}\Delta}$$

$$d_{22} = \frac{1 - \nu_{13}\nu_{31}}{E_{11}E_{33}\Delta}$$

$$d_{33} = \frac{1 - \nu_{12}\nu_{21}}{E_{11}E_{22}\Delta}$$

$$d_{12} = d_{21} = \frac{\nu_{21} + \nu_{31}\nu_{23}}{E_{22}E_{33}\Delta} = \frac{\nu_{12} + \nu_{13}\nu_{32}}{E_{11}E_{33}\Delta}$$

$$d_{23} = d_{32} = \frac{\nu_{32} + \nu_{12}\nu_{31}}{E_{11}E_{33}\Delta} = \frac{\nu_{23} + \nu_{21}\nu_{13}}{E_{11}E_{22}\Delta}$$

$$d_{31} = d_{13} = \frac{\nu_{13} + \nu_{12}\nu_{23}}{E_{11}E_{33}\Delta} = \frac{\nu_{31} + \nu_{21}\nu_{32}}{E_{22}E_{33}\Delta}$$

$$\Delta = \frac{1 - \nu_{12}\nu_{21} - \nu_{23}\nu_{32} - \nu_{31}\nu_{13} - 2\nu_{12}\nu_{23}\nu_{31}}{E_{11}E_{22}E_{33}}$$

3. 各向异性弹性可压缩材料

这种材料由广义胡克定律描述。应力应变之间具有线性关系并且与路径无关。应力-应变关系可以表示成:

$$\sigma_{ij} = C_{ijkl}\varepsilon_{kl} \tag{5-11}$$

张量 *C* 原则上有 81 个独立分量,但根据对称性可以减少为只有 21 个独立的不同的系数,MSC Nastran 采用 MAT9 卡片输入材料参数。

5.3　非线性材料模型

非线性材料模型有很多种,在本节中主要介绍常用的弹塑性材料模型、应变率相关的屈服准则、时间相关的循环塑性模型、温度相关的材料塑性行为、蠕变模型和垫片材料模型。

5.3.1　常用的弹塑性材料模型

大多数工程常见的材料最初都是弹性响应的,只有载荷超过屈服载荷变形不再完全可恢复,卸载后某些变形部分将保持不变,在金属成型制造过程中常见,如金属坯料轧制、锻造等。如果材料明显屈服了仍然采用弹性理论进行分析,结果会有较大的误差,需要采用弹塑性分析。塑性理论能模拟的材料屈服以后的力学行为,在金属材料中应用最多,也用于土壤、混凝土、岩石和冰等非金属材料。这些材料的力学行为非常不同,例如承受很大静水压力的金属的塑性变形很小,但是对土壤试样很小的静水压力可能导致很大的、不可恢复的体积变化。但塑性理论的基本概念还是通用的,基于这些概念已发展了适合广泛材料的模型。在 SOL 400 材料库中有许多这样的塑性模式。

在非线性材料行为中,材料参数取决于应力状态。达到比例极限之前,可以使用行为的线性弹性公式。超过这一点,特别是屈服开始后,需要非线性公式。一般来说,确定材料行为需要两个方面:

(1) 初始屈服准则,用于确定应力状态是否还是屈服了。

（2）描述屈服后力学行为的数学定律。

目前有两种主要的塑性理论。第一种称为变形理论，认为塑性应变是由应力状态唯一确定。第二种称为流动或增量理论，表示塑性应变增量为当前的应力、应变增量和应力增量的函数。增量理论应用更为普遍，它可以根据具体情况加以调整以适合各种材料行为。SOL 400 中的塑性模型采用"增量"理论，认为机械应变速率通过各种假定的流动定律分解为弹性部分和塑性部分。

描述超出线弹性范围的材料行为的塑性理论由三个重要概念组成。首先是屈服准则，它确定一个给定的应力状态是在弹性范围还是发生了塑性流动；其次是流动准则，描述塑性应变张量增量与当前应力状态的关系并以此形成弹塑性本构关系表达式；最后是硬化准则，确定随着变形的发展屈服准则的变化。

1. 屈服准则

在用简单拉伸模拟的单轴均匀应力状态下，容易找到屈服应力 σ_y，在该处线弹性行为被弹塑性响应代替，如图 5-3 所示。对一般多维应力状态，用屈服准则确定应力属于弹性还是弹塑性范围。文献中有许多不同的屈服准则，常用的有 Von Mises 准则、Tresca 准则、Mohr-Coulomb 准则和 Drucker-Prager 准则。Von Mises 和 Tresca 屈服面与静水压力无关，在金属塑性中最常用；混凝土和土壤的塑性显示出与静水压力相关，采用 Mohr-Coulomb 或 Drucker-Prager 准则更合理。

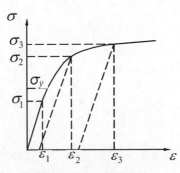

图 5-3　单轴拉伸试验

（1）Von Mises 屈服准则。许多材料试验表明静水应力状态对塑性流动没有影响。这表明通用屈服准则可表示为偏应力张量 S_{ij} 不变量的函数

$$S_{ij} = \sigma_{ij} - \frac{1}{3}\sigma_{kk}\delta_{ij} \tag{5-12}$$

偏应力张量的三个不变量为

$$J_1 = S_{ii} = S_{xx} + S_{yy} + S_{zz} = 0 \tag{5-13}$$

$$J_2 = \frac{1}{2}S_{ij}S_{ij} = \frac{1}{6}\left[(\sigma_1-\sigma_2)^2 + (\sigma_2-\sigma_3)^2 + (\sigma_3-\sigma_1)^2\right] \tag{5-14}$$

$$J_3 = \frac{1}{3}S_{ij}S_{jk}S_{ki} \tag{5-15}$$

采用偏应力张量的不变量，排除了球应力状态。一般应力状态下的等效可以写为

$$\sigma_{eq} = \sqrt{3J_2} = \sqrt{\frac{3S_{ij}S_{ij}}{2}} \tag{5-16}$$

类似地，等效塑性应变增量（假设不可压缩）可定义为

$$\mathrm{d}\varepsilon_{eq}^p = \sqrt{\frac{2}{3}\mathrm{d}\varepsilon_{ij}^p \mathrm{d}\varepsilon_{ij}^p} \tag{5-17}$$

因为 J_1 为零，另外忽略 J_3 对屈服函数的影响，三维应力空间下标准的 Von Mises 屈服准则可表示为

$$F(J_2) = \sigma_{eq} - \sigma_y = \sqrt{\frac{3S_{ij}S_{ij}}{2}} - \sigma_y = 0 \tag{5-18}$$

即

$$\frac{1}{6}\left[(\sigma_1-\sigma_2)^2 + (\sigma_2-\sigma_3)^2 + (\sigma_3-\sigma_1)^2\right] - \frac{1}{3}\sigma_y^2 = 0 \tag{5-19}$$

式中，σ_1、σ_2、σ_3 为三个主应力。

（2）Tresca 屈服准则。采用与 Von Mises 屈服准则类似的推导方式，以最大剪应力作为屈服函数，可得到 Tresca 屈服准则的数学描述为

$$\left[(\sigma_1-\sigma_2)^2-\sigma_y^2\right]\left[(\sigma_2-\sigma_3)^2-\sigma_y^2\right]\left[(\sigma_3-\sigma_1)^2-\sigma_y^2\right]=0 \tag{5-20}$$

比较上述两种屈服准则可知，Tresca 准则较安全，但从数学上讲，Tresca 准则的导数不连续，计算处理时不如 Von Mises 准则方便，故在有限元分析中多采用 Von Mises 准则。

（3）线性 Mohr-Coulomb 与线性 Drucker-Prager 准则。图 5-4 所示的偏应力屈服函数为线性 Mohr-Coulomb 屈服函数，它假设是静水压力的线性函数。

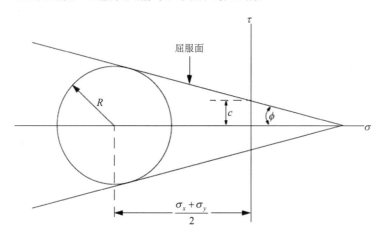

图 5-4　线性 Mohr-Coulomb 材料在平面应变条件下的屈服面

线性 Mohr-Coulomb 屈服函数为

$$F = \sqrt{3}\alpha I_1 + \sqrt{3J_2} - \sigma_y = 0 \tag{5-21}$$

式中静水压力为 $I_1=\sigma_{ii}$。

线性 Drucker-Prager 屈服函数与线性 Mohr-Coulomb 屈服函数相类似，对主应力 $\sigma_1>\sigma_2>\sigma_3$ 时，线性 Mohr-Coulomb 屈服函数可写为

$$F = \frac{1}{2}(\sigma_3-\sigma_1) + \frac{1}{2}(\sigma_3+\sigma_1)\sin\phi - \cos\phi = 0 \tag{5-22}$$

Mohr-Coulomb 屈服面与 π 平面 $\sigma_1+\sigma_2+\sigma_3=0$ 的相交线为六边形。

常数 α 和 σ 可以与 c 和摩擦角 φ 相关（注意保持拉伸应力为正的习惯）。

采用的线性 Mohr-Coulomb 屈服准则，实际是线性 Drucker-Prager 屈服准则，且采用：

$$\alpha = \frac{\sin\phi}{\sqrt{9+3\sin^2\phi}}, \quad \sigma_y = \frac{9c\cos\phi}{\sqrt{9+3\sin^2\phi}} \tag{5-23}$$

在文献中还有其他类似的线性 Drucker-Prager 屈服准则。

（4）抛物线 Mohr-Coulomb 准则。静水相关屈服函数被广义化为一个特定的屈服包络面，在平面应变状态下是一条抛物线（见图 5-5）。其屈服准则可写为

$$F = (3J_2 + \sqrt{3}\beta\sigma_y J_1)^{\frac{1}{2}} - \sigma_y = 0 \tag{5-24}$$

$$\beta\sigma_y = \frac{\alpha}{\sqrt{3}} \tag{5-25}$$

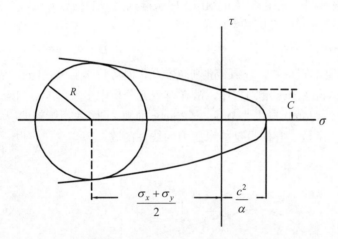

图 5-5　抛物线 Mohr-Coulomb 材料在平面应变条件下屈服面

2. 流动准则

流动准则定义塑性应变增量的分量和应力分量以及应力增量分量之间的关系。

为提出流动准则可采用下列表达式

$$g(\sigma_{ij}, \varepsilon_{ij}^p, k) = 0 \tag{5-26}$$

包括总应力 σ_{ij}、总塑性应变 ε_{ij}^p 和硬化参数 k。如果 ε_{ij}^p 和 k 保持为常数，则上式解释为应力空间的超表面。塑性势的总的微分可写为

$$dg = \frac{\partial g}{\partial\sigma_{ij}}d\sigma_{ij} + \frac{\partial g}{\partial\varepsilon_{ij}^p}d\varepsilon_{ij}^p + \frac{\partial g}{\partial k}dk \tag{5-27}$$

如果 dg<0，表明指向屈服表面的纯弹性变化，而塑性应变或硬化参数没有变化：

$$dg = \frac{\partial g}{\partial\sigma_{ij}}d\sigma_{ij} < 0 \tag{5-28}$$

dg=0 可解释为中性加载，dg>0 则发生塑性流动。当 ε_{ij}^p 和 k 不变时，中性加载 $d\sigma_{ij}$ 将与表面相切，塑性流动 $d\varepsilon_{ij}$ 将指向表面的外侧。这也解释为可能是一个增量步中 ε_{ij}^p、k 为常数的假

设。确定 σ_{ij} 与 ε_{ij}^p 关系的流动准则，将不得不采用增量形式。

Drucker 的材料稳定性假设指明在引起塑性流动的加载循环中，净功必须大于零。塑性耗散功是总功中不可逆部分，可表达为

$$\mathrm{d}\varepsilon_{ij}{}^p \mathrm{d}\sigma_{ij} \geqslant 0 \tag{5-29}$$

在塑性流动中须有

$$\frac{\partial g}{\partial \sigma_{ij}} \mathrm{d}\sigma_{ij} > 0 \tag{5-30}$$

因此塑性应变增量可以写为

$$\mathrm{d}\varepsilon_{ij}^p = \lambda \frac{\partial g}{\partial \sigma_{ij}} \tag{5-31}$$

上述方程将塑性应变增量与应力表面梯度相联，也就是通常说的关联流动准则。

在下面关联流动准则导出中采用屈服曲面相同形式的塑性势。对各向同性硬化，屈服表面依据它原来的位置与形状同比例增长。塑性势可写为

$$g(J_2) = \sigma_{\mathrm{ep}} = \sqrt{\frac{3S_{ij}S_{ij}}{2}} \tag{5-32}$$

利用式（5-11），可得偏微分

$$\frac{\partial g}{\partial \sigma_{ij}} = \frac{1}{2}\frac{1}{\sqrt{3J_2}}\frac{\partial}{\partial \sigma_{ij}}\left(\frac{3}{2}S_{kl}S_{kl}\right) = \frac{3}{2}\frac{S_{ij}}{\sigma_{\mathrm{eq}}} \tag{5-33}$$

塑性应变增量可表示为

$$\mathrm{d}\varepsilon_{ij}^p = \lambda \frac{3S_{ij}}{2\sigma_{\mathrm{eq}}} \tag{5-34}$$

等效塑性应变可通过有效量的塑性功到分量功来得到

$$\mathrm{d}W_p = \sigma_{\mathrm{eq}}\mathrm{d}\varepsilon_{\mathrm{eq}}^p = \sigma_{ij}\mathrm{d}\varepsilon_{ij}^p = s_{ij}\mathrm{d}\varepsilon_{ij}^p \mathrm{d}_{33} \tag{5-35}$$

σ_{ij} 的球量部分对塑性功没有贡献，将上式展开有

$$\mathrm{d}W^p = S_{ij}\mathrm{d}\varepsilon_{ij}^p = \lambda \frac{3S_{ij}S_{ij}}{2\sigma_{\mathrm{eq}}} = \lambda \sigma_{\mathrm{eq}} = \sigma_{\mathrm{eq}}\mathrm{d}\varepsilon_{ij}^p \tag{5-36}$$

或

$$\lambda = \mathrm{d}\varepsilon_{\mathrm{eq}}^p \tag{5-37}$$

3. 硬化定律

硬化定律定义了材料进入塑性变形后的后继屈服函数。硬化材料根据其硬化特征的不同，可分别采用各向同性硬化定律、运动硬化定律及混合硬化定律等不同的硬化定律。这些硬化定律主要用于模拟带有反向屈服循环加载的不同影响。

（1）各向同性硬化。各向同性工作硬化定律假设屈服面中心保持不动，但是屈服面大小（半径）随着工作硬化扩大。Von Mises 屈服面的变化如图 5-6（b）所示。涉及试样加载和卸载的加载路径的概述可以帮助描述各向同性工作硬化定律。试样先从无应力状态（点 0）加载到点 1 初始屈服，如图 5-6（a）所示。接着加载到点 2；而后从点 2 卸载到点 3，服从弹性斜率 E（弹性模量）；再从点 3 重新弹性加载到点 2。最后试样再次从点 2 塑性加载到点 4 和弹

性卸载从点 4 到点 5。在点 5 和点 6 发生反向塑性加载。很明显点 1 处的应力等于初始屈服应力 σ_y，而点 2 和点 4 的应力比 σ_y 高（由于工作硬化）。在卸载过程中应力保持为弹性状态（如点 3），或能达到后继屈服点（如点 5）。各向同性工作硬化定律指出反向屈服发生在反方向的当前应力水平。如果点 4 的应力水平为 σ_y，则反向屈服只能发生在应力水平为 $-\sigma_y$ 时（点 5）。

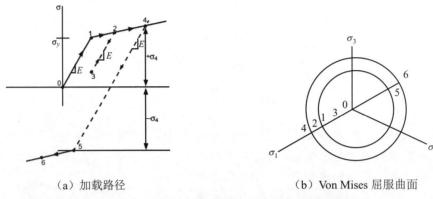

（a）加载路径   （b）Von Mises 屈服曲面

图 5-6　各向同性硬化定律的加载路径和屈服曲面 E

（2）运动硬化。在运动硬化定律下，Von Mises 屈服面大小或形状不变，但中心点在应力空间移动，如图 5-7（b）所示。单轴试验的加载路径如图 5-7（a）所示。试样按如下顺序加载：从无应力状态（点 0）到初始屈服（点 1）、加载（点 2）、卸载（点 3）、再加载（点 2）、加载（点 4）、卸载（点 5 和点 6）。如同各向同性硬化，点 1 应力等于初始屈服应力 σ_y，由于工作硬化，点 2 和点 4 处的应力高于 σ_y。点 3 处于弹性状态，在点 5 发生反向屈服。根据运动硬化定律，反向屈服发生在应力水平 $\sigma_5 = (\sigma_4 - 2\sigma_y)$，而不在 $-\sigma_y$ 应力水平。类似地，如果试样加载到更高的应力水平（点 7）并卸载到后继屈服点 8，点 8 的应力水平为 $\sigma_8 = \sigma_7 - 2\sigma_y$。如果试样从（拉伸）应力状态（如点 4 和点 7），反向屈服可以发生在应力状态在反方向（点 5）或相同方向（点 8）。

对于许多材料而言，运动硬化比各向同性硬化能更好地描述加载/卸载行为。对于循环加载而言，运动硬化既不能描述循环硬化也不能描述循环软化。

（3）混合硬化。图 5-8 显示高度非线性硬化的材料行为，初始硬化几乎完全是各向同性硬化，但随着塑性应变增加，弹性范围达到常值（即运动硬化）。混合强化的基本假设是一个典型运动模型叠加一个初始各向同性硬化。各向同性硬化作为等效塑性应变 ε^p 的函数而逐渐衰减为零，等效塑性应变 ε^p 可定义为

$$\varepsilon^p = \int \varepsilon^p \mathrm{d}t = \int \sqrt{\frac{2}{3} \varepsilon_{ij}^p \varepsilon_{ij}^p} \mathrm{d}t \tag{5-38}$$

这意味着屈服面有一个常值移动再叠加一个绕屈服面中心弹性域增长，直至塑性应变足够大，达到纯运动硬化。在此模型中存在一个各向同性与运动硬化间一个变化的比例，该比例取决于塑性变形的程度。

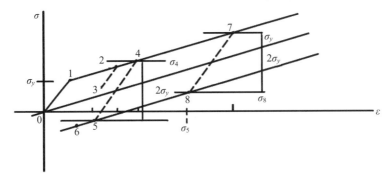

（a）加载路径

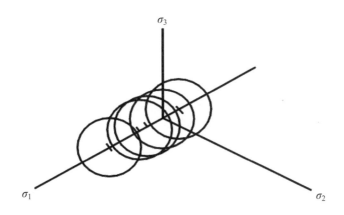

（b）Von Mises 屈服曲面

图 5-7　运动硬化定律的加载路径和屈服曲面

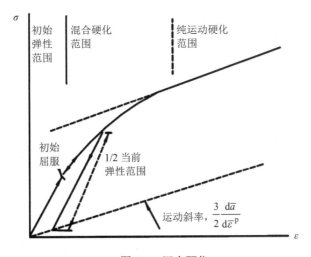

图 5-8　混合硬化

5.3.2　应变率相关的屈服准则

应变率的改变会使结构的响应发生变化，因为它们影响物体的材料特性。这些材料特性的变化导致材料强度的瞬时变化。通常当温度超过熔点温度的一半时，应变率影响变得更加明显，有时在室温下也有影响。一般来说应变率越高，材料的屈服应力越高，屈服应力随应变率的变化由四种方法来描述：

（1）给出屈服应力-应变率曲线点对数值，采用分段线性近似。输入时应变速率应按升序排列。

（2）采用 Cowper 和 Symonds 模型。假定屈服行为完全取决于应力-应变曲线和与应变速率相关的比例因子。

（3）屈服应力是塑性应变、应变率和/或温度的函数，采用 TABLD3 模型数据卡片输入。

（4）幂律（Power Law）、率幂律（Rate Power Law）、Johnson Cook 模型和 Kumar 模型。

注意：如果使用多种材料模型，它们必须被表示为分段线性或如 Cowper 和 Symonds 模型。

5.3.3 时间相关的循环塑性模型

循环塑性模型是基于 Chaboche 提出的模型。MSC Nastran 当前版本只包括基本模型和塑性应变范围的记忆。

该模型结合各向同性硬化规律来描述循环硬化[图 5-9（a）]或软化、非线性运动硬化捕捉有 Bauschinger 效应的循环塑性[图 5-9（b）]、棘轮[图 5-9（c）]和平均应力松弛[图 5-9（d）]效应的固有特性。塑性应变范围对稳定循环响应的影响是通过引入塑性应变范围记忆变量来考虑[图 5-9（e）]。

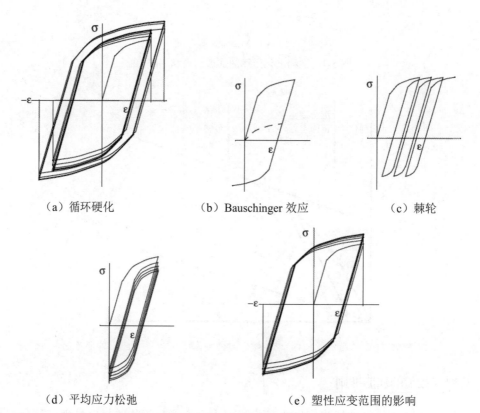

（a）循环硬化　　　　　（b）Bauschinger 效应　　　　　（c）棘轮

（d）平均应力松弛　　　　　（e）塑性应变范围的影响

图 5-9　循环塑性模型可以模拟的典型材料行为

5.3.4　温度相关的材料塑性行为

本小节讨论温度对塑性本构关系的影响。常用的热塑性本构关系是由 Naghdi 提出的，在参考文献[10]的第 10 章中，用各向同性硬化模型和 Von Mises 屈服条件比较详细地讨论了温度的影响。

SOL 400 支持应力-应变曲线与温度相关。有两种输入温度相关数据的方法。第一种方法如图 5-10 所示，用户在不同的温度下指定这些应力-应变曲线；在第二种方法中，通过 TABL3D 功能用户直接输入与温度相关的弹塑性数据，即应力作为塑性应变和温度的函数。

对于第一种方法，依据在子工况中指定的温度或在热机耦合分析中得到的温度，在给定曲线之间采用线性插值以获得合适的硬化曲线。

在图 5-10 所示的例子中，应力-应变曲线由 TABLES1 卡片指定。可用的应力-应变曲线集由 TABLEST 卡片指定，应用它们的相应温度由 TABLEM1 卡片指定。TABLEM1 ID 由 MATT1 卡片 ID 的第 7 项调出，而 TABLEST ID 由 MATTEP 输入卡片的第 5 项调出。TABLEST 需要以温度不断升高的顺序列出应力应变 TABLES1 ID，第一个 ID 必须是分析作业中指定的最低温度，在所举的例子中是 70 度，与工况控制卡片中的 TEMPERATURE (init)=10 相对应。同样，在 TABLEM1 入口温度必须在增加的顺序。应力-应变曲线应覆盖分析涉及的整个温度范围进行分析，因此不需要外推法。仅热机耦合分析需要 MAT4 模型数据卡片。

```
$   Property 1 : Untitled
PSHELL         1       1   0.125       1               1           0.
$   Material 1 : AISI 4340 Steel
MATEP, 1,TABLE, 35000., 2,CAUCHY,ISOTROP,ADDMEAN
MAT1           1  2.9E+7          0.327.331E-4  6.6E-6       70.       +MT    1
+MT    1 215000.  240000. 156000.
MAT4          14.861E-4  38.647.331E-4
$       1       2       3       4       5       6       7       8       9
$2345678 2345678 2345678 2345678 2345678 2345678 2345678 2345678 2345678
MATTEP         1                      21
MATT1          1                               7
TABLEM1        7
+        70.0    6.6E-6   1000.   6.5E-6   1200.   6.4E-6   1500.   6.3E-6
+       2000.    6.2E-6    ENDT
$2345678 2345678 2345678 2345678 2345678 2345678 2345678 2345678 2345678
TABLEST       21
+        70.0       31   1000.       32   1200.       33   1500.       34
+       2000.       35    ENDT
TABLES1, 31
  , 0., 15000., 1.0, 16000., 10., 25000., 100., 30000.,
  , 99999., 40000., ENDT
TABLES1, 32
  , 0., 13000., 1.0, 14000., 10., 23000., 100., 28000.,
  , 99999., 28000., ENDT
TABLES1, 33
  , 0., 11000., 1.0, 12000., 10., 21000., 100., 26000.,
  , 99999., 25000., ENDT
TABLES1, 34
  , 0., 9000., 1.0, 10000., 10., 19000., 100., 22000.,
  , 99999., 24000., ENDT
TABLES1, 35
  , 0., 5000., 1.0, 7000., 10., 9000., 100., 13000.,
  , 99999., 15000., ENDT
```

图 5-10　不同温度下应力-应变曲线指定

在 Patran 的场定义菜单窗口可以定义与温度相关的应力-应变关系曲线，具体例子如图 5-11 和图 5-12 所示。用户在 Patran 界面下选择 Field/Material Property/Tabular Input 进行曲线的定义，先要选择两个自变量类型，分别为温度（Temperature）和应变（Strain），其中考察四种温度（0、200、400、600）条件下的曲线输入，应变的变化区间为 0→0.1(包括四个离散点，分别为 0、0.005、0.01、0.1)。

注意：此处提到的应变应该输入塑性应变值，因此在 Patran 中输入的各种温度下的应力-应变关系曲线的第一点应该是相应温度下的塑性应变（为 0）和屈服应力。

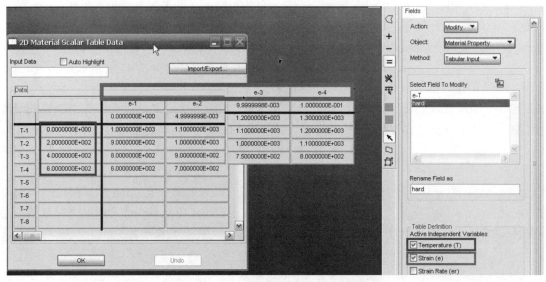

图 5-11　不同温度下的应力-应变曲线定义

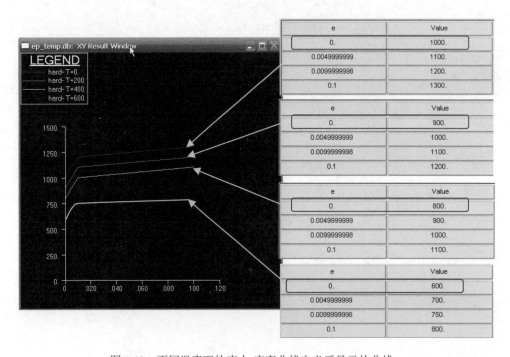

图 5-12　不同温度下的应力-应变曲线定义后显示的曲线

5.3.5　蠕变模型

蠕变是高温应力分析中的一个重要部分。在 SOL 400 中，蠕变由 Maxwell 模型表示。蠕变是一种随时间变化的非弹性行为，可以发生在任何应力水平（即在材料屈服应力以下或以上）。在典型的蠕变试验中，在拉伸试样上施加一个恒定应力，保持一段时间，除有弹性应变外，存在与时间相关的蠕变应变，其一般形状如图 5-13 所示。可以分为三个阶段，第一阶段称为初始阶段，其特点是蠕变应变率下降；第二阶段的特点是蠕变应变率保持恒定；第三阶段为破断阶段，蠕变应变率不断上升。蠕变应变率是蠕变应变-时间曲线的斜率。蠕变应变速率一般取决于应力、温度和时间。通常蠕变应变率可以拟合为应力 σ、当前蠕变应变 ε^c、温度 T 和时间 t 的函数。在有关蠕变的文献中，有许多蠕变的表达式，在 SOL 400 中也支持多种蠕变本构模型，包括在电子行业广泛应用的 Anand 模型，详细可见参考文献[10]。

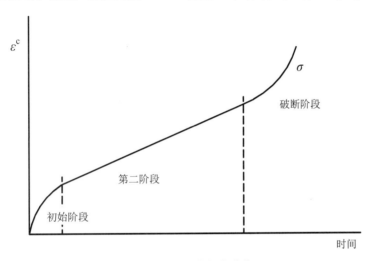

图 5-13　典型的蠕变曲线

SOL 400 可以通过 MATVP 模型数据卡片选择具体的本构模型及输入具体的参数。如果采用了高级单元，SOL 400 仅支持 MATVP 模型数据卡片进行蠕变分析。

5.3.6　垫片材料模型

发动机垫片用于密封发动机的金属部件，以防止蒸汽或气体逸出。它们是复杂的，通常比较薄而且由不同厚度的多层不同材料制成。垫片是精心设计的，在厚度方向有特定的行为。这是为了确保当金属部件通过热或机械载荷加载时，接头仍然保持密封。沿厚度方向的力学行为是高度非线性的、涉及很大的塑性变形，很难用标准材料模型描述，通常表示为垫片上的压力和垫片的闭合距离之间的关系。采用细节模拟方法，在发动机有限元模型中考虑各个材料的细节是不可行的，因为需要大量的单元使得模型难以接受。此外，确定单个材料的材料特性也很麻烦。

垫片材料模型通过允许垫片只通过厚度来模拟一个单元来解决这些问题，而实验或分析确定的复杂压力闭合关系可以直接用作材料模型的输入。该材料模型必须与二维轴对称或三维实体复合单元一起使用。在这种情况下，这些单元由一层组成，在单元的厚度方向上只有一个积分点。

在垫片材料模型中，厚度方向的行为、横向剪切行为和薄膜行为是互不相关的。下面讨论这三种变形模式。

1. 局部坐标系统

描述材料模型单元的积分点使用局部坐标最为方便（图 5-14）。对三维单元，在积分点坐标系的第 1 方向和第 2 方向与单元的中面相切。第 3 方向是垫片的厚度方向，垂直于单元中面。对于二维单元，在积分点坐标系的第 1 方向是中面方向，第 2 方向是单元厚度方向，第 3 方向和总体坐标的第 3 方向相同。

在总体拉格朗日公式中，局部坐标方向由没有变形时的单元形状决定，是固定的。在更新拉格朗日公式中，局部坐标方向是由当前的单元形状决定的，随着分析不断更新。

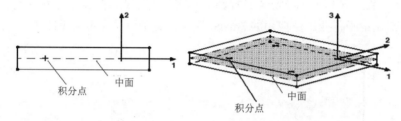

图 5-14　二维和三维垫片单元中的局部积分点和局部坐标系

2. 厚度方向压缩

在厚度方向压缩时，材料表现为典型的垫片行为，如图 5-15 所示。如果垫片压力 p 超过了垫片初始屈服压力 p_{y0}，则在非线弹性响应（AB 段）之后，垫片开始屈服。继续加载，塑性变形增加，材料随之硬化（可能是非线性的），直到垫片被完全压缩（BD 段）。此时可以沿着非线弹性路径（例如 FG 段）卸载。当垫片是完全压缩时，加载和卸载会沿着一个新的非线弹性路径（CDE 段）发生，而在压缩过程中保留永久变形。一旦垫片被完全压缩，将不再发生其他的塑性变形。

垫片的加载和卸载路径通常都是通过垫片的压缩实验决定。实验时先压缩，然后卸载，重复加压几次。实验的压力-闭合数据直接输入材料模型。如果压力随着温度变化，必须提供不同温度时的压力-闭合数据。用户必须补充加载路径，并最多可指定十个卸载路径。另外，必须给出初始屈服压力 p_{y0}。初始屈服压力也可以随着温度和空间变化。加载路径应该由加载路径的弹性部分和硬化部分（如果存在）组成。如果没有提供卸载路径，或者加载时没有达到屈服压力，则假设垫片为弹性。在这种情况下，加载和卸载都沿着加载路径。

必须采用 TABLES1 模型数据卡片定义加载和卸载路径，并且必须指出垫片压力和垫片闭合之间的关系。根据塑性变形量不同可以指定不同的垫片弹性卸载的路径；卸载路径上压力为零时的闭合作为塑性闭合。如果没有指定塑性变形量不同时的卸载路径，则卸载路径由和它相邻的最近的两个卸载路径线性插值得到。用户提供带有最大的塑性变形量的卸载路径作为垫片充分压缩时的弹性路径。

例如，在图 5-15 中，加载路径由 AB 段（弹性部分）和 BD 段（硬化部分）给出，初始屈服压力是 B 点的压力。卸载路径（单一）是曲线 CDE。后者也是垫片完全压缩时的弹性路径。在卸载路径上的塑性闭合量是 c_{p1}。虚线 FG 是在某一塑性闭合 c_p 的卸载路径，由加载路径的弹性部分（AB 段）和卸载路径 CD 插值得到。

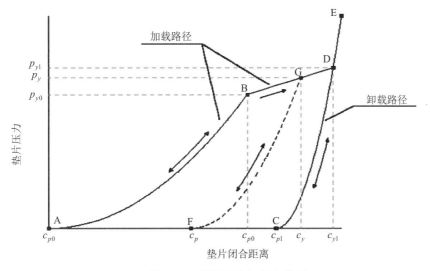

图 5-15　垫片的压力-闭合关系

分析垫片在厚度方向的压缩行为，将垫片闭合率分解为弹性部分和塑性部分：

$$\dot{c} = \dot{c}^e + \dot{c}^p \tag{5-39}$$

在两部分中，只有弹性部分承受了压力。本构方程由下面压力率方程给出：

$$\dot{p} = D_c \dot{c}^e = D_c(\dot{c} - \dot{c}^p) \tag{5-40}$$

这里，D_c 是压力闭合曲线的一致性切线。

当压力等于当前屈服压力时开始塑性变形。后者是当前塑性变形量累计值的函数，通过加载路径的硬化部分给出（图 5-15 中 BD 段）。

3.　初始间隙

在整个密封区域垫片的厚度可能不同。因为垫片模型在厚度方向只有一个单元，这导致在厚区和薄区交界处划分网格困难。初始间隙参数可以解决这个问题。这个参数在闭合正方向平移加载和卸载曲线。只要垫片单元的闭合距离小于初始间隙，则垫片上不施加压力。因此密封区域可以模拟成厚度不均匀的平板，在垫片比模型的单元网格更薄时可以设置初始间隙。

4.　厚度方向拉伸

垫片厚度方向的拉伸行为是线弹性行为，由拉伸模量 D_t 决定。后者定义为每单元闭合位移（即长度）的压力。

5.　横向剪切和薄膜行为

横向剪切定义在局部坐标系 2-3 和 3-1 面内（对三维单元）或 1-2 面内（对二维单元），是线弹性行为。

薄膜行为定义在局部坐标系 1-2 面内（对三维单元）或 3-1 面内（对二维单元），是线弹性和各向同性的。杨氏模量 E_m 和泊松比 v_m 控制薄膜行为，使用 MAT1 模型数据卡定义这些属性。

6.　热膨胀

垫片材料的热膨胀是各向同性的，热膨胀系数来自于各向同性材料，而且也表征薄膜属性。

7.　本构方程

正如上面提到的，垫片厚度方向行为是指垫片压力 p 和垫片闭合距离 c 之间的关系。为了得出垫片材料的本构方程，这种关系必须改写为应力和应变的关系。这主要依靠分析中使用的应力和应变张量。例如，对于小应变分析使用工程应力和应变。在这种情况下，垫片闭合率与压力率和应变率与应力率之间的关系为

$$\dot{c} = -h\dot{\varepsilon} \quad \text{和} \quad \dot{p} = -\dot{\sigma} \tag{5-41}$$

式中，h 为垫片厚度。

对于三维单元本构方程，用局部坐标形式表达为

$$
\begin{bmatrix} \dot{\sigma}_{11} \\ \dot{\sigma}_{22} \\ \dot{\sigma}_{33} \\ \dot{\sigma}_{12} \\ \dot{\sigma}_{23} \\ \dot{\sigma}_{31} \end{bmatrix} =
\begin{bmatrix}
\dfrac{E_m}{1-V_m^2} & \dfrac{V_m E_m}{1-V_m^2} & 0 & 0 & 0 & 0 \\[2mm]
\dfrac{V_m E_m}{1-V_m^2} & \dfrac{E_m}{1-V_m^2} & 0 & 0 & 0 & 0 \\[2mm]
0 & 0 & C & 0 & 0 & 0 \\[2mm]
0 & 0 & 0 & \dfrac{E_m}{2(1+v_m)} & 0 & 0 \\[2mm]
0 & 0 & 0 & 0 & G_t & 0 \\[2mm]
0 & 0 & 0 & 0 & 0 & G_t
\end{bmatrix}
\begin{bmatrix} \dot{\varepsilon}_{11} \\ \dot{\varepsilon}_{22} \\ \dot{\varepsilon}_{33} - \dot{\varepsilon}_{33}^p \\ \dot{\gamma}_{12} \\ \dot{\gamma}_{23} \\ \dot{\gamma}_{31} \end{bmatrix} \tag{5-42}
$$

式中 $C = hD_c$。对二维单元，方程为

$$
\begin{bmatrix} \dot{\sigma}_{11} \\ \dot{\sigma}_{22} \\ \dot{\sigma}_{33} \\ \dot{\sigma}_{12} \end{bmatrix} =
\begin{bmatrix}
\dfrac{E_m}{1-v_m^2} & 0 & \dfrac{v_m E_m}{1-v_m^2} & 0 \\[2mm]
0 & C & 0 & 0 \\[2mm]
\dfrac{v_m E_m}{1-v_m^2} & 0 & \dfrac{E_m}{1-v_m^2} & 0 \\[2mm]
0 & 0 & 0 & G_t
\end{bmatrix}
\begin{bmatrix} \dot{\varepsilon}_{11} \\ \dot{\varepsilon}_{22} - \dot{\varepsilon}_{22}^p \\ \dot{\varepsilon}_{33} \\ \dot{\gamma}_{12} \end{bmatrix} \tag{5-43}
$$

对于大变形、大应变问题，更新拉格朗日法中使用对数应变和柯西应力，可以推出类似的但是更为复杂的关系。

5.4 形状记忆合金

镍钛（NiTi）合金的记忆属性，是美国海军武器实验室（NOL）的 Buehler 等人在 20 世纪 60 年代发现的，因此通常使用 NiTi-NOL 或者 Nitinol 代表 NiTi 形状记忆合金。从 20 世纪 60 年代末开始，镍钛合金受到了广泛关注，开始在航空航天领域得到应用，而后在医学领域也开始广泛应用。

SMA（形状记忆合金）的微观机理十分复杂。在 MSC Nastran 中，使用了两种形状记忆的模型：热—机械模型和机械模型。

5.4.1 热机形状记忆合金（MATSMA）

具有近等原子构造的 NiTi 合金具有可逆热相变属性，高温度为有序的立方奥氏体相（B2），低温则为单斜（B19）马氏体相。密度的变化比较小，因此体积变化也小，在 0.003 的量级。

因此，相变应变以偏量为主，大小在 0.07～0.085 量级。体积应变虽小，不一定导致压力灵敏度降低。在承受静水拉伸压力与压缩应力时，镍钛合金的行为不同。

图 5-16 显示了 Miyazaki 等人（1981）得出的典型的现象。从图 5-16 中曲线可见，在降温过程中，一旦温度到达 M_s 则开始由奥氏体向马氏体的转变。继续降温，马氏体体积率就变成温度的函数。当温度降到 M_f 时变成 100%马氏体。升温时，在 A_s 温度开始由马氏体向奥氏体转变。当到达温度 A_f 之后转化完成。最后，注意上述四个转变温度和应力相关。实验说明 M_s、M_f、A_s 和 A_f 可由它们无应力时的值 M_s^0、M_f^0、A_s^0 和 A_f^0 近似得到：

$$M_s = M_s^0 + \frac{\sigma_{eq}}{C_m} \tag{5-44}$$

$$M_f = M_f^0 + \frac{\sigma_{eq}}{C_m} \tag{5-45}$$

$$A_s = A_s^0 + \frac{\sigma_{eq}}{C_a} \tag{5-46}$$

$$A_f = A_f^0 + \frac{\sigma_{eq}}{C_a} \tag{5-47}$$

式中，σ_{eq} 为 Von Mises 等效应力。在一个足够高的温度 M_d，任何应力水平下都不会发生向马氏体的转变。

转化特性（例如转化温度）和合金成分与热处理密切相关。

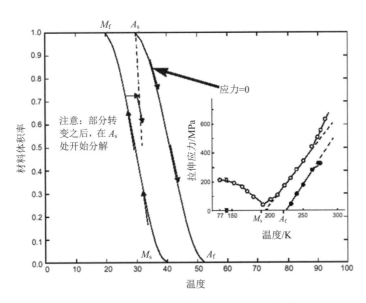

图 5-16　奥氏体向马氏体和马氏体向奥氏体转变

1. 相变导致变形

图 5-17 所示为 Miyazaki 等人（1981）实验所得的某镍钛合金部分数据曲线，更详尽的数据曲线以及说明需要参考有关文献。当无约束的完全奥氏体试样降温时，在 190K 开始向马氏体转变，在 128K 转变完成。这确定了所谓的马氏体开始温度（M_s^0）和马氏体完成温度（M_f^0）

分别为 190K 和 128K。施加单轴拉伸应力后，低温的马氏体受到影响，M_s^0 和 M_f^0 都有所增加。当完全的马氏体试样加热时，可以看到在 188K 开始反向转变，到 221K 转变完成。这分别确定了奥氏体开始温度（A_s^0）和奥氏体完成温度（A_f^0）。在温度范围分别是 $T<M_s$，$M_s<T<A_f$，$A_f<T<T_c$ 时进行单轴拉伸测试，T_c 为临界温度，当温度高于它时，奥氏体屈服强度低于诱发奥氏体向马氏体转变所需的应力。

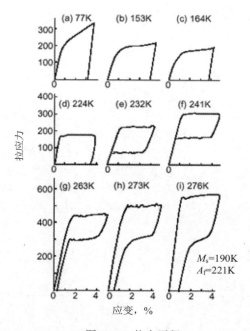

图 5-17　热力历程

当温度 $T<M_s$ 时，试样的微观结构是完全马氏体。应力-应变曲线表现为光滑的抛物线形状，这与缺陷（如孪晶边界和变体之间的边界）移动引起的变形一致。注意卸载时近似弹性，马氏体重新定向和任何先前的奥氏体的转化引起的累积变形在试样完全卸载之后都将保存。还应该注意，累积变形完全是由于取向马氏体引起的，当温度加热超过 $A_s\sim A_f$ 范围时是可恢复的。这体现了形状记忆效应。

温度在 $A_f<T<T_c$ 范围内，表现为伪弹性行为。在这个范围内，初始的微观结构完全是奥氏体，随着奥氏体的变形形成马氏体产生应力。卸载过程中马氏体是不稳定的，随着累计变形的恢复，又转变成奥氏体。注意，随着温度的升高应力也上升。在这个范围内，所有相变引起的变形几乎都是可逆的。

当温度 $T>T_c$ 时，在应力导致马氏体形成之前，表现为塑性变形。卸载部分应力-应变关系表现为非线性行为，卸载和永久性（塑性）变形相关。由于马氏体的塑性变形导致的永久性变形是不可恢复的，如果这样的变形过大，也就没有形状记忆属性了。

2．本构理论

虽然可以直接扩展为大应变状态，下面的公式仍基于小应变假设，总应变增量可以简单写为各分量的叠加：

$$\Delta\varepsilon = \Delta\varepsilon^{el} + \Delta\varepsilon^{th} + \Delta\varepsilon^{pl} + \Delta\varepsilon^{ph} \qquad (5\text{-}48)$$

式中，$\Delta\varepsilon^{el}$ 为弹性应变增量；$\Delta\varepsilon^{th}$ 为热应变增量；$\Delta\varepsilon^{pl}$ 为粘塑性应变增量；$\Delta\varepsilon^{ph}$ 为和热弹性相变相关的应变增量。简单地认为弹性应变增量 $\Delta\varepsilon$ 和一套弹性模量 L 与柯西应力增量 $\Delta\sigma$ 相关：

$$\Delta\sigma = L\Delta\varepsilon^{el} \tag{5-49}$$

不同相混合后的热膨胀系数为

$$\alpha = (1-f)\alpha^{A} + f\alpha^{M} \tag{5-50}$$

式中，上标 A 和 M 分别为奥氏体和马氏体的值；f 为马氏体体积率。

正如前面提到的，相变导致应变是取向形成、应力导致、马氏体和随机热力重新定向导致马氏体的结果。为了计算这个值，$\Delta\varepsilon^{ph}$ 表示为

$$\Delta\varepsilon^{ph} = \Delta\varepsilon^{TRIP} + \Delta\varepsilon^{TWIN} \tag{5-51}$$

其中：

$$\Delta\varepsilon^{TRIP} = \Delta f^{(+)}g(\sigma_{eq})\varepsilon_{eq}^{T}\frac{3}{2}\frac{\sigma'}{\sigma_{eq}} + \Delta f^{(+)}\varepsilon_{v}^{T}I + \Delta f^{(-)}\varepsilon^{ph} \tag{5-52}$$

$$\Delta\varepsilon^{TWIN} = f\Delta g(\sigma_{eq})\varepsilon_{eq}^{T}\frac{3}{2}\frac{\sigma'}{\sigma_{eq}}\{\dot{\sigma}_{eq}\}\{\sigma_{eq} - \sigma_{eff}^{g}\} \tag{5-53}$$

式中，f 为马氏体的体积率，$\Delta f = \Delta f^{(+)} + \Delta f^{(-)}$，{}代表 McCauley，括号 $\{x\} = \dfrac{1}{2}\left(\dfrac{x+|x|}{|x|}\right)$，$x \neq 0$。

在式（5-52）中，$\Delta f^{(+)}$ 代表马氏体形成的速率，ε_{eq}^{T} 是相变应变的偏量的幅值，ε_{v}^{T} 是相变应变的体积应变部分。方程 $g(\sigma_{eq})$ 在图 5-18 中做了描述，即马氏体相变应变和应力偏量的关系。σ_{eq} 是等效应力。式（5-52）中的前两项描述了相变应变变化进程，该相变是由于应力导致马氏体的形成而引起的。$\Delta f^{(-)}$ 是奥氏体构成的变化。例如，马氏体体积率衰减的速率。式（5-53）中最后一项代表相变应变的恢复情况。

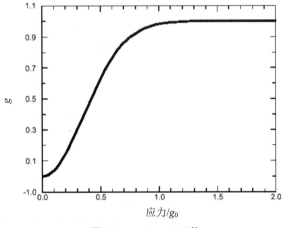

图 5-18　$g(\sigma_{eq})$ 函数

因为 f 是固定的，所以膨胀对 $\Delta\varepsilon^{TWIN}$ 没有影响。当 σ_{eq} 小于 σ_{eff}^{g} 或等效应力减小（$\dot{\sigma}_{eq} < 0$）时，孪晶（twinning）应变率是零。因此，σ_{eff}^{g} 可作为由孪晶应变产生的最低应力。

函数 g 代表和应力偏量同轴的相变应变。这个函数可以用实验数据校准。

在 MSC Nastran 中已经具备可以用来充分拟合多数实验数据的函数。

$$g(\sigma_{eq}) = 1 - \exp\left[g_a\left(\frac{\sigma_{eq}}{g_0}\right)^{g_b} + g_c\left(\frac{\sigma_{eq}}{g_0}\right)^{g_d} + g_e\left(\frac{\sigma_{eq}}{g_0}\right)^{g_f}\right]\qquad(5\text{-}54)$$

在多数情况下，有第一项就足够了，而 $g_a < 0$ 且 $g_b = 2$ 时得出最好结果。g_0 是与应力同数量级的无量纲常数，取的值可使当 $\sigma_{eq} \to g_0$ 时 $g \to 1$。在某些情况下，为了更好地拟合实验数据必须包括高阶的等效应力。此时，建议 $g_d = 2.55$ 或 2.75 以及 $g_e = 3$。需要满足 $0 \leqslant g \leqslant 1$，并且 g 是一个单调递增的函数（应力的增加将导致相变应变增量的增加）。

5.4.2 机械记忆合金模型

1. 模型的基本公式

形状记忆合金可经历可逆的变化，这些变化可解释为马氏体的相变。典型的奥氏体在高温和高应力时是稳定的。对于无应力状态，通常会标出高于某温度只有奥氏体稳定，低于某一温度后，只有马氏体才稳定。奥氏体和马氏体之间的相变是解释超弹性效应的关键。后面对单轴拉伸应力的简单状态做简单解释。考虑试样处于奥氏体状态并且温度高于在零应力下只有奥氏体才稳定的温度。如图 5-19 所示，如果加载试样，保持温度不变，材料呈现非线性行为（ABC），由于应力引起奥氏体到马氏体的转变。而后卸载，仍然保持温度不变，会发生逆相变，从马氏体到奥氏体（CDA），这是零应力时马氏体不稳定的结果。在加载/卸载过程结束后，没有永久的应变，应力-应变路径为一封闭的滞后环。

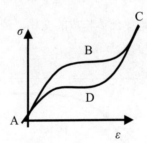

图 5-19　单轴拉伸时奥氏体和马氏体之间的相变

在晶体量级，如果没有发生相变的优选方向，马氏体利用不同的惯析面（在单晶相变时的奥氏体与马氏体之间的接触平面），形成一系列的晶相等价变异。产生的相称为多变型马氏体，并具有孪晶结构的特点。然而，如果存在发生相变的优先方向（通常与应力状态有关），所有马氏体的晶体趋于形成最有利的惯析面。产生的相称为单变型马氏体，并具有非孪晶结构的特点。依据单变型马氏体不同类型的存在，可能有单变型马氏体之间不同类型的转变。此类过程称为重新定向过程，可解释为一族的马氏体相变并与控制单变型马氏体产物的参数变化有关（因而，与应力的非比例变化有关）。

除热—机形状记忆模型之外，MSC Nastran 也可以计算超弹性形状记忆合金模型。

MSC Nastran 在有限应变分解的框架内计算超弹性形状记忆合金模型。假设变形梯度 F 是一个可控变量，马氏体分数 ξ_S 只是内部变量的标量。以下面的形式分解 F：

$$F = F^e F^{tr} \tag{5-55}$$

式中，F^e 为弹性部分；F^{tr} 为相变部分。

假设是一个各向同性弹性响应，Kirchhoff 应力 τ 和弹性柯西-格林张量 b^e（$b^e = F^e F^{eT}$）共享主方向。引入下面的谱分解：

$$\tau = \sum_{A=1}^{3} \tau_A n^A \otimes n^B \tag{5-56}$$

$$t = \sum_{A=1}^{3} t_A n^A \otimes n^B \tag{5-57}$$

$$b^e = \sum_{A=1}^{3} (\lambda_A^e)^2 n^A \otimes n^B \tag{5-58}$$

式中，λ_A^e 为弹性主伸展；t 为偏量部分。

$$\tau = pI + t \tag{5-59}$$

式中，I 为二阶单位张量；p 为压力，定义为 $p = tr(\tau)/3$，$tr()$ 是迹算子。式（5-59）的分量形式可以写为

$$\tau_A = p + t_A \tag{5-60}$$

并有

$$p = K\theta^e，\quad t_A = 2G e_A^e \tag{5-61}$$

2. 相变和激活条件

一般认为有两个相变：一个是奥氏体向马氏体转变（A→S），一个是马氏体向奥氏体转变（S→A）。为了模拟相变和压力之间的关系，我们引入 Drucker-Prager 型加载函数：

$$F(\tau) = \|t\| + 3\alpha p \tag{5-62}$$

式中，α 为材料参数；$\|\ \|$ 为欧几里德范数算子，则：

$$\|t\| = \left[\sum_{A=1}^{3}(t_A)^2\right]^{1/2} \tag{5-63}$$

用加点代表对时间求导，假设 ξ_s 有下面线性的演进式：

$$\dot{\xi}_s = H^{AS}(1-\xi_s)\frac{\dot{F}}{F - R_f^{AS}}，\quad \text{对（A→S）} \tag{5-64}$$

$$\dot{\xi}_s = H^{SA}\xi_s \frac{\dot{F}}{F - R_f^{AS}}，\quad \text{对（S→A）} \tag{5-65}$$

式中，

$$R_f^{AS} = \sigma_f^{AS}\left(\sqrt{\frac{2}{3}}+\alpha\right)，\quad R_f^{SA} = \sigma_f^{SA}\left(\sqrt{\frac{2}{3}}+\alpha\right) \tag{5-66}$$

σ_f^{AS}、σ_f^{SA} 是材料常数。在塑性相变激活条件下使用标量 H^{AS} 和 H^{SA}，因此根据下面的关系选择使用式（5-65）或式（5-66）：

如果 $R_s^{AS} < F < R_f^{AS}$ 或 $\dot{F} > 0$，$H^{AS} = 1$；否则，$H^{AS} = 0$。

如果 $R_f^{SA} < F < R_s^{SA}$ 或 $\dot{F} < 0$，$H^{SA} = 1$；否则，$H^{SA} = 0$。

此处

$$R_s^{AS} = \sigma_s^{AS}\left(\sqrt{\frac{2}{3}} + \alpha\right), \ R_s^{SA} = \sigma_s^{SA}\left(\sqrt{\frac{2}{3}} + \alpha\right) \tag{5-67}$$

3. 时间离散模型

通过对时间段 $[t_n, t]$ 进行时间连续模型积分得出时间离散模型。在 t 时刻对速率方程使用向后欧拉积分公式。从式（5-65）和式（5-66）中去掉微量部分，在剩余部分进行时间离散进化方程，则：

$$R^{AS} = (F - R_f^{AS})\lambda_s - H^{AS}(1 - \xi_s)(F - F_n) = 0 \tag{5-68}$$

$$R^{SA} = (F - R_f^{SA})\lambda_s - H^{SA}\xi_s(F - F_n) = 0 \tag{5-69}$$

此处：

$$\lambda_s = \int_{t_n}^{t} \dot{\xi}\mathrm{d}t = \xi_s - \xi_{s,n} \tag{5-70}$$

将 F 的表达式转化成 λ_s 的函数，得出式（5-70）中的 λ_s，要求其满足相应相变的离散方程。应力更新和一致切线模量详细计算公式参见 Auricchio 的有关论文。

5.4.3 记忆合金的材料数据卡片

MSC Nastran 中有针对记忆合金的材料数据卡片 MATSMA，其格式为：

1	2	3	4	5	6	7	8	9	10
MATSMA	MID	MODEL	T_0	L					
	E_a	v_a	α_a	σ_a	ρ_a	σ_s^{AS}	σ_f^{AS}	C_a	
	E_m	v_m	α_m	σ_m	ρ_m	σ_s^{SA}	σ_f^{SA}	C_m	
	V^T	M_{frac}	σ_{eff}^g	σ_{max}^g					
	g_0	g_a	g_b	g_c	g_d	g_e	g_f	g_{max}	

上面卡片中各域的含义如下：

MID　　材料识别号。

MODEL　所采用模型的标识（大于 0 的整数）。

　　　　=1（力学：Aruchhio 模型）

　　　　=2（热力学：Asaro-Sayeedvafa 模型）

T_0　　用于计算应力的参考温度（大于 0 的实数）。

L　　对于力学模型，参数 L 表示最大变形（大于 0 的实数，典型值为 0.06~0.104）。

奥氏体属性（全部为实数）：

E_a　　弹性模量（典型值为 60～83GPa）。

v_a　　泊松比（典型值为 0.33）。

α_a　　热膨胀系数（典型值为 $3.67 \times 10^{-6}/℃$）。

σ_a　等效米塞斯应力（机械模型不用，典型值为 195～690 MPa）。

ρ_a　质量密度。

σ_s^{AS}　材料参数代表奥氏体向马氏体转变的开始。

σ_f^{AS}　材料参数代表奥氏体向马氏体转变的结束。

C_a　依赖奥氏体结束和开始温度的应力斜率（典型值为 6～8 MPa）。

马氏体属性（全部为实数）：

E_m　弹性模量。

ν_m　泊松比。

α_m　热膨胀系数。

σ_m　等效米塞斯应力（不在力学模型中使用）

ρ_m　质量密度

σ_s^{SA}　材料参数代表马氏体向奥氏体转变的开始。

σ_f^{SA}　材料参数代表马氏体向奥氏体转变的结束。

C_m　依赖马氏体结束和开始温度的应力斜率（典型值为 5～6MPa）。

以下内容仅用于热机模型（全部为实数）

V^T　等效体积相变应变（典型值为 0.0～0.003）。

M_{frac}　初始马氏体体积分数（典型值为 0.0～10）。

σ_{eff}^g　孪晶应力（典型值为 100～150MPa）。

σ_{max}^g　如果需要截断值，为 $g = g_{max}$ 时的应力。

g_0　用于函数中应力无纲化的应力水平

g_a　g 函数系数（典型值 $g_a<0$）

g_b　g 函数指数（典型值 $g_b = 2.0$）

g_c　g 函数系数（典型值 $g_c \geqslant 0$）

g_d　g 函数指数（典型值 $g_c =2.25～2.75$）

g_e　g 函数系数（典型值 $g_e \leqslant 0$）

g_f　g 函数指数（典型值 $g_f = 3$）

g_{max}　如果需要截断值，为函数最大值（典型值 $g_{max} = 1$）

目前 Patran 中还没有菜单界面定义上述参数，用户需要在 MSC Nastran 的输入文件中直接添加或在 Patran 中的直接文本输入处添加。

5.4.4　记忆合金分析实例

本例模拟在不同温度下记忆合金支架在先受到轴向 0.008mm 变形，而后恢复到变形为 0mm 的过程。通过分析，观察支架变形过程中，其记忆行为的应力-应变关系。记忆合金将分别考虑力学和热力学模型。支架模型如图 5-20 所示。

支架材料参数：

杨氏模量：$E_a = E_m = 50000MPa$

泊松比：$\nu_a = \nu_m = 0.33$

奥氏体属性：$\sigma_s^{AS} = 1631.7\text{MPa}$，$\sigma_f^{AS} = 1931.4\text{MPa}$，$C_a = 8.66$

马氏体属性：$\sigma_s^{SA} = 1688.7\text{MPa}$，$\sigma_f^{SA} = 1558.8\text{MPa}$，$C_m = 6.66$

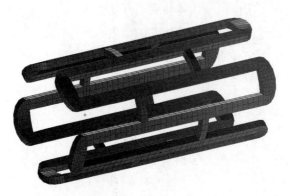

图 5-20　记忆合金支架

1．建立模型

（1）新建 MSC Patran 的空数据文件。单击菜单栏 Menu→File→New，输入模型数据文件名称为 SMA_Stent.db。

（2）顺次单击主工具条中 File→Import，打开模型导入窗口。设置导入模型的格式为 MSC Nastran Input，如图 5-21 中 a 所示，在相应路径下选取 Stent_Model.dat 文件，单击 Apply 按钮。

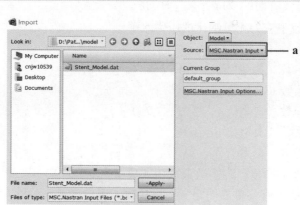

图 5-21　模型导入

（3）导入模型如图 5-20 所示，模型中共包含 3280 个六面体单元和 6390 个节点。

2．定义材料本构关系

（1）单击工具栏中的 Materials 按钮，打开 Materials 窗口，如图 5-22 中 a 所示，依次设置 Action、Object 及 Method 的属性为 Create、Isotropic 及 Manual Input；如图 5-22 中 b 所示，在 Material Name 文本框中输入 mat1；如图 5-22 中 c 所示，单击 Input Properties…按钮，弹出 Input Options 对话框；单击 OK 按钮。Mat1 是记忆合金材料名，其具体材料参数，需要用户填写 MATSMA 卡片添加，具体格式参考上一小节和参考文献[13]。

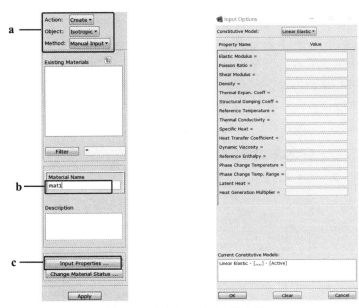

图 5-22　定义记忆合金材料属性

（2）单击工具栏中的 Materials 按钮，打开 Materials 窗口，如图 5-23 中 a 所示，依次设置 Action、Object 及 Method 的属性为 Create、Isotropic 及 Manual Input；如图 5-23 中 b 所示，在 Material Name 文本框中输入 mat2；如图 5-23 中 c 所示，单击 Input Properties…按钮，弹出 Input Options 对话框；如图 5-23 中 d 所示，在 Elastic Modulus 文本框中输入 50000，在 Poisson Ratio 文本框中输入 0.33。单击 OK 按钮，然后单击 Apply 按钮完成材料 mat2 的定义。

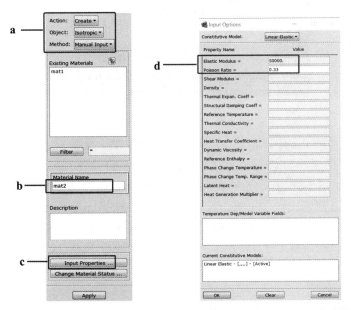

图 5-23　定义各向同性材料

3. 定义单元属性

（1）单击工具栏中的 Property 按钮，打开 Property 窗口，如图 5-24 中 a 所示，依次设置

Action、Object 及 Type 的属性为 Create、3D 及 Solid；如图 5-24 中 b 所示，在 Property Set Name 文本框中输入 pro1。如图 5-24 中 c 所示，单击 Input Properties…按钮，弹出 Input Properties 对话框；如图 5-24 中 d 所示，在 Material Name 列表框中选择 mat1，单击 OK 按钮完成属性 参数输入；如图 5-24 中 e 所示，单击 Select Application Region 按钮，在 Application Region 列 表框中选择 pro1 所包含的所有单元（如图 5-24 中 f 所示区域），单击 OK 按钮，然后单击 Apply 按钮完成 pro1 单元属性的创建。

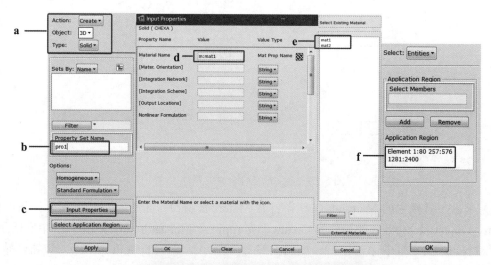

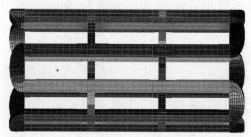

图 5-24   定义记忆合金单元属性

（2）单击工具栏中的 Property 按钮，打开 Property 窗口，如图 5-25 中 a 所示，依次设置 Action、Object 及 Type 的属性为 Create、3D 及 Solid；如图 5-25 中 b 所示，在 Property Set Name 文本框中输入 pro2。如图 5-25 中 c 所示，单击 Input Properties…按钮，弹出 Input Properties 对话框；如图 5-25 中 d 所示，在 Material Name 列表框中选择 mat2，单击 OK 按钮完成属性 参数输入；如图 5-25 中 e 所示，单击 Select Application Region 按钮，在 Application Region 列 表框中选择 pro2 所包含的所有单元（如图 5-25 中 f 所示区域），单击 OK 按钮，然后单击 Apply 按钮完成 pro2 单元属性的创建。选择支架两头部分为各向同性材料，用这种方式，在施加载 荷的区域，将没有局部效应。

4. 定义载荷和边界条件

（1）建立圆柱参考坐标系。单击工具栏中 Geometry 按钮，如图 5-26 中 a 所示，依次设 置 Action、Object 及 Type 的属性为 Create、Coord 及 3Point；如图 5-26 中 b 所示，在 Coord ID List 文本框中输入 1；如图 5-26 中 c 所示，在 Type 类型中，选择 Cylindrical；如图 5-26 中 d

所示，在 Auto Execute 中选择默认输入，然后单击 Apply 按钮，完成圆柱参考坐标系的创建。

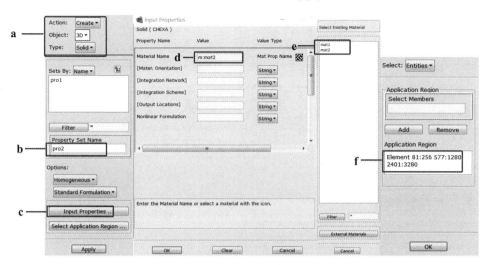

图 5-25 定义各向同性材料单元属性

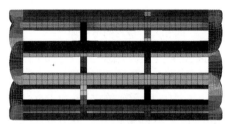

图 5-26 建立圆柱参考坐标系

（2）单击工具栏中的 Loads/BCs 按钮，如图 5-27 中 a 所示，依次设置 Action、Object 及 Type 的属性为 Create、Displacement 及 Nodal；如图 5-27 中 b 所示，在 New Set Name 文本框中输入 Disp_All_R_Fixed；如图 5-27 中 c 所示，单击 Input Data...按钮，弹出 Input Data 对话框；如图 5-27 中 d 所示，在 Translations 文本框中输入< , 0,>，单击 OK 按钮完成输入；如图 5-27 中 e 所示，单击 Select Application Region 按钮，在 Application Region 列表框中选择所有节点 1：6390，单击 OK 按钮，然后单击 Apply 按钮完成 Disp_All_R_Fixed 的创建。

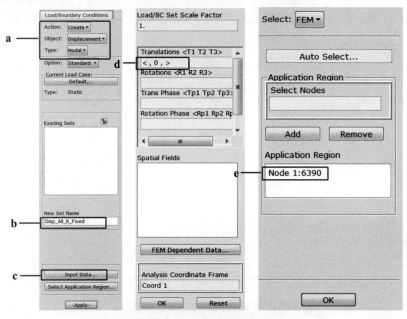

图 5-27　位移约束施加之一

（3）单击工具栏中的 Loads/BCs 按钮，如图 5-28 中 a 所示，依次设置 Action、Object 及 Type 的属性为 Create、Displacement 及 Nodal；如图 5-28 中 b 所示，在 New Set Name 文本框中输入 Disp_Left_Fixed；如图 5-28 中 c 所示，单击 Input Data...按钮，弹出 Input Data 对话框；如图 5-28 中 d 所示，在 Translations 文本框中输入<，0，0>，单击 OK 按钮完成输入；如图 5-28 中 e 所示，单击 Select Application Region 按钮，在 Application Region 列表框中选择支架左部末端所有节点，单击 OK 按钮，然后单击 Apply 按钮完成 Disp_Left_Fixed 的创建。创建此约束是为了提升计算的稳定性。

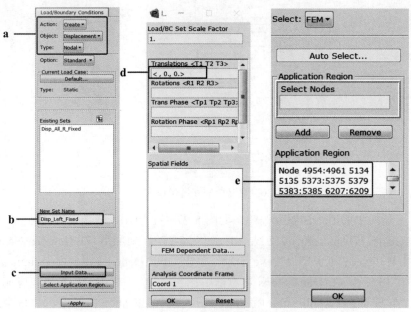

图 5-28　位移约束施加之二

图 5-28　位移约束施加之二（续图）

（4）单击工具栏中的 Loads/BCs 按钮，如图 5-29 中 a 所示，依次设置 Action、Object 及 Type 的属性为 Create、Displacement 及 Nodal；如图 5-29 中 b 所示，在 New Set Name 文本框中输入 Disp_A_Fixed；如图 5-29 中 c 所示，单击 Input Data...按钮，弹出 Input Data 对话框；如图 5-29 中 d 所示，在 Translations 文本框中输入<0, , >，单击 OK 按钮完成输入；如图 5-29 中 e 所示，单击 Select Application Region 按钮，在 Application Region 列表框中选择节点 2491、2507 和 4747，单击 OK 按钮，然后单击 Apply 按钮完成 Disp_A_Fixed 的创建。

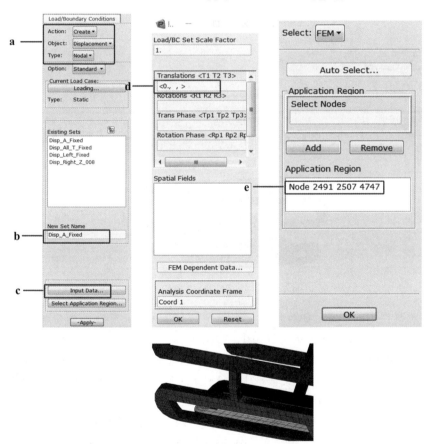

图 5-29　位移约束施加之三

（5）单击工具栏中的 Loads/BCs 按钮，如图 5-30 中 a 所示，依次设置 Action、Object 及 Type 的属性为 Create、Displacement 及 Nodal；如图 5-30 中 b 所示，在 New Set Name 文本框中输入 Disp_Right_Z_008；如图 5-30 中 c 所示，单击 Input Data...按钮，弹出 Input Data 对话框；如图 5-30 中 d 所示，在 Translations 文本框中输入< , ,0.008>，单击 OK 按钮完成输入；

如图 5-30 中 e 所示，单击 Select Application Region 按钮，在 Application Region 列表框中选择支架右部末端所有节点，单击 OK 按钮，然后单击 Apply 按钮，完成 Disp_Right_Z_008 的创建。

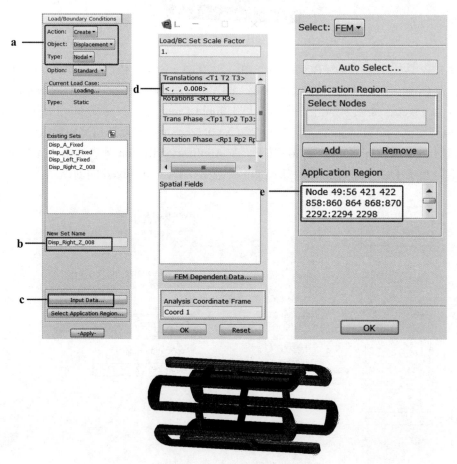

图 5-30　施加强迫位移载荷

（6）单击工具栏中的 Loads/BCs 按钮，如图 5-31 中 a 所示，依次设置 Action、Object 及 Type 的属性为 Create、Displacement 及 Nodal；如图 5-31 中 b 所示，在 New Set Name 文本框中输入 Disp_Right_Z_0；如图 5-31 中 c 所示，单击 Input Data...按钮，弹出 Input Data 对话框；如图 5-31 中 d 所示，在 Translations 文本框中输入< , , 1E-4>，单击 OK 按钮完成输入；如图 5-31 中 e 所示，单击 Select Application Region 按钮，在 Application Region 列表框中选择支架右部末端所有节点，单击 OK 按钮，然后单击 Apply 按钮，完成 Disp_Right_Z_0 的创建。由于在 Patran 界面下，输入 0，代表约束。故如果想完全强迫位移到 0mm，可以在 bdf 文件中进行修改。如图 5-31 中 f 所示，找到 SPCD 将 1.-4 全部替换为 0.0。两种输入方式，对于最后生成应力-应变的曲线，基本没有影响。

（7）单击工具栏中的 Loads/BCs 按钮，如图 5-32 中 a 所示，依次设置 Action、Object 及 Type 的属性为 Create、Initial Temperature 及 Nodal；如图 5-32 中 b 所示，在 New Set Name 文本框中输入 Temp_0；如图 5-32 中 c 所示，单击 Input Data...按钮，弹出 Input Data 对话框；如

图 5-32 中 d 所示，在 Temperature 文本框中输入 0，单击 OK 按钮完成输入；如图 5-32 中 e 所示，单击 Select Application Region 按钮，在 Application Region 列表框中选择支架所有节点 1:6390，单击 OK 按钮，然后单击 Apply 按钮，完成 Temp_0 的创建。

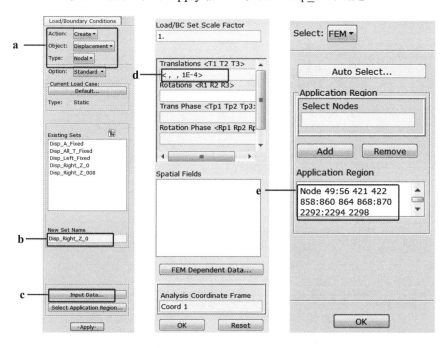

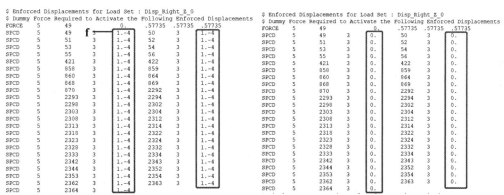

图 5-31　施加恢复后的位移

（8）单击工具栏中的 Loads/BCs 按钮，如图 5-33 中 a 所示，单击 Create Load Case 按钮；如图 5-33 中 b 所示，设置 Load Case Name 为 Loading；如图 5-33 中 c 所示，选取 Type 的类型是 Static；如图 5-33 中 d 所示，单击 Input Data…按钮，在弹出的界面中选取位移约束 Disp A Fixed、Disp All T Fixed、Disp Left Fixed、Disp Right Z 008，初始温度载荷 Temp 0 到载荷工况 Loading 中，单击 OK 按钮，单击 Apply 按钮。

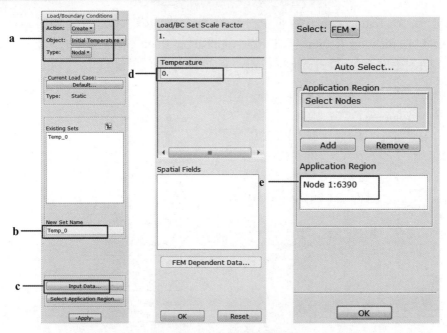

图 5-32　施加初始温度

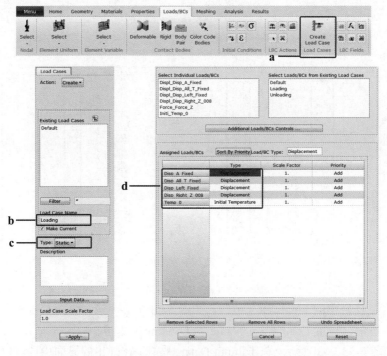

图 5-33　设定加载工况

（9）如图 5-34 中 a 所示，设置 Load Case Name 为 Unloading；如图 5-34 中 b 所示，选取 Type 的类型是 Static；如图 5-34 中 c 所示，单击 Input Data…按钮，在弹出的界面中选取位移约束 Disp A Fixed、Disp All T Fixed、Disp Left Fixed，初始温度载荷 Temp 0 到载荷工况 Unloading 中，单击 OK 按钮，单击 Apply 按钮。

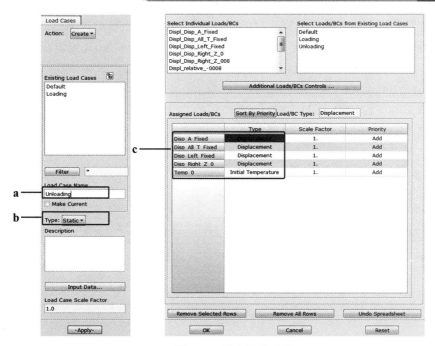

图 5-34　设定卸载工况

5. 设置分析参数并提交分析作业

单击工具栏中的 Analysis 按钮，如图 5-35 中 a 所示，依次设置 Action、Object 及 Method 的属性为 Analyze、Entire Model 及 Full Run；如图 5-35 中 b 所示，单击 Solution Parameters... 按钮，弹出对话框；如图 5-35 中 c 所示，选择 Large Displacement，单击两次 OK 按钮回到主界面。

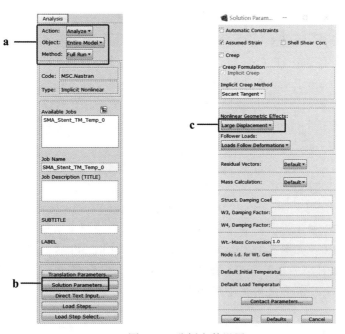

图 5-35　分析参数设置

（1）首先采用热力学模型，分别计算环境温度为-150℃、-70℃、10℃、30℃、50℃时的记忆合金支架受力情况。如图 5-36 中 a 所示，单击 Direct Text Input 按钮，如图 5-36 中 b 所示，输入

MATSMA,1,2,200.,0.008573

,5.E+4,0.33,1.E-05,1.E+20,,1631.7,1931.4,8.66

,5.E+4,0.33,1.E-05,1.E+20,,1688.7,1558.8,6.66

,0.,0.,100.,1.E+20

,300.,-4.,2.,0.,2.75,0.,3.,1.

单击 OK 按钮完成。其中，MATSMA 的 MODEL（卡片第二个数字），填入 2，代表选择热力学模型，填入 1，代表选择力学模型。

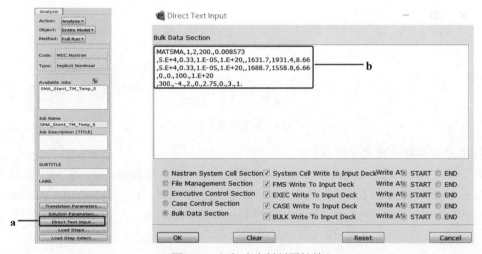

图 5-36　记忆合金材料属性输入

（2）Load Steps 设置。如图 5-37 中 a 所示，单击 Load Steps...按钮，在弹出的 Available Steps 列表框中选择 Loading 工况；在 Analysis Type 列表框中选择 Static（即静力分析类型）。如图 5-37 中 b 所示，单击 Step Parameters...按钮，进入工况属性设置。如图 5-37 中 c 所示，单击 Load Increment Params 按钮，进入非线性计算时的迭代设置。如图 5-37 中 d 所示，选择 Fixed 为迭代类型，设增量数量 Number of Increments 为 30，Total Time 为 1.0，多次单击 OK 按钮回到 Load Steps 主界面，完成加载的设置。

如图 5-38 中 a 所示，在 Available Steps 列表框中选择 Unloading 工况；在 Analysis Type 列表框中选择 Static（即静力分析类型）。如图 5-38 中 b 所示，单击 Step Parameters...按钮，进入工况属性设置。如图 5-38 中 c 所示，单击 Load Increment Params 按钮，进入非线性计算时的迭代设置。如图 5-38 中 d 所示，选择 Fixed 为迭代类型，设增量数量 Number of Increments 为 60，Total Time 为 1.0。如图 5-38 中 e 所示，设定 Max of Iterations per Increment 为 25，设定 Load Tolerance 为 0.01，多次单击 OK 按钮回到 Analysis 主界面，完成 Load Steps 的设置。

注意：在卸载阶段，需要使用更小的步长以及每步更多的迭代次数，有助于捕捉记忆行为。

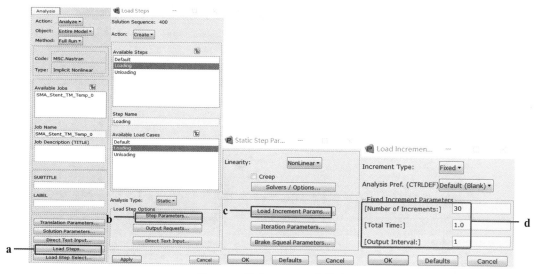

图 5-37　设定 Loading 载荷步

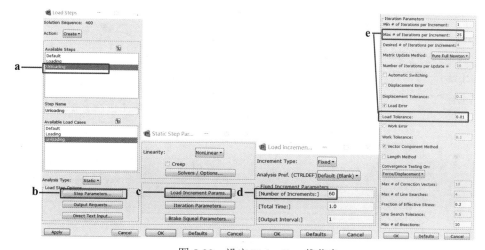

图 5-38　设定 Unloading 载荷步

（3）如图 5-39 中 a 所示，单击 Load Step Select 按钮，在弹出的列表框中依次选择 Loading 和 Unloading 工况。单击 OK 按钮回到 Analysis 主界面，并提交 Nastran 运算。

6. 两种模型与多种环境温度条件下的计算及结果查看

（1）单击工具栏中的 Analysis 按钮，依次设置 Action、Object 及 Method 的属性为 Access Results、Attach Output2 及 Result Entities，单击 Apply 按钮读取相关结果文件。

（2）单击工具栏中的 Results 按钮，如图 5-40 中 a 所示，依次设置 Action、Object 及 Method 的属性为 Create、Graph 及 Y vs X；如图 5-40 中 b 所示，单击 Select Subcases 按钮，弹出 Select Result Cases 窗口，单击选中 Step1:LOADING，单击 Filter 按钮，单击 Apply 按钮；如图 5-40 中 c 所示，选中 Nonlinear Stresses,Stress Tensor 项，同时在 Quantity 中，选中 Z Component；如图 5-40 中 d 所示，选中 X:Result,单击 Select X Result 按钮；如图 5-40 中 e 所示，选中 Nonlinear Strains,Strain Tensor 项，同时在 Quantity 中，选中 Z Component。

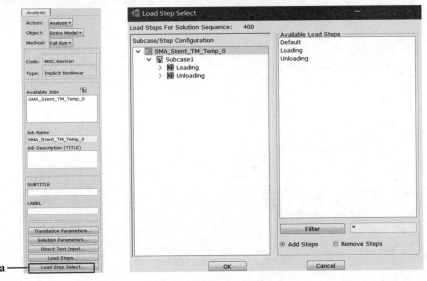

图 5-39　工况选择

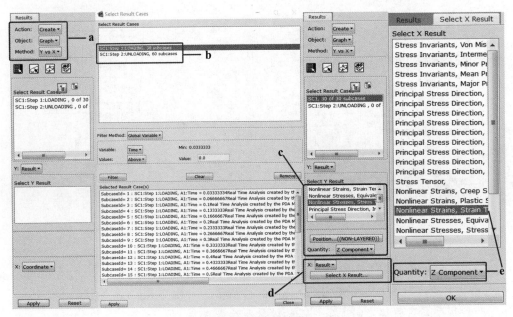

图 5-40　选取结果

（3）如图 5-41 中 a 所示，单击 Target Entities 按钮，选取节点 Node 1292，单击 Apply 按钮；如图 5-41 中 b 所示，单击 Plot Options；如图 5-41 中 c 所示，在 Save Graph Plot As 输入框内，输入 Temp_0_Loading，单击 Apply，保存此曲线。如图 5-41 中 d 所示，单击工具栏中 Utilities；如图 5-41 中 e 所示，单击 Results；如图 5-41 中 f 所示，单击 Write XY Curves to File；如图 5-41 中 g 所示，将此曲线写入 csv 文件。

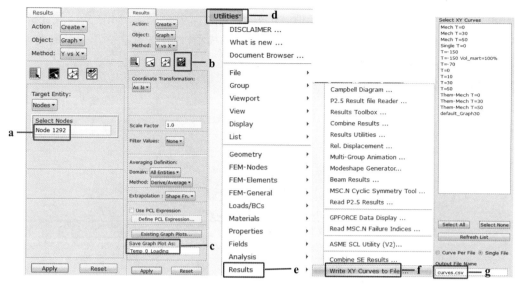

图 5-41　曲线绘制和保存设置

（4）重复上一个步骤，生成 Unloading 工况曲线，同样写入相应 csv 文件。将两个 csv 文件内容提取后，合并写入后缀为.xyd 的文件。通过读入.xyd 文件，创建曲线，如图 5-42 所示。

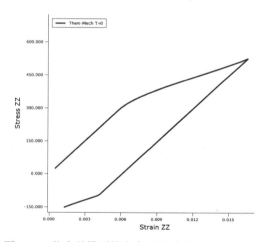

图 5-42　热力学模型的应力-应变曲线（温度 0℃）

（5）按照以上类似操作步骤，采用热力学模型分别计算环境温度为-150℃、-70℃、10℃、30℃、50℃时的记忆合金支架的结果。

（6）此外，采用力学模型，计算环境温度为 0℃、30℃、50℃时的记忆合金支架的结果。力学模型时，支架材料属性，在 Direct Text Input 输入力学模型下的支架材料属性：

MATSMA,1,1,200.,0.008573

,5.E+4,0.33,1.E-05,1.E+20,,1631.7,1931.4,8.66

,5.E+4,0.33,1.E-05,1.E+20,,1688.7,1558.8,6.66

,0.,0.,100.,1.E+20

,300.,-4.,2.,0.,2.75,0.,3.,1.

注意：上述属性数据与热力学模型不同的仅是模型类型号，由 2 变成了 1。

（7）经多次计算，通过 Patran 后处理，可得相关应力-应变曲线，如图 5-43、图 5-44 所示。图 5-43、图 5-44 中，Them-Mech 代表采用热力学模型，Mech 代表采用力学模型，T 对应不同的温度。Vol_mart 代表马氏体体积分数。

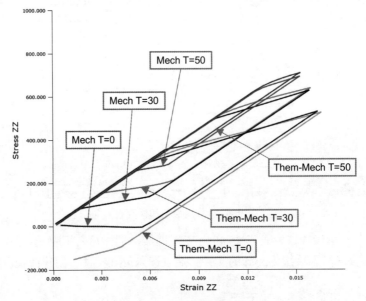

图 5-43　力学和热力学模型的应力-应变关系

通过图 5-43 可以看到，相同温度下，力学和热力学模型在拉伸阶段，应力-应变曲线重合性较好，而在压缩阶段，尤其是在曲线发生拐点后，差距较大。相同力学模型时，随着环境温度的升高，发生相同应变时，对应的应力都更高。通过图 5-44 可以看到，采用热力学模型时，当环境温度变为负值时，应力-应变曲线会发生较大变化，尤其在拉伸阶段。

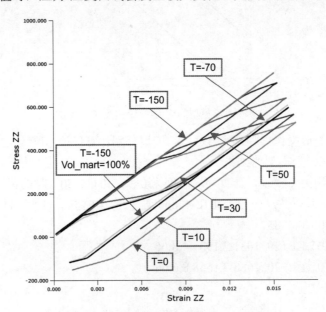

图 5-44　热力学模型下的应力-应变关系

5.5　复合材料的失效

　　复合材料由纤维和基体等不同组分材料组成，并具有各向异性，其破坏过程复杂。采用复合材料的结构在受力发生变形的过程中，随着载荷的增加原有缺陷扩大或产生新的损伤，例如基体中出现微小裂纹、纤维裂纹、基体与纤维界面开裂、损伤扩大、裂纹扩展等。在本节中将介绍 MSC Nastran 提供的复合材料失效分析功能。

5.5.1　失效指数分析

　　MSC Nastran 在失效分析方面提供了很多种基于材料的失效准则，允许同时选择至多三种失效准则作为失效的判据，同时还提供了渐进失效方法，下面将针对 MSC Nastran 中的失效分析功能进行介绍。

　　MSC Nastran 中提供的失效准则包括最大应力失效准则（Maximum Stress）、最大应变准则（Maximum Strain）、Hoffman、Hill、蔡-吴（Tsai-Wu）、Puck、Hashin、Hashin Tape、Hashin Fabric。用户在仿真模型定义时，可以指定这些失效准则中的任意三种，可以广泛的应用于普通材料以及复合材料的失效分析计算。失效的形式可以沿着材料纤维的方向、垂直于纤维方向等，可以是拉、压引起的失效也可以是剪切引起的失效，如图 5-45 所示。

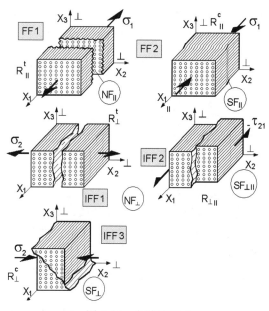

图 5-45　失效的形式

　　各种失效准则各有特点，通过选择不同的失效准则，程序会根据不同的公式来计算结构中是否存在不满足失效准则的点，并在后处理中输出对应位置的失效指数，帮助用户判断哪些位置已经失效，哪些位置较其他位置更容易失效。

5.5.2 渐进失效分析

MSC Nastran 中提供了两种方法对复合材料的渐进失效过程进行模拟，第一种方法基于 Marc 的技术，由 MATF 模型数据卡片激活；第二种方法由 e-Xstream 工程公司提供，使用 MATDIGI 卡片激活。比利时 e-Xstream 工程公司是 MSC 软件的全资子公司，在复合材料多尺度分析领域享有盛誉，Nastran SOL 400 自 2016.1 版开始集成了其产品 Digimat 在复合材料失效与渐进损伤计算方面的部分功能。

当选择渐进失效时，基于前一小节介绍的失效准则，一旦发生失效，程序即对单元刚度进行折减。对于材料刚度的折减速率，MSC Nastran 提供了两种损伤演化模型。值得一提的是，如上文所述 MSC Nastran 允许同时选择至多三种失效准则用于失效指数的计算，但只有第一个准则可用于渐进失效分析。材料不会自行修复，失效的单元在卸载后保持折减后的性能。

1. 模型 1 逐渐折减

该模型根据失效准则使用模式的选择性折减。当失效发生时，模量逐渐降低。在一个增量步中，如果最高失效指数小于或等于 1 则没有发生失效。当一个失效指数 F 大于 1 时，要根据失效指数的值计算刚度折减系数 r_i。总折减系数的增量可写为

$$\Delta r_i = -(1 - e^{1-F}) \tag{5-71}$$

如下所述，对于不同的失效标准处理方法是不同的。软件会存储和更新六个这样的折减因子，它们将用于按比例缩放相应的材料模量。

$$E_{11}^{new} = r_1 E_{11}^{orig} \tag{5-72}$$

$$E_{22}^{new} = r_2 E_{22}^{orig} \tag{5-73}$$

$$E_{33}^{new} = r_3 E_{33}^{orig} \tag{5-74}$$

$$G_{12}^{new} = r_4 G_{12}^{orig} \tag{5-75}$$

$$G_{23}^{new} = r_5 G_{23}^{orig} \tag{5-76}$$

$$G_{31}^{new} = r_6 G_{31}^{orig} \tag{5-77}$$

泊松比折减方式与相应的剪切模量相同。

对于最大应力和最大应变失效准则，由每个单独的失效指数分别计算折减系数。式（5-72）中的 r_1 从第一失效指数计算而得，式（5-73）中的 r_2 从第二失效指数计算而得，其余类推，这些准则没有不同失效模式的耦合。

对于只有一个失效指数的失效准则，如 Tsai Wu、Hoffman 和 Hill 准则，所有六个折减系数都以同样的方式减少。

对于区分纤维和基体的失效（Hashin、Hashin-tape 和 Puck）的失效准则，有失效模式之间的复杂耦合。有一个会受到若干输入参数影响的默认行为：

- r_1 取决于纤维失效（第一和第二失效指数）；
- r_2 取决于基体失效（第三、第四和第五失效指数）；
- r_3 与 r_1 相同；
- r_4、r_5、r_6 与 r_2 相同。

在 MATF 选项中，有 5 个参数控制模量折减，除 a_1 外，其他 4 个只适合各类 Hashin 准则

以及 Puck 准则。

a_1：残余刚度系数。刚度折减系数不能低于该值，默认值是 0.01。

a_2：基体压缩系数。有了该参数，当基体受压缩时，折减系数 r_2 的降低将会减少，实验表明对某些材料受压缩时材料性能折减比受拉伸时少。

a_3：剪切刚度系数。该参数考虑了剪切模量 G_{12} 的折减比基体矩阵 E_2 的少。

a_4：纤维失效引起的 E_{33} 折减。该系数控制因纤维和基体失效引起 E_{33} 的折减。默认是上面提到的仅纤维失效引起折减。有了该系数，折减系数可以在纤维失效和基体失效引起折减之间线性变化。

a_5：纤维失效引起的剪切折减。有了该参数可以控制因纤维失效引起的剪切折减，默认只因基体失效才会引起折减。

更多信息参见参考文献[10]。

2. 模型 2　立即折减

与模型 1 类似，但刚度是突然下降的。一旦发现失效，刚度被设置为剩余刚度系数 a_1。对于依据所用不同的失效准则对折减系数不同的定义规则与模型 1 相同。

不同的选择由模型数据卡片 MATF 确定。

5.5.3　细观力学材料模型

多尺度非线性复合材料建模平台 Digimat 在复合材料渐进损伤和短纤维增强塑料的失效分析方面具有诸多优势。自 MSC Nastran 2016.1 版开始，Digimat 的接口程序 Digimat CAE/MSC Nastran SOL 400 被植入 MSC Nastran 的安装包中，用于与 MSC Nastran SOL 400 的耦合计算。目前 MSC Nastran SOL 400 提供了两种耦合计算方法。方法的设置包含在.mat 文件中，该文件由 Digimat 生成，求解需要 MSC Nastran 许可证中包含相应的接口模块。

（1）微元求解方法。当 Digimat 提供的.mat 文件中采用了微元法（micro solution）时，在 MSC Nastran SOL 400 计算的每一个迭代步中，每一个积分点上的材料刚度和应力都将通过由 Digimat 提供的细观力学算法根据该点当前时刻的应变和微观结构参数实时进行更新。当采用这一方法时，用户除了可以获得宏观尺度上的计算结果，还可以查看材料各组分上的等效应力-应变结果。

（2）混合求解方法。当 Digimat 提供的.mat 文件中采用了混合法（hybrid solution）时，材料刚度在不同应变条件和不同微观结构下的基本解空间已经被提前计算并存储在.mat 文件中。当 MSC Nastran SOL 400 访问该文件进行求解计算时，在每一个迭代步中，每个积分点上的材料刚度和应变不再需要通过细观力学程序重新计算，而是通过在已有的解空间中插值获得。相比微元法，这种方法可以显著减少计算时间，但无法在结果中查看各组分上的应力应变结果。

上述方法仅取决于使用的.mat 文件，在 MSC Nastran SOL 400 的求解操作上并无差别，该功能通过 MATDIGI 模型数据卡片激活。

1. 关于接口

Digimat CAE/MSC Nastran SOL 400 是 Digimat 与 MSC Nastran SOL 400 之间的接口程序，为 Nastran 用户提供了 Digimat 中所有的线性和非线性小应变材料模型的接口，用于有限元小应变分析，就像任何其他 MSC Nastran SOL 400 材料模型一样。它还可以考虑到由注塑成型软件计算得到的纤维取向。因此,该接口可以模拟注塑过程对复合材料部件结构行为的影响。但不是所有可用的 Digimat 材料模型都可用于在 Digimat CAE/MSC Nastran SOL 400 接口。

2. 耦合分析输入文件设置

下面介绍一下如何准备 Digimat 与 MSC Nastran SOL 400 的耦合分析作业。假设已有一个可用的 Digimat 模型文件(.daf),另假设分析的名字是 myAnalysis。具体操作步骤如下:

(1)在 Digimat CAE 中定义一个分析

- 在 Digimat CAE 中加载一个 Digimat 材料模型文件(.daf),该文件可以由 Digimat-MF 生成,也可以从 Digimat-MX 中导出,具体操作可参考文献[21],此处暂不赘述。
- 选择耦合方法,默认方法为微元法,也可以选择混合法。宏观法仅仅用于线性分析,MSC Nastran SOL 400 作为非线性求解器并不支持此类耦合方式,故此处不做介绍。
- 选择接口软件 MSC Nastran SOL 400(参见图 5-46)。
- 如有需要,选择相应的材料方向张量文件或其他细观结构信息文件。

(2)产生接口文件,通过在 Digimat CAE 运行分析,就可产生以下的接口文件。

- myAnalysis.mat 文件,为 Digimat 的材料文件,随后将用于结构有限元分析,即主要输入文件。
- myAnalysis.nas 文件,该文件包含 MSC Nastran SOL 400 用户自定义材料相关的信息,将要拷贝到 MSC Nastran 输入文件中,还包含了要写入 MSC Nastran 后处理文件(.op2 文件)中的状态变量的含义。
- myAnalysis.log 文件,该文件包含运行信息,如果运行不成功会有错误信息。

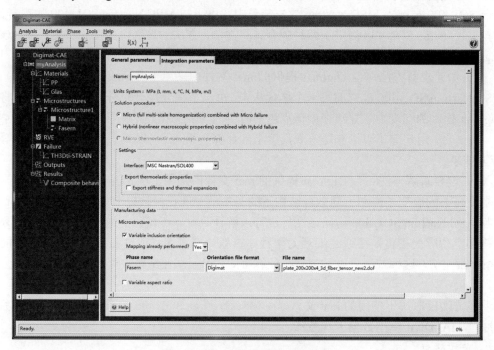

图 5-46　Digimat 选择接口的菜单

(3)定义 MSC Nastran SOL 400 用户自定义材料。为了让 MSC Nastran 访问 Digimat 的材料模型,需要使用 MATDIGI 卡片,下面举例说明定义方法。

● 为了将 Digimat 材料模型中的状态变量输出到.op2 文件以便用于 Patran 后处理，必须在子工况中定义输出 NLSTRESS。NLSTRESS 输出要求必须包含一个 NLOUT 指定项，指向在模型数据部分定义的 NLOUT 卡片。例如，子工况的定义可以如下所示：

```
SUBCASE 1
SUBTITLE=DigimatAnalysis
STEP 1
ANALYSIS = NLSTAT
SPC = 2001
LOAD = 1
NLSTEP = 10
NLSTRESS(PLOT,NLOUT=1)=ALL
```

● 通过 MATDIGI 卡片定义用户自定义材料模型。

```
MATDIGI 1 1 1.116210901E-09
UDNAME 1
myAnalysis
```

MATDIGI 卡片将告知 MSC Nastran 材料行为将由 Digimat 材料模拟。在 MATDIGI 关键词之后的第一个域包含材料的识别号。第三域包含 UDNAME 卡的识别号。最后一个域包含复合材料的密度（在 Digimat 自动计算）。

● 定义状态变量。

为了使 Digimat 和 MSC Nastran SOL 400 耦合求解，一系列的外部状态变量（ESV）必须在模型数据部分通过 UDSESV 卡片定义。ESV 的数量取决于 Digimat 材料模型。第一状态变量永远对应的是温度，即便分析类型不是热分析。

```
UDSESV 77
$
SV2 HV2 SV3 HV3 SV4 HV4 SV5 HV5
SV6 HV6 SV7 HV7 SV8 HV8 SV9 HV9
SV10 HV10 SV11 HV11 SV12 HV12 SV13 HV13
SV14 HV14 SV15 HV15 SV16 HV16 SV17 HV17
...
```

77 号表明 Digimat 材料模型需要 77 个外部变量的定义。字符串 HVi 对应于状态变量的名字。要获得这些名称的物理意义，请参阅前面生成的.nas 文件。状态变量的数量有时会受 Digimat 版本的影响，不同版本或不同输出设置下生成的状态变量数量可能不同。

前面提到的这些卡片字段由 Digimat 自动产生并保存在.nas 文件中。用户可以直接从.nas 接口文件中复制并粘贴到.bdf 文件的相应位置上。

（4）要求 Digimat 输出结果。通过 NLOUT 卡片，在 UDSESV 中定义的外部状态变量可以输出到 MSC Nastran 的.op2、.h5 和.f06 文件中。在子工况中引用的该卡片必须在批量数据部分标明：

```
NLOUT 1 TOTTEMP
ESV SV2 SV3 SV4 SV5 SV6 SV7
SV8 SV9 SV10 SV11 SV12 SV13
...
```

NLOUT 关键词后的第一个域必须与用于输出要求 NLSTRESS 中的相同。关键词 ESV 表示外部状态变量被要求输出。这一部分是 Digimat 自动生成的并写到 Digimat 的.nas 文件中。

支持 MSC Nastran SOL 400 的壳单元公式有：

- CQUAD4
- CQUAD8
- CTRIA3
- CTRIA6

支持 MSC Nastran SOL 400 的实体单元公式有：

- CPENTA
- CHEXA
- CTETRA

如果已有 Digimat 材料文件（.mat 文件和.nas 文件），MSC Nastran SOL 400 调用该文件进行联合仿真，不需要安装和启动 Digimat 软件，但需 MSC Nastran 的许可证中包含相关接口模块才能进行求解。如果需要 MSC Nastran 并行计算，则需在许可证中增加 NA_Digimat_DMP 模块。具体接口许可证介绍如下：

（1）MSC Nastran Digimat Interface (10614)，License 文件中的授权特征名：NA_Digimat，模块为 MSC Nastran 和 Digimat 的接口模块，通过该模块可实现 MSC Nastran 和 Digimat 的耦合计算。

（2）MSC Nastran Digimat Parallel (10615)，License 文件中的授权特征名：NA_Digimat_DMP，该模块为 MSC Nastran 和 Digimat 进行耦合计算的并行模块，通过该模块可实现 MSC Nastran 和 Digimat 的耦合并行计算。当需要 *N* 核并行时，所需的并行模块数量为 *N*-1 个。

5.5.4 复合材料渐进失效分析实例

本例模拟复合材料平板渐进失效分析。如图 5-47 所示的带有中心孔的十五层复合材料平板，左侧边固定约束，对右侧边施加强迫位移。

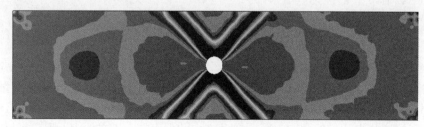

图 5-47　复合材料平板

1．建立模型和网格划分

（1）新建 MSC Patran 的空数据文件。单击菜单栏 Menu→File→New，输入模型数据文件名称为 tensile_coupon.db。

（2）顺次单击主工具条中 File→Import，打开模型导入窗口。设置导入模型的格式为 MSC Nastran Input，在相应路径下选取 tensile_coupon.xmt 文件，单击 Apply 按钮，导入模型。

（3）在 Meshing 窗口中，如图 5-48 中 a 所示，单击 Surface 按钮；如图 5-48 中 b 所示，在 Elem Shape 中选择 Quad；如图 5-48 中 c 所示，在 Surface List 中选择所有的六个面；如图 5-48 中 d 所示，取消勾选 Automatic Calculation，并在 Value 中填入 0.1，然后单击 Apply 按钮。

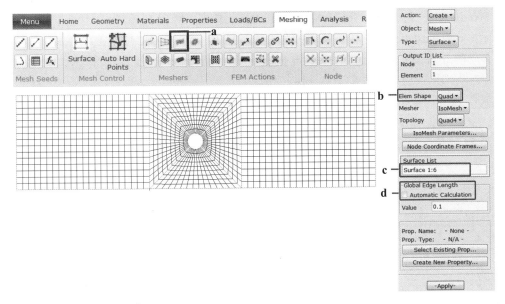

图 5-48 网格划分

（4）在 Meshing 窗口中，如图 5-49 中 a 所示，单击 Equivalence 按钮，然后单击 Apply 按钮。注意到重复节点出现红色圈。

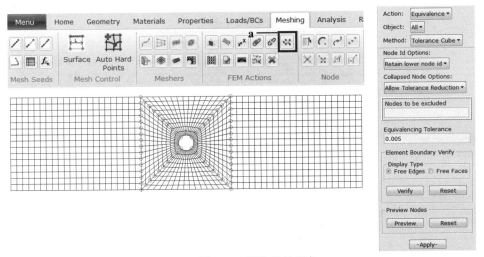

图 5-49 消除重复节点

（5）在 Meshing 窗口中，如图 5-50 中 a 所示，单击 Edit 按钮；如图 5-50 中 b 所示，在 Node Location List 文本框中输入[4,0.75,0]，然后单击 Apply 按钮。

（6）在 Meshing 窗口中，如图 5-51 中 a 所示，单击 RBE2 按钮；如图 5-51 中 b 所示，单击 Define Terms…按钮；如图 5-51 中 c 所示，在 Create Dependent 中选择右端所有节点，在 Create Independent 中选择节点 1377，自由度选择六个所有自由度，单击 Apply 按钮。

2. 定义载荷、边界条件

（1）单击工具栏中的 Loads/BCs 按钮，如图 5-52 中 a 所示，依次设置 Action、Object 及 Type 的属性为 Create、Displacement 及 Nodal；如图 5-52 中 b 所示，在 New Set Name 文本框

中输入 Fixed；如图 5-52 中 c 所示，单击 Input Data...按钮，弹出 Input Data 对话框；如图 5-52 中 d 所示，在 Translations 文本框中分别输入<0，0，0>，单击 OK 按钮完成输入；如图 5-52 中 e 所示，单击 Select Application Region 按钮，在 Application Region 列表框中，选择左部所有节点，单击 OK 按钮，然后单击 Apply 按钮。

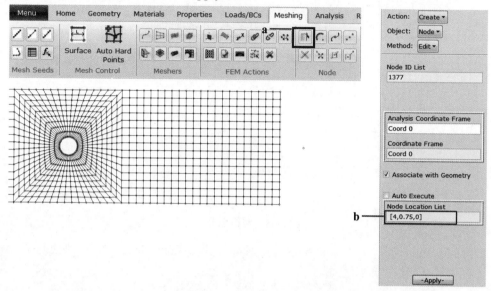

图 5-50　创建约束控制节点

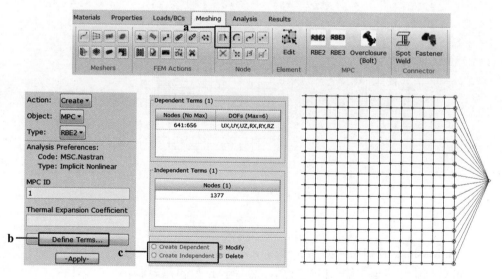

图 5-51　创建 RBE2 约束

（2）单击工具栏中的 Loads/BCs 按钮，如图 5-53 中 a 所示，依次设置 Action、Object 及 Type 的属性为 Create、Displacement 及 Nodal；如图 5-53 中 b 所示，在 New Set Name 文本框中输入 Pull；如图 5-53 中 c 所示，单击 Input Data...按钮，弹出 Input Data 对话框；如图 5-53 中 d 所示，在 Translations 文本框中分别输入<0.2，0，0>，单击 OK 按钮完成输入；如图 5-53 中 e 所示，单击 Select Application Region 按钮，在 Application Region 列表框中，选择控制节

点 1377，单击 OK 按钮，然后单击 Apply 按钮。

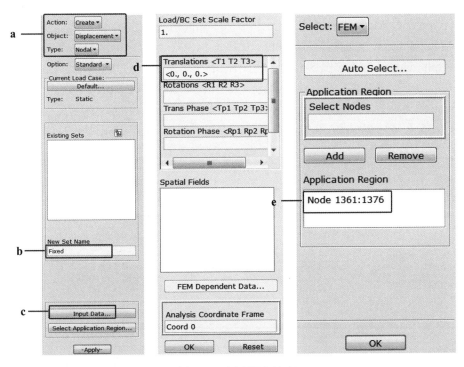

图 5-52 创建固定约束

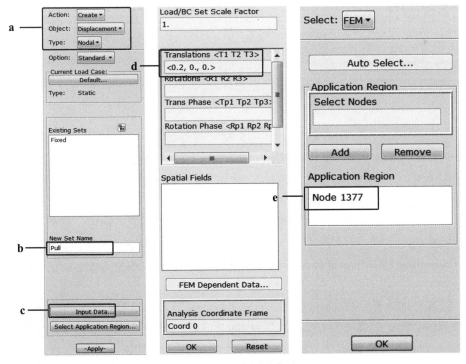

图 5-53 定义强迫位移

3. 定义材料本构关系

（1）单击工具栏中的 Materials 按钮，打开 Materials 窗口，如图 5-54 中 a 所示，依次设置 Action、Object 及 Method 的属性为 Create、2d Orthotropic 及 Manual Input；如图 5-54 中 b 所示，在 Material Name 文本框中输入 ply；如图 5-54 中 c 所示，单击 Input Properties…按钮，弹出 Input Options 对话框；如图 5-54 中 d 所示，依次填入 17e6, 1.4e6, 0.34, 45e4, 45e4, 45e4，单击 OK 按钮。如图 5-54 中 e 所示，依次设置 Constitutive Model、Failure Criterion 及 Progressive Failure Option 的属性为 Failure 1、Puck 及 Gradual；如图 5-54 中 f 所示，依次填入 2e5, 1e5, 15e3, 30e3, 15e3, 0.35, 0.35, 0.27, 0.27, 0.01，单击 OK 按钮，然后单击 Apply 按钮。

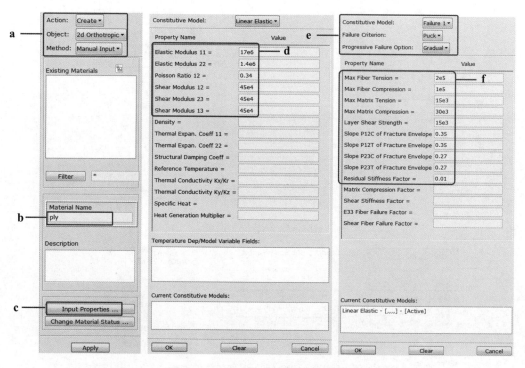

图 5-54　定义正交各向异性材料属性

（2）如图 5-55 中 a 所示，依次设置 Action、Object 及 Method 的属性为 Create、Composite 及 Laminate；如图 5-55 中 b 所示，在 Material Name 文本框中输入 laminate；如图 5-55 中 c 所示，单击 ply，创建 15 个层，Thickness 都填入 0.01，Orientation 中依次填入 45, -45, 45, -45, 90, 45, -45, 0, -45, 45, 90, -45, 45, -45, 45，定义每个层的角度，单击 OK 按钮，然后单击 Apply 按钮。由于共 15 层，且相对第 8 层，上下 7 层角度对称。如图 5-55 中 d 所示，故可在 Stacking Sequence Convention 选项中，选择 Symmetric/Mid-Ply。如图 5-55 中 e 所示，铺层时只需建前 8 层就可以。

（3）单击工具栏中的 Property 按钮，打开 Property 窗口，如图 5-56 中 a 所示，依次设置 Action、Object 及 Type 的属性为 Create、2D 及 Shell；如图 5-56 中 b 所示，在 Property Set Name 文本框中输入 plate。如图 5-56 中 c 所示，选择 Laminate 选项；如图 5-56 中 d 所示，单击 Input Properties…按钮，弹出 Input Properties 对话框；如图 5-56 中 e 所示，在 Material Name 列表框中选择 Laminate，在 Material Orientation 文本中填入 Coord 0，在 Nonlinear Formulation 列表框

中选择Large Strain，单击OK按钮完成属性参数输入；如图5-56中f所示，单击Select Application Region按钮，在Application Region列表框中选择所有单元（如图5-56中g所示区域），单击OK按钮，然后单击Apply按钮。

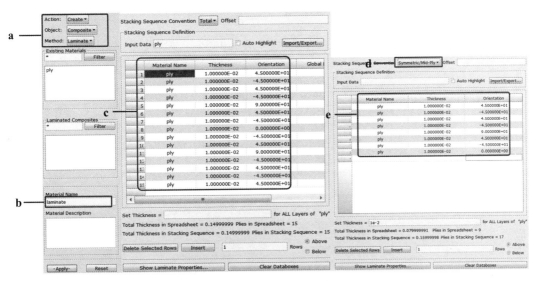

图 5-55　定义复合材料层合板材料属性

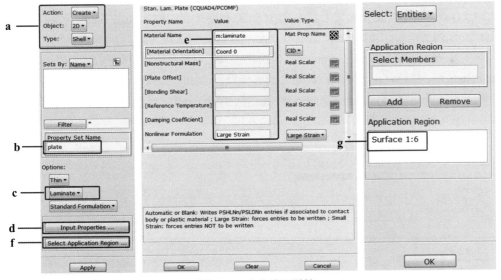

图 5-56　定义单元属性

4．设置分析参数并提交分析作业

（1）单击工具栏中的 Analysis 按钮，如图 5-57 中 a 所示，依次设置 Action、Object 及 Method 的属性为 Analyze、Entire Model 及 Full Run；如图 5-57 中 b 所示，在 Job Name 文本框中，输入 tensile_coupon；如图 5-57 中 c 所示，单击 Solution Parameters...按钮，弹出对话框；如图 5-57 中 d 所示，勾选 Shell Shear Corr.选项，单击 OK 按钮，返回主菜单。

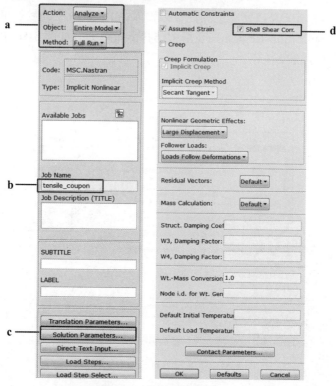

图 5-57　求解参数设置

（2）Load Steps 设置并提交运算。如图 5-58 中 a 所示，单击 Load Steps...按钮，在弹出的 Available Steps 列表框中选择 Default 工况；在 Analysis Type 列表框中选择 Static（即静力分析类型）。如图 5-58 中 b 所示，单击 Step Parameters...按钮，进入工况属性设置。如图 5-58 中 c 所示，单击 Iteration Parameters 按钮，进入非线性计算时的迭代设置。如图 5-58 中 d 所示，在 Increment Type 选项中选择 Adaptive，在 Maximum Time Step 文本框中输入 0.05，多次单击 OK 按钮回到 Analysis 主界面，并提交 Nastran 运算。

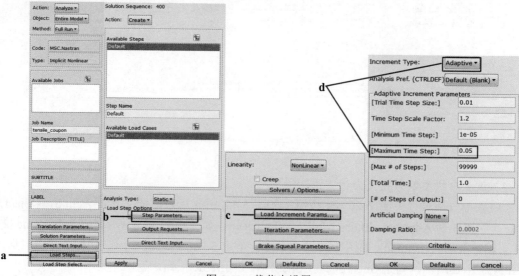

图 5-58　载荷步设置

5. 结果查看

（1）单击工具栏中的 Analysis 按钮，依次设置 Action、Object 及 Method 的属性为 Access Results、Attach Output2 及 Result Entities，单击 Apply 按钮读取相关结果文件。

（2）单击工具栏中的 Results 按钮，如图 5-59 中 a 所示，单击 Select Subcases 按钮，在 Select Result Cases 窗口，单击选中 Step1:DEAFAULT,A1：Time 1 选项；如图 5-59 中 b 所示，选中 Composite Stresses,Ply Stress 项；如图 5-59 中 c 所示，单击 Position…项，选中 Layer 15 At Middle，单击 Apply 按钮。

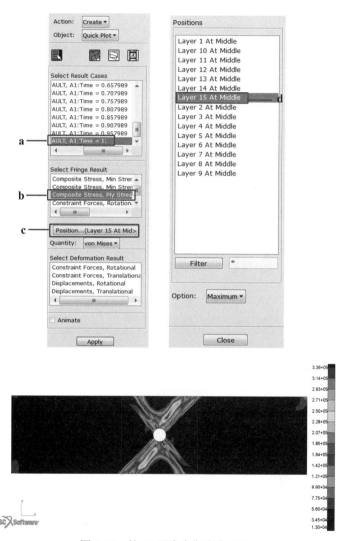

图 5-59　第 15 层米塞斯应力云图

（3）单击工具栏中的 Results 按钮，如图 5-60 中 a 所示，依次设置 Action、Object 及 Method 的属性为 Create、Graph 及 Y vs X；如图 5-60 中 b 所示，单击 Select Subcases 按钮，弹出 Select Result Cases 窗口，选择所有时间步；如图 5-60 中 c 所示，选中 Constraint Force,Translational 项，同时在 Quantity 中，选中 X Component；如图 5-60 中 d 所示，选中 X:Result，单击 Select X Result 按钮；如图 5-60 中 e 所示，选中 Displacements,Translational 项。如图 5-60 中 f 所示，

选择节点 1377，单击 Apply 按钮，生成曲线。

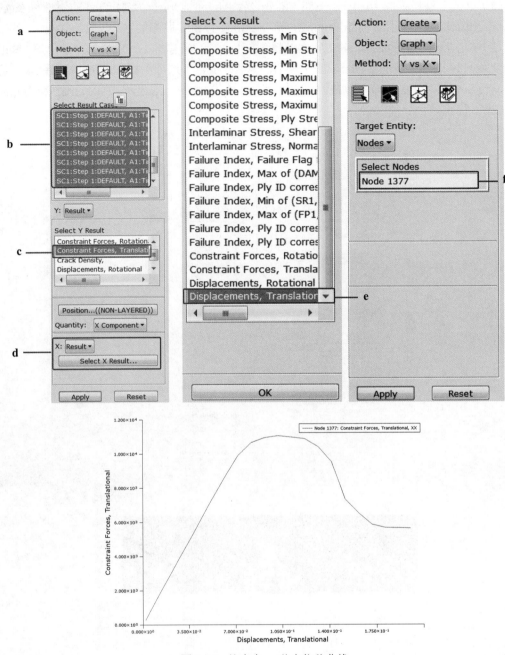

图 5-60　约束力 vs 节点位移曲线

5.5.5　SOL 400 与 Digimat 联合仿真算例

本案例以短切玻璃纤维增强塑料的哑铃型试样为例，介绍 Digimat 与 MSC Nastran SOL 400 对此类问题的一般分析方法。本例中使用的玻璃纤维的方向张量是通过 Moldflow 3D 软件模拟注塑工艺得到的，也可在 Digimat-RP 中获得。

5.5.5.1　Digimat 设置

1.　交互文件介绍

如前文所述，Digimat 软件会产生三个文件供 MSC Nastran 联合仿真分析时使用。三个文件的后缀为.nas、.mat 和.dof。.nas 文件主要用于建立 Digitmat 与 MSC Nastran 耦合计算的关系；.mat 文件中包含模型的材料属性参数、求解方法与.dof 文件的指定关系等信息；.dof 文件包含了模型积分点上的纤维方向张量等信息。

2.　案例介绍

（1）边界条件设置。哑铃模型左侧边界为固定约束，右侧边界施加 X 方向 2.5mm 的强迫位移。

（2）哑铃模型在 Digimat 中的材料描述。材料由 Digimat 建立，为短切玻璃纤维增强塑料。由于短切纤维在任一点处都包含了不同方向的多根纤维，因此通常使用一个 3×3 的张量来描述该点纤维分布的情况。图 5-61 显示了玻璃纤维沿 X 方向分布的多少（视图来自 Digimat-MAP）。可以看到纤维在各个单元上的分布状态都是不同的，特别是在厚度方向上，样条表层纤维沿 X 方向（注塑流动方向）较多，而在芯层较少，这是注塑工艺的典型特征。针对这种材料，如果采用各向同性材料或者同一各向异性材料进行描述，显然都是不准确的。

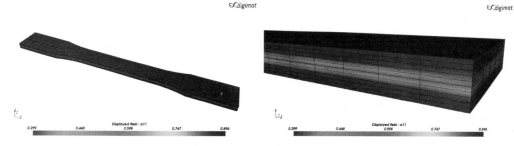

图 5-61　沿 X 方向的纤维分布

塑料基体采用弹塑性材料模型，杨氏模量为 1600MPa，泊松比为 0.35，屈服应力为 7.5MPa，硬化准则为：$R(p) = kp + R_\infty[1 - \exp(-mp)]$。其中 $k=30$MPa，$R_\infty=15$MPa，$m=85$。

玻璃纤维采用各向同性的线弹性模型，杨氏模量为 72000MPa，泊松比为 0.22，长径比为 20，纤维的质量分数为 30%。

图 5-62 显示了在不同纤维分布状态下沿 X 轴方向单轴拉伸时的典型应力-应变曲线（视图来自 Digimat-MF）。理想状态下，纤维全部沿拉伸方向分布时的刚度可以达到完全横向分布的 3.7 倍，呈现较强的各向异性。而纤维方向呈 3D 随机分布时呈现的材料性能与各向同性模型相似。当纤维方向呈 3D 随机分布或 2D 随机分布时，材料拉伸刚度介于纤维完全沿拉伸方向分布和完全横向两种极端状态之间。同时也可以看到，不同纤维分布状态下，材料的拉伸强度也是不同的，这在后面的算例中会具体谈到。

5.5.5.2　MSC Nastran 方面的设置

1.　建立模型

（1）新建 MSC Patran 的空数据文件。单击菜单栏 Menu→File→New，输入模型数据文件名称为 dumbbell_solid.db。

（2）顺次单击主工具条中 File→Import，打开模型导入窗口。设置导入模型的格式为 MSC

Nastran Input，如图 5-63 中 a 所示，在相应路径下选取 Dumbbell_Solid_Sol400.dat 文件，如图 5-63 中 b 所示，单击 Apply 按钮。

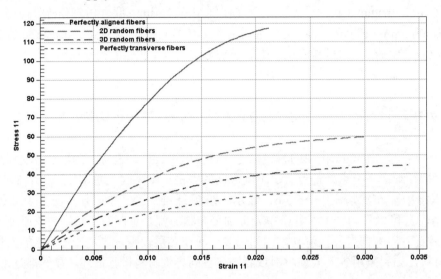

图 5-62　不同纤维分布状态下的玻璃纤维增强塑料拉伸曲线

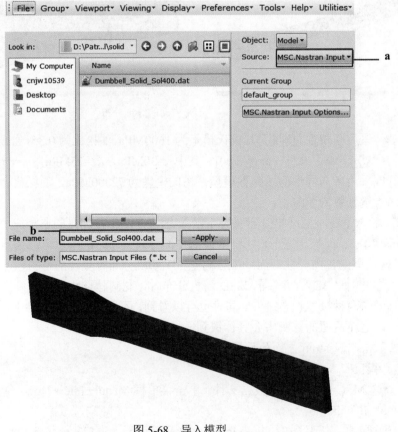

图 5-68　导入模型

（3）导入模型如图 5-63 所示，模型中共包含 2050 个六面体单元和 2772 个节点。

2．定义材料属性

单击工具栏中的 Materials 按钮，打开 Materials 窗口，如图 5-64 中 a 所示，依次设置 Action、Object 及 Method 的属性为 Create、Isotropic 及 Manual Input；如图 5-64 中 b 所示，在 Material Name 文本框中输入 mat1；如图 5-64 中 c 所示，单击 Input Properties…按钮，弹出 Input Options 对话框；单击 OK 按钮。Mat1 是玻璃纤维增强塑料名，其具体材料参数，将通过数据卡片形式添加。

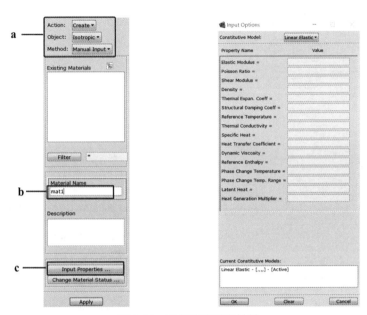

图 5-64　定义玻璃纤维材料

3．定义单元属性

单击工具栏中的 Property 按钮，打开 Property 窗口，如图 5-65 中 a 所示，依次设置 Action、Object 及 Type 的属性为 Create、3D 及 Solid；如图 5-65 中 b 所示，在 Property Set Name 文本框中输入 Solid。如图 5-65 中 c 所示，单击 Input Properties…按钮，弹出 Input Properties 对话框；如图 5-65 中 d 和 e 所示，在 Material Name 列表框中选择 mat1，单击 OK 按钮完成属性参数输入；如图 5-65 中 f 所示，单击 Select Application Region 按钮，在 Application Region 列表框中选择 Solid 所包含的所有单元（如图 5-65 中 f 所示区域），单击 OK 按钮，然后单击 Apply 按钮完成 pro1 单元属性的创建。

4．定义载荷和边界

（1）单击工具栏中的 Loads/BCs 按钮，如图 5-66 中 a 所示，依次设置 Action、Object 及 Type 的属性为 Create、Displacement 及 Nodal；如图 5-66 中 b 所示，在 New Set Name 文本框中输入 Left_Fixed；如图 5-66 中 c 所示，单击 Input Data…按钮，弹出 Input Data 对话框；如图 5-66 中 d 所示，在 Translations 文本框中输入<0，0，0>，单击 OK 按钮完成输入；如图 5-66 中 e 所示，单击 Select Application Region 按钮，在 Application Region 列表框中选择左端外部所有节点，单击 OK 按钮，然后单击 Apply 按钮完成 Left_Fixed 的创建。

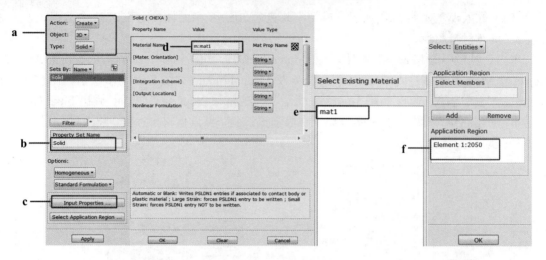

图 5-65　定义单元属性

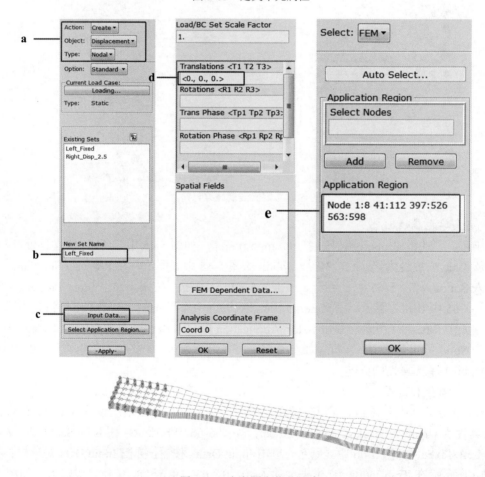

图 5-66　定义固定位移约束

（2）单击工具栏中的 Loads/BCs 按钮，如图 5-67 中 a 所示，依次设置 Action、Object 及 Type 的属性为 Create、Displacement 及 Nodal；如图 5-67 中 b 所示，在 New Set Name 文本框

中输入 Right_Disp_2.5；如图 5-67 中 c 所示，单击 Input Data...按钮，弹出 Input Data 对话框；如图 5-67 中 d 所示，在 Translations 文本框中输入<2.5，0，0>，单击 OK 按钮完成输入；如图 5-67 中 e 所示，单击 Select Application Region 按钮，在 Application Region 列表框中选择右端外部所有节点，单击 OK 按钮，然后单击 Apply 按钮，完成右端 X 正方向 2.5mm 强迫位移。

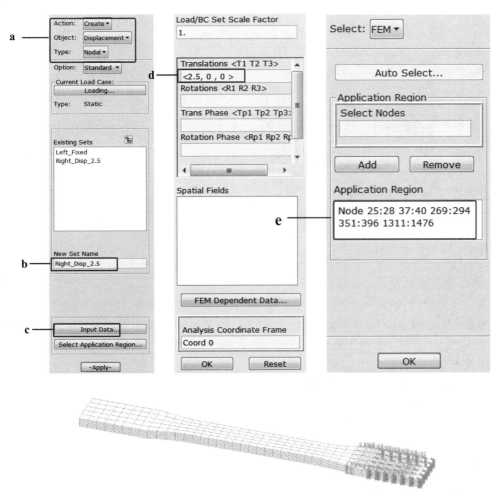

图 5-67　定义强迫位移

（3）单击工具栏中的 Loads/BCs 按钮，如图 5-68 中 a 所示，单击 Create Load Case 按钮；如图 5-68 中 b 所示，设置 Load Case Name 为 Loading；如图 5-68 中 c 所示，选取 Type 的类型是 Static；如图 5-68 中 d 所示，单击 Input Data...按钮，在弹出的界面中选取位移约束 Left_Fixed 和 Right_Disp_2.5 到载荷工况 Loading 中，单击 OK 按钮，单击 Apply 按钮。

图 5-68　设定加载工况

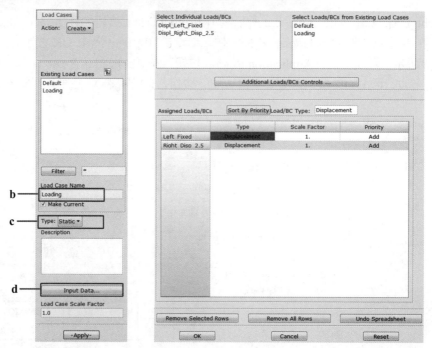

图 5-68 设定加载工况（续图）

5. 设置分析参数并提交分析作业

单击工具栏中的 Analysis 按钮，如图 5-69 中 a 所示，依次设置 Action、Object 及 Method 的属性为 Analyze、Entire Model 及 Analysis Deck；如图 5-69 中 b 所示，单击 Load Step Select 按钮，在弹出的列表框中选择 Loading 工况，如图 5-69 中 c 所示。单击 OK 按钮回到 Analysis 主界面，单击 Apply 按钮，生成计算所需的.bdf 文件。

下面将 Digimat 材料模型的相关卡片插入建立好的.bdf 文件中。

首先，将.nas 文件中的所有内容复制到本例的.bdf 文件 BEGIN BULK 中。然后，单击进入.mat 文件中，查找到 orientation_file 这行，确认其路径指向.dof 文件，如 orientation_file = ***.dof，或 orientation_file = *:***.dof 两种格式，当该.dof 文件在求解工作路径下时，不需要指定路径。单击 MSC Nastran 求解器，找到修改过的.bdf 文件，提交计算。

此外，如果模型采用壳单元，可采用与实体单元相同的方式，进行联合仿真计算。

6. 结果查看

单击工具栏中的 Analysis 按钮，依次设置 Action、Object 及 Method 的属性为 Access Results、Attach Output2 及 Result Entities，单击 Apply 按钮读取相关结果文件。如图 5-70 中 a 所示，选择 NonLinear Stresses,Stress Tensor；如图 5-70 中 b 所示，在 Quantity 选项中，选择 Max Principal，显示最大主应力云图；如图 5-70 中 c 所示，选择 HV33,NonLinear Output，显示基体上的累积塑性应变，查询 HV33 代表的意义，可打开.nas 文件，找到"HV33：p_Matrix - Accumulated plastic strain in Matrix"进行查询；如图 5-70 中 d 所示，选择 HV14,NonLinear Output，显示 FPGF 失效云图，查询 HV14 代表的意义，可打开.nas 文件，找到"HV14：Value of the FPGF criteria"进行查询。

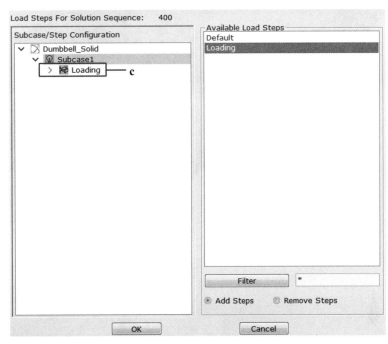

图 5-69　分析参数设置和工况选择

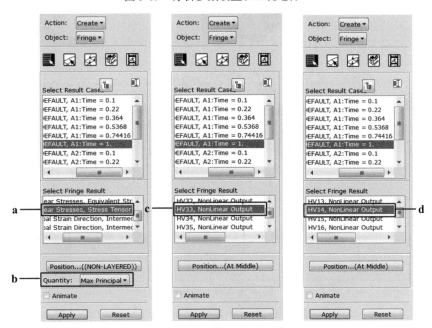

图 5-70　后处理显示

从图 5-71、图 5-72 中可以看到，最大主应力约为 85.1MPa，基体上的最大累积塑性应变约为 0.0262。同时可以看到，相比传统各向同性材料或经典各向异性材料，通过 Digimat 和 MSC Nastran 联合仿真得到的最大主应力和塑性应变位置和分布并不完全一致，这是由材料的不均匀性决定的，是玻璃纤维增强塑料的典型特征之一。通过这种方法更能真实地反映此类材料的力学性能。

图 5-71　最大主应力

图 5-72　基体上的累积塑性应变

对于注塑玻纤增强塑料结构的失效判定，也与各向同性或经典各向异性材料不同。与材料刚度的不均匀性类似，材料的强度同样受到局部纤维分布状态等微观结构因素影响。应力较大的区域，可能该位置本身强度也较大，并不一定是失效区域，应变较大的区域同样可能对应刚度较低但延伸率较大的材料性能，也未必就是失效区域。故针对这种情况，可采用如图 5-73 所示的第一伪颗粒失效模型（First Pseudo-Grain failure model）进行失效判定。

等效体积单元（RVE）：纤维和基体　　RVE 等效为单向伪颗粒的集合　　　　　均质化 RVE

图 5-73　Digimat 多步均匀化概念图示

Digimat 对于短切纤维增强材料的性能预报是通过多次均匀化计算实现的。首先将材料代表性体积单元（RVE）根据纤维的类型和方向离散为若干个单向伪颗粒（Pseudo-Grain）的加权平均。每个伪颗粒中纤维种类、长径比以及方向都是一致的。对于各个伪颗粒，可以分别采用 Eshelby 夹杂方法计算其各向异性刚度矩阵。由于 RVE 本身在连续介质力学中表征不可分割的最小点，各个伪颗粒仅仅根据权重的不同占据等大的体积，因而可根据等应变假设计算 RVE 的整体的各向异性刚度。在分析失效时，同样可以基于单向伪颗粒的各向异性失效对整个 RVE 的失效进程进行评价。图 5-74 显示了 FPGF 失效情况，其位置和分布情况与主应力、塑性应变分布均有一定的区别，这也显示了对于玻璃纤维注塑塑料，不能采用常规的强度评判标准。FPGF 方法最早由 e-Xstream 工程公司提出，并已被国际顶级塑料供应商和零部件供应商广泛采用。

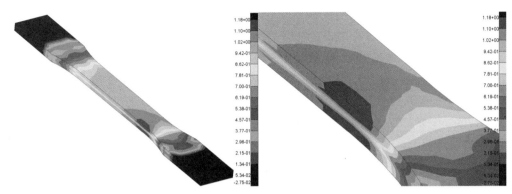

图 5-74　FPGF 失效

5.6　超弹性材料参数拟合及分析

以橡胶为代表的超弹性材料表现出了高度非线性的应力-应变行为，其特点是能够在极大的应变（通常应变为 100% 或更高）下保持弹性变形。

在处理一般橡胶超弹性材料时，MSC Nastran 中做了如下假设：

- 材料行为是弹性的（变形可以完全回复）。
- 材料是各向同性的。
- 默认条件下材料是不可压缩的。
- 模拟计算中包括几何非线性的影响。

5.6.1　本构模型

超弹性材料的本构模型通常用应变能函数来描述。设 3 个方向的主伸长率为 λ_1、λ_2 和 λ_3，存在 3 个不变量：

$$I_1 = \lambda_1^2 + \lambda_2^2 + \lambda_3^2 \tag{5-78}$$

$$I_2 = \lambda_1^2 \lambda_2^2 + \lambda_2^2 \lambda_3^2 + \lambda_3^2 \lambda_1^2 \tag{5-79}$$

$$I_3 = \lambda_1^2 \lambda_2^2 \lambda_3^2 \tag{5-80}$$

根据材料的不可压缩性，第三不变量应为 1，因此对于各向同性材料的应变能可完全由 I_1 和 I_2 项来定义，即

$$W = W(I_1, I_2) \tag{5-81}$$

1. Neo-Hookean 本构关系

$$W = C_{10}(I_1 - 3) \tag{5-82}$$

2. Mooney-Rivilin 本构关系

$$W = C_{10}(I_1 - 3) + C_{01}(I_2 - 3) \tag{5-83}$$

式中，C_{10} 和 C_{01} 均为正定常数。对于大多数橡胶而言，比率 C_{01}/C_{10} 为 0.1～0.2 时在应变 150% 以内可得到合理的近似。

当然还有许多更复杂的列式已经被提出及采用，如

Signiorini 形式：

$$W = C_{10}(I_1 - 3) + C_{01}(I_2 - 3) + C_{20}(I_1 - 3)^2 \tag{5-84}$$

Klosner-Segal 形式：

$$W = C_{10}(I_1 - 3) + C_{01}(I_2 - 3) + C_{20}(I_1 - 3)^2 + C_{30}(I_2 - 3)^3 \tag{5-85}$$

此外还有 James、Green 和 Simpson 提出的三阶不变量形式、三阶变形形式、四阶变形形式等。本构关系的列式越复杂，越有可能准确地描述真实材料行为，然而从试验来确定常数的工作会变得非常复杂，因而这些形式很难像 Neo-Hookean 和 Mooney 本构关系这样得到普及。

3. Ogden 本构关系

前述材料模型均基于不可压缩性。但有些材料需要考虑较小的或很大的体积变化，如聚合泡沫。采用 Ogden 本构关系，可描述轻微可压缩橡胶及聚合泡沫。

允许橡胶有轻微体积变化的 Ogden 应变能函数定义为

$$W = \sum_{n=1}^{N} \frac{\mu_n}{\alpha_n}\left[J^{\frac{-\alpha_n}{3}}(\lambda_1^{\alpha_n} + \lambda_2^{\alpha_n} + \lambda_3^{\alpha_n}) - 3\right] + 4.5K\left(J^{\frac{1}{3}} - 1\right)^2 \tag{5-86}$$

式中，μ_n 和 α_n 为材料常数；K 为初始体模量；J 为体积率且定义为

$$J = \lambda_1 \lambda_2 \lambda_3 \tag{5-87}$$

显然，上式中最后一项控制可压缩性。对于不可压缩材料，$J=1$ 且最后一项消失。采用式（5-86）进行分析时体积变化的量级应为 0.01。聚合泡沫分析，体积变化可能很大，可以基于广义的可压缩 Ogden 列式。此时应变能函数可写为

$$W = \sum_{n=1}^{N} \frac{\mu_n}{\alpha_n}[\lambda_1^{\alpha_n} + \lambda_2^{\alpha_n} + \lambda_3^{\alpha_n} - 3] + \sum_{n=1}^{N} \frac{\mu_n}{\beta_n}(1 - J^{\beta_n}) \tag{5-88}$$

式中，μ_n、α_n 和 β_n 为材料常数。

通常 Ogden 模型中考虑的项的数目为 $N=2$ 或 $N=3$。

4. 其他描述超弹性材料性能的模型

MSC Nastran 中还支持采用其他模型描述超弹性材料或橡胶类材料的性能。

（1）ARRUDA-BOYCE 模型。该模型基于分子链网络变形所涉及的最根本的物理过程，也可用于描述材料破坏、温度的影响及应变速率行为等。该模型需要用到的两个基本参数是初始模量和分子链极限延伸率，应变能函数的一般形式为

$$W = \sum_{j=1}^{5} \frac{C_j}{N_j}(I_1^j - 3) \tag{5-89}$$

（2）GENT 模型。GENT 模型的特点是与拉伸试验结果吻合良好，分析拉伸状态时的效果好于分析压缩状态时的结果。其最大优点是可以避免大量的实验，同时可以采用更新的拉格朗日格式（Updated Lagrange Framework）。其应变能函数为

$$W = \frac{E}{6} I_m \log\left(1 - \frac{I_1}{I_m}\right) \tag{5-90}$$

其中，I_m 表示由于聚合物分子链的有限延伸率引起的联锁趋势（Locking Tendency）。

此外，MSC Nastran 中还支持可压缩泡沫（foam）类材料。

5.6.2　材料参数拟合

橡胶材料本构模型的参数需要由材料实验曲线经拟合得到。Patran 专门有材料参数拟合的功能。拟合后的材料数据可以被保存为用于 MSC Nastran 分析超弹性或粘弹性模型。

在 Patran 主菜单上单击 Tools 项，相应的下拉子菜单中有 Experimental Data Fitting（实验数据拟合）项，在其中可实现利用材料实验数据拟合材料参数。

Patran 中的实验数据拟合功能，可用曲线拟合弹性体材料实验中获取的原始数据，并可用多种材料模型来拟合此实验数据。进而，该实验数据可被存储为超弹性和/或粘弹性本构模型，供 MSC Nastran 分析时使用。材料实验数据曲线拟合的操作分 3 个基本步骤，分别对应 Experimental Data Fitting 窗口上 Action 属性的 3 个操作：

- 输入原始数据（对应 Import Raw Data 菜单项）：数据被从标准的 ASCII 文件中读入并以数据表（field/table）的形式保存在 Patran 中。
- 选择测试数据（对应 Select Test Data 菜单项）：根据原始数据生成的数据表被关联到特定的测试类型（本构关系）。
- 计算性能参数（对应 Calculate Properties 菜单项）：根据选定的测试数据完成曲线拟合，并根据选定的材料本构模型计算相应参数或系数，拟合的曲线以图形方式显示出来，同时，计算出来的材料性能参数以本构关系的形式保存，以备后序分析使用。

1. 输入原始数据（Import Raw Data）

设置 Experimental Data Fitting 窗口上 Action 属性为 Import Raw Data，则窗口会显示如图 5-75 所示设置原始数据输入的选项。在窗口上输入原始数据的步骤为：

（1）输入新数据表名称：这是指原始数据被 Patran 作为材料数据表保存时表的名称。

（2）选择自变量（Independent Variable）：默认为 Strain（应变），用户可以根据需要选择 Strain（应变）、Time（时间）、Frequency（频率）、Temperature（温度）或 Strain Rate（应变速率）作为自变量。

（3）指定原始数据文件并单击 Apply 按钮，完成原始数据的输入。

输入原始数据时应注意：

1）通过在 Header Liners to Skip 框中输入需要跳过的文件头行数，用户可以设定跳过原始数据文件的头部开始任意数据的行。

2）用户选定原始数据文件后，可以单击 Edit File 按钮编辑原始数据文件。在 Windows UNIX 操作系统中，默认的编辑器为 Notepad，用户也可以通过修改环境变量 P3_EDITOR 来选择其他的编辑器，但要么指定编辑器在用户目录下，要么指定时要包含编辑器的完整路径。

3）原始数据文件至多可包含三列数据。默认时第一列数据为自变量的值，第二列为因变量的测量值，第三列可以是面积减小或体积变化的值。Patran 不接受三列以上的数据。如果第三列数据为空，则定义该材料为不可压缩材料。

4）如果原始数据文件的第三列中包含了截面面积变化数据，用户可通过选中 Area Data 项并在 Area Field Name 框中输入面积数据表的名称来指定面积数据表。如果原始数据文件中包括了三列数据，而用户没有选中 Area Data 项，Patran 仍可检测到并读取第三列数据，同时也会创建两个数据表，两个数据表的名称分别为在 New Field Name 框中用户输入的名称后加上 _c1 和 _c2。

5）数据可用空格、tab 键或逗号隔开。

6）如果需要交换自变量和因变量的位置，可以选中 Switch Ind./Dep. Columns 项。用户可以在 Fields 窗口中检查导入的数据表以确认其正确与否。

7）单击 Apply 按钮后，程序将自动进入下一步。如果需要导入多个数据文件，需重新将 Action 属性设置为 Import Raw Data。

2. 选择测试数据（Select Test Data）

完成原始数据输入的操作后，必须将输入的数据与特定的测试类型或模型关联。此时，Patran 会自动将 Action 的属性设置为 Select Test Data，同时 Experimental Data Fitting 窗口上会显示如图 5-76 所示的内容，用户在该窗口上进行如下操作可完成测试数据的选择。

图 5-75　输入原始数据

图 5-76　选择测试数据

（1）将光标放在合理测试类型的数据段中，激活该数据框准备接受输入。Primary 列对应应力应变数据，Secondary 列对应面积或体积变化数据（如果存在）。

（2）从包含导入的原始数据表列表的 Select Material Test Data 列表框中选择相关数据表。对每一项测试（test）重复该步，直至所有期望进行的测试都被包含在计算任务中（曲线拟合）。

（3）单击 Apply 按钮进行 Calculate Properties 操作（手工修改 Action 亦可）。

选择测试数据时应注意：

1）Primary 列（第一列）中涉及 Deformation Mode（变形模型）测试的典型应力-应变数

据。如果涉及体积变化数据，则应输入到第二列中，且该项是可选的。

2）对粘弹性材料（时间相关的数据），必须选中 Viscoelastic 项，此时仅拟合粘弹性曲线。要返回 Deformation Mode，单击 Viscoelastic 项使之不选中即可。

3）目前还不支持失效模型。

4）单击 Apply 按钮，将自动进入第三步。

3．参数计算（Calculate Properties）

将测试数据与测试类型或模型关联后，将 Experimental Data Fitting 窗口的 Action 属性设置为 Calculate Properties，则该窗口会显示如图 5-77 所示的内容，在其中按如下步骤可完成曲线方程的拟合。

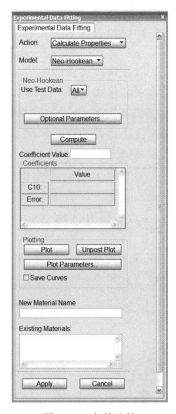

图 5-77　参数计算

（1）选择期望拟合的材料模型。可供选择的模型根据前一步选定的测试数据决定。超弹性本构关系可用于变形模式的测试数据，粘弹性本构关系则可用于松弛模式的测试数据。

（2）设置 Use Test Data 属性。通常采用其默认属性 All 拟合超弹性模型。如果只需使用变形模式的测试数据之一拟合曲线，则应合理选择该属性。

（3）单击 Compute 按钮。所计算的系数值将会被显示在 Coefficients 空白表格中。所显示的系数根据 Model（本构关系）的类型确定。

（4）单击 Plot 按钮，显示拟合的曲线。重复上述步骤可对任意多个材料的本构关系进行曲线拟合。如果不单击 Unpost Plot 按钮，将显示所有的拟合结果曲线图。

（5）在 Existing Materials 框中选择材料名称或在 New Material Name 框中输入新的材料

名称，然后单击 Apply 按钮，将当前材料模型保存为 Hyperelastic（超弹性）或 Viscoelastic（粘弹性）本构关系，以备后序分析使用。

按上述方法获得的材料性能参数可在 Materials 窗口的操作中使用，也可与单元或单元属性关联。

进行参数计算时需要注意：

1）在单击 Unpost Plot 按钮前，拟合曲线图将被添加到所有的 XY 窗口后面。在如图 5-78 所示的 Plotting Parameters 窗口上可单击选中或不选中 Append Curves 项以打开或关闭该功能。

2）默认状态下，所有变形模式的曲线都根据原始数据绘制，即使没有为其提供原始数据，这一点应注意，程序会提供附加模式的预测拟合。用户应该明确由于不同应力状态类型引起的变形模式的模型响应。例如，经验公式中，天然橡胶或其他弹性体的二轴拉伸应力约为单轴拉伸时的 1.5～2.5 倍。

3）用户可以单击图 5-77 所示的 Plot Parameters 按钮打开图 5-78 所示的窗口，可在其上打开或关闭附加模式或任何一条曲线，以及修改拟合曲线的显示。在 Patran 主窗口的 XY Plot 窗口中，可对拟合曲线进行更多的控制和格式选择。

4）如果没有 Hyperelastic 本构模型，则 Viscoelastic 本构模型无效。如果使用 Viscoelastic 本构模型，则应确保两个本构模型定义在相同的材料名称下。

5）如果需要了解改变拟合系数对拟合曲线的影响，可在 Coefficients 数据表中修改系数值。选择要修改的系数所在的单元，在 Coefficient Value 数据框中输入新的系数值并按回车键，然后再次单击 Plot 按钮。如果单击 Apply 按钮，新数值将会被存入对应的材料名称中。

6）对于粘弹性松驰材料，数据拟合中所用的 Number of Terms（项数），根据经验，应该为数据的 10 倍。

7）如图 5-78 和图 5-79 所示，Plotting Parameters 窗口和 Optional Parameters 窗口上的一系列选项和绘图参数，可用于显示数据信息和控制曲线拟合，详细说明见表 5-2。

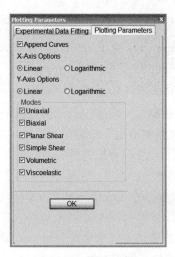

图 5-78　拟合选项

图 5-79　拟合曲线显示设置

表 5-2　曲线拟合和参数计算涉及参数和选项

参数或选项名称	说　明
Append Curves（追加曲线）	曲线将被添加在已有的绘制区中。如果关闭，每次绘图时首先清空绘图区
X/Y Axis Options（X/Y 轴选项）	设置坐标轴刻度为线性或对数形式
Modes（模式）	设置每个单独的模式是否包括原始数据图
Uniaxial Test（单轴试验） Biaxial Test（等双轴试验） Planar Shear Test（平面剪切试验）	仅用于 Ogden 和 Foam 模型。定义是否测量了面积或体积数据
Mathematical Checks（数学检查）	默认关闭。仅用于 Ogden 和 Foam 模型
Positive Coefficients（正定系数）	默认关闭。如果打开，则强迫确定正定系数。可用于所有类型的模型
Extrapolate Left/Right Bound（左/右外推边界）	默认关闭。如打开，则可在 Left Bounds（左边界）和 Right Bounds（右边界）数据框中输入结果外推的边界。可用于所有类型的模型
Error（误差）	可设为 Relative（相对误差，默认模式）或 Absolute（绝对误差）。推荐用于所有类型的模型
Error Limit（误差极限）	仅可用于 Ogden、Foam、Arruda-Boyce 和 Gent 模型
# of Iterations（迭代次数）	仅可用于 Ogden、Foam、Arruda-Boyce 和 Gent 模型
Converge Tol（收敛容差）	仅可用于 Ogden、Foam、Arruda-Boyce 和 Gent 模型。该项在计算系数和绘制曲线时可以有显著差别
Use Fictive Coefficient/Fictive Coeff.（使用假设系数/假设系数）	仅用于 Foam 模型。允许用户输入一个假定的泊松比用于数据拟合

6

单元类型

6.1 概述

众所周知，单元是有限元的核心和灵魂。单元用于对体、表面、曲线或点进行数值积分。对于最简单的模拟,单元提供了网格中一个节点的自由度和另一个节点的自由度之间的传递函数（或阻抗）。这是一个非常普遍的定义，适用于任何类型的物理场，包括结构分析、热分析、声学分析和流体动力学等。对于线性结构分析，这种传递函数称为刚度矩阵。

单元类型的选择和有限元网格对于获得精确解是非常重要的。有限元网格通常可以从前处理器中自动生成，MSC 公司提供的前处理器包括 Patran、Apex、Mentat 等，市面上其他软件供应商提供的前处理器也有不少。本章不介绍具体的网格生成技术，而是重点介绍在 MSC Nastran SOL 400 进行非线性分析如何选择和使用软件提供的各种类型单元。

在 MSC Nastran 中，单元定义有两方面:

（1）通过指定构成单元的节点来定义单元的位置，通常称为定义单元拓扑数据。本章会重点介绍各类单元拓扑定义选项。

（2）单元特征的定义，这一般是由将要讨论的单元属性选项提供。

对于非线性分析，单元的拓扑通常与线性分析（SOL 101）相同，当然对于非线性分析（SOL 400）会有一些限制。此外，在 SOL 400 中还有一些线性求解序列不能用的单元类型。MSC Nastran 单元技术详细描述，参见参考文献[19]中的第 4 章 MSC Nastran 的单元、参考文献[22]第 3 章结构单元和参考文献[13]中的模型数据卡片部分。

单元属性的定义在线性和非线性分析上有显著差异。进行非线性模拟时，所需要描述拓扑和插值函数的技术与经典的 MSC Nastran 单元不同，这由以下因素引起:

（1）材料非线性行为。

（2）与不可压缩或几乎不可压缩行为相关的约束。

（3）大变形，将会引起单元几何变形。

为了很好地解决由上述因素引起的问题，在经典的 MSC Nastran 的单元技术基础上，

SOL 400 已经增加了很多 Marc 软件中的单元技术，这些单元常被称为高级单元。这些单元技术的激活是由一个相关的属性选项实现的。为了保持不同方法之间的兼容性，MSC 公司的开发团队作出了巨大的努力。

6.2　单元技术相关概念

6.2.1　插值函数

与各类单元直接相关联的是插值（形状）函数。这些函数描述了诸如坐标位置和位移（结构分析）等基本量如何在单元上变化。MSC Nastran 中的经典单元和高级单元使用四种类型的插值函数，包括：

- 线性形函数。
- 二次。
- 三次。
- 假设应变。

形函数的前三种类型在很多有限元教材中均有介绍。当使用前三种方法时，形函数用来描述坐标位置和位移，此时，这些单元被认为是等参单元。这些单元被保证能够精确地代表刚体模态和齐次模式；满足网格加密时能够收敛到精确解的必要条件；这些单元也被认为满足补片测试。

假定应变的形函数通常被认为是特有的，可为很多类型的工程问题提供更准确的结果。在 MSC Nastran 中，这些假设应变单元用于提高抗弯性能或满足不可压缩性的要求。

6.2.2　单元积分

除了少数例外，在 MSC Nastran 所有单元都要进行数值积分，并且默认的是使用完全积分。完全积分意味着如果位移的变化与插值函数一致，则虚功表达式是完整的。

在进行数值积分时，函数在积分点上求值。最常见的积分点位置及其相关的权重函数称为：

- 高斯点。
- Barlow 点。
- Newton-Coates 或 Lobatto Points 点。

其中，高斯点法最为流行。

偶尔，可以使用缩减的积分单元来帮助求解问题。这是因为完全积分可能会导致单元过刚，在给定的载荷条件下得到的位移偏小。采用减缩积分单元可以克服过刚的问题，还可以降低求解成本，因为积分点的减少可导致计算成本的降低和内存使用量的减少。但减缩积分单元应谨慎使用，因为虚功不完全积分，会导致虚假或沙漏模式。这意味着该单元可能变形为零应变能的形状。图 6-1 所示为沙漏模式的例子。

6.2.3　体积不可压缩

许多材料是体积不可压缩的，如橡胶类材料。其他材料，如弹塑性材料，在非弹性应变（塑性或蠕变）相对于弹性应变较大时可能表现为几乎不可压缩。这种现象可能发生在高温结构分析或工艺过程仿真中。

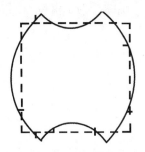

图 6-1　沙漏模式

低阶三角形和四面体单元使用传统的形函数、低阶四边形/六面体单元采用传统的积分方案的单元在平面应变、轴对称和三维实体网格结构分析中会导致错误的结果。这是因为不可压缩性的行为类似一个约束，而单元没有足够的自由度能够很好地描述剪切行为并满足不可压缩行为。

为了克服三角形和四面体单元的上述问题，可以使用其他形状函数，可以在前处理器的单元属性选项定义菜单条中激活这些选项。

为了克服四边形和六面体单元的上述问题，可以采用一个称为 B-bar 的恒膨胀的处理程序。当激活大位移时将自动激活该选项。对于以下材料属性，该功能会自动停用：

- 线弹性而且泊松比小于 0.45。
- Mohr Coulomb 塑性模型。
- 亚弹性材料模型。
- 机械形状记忆合金。

6.2.4　非线性行为

当模型中存在大位移、大应变和/或材料非线性时，应在非线性模拟中激活高级非线性单元。在工程模拟中，某些区域的变形很小或保持线性弹性，可以使用经典单元。用户可以同时使用经典单元和高级非线性单元。

1. 高阶单元和大位移

由于大变形，使得有限元网格变形。对于高阶单元，这种畸变可能更大，即使是初始的直线网格也变成曲线。这可能导致单元向内翻转，在积分点计算的雅可比矩阵变为负。如果使用缩减积分高阶单元，则不太可能出现这种情况。如果发生严重奇异，则应使用低阶单元。

2. 高阶单元与接触

给定一个高阶（二次）单元上的均匀载荷，人们会观察到角节点和边中节点的等效节点载荷的符号会相反。这种符号变化在接触模拟中有负面影响，因为它影响了接触力的计算，在一般接触模拟中要判别分离需要计算接触力。当使用节点对面段算法时会出现这个问题。在使用面段对面段方法时则不会出现这种情况，这也是使用高阶单元进行接触分析时推荐的方法。

6.3　结构单元类型

在 MSC Nastran 中，单元根据它们的维度和功能分类。在汽车车身、航空航天和土木工程等结构应用中，壳体、梁结构和杆件的使用十分普遍；在诸如发电机、火箭和压力容器等应用中，轴对称单元很常用；而在汽车发动机、缸盖等部件分析中，三维固体单元占主导地位。

6.3.1　非线性分析常用单元类型介绍

0 维和 1 维非积分单元在 SOL 400 中没有太多的变化，在此不做介绍。

（1）1-D 积分单元。CBAR 可以模拟薄膜、弯曲和剪切行为。CBAR 是 2 节点的单元，支持线性或非线性材料行为。沿长度的数值积分和截面上的积分由 PBARN1 确定。

CBEAM 可以模拟一般梁的力学行为。CBEAM 是 2 节点单元，支持线性或非线性材料行为。沿长度的数值积分和截面上的积分由 PBEMN1 确定。

注意：MSC Nastran 中 CBEAM3 和 CBEND 仅支持线弹性材料。

对于 CBAR 和 CBEAM 单元的材料属性选项见表 6-1。

表 6-1　CBAR 和 CBEAM 单元的材料属性选项

单元	节点数	积分点数	插值策略	单元结构行为	积分类型	传统属性	非线性附加属性	大转动/大应变	截面	允许非线性材料	Marc 中的单元类型
CROD	2	1	L	ROD	L	PROD	PRODN1*	Yes/Yes	S	Yes	9
CBAR	2	3	LC	PROD	LC	PBAR(L)	PBARN1	Yes/No	S	No	52
CBAR	2	3	LC	PROD	LC	PBAR(L)	PBARN1	Yes/No	N	Yes	52
CBAR	2	1	LC	PROD	LS	PBAR(L)	PBARN1	Yes/No	S	No	98
CBAR	2	1	LC	PROD	LS	PBAR(L)	PBARN1	Yes/No	N	Yes	98
CBEAM	2	3	LC	BEAM	LC	PBEM(L)	PBEMB1	Yes/No	S	No	52
CBEAM	2	3	LC	BEAM	LC	PBEM(L)	PBEMB1	Yes/No	N	Yes	52
CBEAM	2	1	LC	BEAM	LS	PBEM(L)	PBEMB1	Yes/No	S	No	98
CBEAM	2	1	LC	BEAM	LS	PBEM(L)	PBEMB1	Yes/No	N	Yes	98
CBEAM	2	2	LC	BEAM	LCC	PBEM	PBEMB1	Yes/No		Yes	78
CBEAM	2	2	LC	BEAM	LCO	PBEM	PBEMB1	Yes/No	N	Yes	79

* 当 PRODN1 与 CROD 一起使用时允许非线性材料行为，但单元不再支持扭转。

注：表中 N 代表数值积分，S 代表非数值积分（Smeared）。

另外，这些单元不能用于 Hill、Barlat,、Linear Mohr-Coulomb、Parabolic Mohr-Coulomb 或者在 MATEP 中指定的 IMPLICIT CREEP 材料模型。

积分策略代码含义见表 6-2。

表 6-2　积分策略代码含义

积分策略代码	积分类型
L	线性
LC	线性/三次
LCC	线性/三次闭截面
LCO	线性/三次开截面
LS	线性-剪切

（2）2-D 平面应力单元。MSC Nastran 有一套单元用于模拟二维平面应力。平面应力认为结构力学行为沿厚度无变化并且沿厚度方向的应力为零。平面应力单元的节点坐标必须与基本坐标系的一个平面相一致；除了拓扑结构外，还需要定义厚度，默认值是 1。通常在 PSHLN2 设置 BEH=PSTRS。这些单元属性选项参见表 6-3。

表 6-3　平面应力单元属性选项

单元	节点数	积分点数	插值策略	单元结构行为	积分类型	传统属性	非线性附加属性	大转动/大应变	允许非线性材料*	Marc 中的单元类型
CTRIA3	3	1	L	PSTRS	L	PLPLANE	PSHLN2	Yes/Yes	Yes	201
CQUAD4	4	4	L	PSTRS	L	PLPLANE	PSHLN2	Yes/Yes	Yes	3
CQUAD4	4	1	L	PSTRS	LRIH	PLPLANE	PSHLN2	Yes/Yes	Yes	114
CTRIA6	6	7	Q	PSTRS	Q	PLPLANE	PSHLN2	Yes/Yes	Yes	124
CQUAD8	8	9	Q	PSTRS	Q	PLPLANE	PSHLN2	Yes/Yes	Yes	26
CQUAD8	8	4	Q	PSTRS	QRI	PLPLANE	PSHLN2	Yes/Yes	Yes	53

*有例外，这些单元不能用于在 MATEP 中指定的 IMPLICIT CREEP 材料模型。

表 6-3 中积分策略代码含义参见表 6-4。

表 6-4　积分代码含义

积分类型代码	积分类型
L	线性
LRIH	线性缩减积分
Q	二次
QRI	二次缩减积分
LT	线性带扭转

（3）2-D 平面应变单元。MSC Nastran 有一套单元用于模拟二维平面应变。平面应变认为结构力学行为沿厚度无变化并且沿厚度方向的应变为零。坐标必须与基本坐标系的一个平面相一致。除了拓扑结构外，还需要定义厚度，默认值是 1。通常在 PSHLN2 设置 BEH=PSTRN。这些单元属性选项见表 6-5。

表 6-5　平面应变单元属性选项

单元	节点数	积分点数	插值策略	单元结构行为	积分类型	传统属性	非线性附加属性	大转动/大应变	允许非线性材料	Marc 中的单元类型
CTRIA3	3	1	L	PSTRN	L	PLPLANE	PSHLN2	Yes/Yes	Yes	6
CTRIA3	4	3	L&Cubic Bubble	IPS	L	PLPLANE	PSHLN2	Yes/Yes	Yes	155
CQUAD4	4	4	L	PSTRN	L	PLPLANE	PSHLN2	Yes/Yes	Yes	11
CQUAD4	4	1	L	PSTRN	LRIH	PLPLANE	PSHLN2	Yes/Yes	Yes	115
CTRIA6	6	7	Q	PSTRN	Q	PLPLANE	PSHLN2	Yes/Yes	Yes	12

续表

单元	节点数	积分点数	插值策略	单元结构行为	积分类型	传统属性	非线性附加属性	大转动/大应变	允许非线性材料	Marc 中的单元类型
CQUAD8	8	9	Q	PSTRN	Q	PLPLANE	PSHLN2	Yes/Yes	Yes	27
CQUAD8	8	4	Q	PSTRN	QRI	PLPLANE	PSHLN2	Yes/Yes	Yes	54

表 6-5 中的积分类型代码意义参见表 6-4。

4）2-D 轴对称单元。MSC Nastran 有一套单元用于二维轴对称结构模拟。轴对称单元表示结构力学行为在圆周方向上没有变化。坐标必须与基本坐标系的 X-Y 平面一致，对应为 R-Z 系统。非线性分析不支持叠加原理，因此不支持用谐波（傅里叶）分析来描述圆周方向上的载荷变化。不能使用 PAXSYMH 属性选项。通常在 PSHLN2 设置 BEH=AXISOLID。这些单元属性选项参见表 6-6。

表 6-6   二维轴对称单元属性选项

单元	节点数	积分点数	插值策略	单元结构行为	积分类型	传统属性	非线性附加属性	大转动/大应变	允许非线性材料	Marc 中的单元类型
CTRIA3	3	1	L	AXISOLID	L	PLPLANE	PSHLN2	Yes/Yes	Yes	2
CTRIA3	4	3	L&Cubic Bubble	IAX	L	PLPLANE	PSHLN2	Yes/Yes	Yes	156
CQUAD4	4	4	L	AXISOLID	L	PLPLANE	PSHLN2	Yes/Yes	Yes	10
CQUAD4	4	1	L	AXISOLID	LRIH	PLPLANE	PSHLN2	Yes/Yes	Yes	116
CTRIA6	6	7	Q	AXISOLID	Q	PLPLANE	PSHLN2	Yes/Yes	Yes	126
CQUAD8	8	9	Q	AXISOLID	Q	PLPLANE	PSHLN2	Yes/Yes	Yes	28
CQUAD8	8	4	Q	AXISOLID	QRI	PLPLANE	PSHLN2	Yes/Yes	Yes	55

表 6-6 中积分策略代码意义参见表 6-4。

类似地，在 SOL 400 还有轴对称壳单元、带扭转的轴对称实体单元。

（5）3-D 薄膜单元、壳单元和剪切板单元。在 MSC Nastran 的术语中，这些单元都被认为是三维平面应力单元类型。而在 Patran 中，因为他们没有体积因而一般称为二维单元。在 MSC Nastran 中薄膜、板、壳通过相同的拓扑类型定义。这些单元满足平面应力条件，因为沿厚度的法向应力为零。

这些单元的经典与先进公式之间具有显著的差异。MSC Nastran 中的这些单元有多种特点：①薄膜、弯曲和横向剪切组合的均匀线性行为。②纯薄膜或弯曲或横向剪切的均匀线性行为。③组合薄膜、弯曲和横向剪切的非均匀线性行为。④组合薄膜、弯曲和横向剪切的均匀非线性行为。⑤薄膜的均匀非线性行为。⑥材料行为为线性的层合（复合材料）行为。⑦材料行为为非线性的层合（复合材料）行为。

上述特点中均匀一词意指沿厚度方向均匀。

1）纯薄膜行为。如果是纯薄膜的行为，需要在 PSHLN1 选项中设 BEH= MB。即采用只有平动自由度的薄膜单元。这种单元不能承弯，分析时需要小心以确保不会发生刚度矩阵奇异的行为。当设置大位移时，会产生微分刚度矩阵，用于基于张力的结构，如气球，将产生稳定的系统。表 6-7 为薄膜单元属性选项。

表 6-7 薄膜单元属性选项

单元	节点数	积分点数	插值策略	单元结构行为	积分类型	传统属性	非线性附加属性	大转动/大应变	允许非线性材料*	Marc 中的单元类型
CTRIA3	3	1	L	MB	L	PSHELL	PSHLN1	Yes/Yes	Yes	158
CQUAD4	4	4	L	MB	L	PSHELL	PSHLN1	Yes/Yes	Yes	18
CTRIA6	6	7	Q	MB	Q	PSHELL	PSHLN1	Yes/Yes	Yes	200
CQUAD8	8	9	Q	MB	Q	PSHELL	PSHLN1	Yes/Yes	Yes	30

* 有例外，这些单元不能用于在 MATEP 中指定的 IMPLICIT CREEP 材料模型。

2）壳单元。在 MSC Nastran SOL 400 中有两类高级的壳单元。第一类（标记为 LDK）是基于 Kirchhoff 理论的薄壳单元。第二类（标记为 L、LRIH 和 QRI）是基于 Mindlin 理论的厚壳单元，支持横向剪切，也是复合材料结构仿真的首选单元。各类壳单元属性选项参见表 6-8。

表 6-8 壳单元属性

单元	节点数	积分点数	插值策略	单元结构行为	积分类型	传统属性	非线性附加属性	大转动/大应变	允许非线性材料*	Marc 中的单元类型
CTRIA3	3	1	L	DCTN	LDK	PSHELL 或 PCOMP 或 PCOMPG	PSHLN1	Yes/Yes	Yes	138
CTRIA4	4	4	L	DCT	L	PSHELL 或 PCOMP 或 PCOMPG	PSHLN1	Yes/Yes	Yes	75
CQUAD4	4	1	L	DCT	LRIH	PSHELL 或 PCOMP 或 PCOMPG	PSHLN1	Yes/Yes	Yes	140
CQUAD4	4	4	L	DCTN	LDK	PSHELL 或 PCOMP 或 PCOMPG	PSHLN1	Yes/Yes	Yes	139
CQUAD8	8	4	Q	DCT	QRI	PSHELL 或 PCOMP 或 PCOMPG	PSHLN1	Yes/Yes	Yes	22

* 有例外，这些单元不能用于在 MATEP 中指定的 IMPLICIT CREEP 材料模型。

表 6-7、表 6-8 中积分代码的意义参见表 6-9。

表 6-9 积分代码含义

积分策略代码	积分类型
LDK	线性位移和转动、Kirchhoff 理论（薄壳）
L	线性位移和转动
LRIH	线性位移和转动、缩减积分
QRI	二次位移和转动、缩减积分

　　壳单元的应变和应力的输出基于单元局部坐标系。如果激活了 LGDISP 参数，单元坐标系统会随着变形而更新。

　　3）剪切板单元。MSC Nastran 线性分析可以采用 4 节点的剪切板单元。此处线性分析是指小变形和线性各向同性弹性材料。而在 SOL 400 中如果采用了 PSHEARN 选项，它给单元提供了一种膜公式。但不推荐在 SOL 400 中使用 PSHEARN 选项。

　　（6）3-D 实体壳单元。实体壳单元是一种可以用于壳结构行为和实体行为之间过渡的结构单元。单元似乎像一个 CHEXA（六面体）单元，实际上也是使用此选项输入，但它具有很好的弯曲特性。这种单元既可以用于均质材料结构也可以用于复合材料（多层的）结构。此类单元不需定义厚度，因为可以直接从节点坐标中获得。

　　单元系统具有随着位移更新的局部坐标系。在 MSC Nastran 2014 版本发布之前，计算结果相对于基础坐标系；在后来的版本中，结果是相对于局部坐标系的。如图 6-2 所示，每层有一个积分点，如果只指定了一个积分层，就可能会出现沙漏模式。

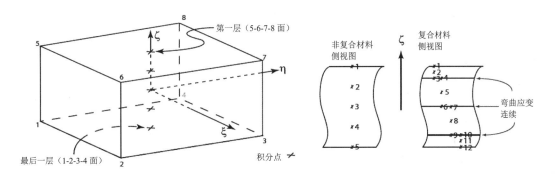

图 6-2　实体壳单元

　　对于均质材料，采用 PSLDN1，并设 BEH=SOLID，单元属性选项参见表 6-10。

表 6-10　均质材料实体壳单元属性选项

单元	节点数	积分类型	传统属性	非线性附加属性	大转动/大应变	允许非线性材料
CHEXA	8	ASTN，每层一个，假设应变	PSOLID	PSLDN1	Yes/Yes	Yes

　　对于复合材料层合板，采用 PCOMPLS，如图 6-2 所示，每层复合材料相当于有层积分点，可以准确计算层间剪切。单元属性选项参见表 6-11。

表 6-11　复合材料层合板实体壳单元属性选项

单元	节点数	积分类型	传统属性	非线性附加属性	大转动/大应变	允许非线性材料
CHEXA	8	ASTN，每层一个，假设应变		PCOMPLS	Yes/Yes	Yes

　　（7）3-D 实体单元。MSC Nastran 拥有一套可用于三维实体的模拟单元。这些模拟的特

点是没有一个主导的几何方向并具有一个完整的（有 6 分量）应力状态。高级非线性单元包括低阶和高阶四面体、五面体和六面体，并具有多种积分方案。通常在 PSHLN1 设置 BEH=SOLID，各类三维实体单元属性选项参见表 6-12，其中积分代码意义参见表 6-9。

表 6-12　各类三维实体单元属性

单元	节点数	积分点数	插值策略	单元结构行为	积分类型	传统属性	非线性附加属性	大转动/大应变	允许非线性材料	Marc 中的单元类型
CTETRA	4	1	L	SOLID	L	PSOLID	PSLDN1	Yes/Yes	Yes	134
CTETRA	4	4	L&CUBIC	ISOL	L	PSOLID	PSLDN1	Yes/Yes	MATEP	157
CPENTA	6	6	L	SOLID	L	PSOLID	PSLDN1	Yes/Yes	Yes	136
CHEXA	8	8	L	SOLID	L	PSOLID	PSLDN1	Yes/Yes	Yes	7
CHEXA	8	1	L	SOLID	LRIH	PSOLID	PSLDN1	Yes/Yes	Yes	117
CTETRA	10	9	Q	SOLID	Q	PSOLID	PSLDN1	Yes/Yes	Yes	127
CTETRA	10	4	Q	SOLID	LRIH	PSOLID	PSLDN1	Yes/Yes	Yes	184
CPENTA	15	21	Q	SOLID	Q	PSOLID	PSLDN1	Yes/Yes	Yes	202
CHEXA	20	27	Q	SOLID	Q	PSOLID	PSLDN1	Yes/Yes	Yes	21
CHEXA	20	8	Q	SOLID	QRI	PSOLID	PSLDN1	Yes/Yes	Yes	57

注意：当有不可压缩或几乎不可压缩行为（包括橡胶材料、金属弹塑性或蠕变）时，使用传统带有 BEH =SOLID 的 CTETRA 单元得到的结果很差，应该采用 BEH=ISO。

（8）复合材料实体单元。有一系列连续的单元可以用来模拟复合材料和垫片的材料行为。这些单元可用于平面应变、轴对称和三维问题。从自由度和插值函数来看这些单元属于传统单元。使它们不同于常规单元的是，在某个方向上，可有多个层并支持多种材料。这些单元的优点是相对容易使用，但它们模拟弯曲性能不是很好，因而沿厚度方向可能需要多个单元。8 节点或 20 节点实体复合材料单元如图 6-3 所示。

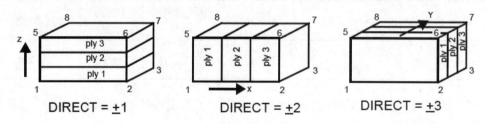

图 6-3　8 节点或 20 节点实体复合材料单元

要激活复合材料的这些单元的特性，需要指定附加的属性数据，参见表 6-13。

（9）垫片单元。低阶复合材料实体单元也可用于垫片材料的建模。当使用这种方式时，层的数目是 1，而材料是通过 MATG 选项定义的。请注意，这些单元可以退化成一个五面体以便模拟两个四面体单元区域之间的垫片。应当注意确保退化发生在垫片材料的平面。没有必要使单元与周围材料中的网格相匹配。可以利用接触功能来克服网格不相容性。各类垫片单元属性选项参见表 6-14。

表 6-13　各类复合材料实体单元属性选项

单元	节点数	单元结构行为	积分类型	传统属性	非线性附加属性	大转动/大应变	允许非线性材料	Marc 中的单元类型
平面应变								
CQUAD4	4	COMPS	L、每层 2 点	PLPLANE	COMPS	Yes/Yes	MATEP	151
CQUAD8	8	COMPS	Q、每层 2 点	PLPLANE	COMPS	Yes/Yes	Yes	153
轴对称								
CQUAD4	4	AXCOMP	L、每层 2 点	PLPLANE	AXCOMP	Yes/Yes	Yes	152
CQUAD8	8	AXCOMP	Q、每层 2 点	PLPLANE	AXCOMP	Yes/Yes	Yes	154
三维实体								
CHEXA	8	SLCOMP	L、每层 4 点		SLCOMP	Yes/Yes	Yes	149
CHEXA	20	SLCOMP	Q、每层 4 点		SLCOMP	Yes/Yes	Yes	150

表 6-14　各类垫片单元属性选项

单元	节点数	单元结构行为	积分类型	传统属性	非线性附加属性	大转动/大应变	允许非线性材料	Marc 中的单元类型
平面应变								
CQUAD4	4	COMPS	L、每层 2 点	PLPLANE	PLCOMP	Yes/No	MATG	151
轴对称								
CQUAD4	4	AXCOMP	L、每层 2 点	PLPLANE	PLCOMP	Yes/No	MATG	152
三维实体								
CHEXA	8	SLCOMP	L、每层 4 点	PSOLID	PLCOMP	Yes/No	MATG	159

（10）界面单元。这是用于粘接区法模拟粘接材料脱层的发生和扩展的一系列单元。这些单元可用于平面应变、轴对称和三维行为。从网格的角度来看，这些单元是独一无二的，因为可以输入零厚度。界面单元提供两种积分方案：一种采用传统的高斯积分方案；另一种使用节点集总方案（Lobatto Cotes）。当界面材料比周围材料刚硬时，后一种方案可能更好。

注意：单元的方向决定了界面/分层的方向。没有必要使单元与周围材料中的网格相匹配。可以利用接触功能来克服网格不相容性。材料性能的使用采用 MCOHE 材料模型定义。分层模拟是高度非线性的，在施加边界条件时必须谨慎。

该单元公式是基于局部坐标系的，把相对位移与法向和切向力关联起来。输出是关于局部坐标系的。当使用大位移选项时，该系统会被更新（旋转）。单元不包括质量矩阵、几何或初始应力刚度矩阵。它也不支持分布载荷的施加。

高阶单元不是完全二次的，它们在界面的平面上是二次的，而沿厚度是线性的。单元属性选项见表 6-15。

表 6-15　各类界面单元属性选项

单元	节点数	非线性附加属性	大转动/大应变	允许非线性材料	Marc 中的单元类型
平面应变					
CIFQUAD	4	PCOHE	Yes/No	MCHOE	186
CIFQUAD	8	PCOHE	Yes/No	MCHOE	187
轴对称					
CIFQUAD	4	PCOHE	Yes/No	MCHOE	190
CIFQUAD	8	PCOHE	Yes/No	MCHOE	191
三维实体					
CIFPENT	6	PCOHE	Yes/No	MCHOE	192
CIFPENT	15	PCOHE	Yes/No	MCHOE	193
CIFHEX	8	PCOHE	No	MCHOE	188
CIFHEX	20	PCOHE	No	MCHOE	189

6.3.2　选择正确的单元

有限元建模在许多方面更像是一门艺术而不是一门科学，因为结果的质量取决于模型的质量。有限元初级分析人员在建模中所犯的一个比较常见的错误是简单地模拟几何，而不是模拟真实结构的几何和物理行为。

在进行实际产品模拟之前，使用一个小的原型模型来模拟和验证一个新的功能或特征，是一个很好的建模和验证方式。

MSC Nastran 包含一个很大的结构单元库。在许多情况下，采用几种不同的单元模拟可能得到相同的结构效果。选择单元的标准可以包括它的能力（例如，它是否支持各向异性材料性能），它的成本（一般来说，单元的自由度越多代价越高）和/或其精度。

在许多情况下，对某个特定应用的最佳单元选择可能并不显而易见。例如，在一个空间框架模型，当端部弯、扭矩不重要时可以采用 CROD 单元，而当端部弯、扭矩重要时采用 CBAR。如果构件开口的截面和扭转应力预计是重要时，用户可以选择使用带翘曲的 CBEAM 单元。用户甚至可以选择用板壳和实体单元一起使用来代表构件。选择哪种类型和使用的单元数量主要取决于用户对模型中重要的影响的评估，以及用户愿意接受的成本和准确性。

对于实体结构，无论是二维平面还是三维结构，实体单元公式（完全积分、假设应变、缩减积分等）是获得准确答案的关键。剪切自锁可以使它很难在弯曲为主的问题得到正确的答案，这就是 MSC Nastran 默认采用假设应变单元的原因。同样地，当所模拟的材料是不可压缩的或可能的行为是不可压缩的（如有很大的塑性应变），就要采用特制处理不可压缩性的单元（如 Herrmann 单元）。

在此背景下，生成有限元模型之前，必须对结构的行为有一个相当好的理解。这种洞察力最好的来源通常是处理类似结构的经验。换句话说，理解加载路径对于选择适当的单元是至关重要的。此外，一些手工计算通常可以提供一个粗略估计的应力强度，推荐使用。如果用户对该结构的行为方式没有很好的概念,就可能会因为输入数据准备中的错误或错误的假设而受到不正确的结果的误导。

1. 一般指南

使用不熟悉的单元类型时,通常要尝试一个小的测试模型。这种做法比尝试大的实际模型更经济,它使用户在应用到大规模的实际模型之前更好地理解单元的能力和局限性。

2. 一维非积分单元

当使用 CELASi 单元代表两个组件之间平动的同心弹簧时,两个分量的方向必须同轴。即使是小的方向偏差也会给模型带来一个较大的力矩,而这在实际物理结构中是不存在的。为了避免这类问题,建议 CELASi 单元使用位置一致的两个端点。如果两个端点不重合,用户应该考虑使用 CROD 或 CBUSH 单元代替。

3. 一维积分单元

如果一个单元只传递一个轴向/扭转载荷,则 CROD 是最容易使用的单元。CBAR 比 CBEAM 单元更容易使用,I1 和 I2 值可以设置为零。如果有以下的特征,用 CBEAM 单元而不用 CBAR 单元:

- 截面属性是锥形的。
- 中性轴和截切中心不重合。
- 截面翘曲对扭转刚度的影响至关重要。
- 质量重心和剪切中心的差异是显著的。

CBEAM 单元的公式是基于柔度的方法,而单元刚度矩阵是对柔度矩阵求逆生成。为此,CBEAM 单元的 I1 和 I2 不能为零。

CBEAM3 单元主要用于有初始曲率结构以及与高阶壳单元联合使用。

4. 二维单元

在一般情况下,能用四边形单元(CQUAD4 和 CQUAD8)尽量不用三角形单元(CTRIA3 和 CTRIA6)。CTRIA3 单元是常应变单元,它过于刚硬,单独使用它时得到的结果精度不如 CQUAD4 单元,特别是对薄膜应变结果,因而尽量少用。CTRIA3 单元一般在有特殊的几何或拓扑时使用,例如在不同尺寸四边形网格之间的过渡区或近似球形壳在极轴附近。

膜应力急剧变化之处避免使用 CTRIA3 单元,例如,在工字梁腹板处。因为 CTRIA3 单元具有恒定的膜应力,可能需要大量的单元才能获得可接受的精度。如果可能,使用四边形或 CTRIA6 单元会更好。

在加筋壳结构非常薄的板不要用板或壳单元(CQUADi,CTRIAi),因为可能会屈曲。如有可能,此时应该使用剪切板(CSHEAR)单元。

对于 CQUAD8 单元,中间节点应该位于边中距角节点至少三分之一位置。如果一个中间节点距角节点只有四分之一边长的距离,则在角点处的内应变场奇异。为获得最佳效果,建议在中间节点的位置尽可能接近边的中心位置。

单向弯曲结构(例如圆筒),CQUAD8 单元一般会比 CQUAD4 单元得到更好的结果。双向弯曲结构(例如球形穹顶),一般 CQUAD4 单元优于 CQUAD8 单元。

使用 CQUAD4 或 CTRIA3 单元时,壳单元法向(PARAM,SNORM,X)应打开。有关详细信息,请参阅下面部分。

5. 壳法向

默认情况下，假定平板单元的法线旋转矢量的方向与每个单元的平面垂直。如果模型是弯曲的，则壳体的弯曲和扭转力矩必须在单元相交处改变方向。如果存在横向剪切柔度，则变形可能太大。由于低阶单元忽略边缘效应，很少会引起任何问题，默认值为 100 的参数 K6ROT 可以部分解决问题。有了独特的法向（SNORM）选项，一个单元的每个角节点旋转自由度相对于指定的法向度量。因此，连接到该节点的所有单元都将使用一个一致的方向来定义壳弯曲和扭转力矩。

在 CQUAD4 和 CTRIA3 单元中，修改了单元的刚度矩阵，以消除围绕壳法向量旋转运动中不希望出现的小刚度。实际上，变换用平面力取代法向矩。基本单元刚度矩阵没有变化，因此平板模型不会受到影响。新变换的目的是消除曲面壳模型中的潜在弱项，并允许自动约束进程消除组合刚度矩阵中的真实奇异性。

CQUAD4 和 CTRIA3 单元均可用壳法向。当局部单元法向和共有节点法向之间角度小于 β 时激活壳法向，如图 6-4 所示。β 默认值为 20°，可以通过 PARAM，SNORM，β 设置为所需的值，最大可达 89°。共同节点法向是该点周边所有局部壳单元法线的平均值。生成的节点法向可以被用户定义的法向覆盖。

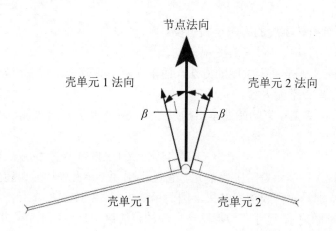

图 6-4　共有节点法向

壳法向定义了所有相邻单元的旋转自由度的唯一方向。通过对相关单元的法向量进行平均来创建一个壳法向量。如果实际角度大于 PARAM，SNORM 定义的值，则有关的单元边被假定为一个夹角边或棱边，采用旧方法。壳法向选项提高了在剪切和扭转力矩共同作用的曲壳中结果的准确性。

如果实际的壳法向量已知，例如在圆柱体或球体中，自动计算的值可以用实际数据输入的值来代替：

SNORM,GID,CID,V1,V2,V3

其中 GID 是一个共同节点的节点号，CID 是用于定义壳法向的坐标系，V1、V2 和 V3 是在坐标系中未缩放的矢量分量。

另外，还有一个参数 SNORMPRT，控制内部壳法向在 .f06 或 .punch 文件中的输出。输出格式与 SNORM 模型数据相同，使各值可以在后续的工作使用和修改。

注意：以下是适用于壳法向的选项。

（1）该类结构分析时，其结果中最大的变化来自具有很大的面内剪切力和扭转力矩厚曲壳。

（2）大多数其他问题，如承受压力载荷的平板和曲壳，显示变化小于 1%的结果。使用这种改进的公式可以限制更多的自由度。这个公式导致面内转动刚度值为零。

（3）从测试的自动向量计算产生的答案和那些使用显式 SNORM 向量输入得到的结果几乎相等或准确一致。换句话说，结果对矢量方向上的微小差异不敏感。重要的事实是，壳法向需要连接的单元使用一致的法线方向。

（4）CQUAD8 和 CTRIA6 单元不包含在壳法向处理的单元类型之中。如果模型正确，则不需要壳法向处理。不建议将这些单元连接到低阶平板单元。

（5）在使用公式时，曲壳单元在转动自由度方向没有刚度，因此可以引入机构。当单元、RBE 或 MPC 单元连接到壳节点面外转动自由度上时会产生机构。注意，PARAM，AUTOSPC，YES 不能约束这些机构。

（6）在线性求解序列中，"PARAM，k6rot，100" 和 "param,snorm,20" 是默认设置。

（7）当使用壳法向选项时，横向剪切柔度（在 PSHELL 属性选项卡片中的 MID3）要保持 on。

6．三维单元

对于薄壁结构，虽然 CHEXA 和 CPENTA 六面体单元设计可以模拟到与采用薄壳单元一样合理的行为，还是建议不去使用该类单元。在有效横向剪切刚度方向上，拉伸刚度的高比率可以产生显著的舍入误差。

如同板单元，如果实体单元有中间节点，它们应位于靠近边的中心。再次，如果需要中间节点，一般的建议是单元所有边都要有中间节点。

7．刚性单元

为了避免引入对刚体运动的无意约束，在指定的 MPC 系数时要保证高精度。应尽可能使用刚性的单元（例如 RBE2、RBAR 等），因为它们约束系数是内部计算的、精度高。此外，这些单元需要更少的用户交互。焊接单元提供了很好的建模结构连接的方法。

6.3.3　单元密度

有限元模型中的网格密度关系到分析的精度和成本，是一个重要的课题。在许多情况下，单元的最小数目是由拓扑确定的，例如，空间框架中的每条结构至少得有一个单元或者加筋壳结构中每个构件至少得有一个单元。在有限元法应用的早期，受硬件和软件技术的限制，求解问题的规模受到严重限制，为了减少模型的大小，通常会将两个或多个框架的小结构或其他类似的结构合成为一个单元。随着计算机技术的发展，目前的趋势是在有限元模型中所有主要部件都各有单元来模拟。

目前，最小拓扑需求一般很容易满足，更多问题是如何细分主要部件。对弹性连续体如板、非加筋壳等结构尤为相关。一般来说，随着网格密度的增加，分析的结果会更精确。所需的网格密度通常与多种因素相关，其中包括应力梯度、载荷类型、边界条件、使用的单元类型、单元形状以及所要求的精度。

在应力梯度预计最陡的地区，网格单元边长通常要最小。图 6-5 是圆孔附近的应力集中的一个典型例子。该模型是一个内半径为 a 和外半径为 b 的圆盘，内表面施加压力载荷。由于对称性，取半个圆盘建模。在该模型中，径向应力和圆周应力，都是从孔中心开始以 $1/r^2$ 的函数逐渐减少的。本例关注的误差是指实际应力分布与有限元中应力分布的差异。

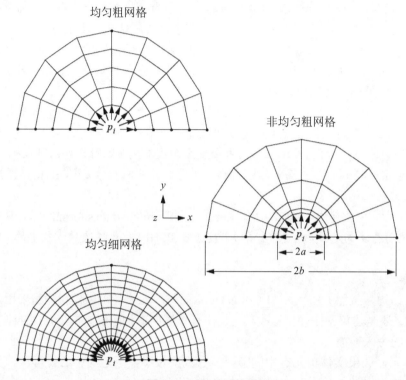

图 6-5　不同的网格模型

　　考虑不同的单元和输出选项研究网格密度的影响，所采用的三个不同的网格密度如图 6-5 所示。第一个是均匀分布的粗网格模型；第二个模型由与第一个模型相同数量的单元组成，但沿径向疏密过渡，在中心孔边网格较密；第三个模型是加密的均匀网格模型，单元数目是前两个模型的四倍。这三个模型都采用 CQUAD4 壳单元进行分析，并比较仅输出单元中心点结果（早期版本默认选项）与输出单元中心及角点结果所引起的结果云图的不同。在该模型中孔边的周向应力总是大于在孔边施加的压力载荷，当外半径很大时，二者数值接近。孔边周向应力的理论解由式（6-1）给出：

$$\sigma_\theta = \frac{p_i a^2 \left(1 + \dfrac{b^2}{r^2}\right)}{(b^2 - a^2)} \qquad (6\text{-}1)$$

式中，a 为圆板内径；b 为圆板外径；r 为离圆板中心的距离；p_i 为施加在内径处的压力。

　　对于本例的特定情况，很明显最高的应力发生在内径处。当 a=1、b=5、p_i=100 时，r=1 处理论解最大的周向应力为 108.33。

　　分别将上述三个模型计算得到的结果导入到 Patran 中，图 6-6～图 6-8 分别为三个模型的周向应力云图，注意此时仅输出单元中心点的应力。可以看出，第二个模型得到的结果最接近理论解，第一个模型误差最大。因此，如果仅选择输出中心点的应力或仅将中心点应力导入后处理器时，为了得到更为准确的结果，可以在内部半径周围创建一个更精细的网格。采用了偏置网格，用相同数量的自由度得到的结果明显接近理论解。当然还可以采用更细而无偏置网格进行分析。值得注意的是，对于第三种情况，即使它采用了更多的自由度，其结果仍然不如第二种情况那样好。这是因为模型三最内排单元中心点位置比模型二最内排单元中心点位置离孔边更远。当然，第三种模型的结果可以通过偏置网格得到更大的改善。

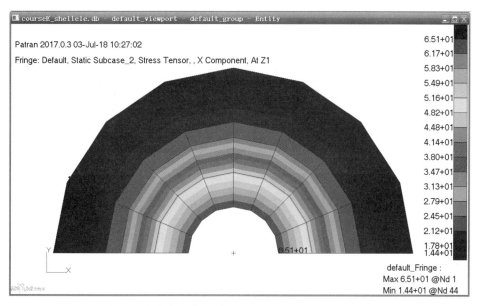

图 6-6　均匀粗网格仅输出单元中心时的应力结果云图

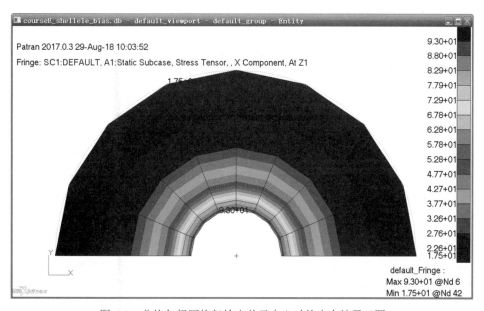

图 6-7　非均匀粗网格仅输出单元中心时的应力结果云图

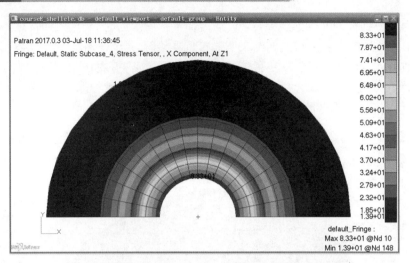

图 6-8　均匀密网格仅输出单元中心时的应力结果云图

可以要求 CQUAD4 单元输出角节点和中心点的应力、应变结果值，此时结果会明显改善，节点自由度总数不变，得到的孔边径向应力结果大幅度提高。

MSC Nastran 有四个角节点的输出选项：CORNER、CUBIC、SGAGE 和 BILIN。不同的选项提供了不同的角节点应力计算方法，通过测试表明，对本例来说不同的算法得到的结果差别微乎其微。

如前所述，当输出单元中心点和角节点的应力时，三个模型计算得到的结果与之前的结果在后处理器中会有明显不同，如图 6-9～图 6-11 所示。可以看出，第一个模型得到的结果已经很最接近理论解，第二、三个模型的结果则更高一些。

注意：到目前为止都采用壳单元，应力值比由式（6-1）得到的理论解会高一些。

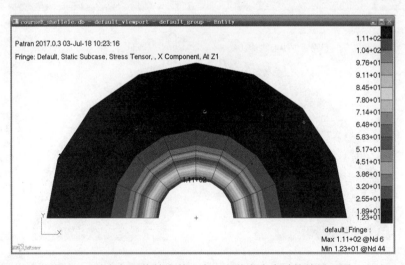

图 6-9　均匀粗网格输出单元中心和节点应力时的结果云图

另外，也做了采用平面应变单元测试比较。图 6-12 为只输出单元中心点应力时的应力云图，上下对称处的 y 向应力等价于周向应力，可见，与理论解的差别也比较大，甚至比壳单元的误差还略大；当加上输出角节点的应力时，得到的结果与理论解更接近一些，如图 6-13 所示。

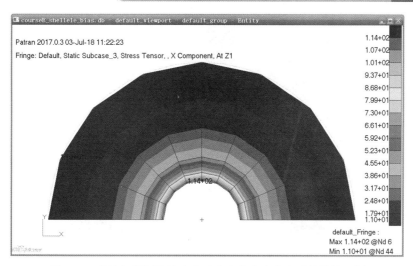

图 6-10　非均匀粗网格输出单元中心和节点应力时的结果云图

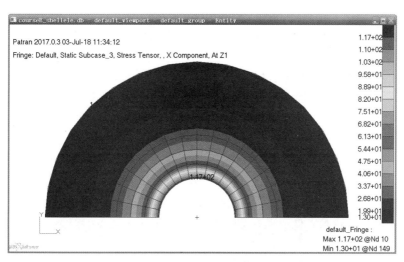

图 6-11　均匀密网格输出单元中心和节点应力时的结果云图

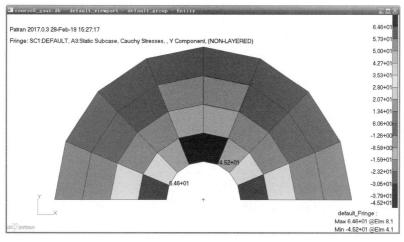

图 6-12　平面应变单元仅输出中心点应力且节点不平均 y 向应力分量云图

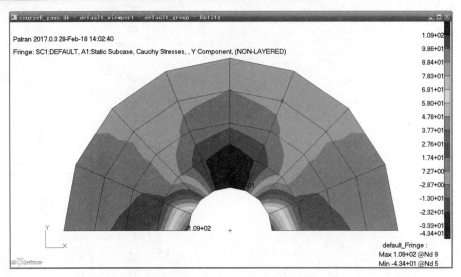

图 6-13　平面应变单元输出中心点及节点应力且节点平均 y 向应力分量图

采用多细的网格比较合适取决于很多因素，其中包括用户愿意付出的成本和用户所能接受的准确性。成本随着自由度的增加而增加，其概念随年代的不同而改变。在过去，成本通常与计算机时间相关。随着硬件和软件每天都变得越来越快，成本可能更多地与调试和解释结果所需的时间相关。一般来说，模型越大，调试和解释结果的时间就越多。至于可接受的精度，例如用比较粗的网格误差为 4.7%，而比较细的网格误差可以减少到 1.5%，但自由度明显增加。在某些情况下，比如所施加的载荷大小只能保证在 10%精度之内时，可以接受 4.7%的误差。而在其他对精度非常高的情况下，1.5%的误差也可能不被接受，需要更准确的模型。

在传统的有限元分析中，随着单元数的增加，解的精度得到提高但计算成本也提高。网格自适应技术可以使在自由度增加不多的条件下精度明显提高，该技术可以让用户对有限元模型做系列修改，在误差较大之处或重要部位减少尺寸和增加单元的数量。SOL 400 具备网格自适应的功能。可以用各种结果量（如应变能、位移和应力）以及各种误差估计方法（如简单的数学范数或均方根方法）定量地估算分析的准确性。目标是通过使用这些误差分析方法对实际模型的行为进行准确地预测。

6.4　连接单元、刚性单元

在工程问题中，沿着零件表面上给不同零件或区域之间施加约束是很常用的。这些数学上的约束有时施加到模型的一个节点上，称为边界约束，或有时被用来连接模型的多个节点，称为多点约束（MPC）。通过适当地在模型中使用这些数学约束方程，可以模拟各种类型的连接，如刚性、有限强度粘接、传递力矩的刚性连接等。这些连接甚至可以用来模拟制造过程，如缝焊或点焊。这些数学约束所提供的巨大灵活性使它们在有限元分析中非常有用，从焊接、螺栓和紧固件建模到粘接接触、分离接触等各个方面都非常有用。

在这一节中，介绍 MSC Nastran SOL 400 中具备的各类多点约束、刚性单元和紧固件以及在模型输入文件中如何体现。

6.4.1　多点约束类型

要在前处理器 Patran 中创建 MPC，首先要从选项菜单中创建 MPC 类型。出现在选项菜单中的 MPC 类型与所选的分析代码和分析类型相关。表 6-16 描述了 MSC Nastran 支持 MPC 的类型。

表 6-16　多点约束类型

MPC 类型	分析类型	描述
Explicit	结构	在一个独立的自由度和一个或多个独立自由度之间建立一个明确的 MPC。从属项由一个节点号和一个自由度组成，而一个独立项由一个系数、一个节点号和一个自由度组成。可以指定无限数量的独立项，而只能指定一个从属项。MSC Nastran 不允许有常数项
RSSCON Surf-Vol	结构	在线性二维板壳单元的一个从属节点和线性三维实体单元上的两个独立的节点之间创建一个 RSSCON 型 MPC 用于连接板壳单元和实体单元。可以指定一个从属项和两个独立项。每项由单个节点组成。此选项早期版本使用较多，目前不建议用于壳单元与实体单元连接；使用粘接接触更好
Rigid (Fixed)	结构	在一个独立节点和一个或多个从属节点之间建立一个刚性 MPC，其中所有六个结构自由度彼此严格地连接在一起。可以指定无限数量的从属项，只能指定一个独立项。每项由单个节点组成。这个 MPC 类型没有常数项
RBAR	结构	创建一个 RBAR 单元，它定义了两个节点之间的刚性杆。最多可指定两个从属项和两个独立项。每项由一个节点和一个自由度列表组成。两个从属项中指定的节点必须与两个独立项中指定的节点相同。两个节点自由度的任意组合可以指定为独立的，独立自由度的总数相加最多为 6 个。常数项是热膨胀系数 ALPHA
RBAR1	结构	这是一个 RBAR 替代（简化的）形式。创建一个 RBAR1 单元，它定义了两个节点之间的刚性杆，每端具有六个自由度。每个从属项由一个节点和一个自由度列表组成，而独立项只包含一个节点（隐含所有六个自由度）。常数项是热膨胀系数 ALPHA
RBE1	结构	创建一个 RBE1 单元，它定义了一个刚体连接到任意数量的节点。可以指定任意数量的从属项。每项由一个节点和一个自由度列表组成。只要所有独立项中规定的自由度总数相加最多为 6 个，就可以指定任意数量的独立项。由于每项必须指定至少一个自由度，所以用户无法创建多于 6 个独立项。这个 MPC 类型没有常数项
RBE2	结构	创建一个 RBE2 单元，定义任意数量的节点之间的刚性体。虽然用户只能指定一个从属项，但可以将任意数量的节点与此项相关联。软件还会提示用户将一个自由度列表与该项相关联。可以指定一个独立项，它由一个节点组成。这个 MPC 类型没有常数项
RBE3	结构	创建一个 RBE3 单元，它定义了一个参考节点的运动为一组节点运动的加权平均。可以指定任意数量的从属项，每项由一个节点和一个自由度列表组成。第一个从属项用于定义参考节点。其他从属项定义额外的节点或自由度，并添加到 m 集。也可以指定任意数量的独立项。每个独立项由一个常数系数（加权因子）、一个节点和一个自由度列表组成。这个 MPC 类型没有常数项
RROD	结构	创建 RROD 单元，其中定义了两个节点之间长度方向是刚性的铰接杆。指定一个从属项，它由一个节点和一个平移自由度组成。指定一个独立项，它由一个节点组成。这个 MPC 类型没有常数项

MPC 类型	分析类型	描述
RTRPLT	结构	创建一个 RTRPLT 单元，它定义了三个节点之间的刚性三角板。最多可指定三个独立项和三个从属项。每项由一个节点和一个自由度列表组成。三个从属项中指定的节点必须与三个独立项中指定的节点相同。只要三个独立节点自由度的总和相加为 6，这三个独立节点的自由度只要总和不超过 6 个，其任何组合都可以被指定为独立项。这个 MPC 类型没有常数项
RTRPLT1	结构	定义连接三个节点的刚性三角形板单元另一种形式。创建一个 RTRPLT1 单元，它定义了三个节点之间的刚性三角板。每个从属项由一个节点和一个自由度列表组成，而独立项仅包含节点（隐含所有六个自由度）。常数项是热膨胀系数 ALPHA
RJOINT	结构	创建一个 RJOINT 单元，它定义了一个刚性连接元件连接两个重合节点。每个从属项由一个节点和一个自由度列表组成，而独立项只包含一个节点（隐含所有六个自由度）。这个 MPC 类型没有常数项

6.4.2　刚性单元

每个 R 型单元都会在 MSC Nastran 生成内部 MPC 方程。这些方程是自动生成的，用户不需在工况控制部分指定 MPC。通常 R 型元素包含在用户模型文件中的模型数据部分里。与 MPC 卡片不同，工况之间 R 型元素不能改变。

使用 R 型元素时，用户的责任是确定哪些自由度是从属的、哪些自由度是独立的。最简单的描述是把一个独立的自由度的运动表示成一个或多个独立自由度的线性组合。所有的从属自由度放在 m 集中。独立自由度被暂时放置在 n 集中，该集不会因 MPC 和 R 型单元而变为从属的。对于每个自由度，生成一个约束方程（一个内部 MPC 方程）。MSC Nastran 集的完整描述在参考文献[19]第 12 章矩阵运算里有详细说明。

在 MSC Nastran，刚性单元有两种求解方法：线性方法和拉格朗日法。

1. 线性方法

线性方法是 MSC Nastran 的默认方法。线性方法采用线性消去法。刚性单元不是真实的单元，它们内部由一组 MPC 方程表示。通过使用这些 MPC 方程，把从属自由度（m 集）从求解集中消去。刚性单元线性方法具有以下局限性：

● 不计算热载荷。

● 没有微分刚度矩阵，因此，对于屈曲分析或其他需要微分刚度矩阵的求解序列，解是不正确的。

● 在几何非线性分析中使用小转动理论，这样的解析是不正确的。

● 使用消除法求解，从而产生非常密集的刚度矩阵。这些密集矩阵不能利用稀疏矩阵算法。

2. 拉格朗日法

如果采用拉格朗日法，刚性单元成为"真正"的有限元单元，例如类似一个 QUAD4 单元。不是使用 MPC 方程，而是对每个刚性单元计算单元刚度矩阵。线性方法的所有限制都被去掉了，即刚性单元可以：

● 包括热载荷的影响。

● 包括微分刚度矩阵。

● 支持小转动和大转动。在几何非线性分析中使用的大转动理论（PARAM，LGDISP，1）。

● 如果使用下面定义的增广拉格朗日乘子法，则可以利用稀疏矩阵算法的优点。

每个拉格朗日的刚性单元，一些拉格朗日乘子的自由度就由 MSC Nastran 内部创建。例如，RBAR 单元创建六个拉格朗日乘子自由度、RROD 单元创建一个拉格朗日乘子自由度。每个拉格朗日刚性单元的独立自由度，从动自由度和拉格朗日乘子自由度放在求解集（1 集）中。因此保持了刚度矩阵的稀疏性，可以使用稀疏矩阵算法。

对这些方法的理论讨论和刚性元件在大转动中的应用参见参考文献[22]中的第 3 章有关刚性单元增强部分。

在工况控制命令 RIDIG 可以选择刚性单元类型及求解方法，格式如下：

$$RIGID = \begin{cases} LINEAR \\ LAGR \\ LGELIM \end{cases}$$

LINEAR 选择线性刚性单元，LAGR 会选择用拉格朗日乘子法的拉格朗日刚性单元，LGELIM 会选择用拉格朗日消去法的拉格朗日单元（不能用于静力学）。如果用户控件文件中不存在 RIGID 命令，则将使用线性刚性单元。

R 型单元，包括 RBAR、RBAR1、RJOINT、RBE1、RBE2、RBE3、RROD、RTRPLT 和 RTRPLT1，可作为线性刚性元件或拉格朗日单元，由工况控制命令 RIGID 选择。然而，这两种刚性元件的输入规则是不一样的。下面讨论它们的差异。

除了 RBE3 和 RROD，在线性刚性单元和拉格朗日刚性元件之间的主要区别是输入格式的独立自由度的选择。这可以通过 RBAR 模型数据卡片来说明：

RBAR	EID	GA	GB	CNA	CNB	CMA	CMB	ALPHA	

独立自由度由 CNA 和 CNB 选择。对于线性刚性元件的独立自由度可以被分配到的 CNA 和 CNB：例如，"CNA = 1236，CNB = 34"。只要总数等于 6，它们就可以共同描述任何刚体运动。然而，对于拉格朗日的刚性单元，六个独立的自由度，必须被分配到一个单一的节点，即"CNA = 123456，CNB =空白"，或"CNA =空白，CNB = 123456"。同样的规则适用于 RBE1、RBE2 和 RTRPLT 单元。RBAR1 和 RTRPLT1 卡片，使输入拉格朗日刚性单元变得容易。

对于 RBE3 线性单元，REFC 自由度可以是从 1 到 6 的整数的任意组合。对于拉格朗日刚性单元，REFC 必须是 123、456 或 123456。

对于 RROD 单元，用户必须通过输入 CMA 或 CMB 为线性刚性单元选择一个从属自由度。而对于拉格朗日刚性单元，可以让两个字段都空白，让 MSC Nastran 选择最佳部件作为自由度的从属自由度。这也是推荐的方法。

对于所有刚性单元，ALPHA 场是膨胀的热膨胀系数。对于拉格朗日刚性单元，如果给定 ALPHA 值并且输入了由 TEMPERATURE (INITIAL)和 TEMPERATURE (LOAD)工况控制命令控制的热载荷，则计算刚性单元的热载荷效应。将温度载荷作为独立节点和从属节点的平均温度。例如，对于 RBAR 单元温度载荷作为节点 GA 和 GB 的平均温度。对于线性刚性单元，不计算温度效应，忽略 ALPHA 场。

6.4.3　自动螺栓预紧

很多行业做详细连接分析时通常要做螺栓预紧分析。正确的连接分析的关键因素之一是正确地捕捉螺栓预紧力的影响。螺栓间距、预紧力和常规连接的设计会影响诸如垫片压力、O型密封圈的行为和间隙分析。

在汽车工业中，螺栓模型在发动机装配分析中占有重要地位。在此类组件中使用的密封连接，以防止蒸汽或气体逸出，通常由若干螺栓紧固。在发动机装配的典型加载顺序中，螺栓首先紧固，直到螺栓内存在一定的预紧力。这可以通过不断缩短螺栓直到达到了所需的力。接下来，螺栓是"锁定"，也就是说，缩短的总量仍然是固定的，而装配体会承受其他（热）机械载荷。最后，通过松开缩短或释放螺栓力，螺栓再次松开。

虽然这种预应力状态通常用温度载荷模拟，但很难达到螺栓或铆钉所需的净力。一个更简单的方法是使用螺栓多点约束（BOLT MPC）。

假设螺栓有限元网格已经沿单元边界横截螺栓轴分成了两个不相交的部分，这些零件模型数据上施加适当的多点约束，通过对与螺栓相关联的特殊"控制节点"施加适当的边界条件使得螺栓可以加预紧、锁定和松开。通过接触算法对约束进行特殊处理，确保该选项可以与接触联合使用，并且内部生成的接触表面在分割区上两侧是连续的。接触螺栓表面的节点可以滑动穿过分割边界而无问题。自动螺栓建模方法是基于网格划分原理和控制节点的。图 6-14 演示了如何将网格断开原理应用到一个典型连接中。

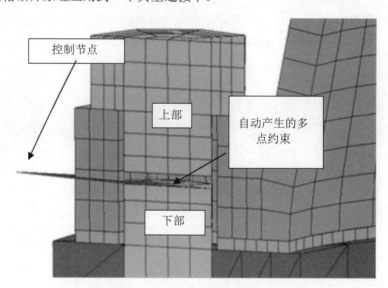

图 6-14　用网格断开原理模拟螺栓连接预紧

用户必须定义"顶部节点"（GT）、"底部节点"（GB）和控制节点（GC）。

螺栓多点约束有一个被绑定的节点和两个保留节点。绑定节点和第一个保留节点通常是在各自部分的边界上。第二个保留节点往往是一个自由的节点，通常是由所有的螺栓 MPC 共享，此节点也称为 MPC 的控制节点，因为它可以用于施加载荷或控制部分之间的间隙或过盈的大小。

Patran 专门有菜单支持对螺栓预紧，如图 6-15 所示。

图 6-15　Patran 螺栓预紧菜单

6.4.4　约束冲突

当多个约束与网格相关联时，约束冲突是有可能的。这可能导致过约束或奇异系统，在这种情况下，分析将终止。使用 AUTOMSET 参数后，程序会自动重新写约束方程，被绑定的自由度不再作为另一个约束方程的保留自由度；如果一个自由度已经用于指定的边界条件，程序还会修改约束方程。

6.5　单元偏置分析算例

本例如图 6-16 所示，一端固定且承受均布压力载荷的加筋板结构，当创建这种模型时需要准确地模拟加强筋与板的位置关系，通常会使用到壳和梁单元的偏置功能，早期 MSC Nastran 版本对偏置还有些限制，最新版本的 MSC Nastran 完善了对偏置功能的支持，包括可以考虑微分刚度的影响（屈曲分析），考虑热、压力以及重力载荷的影响，考虑质量矩阵的影响等，在 Patran 2018 版本中定义非线性梁或壳单元的偏置属性后，程序会自动在.bdf 文件中生成 OFFDEF 卡片用以描述偏置定义。

图 6-16　单元偏置分析算例模型

本算例对应的材料参数数据见表 6-17。

表 6-17　材料数据

名称	杨氏模量 GPa	泊松比	屈服应力 MPa
数值	214	0.3	40

1. 建立模型

（1）新建 MSC Patran 的空数据文件。单击菜单栏 Menu→File→New，输入模型数据文件名称为 offset.db。

（2）顺次单击主工具条中 File→Import，打开模型导入窗口。设置导入模型的格式为 MSC.Nastran Input，如图 6-17 中 a 所示；在相应路径下选取 offset_input.bdf 文件，单击 Apply 按钮。

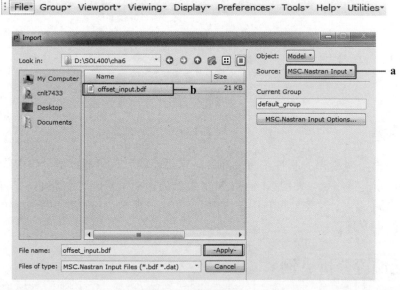

图 6-17　模型导入

（3）顺次单击主工具条中 Preferences→Analysis，在打开的对话框中选取分析类型为 Implicit Nonlinear，如图 6-18 中 a 所示，最后单击 OK 按钮，切换到隐式非线性分析环境下。

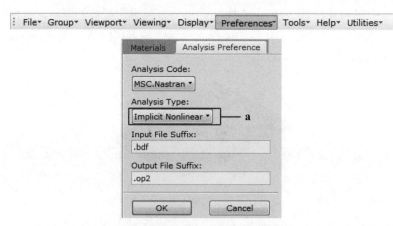

图 6-18　设置隐式非线性分析类型

（4）检查材料属性，单击应用菜单中的 Materials→Isotropic 选项，如图 6-19 中 a 所示；在打开的对话框中选取已存在的材料名称 material1，如图 6-19 中 b 所示，会自动弹出线弹性材料参数，检查参数数值，在 Current Constitutive Model 列举位置可以切换显示内容，查看弹塑性材料参数。

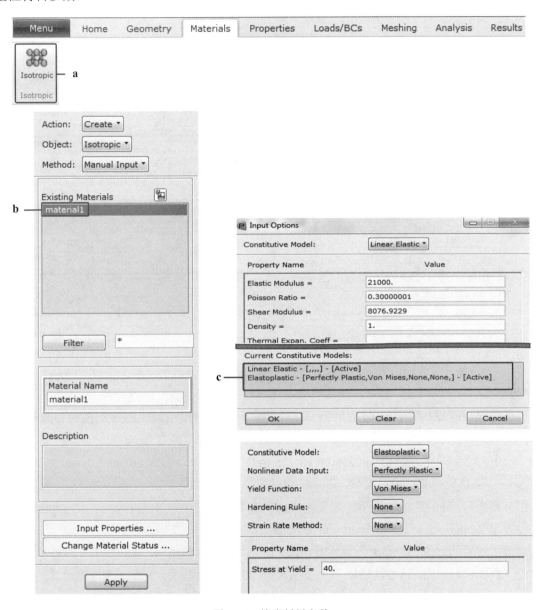

图 6-19　检查材料参数

接着检查属性定义，单击应用菜单中的 Properties→Shell 选项，如图 6-20 中 a 所示，可以单击图 6-20 中 b 所示位置，切换显示已存在的属性名称，壳单元属性定义中 Thickness 对应壳厚度，Plate Offset 对应偏置量，如图 6-20 中 c 所示。

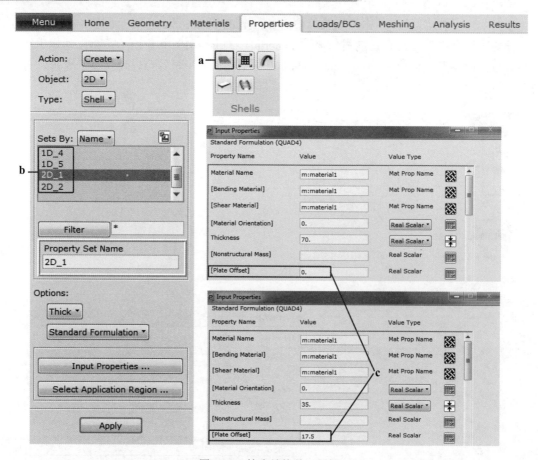

图 6-20　检查结构单元属性

　　接着追加非线性梁单元属性，单击 1D_3，如图 6-21 中 a 所示，定义截面类型为 Linear/Cubic Closed Section（线性/立方闭合截面），如图 6-21 中 b 所示，单击 Input Properties，如图 6-21 中 c 所示，定义梁界面放置方向为<0 0 1>，图 6-21 中 d 所示，保留 Offset @ Node 1 和 Offset @ Node 2 梁单元两端点的偏置量，最后将截面积分方法设置为 Numerically Integreated CS（数值积分截面），图 6-21 中 e 所示，定义完成后单击 OK 按钮，单击 Apply。

　　弹出 Property Set "1D_3" Exits，Overwrite?信息时，请单击 Yes。

　　使用相同的方法修改梁单元属性 ID_4 和 ID_5，修改内容相同。本例中的非线性梁单元均使用了数值积分截面，该方法适用于不考虑翘曲的薄壁闭合截面，关于非线性梁单元的积分方法具体可以参考 Quick Referece Guide 中针对 PBEMN1 卡片的说明。

　　最后单击菜单项 Display→Load/BC/Elem.Props，如图 6-22 中 a 所示，将梁的显示方式切换到 3D 模式，如图 6-22 中 b 所示，单击 Apply 按钮后可以显示偏置后的三维梁单元结构。

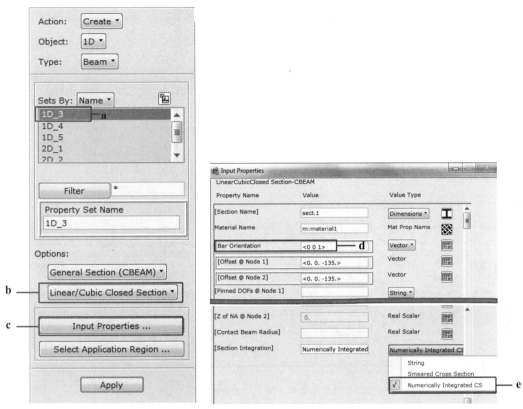

图 6-21　追加非线性梁单元属性

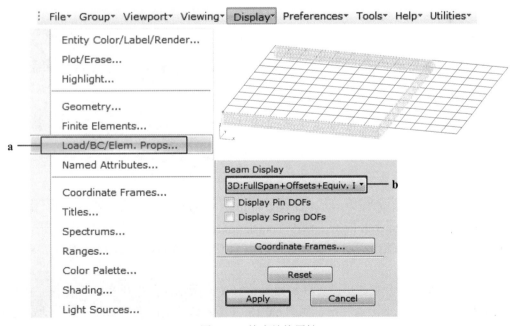

图 6-22　检查结构属性

（5）检查载荷和边界条件，顺次单击应用菜单中的 Loads/BCs→Plot Markers 选项，如图

6-23 中 a 所示，选中已列举的 Load/BC 集合，如图 6-23 中 b 所示，选取当前组，如图 6-23 中 c 所示，选取完成后单击 Apply 按钮，显示已存在的压力载荷和约束边界。

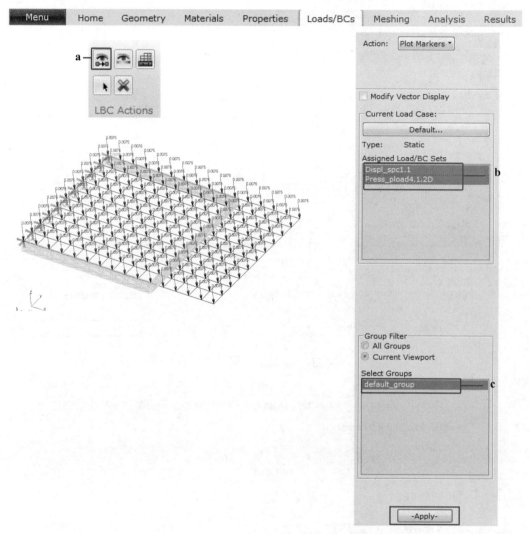

图 6-23　显示约束载荷

2. 设置分析参数并提交分析作业

（1）顺次单击应用菜单栏中的 Analysis→Entire Model，如图 6-24 中 a 所示；定义作业名称为 offset，如图 6-24 中 b 所示；单击 Translation Parameters，如图 6-24 中 c 所示，在弹出的对话框中定义结果输出类型为 MASTER/DBALL 形式，如图 6-24 中 d 所示，单击 OK 按钮确定。

单击 Load Steps 打开载荷步设置框，如图 6-24 中 e 所示；在打开的对话框中列举了已有的载荷工况，单击 Default 载荷工况，如图 6-24 中 f 所示，默认情况下，程序会自动定义 Step Name 为 Default；设置 Analysis Type 为 static，如图 6-24 中 g 所示；单击 Step Parameters，如图 6-24 中 h 所示，接着单击 Load Increment Params，如图 6-24 中 i 所示，在弹出的对话框中定义步长增量类型为 Adaptive，如图 6-24 中 j 所示，修改最小时间步为 0.01，如图 6-24 中 k 所示，最大时间步为 0.05，如图 6-24 中 l 所示，其他求解使用默认参数，设置完成单击 OK 按钮。

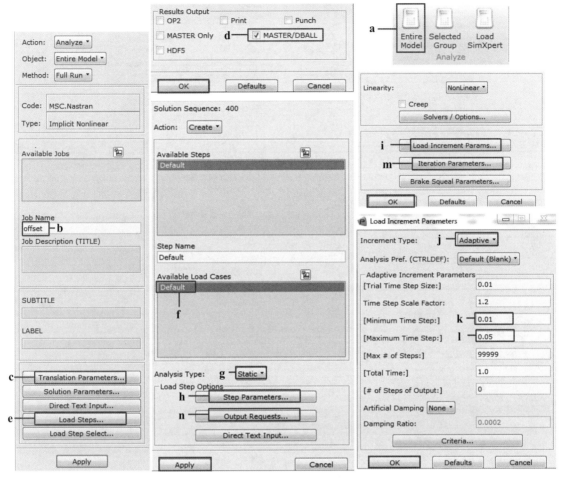

图 6-24　非线性求解参数设置 1

接着单击 Iteration Parameters，如图 6-24 中 m 所示，在弹出的对话框中定义收敛准则，追加 Displacement error，如图 6-25 中 a 所示，设置位移和载荷的收敛容差为 0.01，如图 6-25 中 b、c 所示，勾选 Vector Component Method，如图 6-25 中 d 所示，设置完成后单击 OK 按钮确认。

单击 Output Requests，如图 6-24 中 n 所示，在弹出的对话框中设置输出内容，取消约束反力和应力输出，追加非线性应力输出，最终的输出定义如图 6-25 中 e 所示，定义完成后单击 OK 按钮，单击 Apply 按钮。

（2）单击 Load Step Select 按钮，如图 6- 26 中 a 所示，在弹出的界面下将求解载荷步设置为 Default，如图 6-26 中 b 所示，设置完成后单击 OK 按钮确认，最后单击 Apply 按钮提交计算。

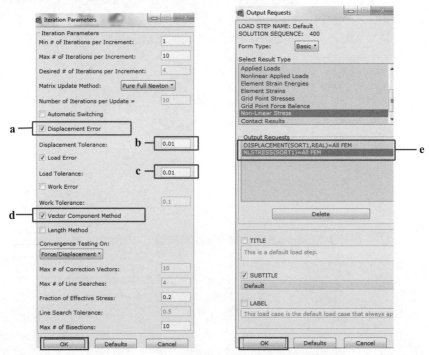

图 6-25 非线性求解参数设置 2

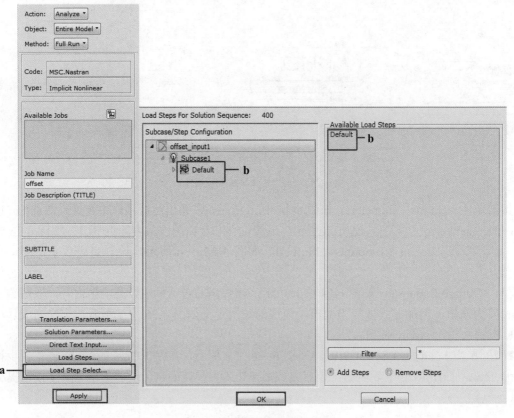

图 6-26 非线性求解参数设置 3

3. 结果查看

读取 Master 结果文件浏览结果信息，可以查看最后一个载荷步对应的非线性应力分布如图 6-27 所示，最高应力在 40MPa，结构已经发生屈服。

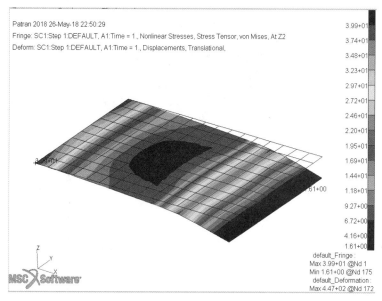

图 6-27　加筋板应力变形图

加筋板最外边缘角点位移曲线如图 6-28 所示，观察曲线可以发现，加载达到 70%时结构的位移增长速率开始明显加快，说明结构有些部位开始屈服了。图 6-29 为加载到 70%的应力分布云图，确实有些单元应力已经达到屈服应力 40MPa。

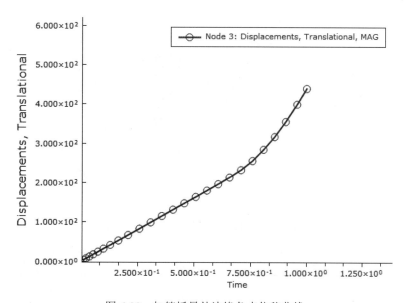

图 6-28　加筋板最外边缘角点位移曲线

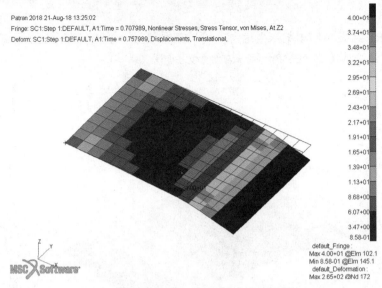

Patran 2018 21-Aug-18 13:25:02
Fringe: SC1:Step 1:DEFAULT, A1:Time = 0.707989, Nonlinear Stresses, Stress Tensor, von Mises, At Z2
Deform: SC1:Step 1:DEFAULT, A1:Time = 0.757989, Displacements, Translational,

图 6-29　加载到 70%时的应力分布云图

6.6　连接单元分析算例

本例模型如图 6-30 所示，内外层壁板点焊连接，外层底板尺寸 1mm×1mm，外层顶板尺寸 0.3mm×1mm，外层垂向壁板尺寸 0.15mm×1mm，内层壁板尺寸 1mm×1mm，壁板厚度均为 0.1 mm。外层顶板、底板与内层壁板均有两个连接焊点，考虑焊料与壁板材料相同，焊点直径为 0.25mm。内层底板外沿固定，外层底板外延中间位置承受幅值为 100N 周期为 2s 的正弦载荷作用。

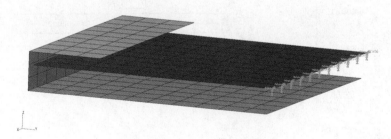

图 6-30　连接单元分析算例模型

本算例对应的常规材料参数数据见表 6-18。

表 6-18　材料数据

名称	杨氏模量 GPa	泊松比	密度 t/mm³	阻尼
数值	210	0.3	$7.85×10^{-9}$	2.5% → PARAM,G,0.05

1. 建立模型

（1）新建 MSC Patran 的空数据文件。单击菜单栏 Menu→File→New，输入模型数据文件名称为 connector.db。

（2）顺次单击主工具条中 File→Import，打开模型导入窗口。设置导入模型的格式为 MSC.Nastran Input，如图 6-31 中 a 所示；在相应路径下选取 bracket.dat 文件，如图 6-31 中 b 所示，单击 Apply 按钮。

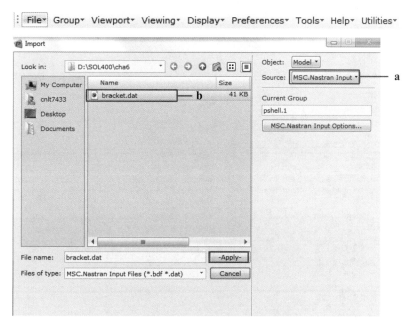

图 6-31　模型导入

（3）顺次单击主工具条中 Preferences→Analysis，在打开的对话框中选取分析类型为 Implicit Nonlinear，如图 6-32 中 a 所示，最后单击 OK 按钮，切换到隐式非线性分析环境下。

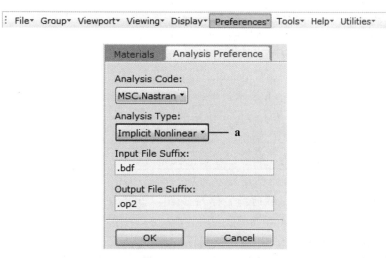

图 6-32　设置分析类型

（4）检查材料属性，单击应用菜单中的 Materials→Isotropic 选项，如图 6-33 中 a 所示；在打开的对话框中列举了已经存在的材料 mat1.1 和 mat1.5，选取材料名称，如图 6-33 中 b 所示，会自动弹出线弹性材料参数，检查参数数值。

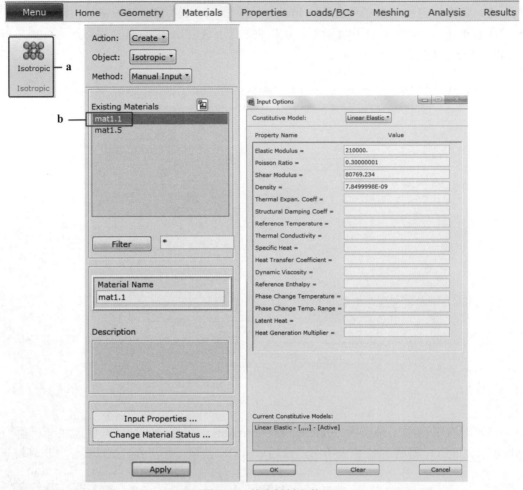

图 6-33　检查材料参数

　　接着检查属性定义，单击应用菜单中的 Properties→Shell 选项，如图 6-34 中 a 所示，在打开的对话框中列举了已经存在的属性 pshell.1 和 pshell.5，分别是内壁板和外壁板的属性名称。单击选取属性名称，如图 6-34 中 b 所示，可以查看属性内容。

　　（5）检查边界约束，顺次单击应用菜单中的 Loads/BCs→Plot Markers 选项，如图 6-35 中 a 所示，选中已列举的 Load/BC 集合，如图 6-35 中 b 所示，选取当前组，如图 6-35 中 c 所示，选取完成后单击 Apply 按钮，显示已存在的约束边界。

　　（6）创建外底板载荷，首先创建外载荷场，单击应用菜单中的 Properties→Non-spatial Field，如图 6-36 中 a 所示，定义载荷场名称为 Load，如图 6-36 中 b 所示，勾选时间变量，如图 6-36 中 c 所示，单击 Input Data，如图 6-36 中 d 所示，在弹出的对话框中单击 Map Function to Table，如图 6-36 中 e 所示，打开函数定义界面，输入载荷函数为 sind(360*0.5*'t)，如图 6-36 中 f 所示，分别设置起始时间为 0，结束时间为 2，离散点数为 9，如图 6-36 中 g、h、i 所示，单击 Apply，程序会自动插入离散的变量值并计算出对应的函数场结果，单击 OK 按钮。最后单击 Apply 按钮确认。

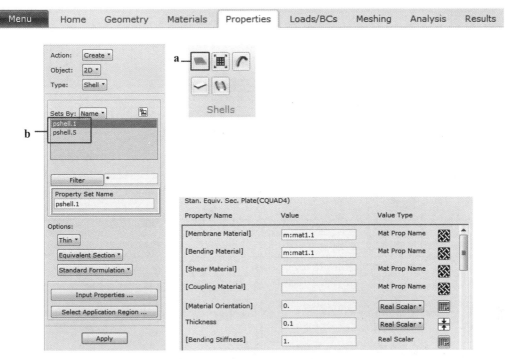

图 6-34　检查结构单元属性

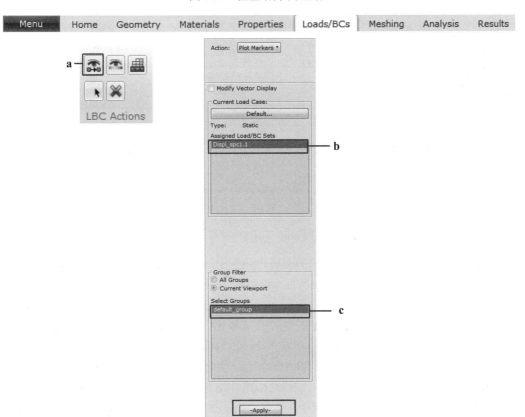

图 6-35　显示边界约束

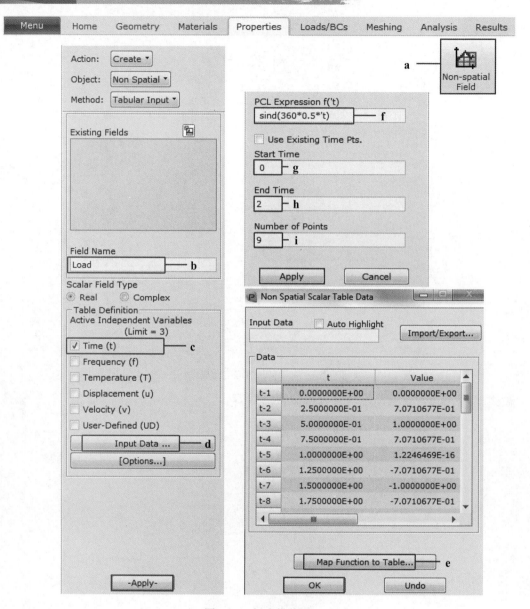

图 6-36 创建载荷场

接着创建瞬态载荷工况集合，顺次单击应用菜单中的 Loads/BCs→Create Load Case，如图 6-37 中 a 所示，录入新的载荷工况集合名称 tansient，如图 6-37 中 b 所示，设置载荷集合类型为 Time Dependent，如图 6-37 中 c 所示，单击 Input Data 按钮，如图 6-37 中 d 所示，添加已存在的边界约束到新的载荷工况集合中，如图 6-37 中 e 所示，单击 OK 按钮，单击 Apply 按钮。

接着创建外载荷，顺次单击应用菜单中的 Loads/BCs→Select Nodal→Force，如图 6-38 中 a 所示，定义载荷名称为 load，如图 6-38 中 b 所示，单击 Input Data，如图 6-38 中 c 所示，在打开的对话框中定义载荷为<0 0 -100>，如图 6-38 中 d 所示，在 Time/Freq. Dependence Fields 下选取已创建的载荷场 load，如图 6-38 中 e 所示，单击 OK 按钮。单击 Select Application Region，如图 6-38 中 f 所示，选取外底板外沿中间位置节点 Node 5066，如图 6-38 中 g 所示，单击 Add

按钮，单击 OK 按钮，最后单击 Apply 按钮。

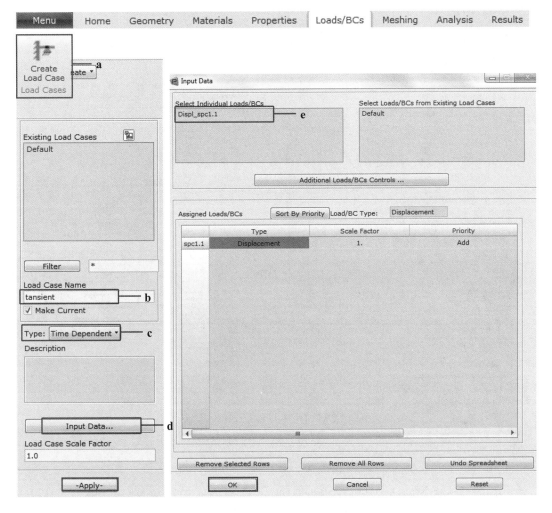

图 6-37　创建载荷工况

（7）创建焊点连接，模型已经给出外顶板与内壁板以及外底板与内壁板间的焊点连接位置，分别是节点 Node 3199、Node 2199、Node 3198 以及 Node 3998、Node 2998、Node 3999，这里使用 ProP to ProP 方法来定义焊点连接。

顺次单击应用菜单中的 Meshing→Connector→Spot Weld，如图 6-39 中 a 所示，在弹出的对话框中设置 Method 为 Axis，如图 6-39 中 b 所示，在 Connector Loacation 位置，分别选取焊点与外顶板的交点 Node 3199 和焊点与内壁板的交点 Node 2199，如图 6-39 中 c、d 所示，将 Format 设置为 ProP to ProP，如图 6-39 中 e 所示，选取外顶板任意单元后，外顶板属性被选取，如图 6-39 中 f 所示，选取内壁板任意单元后，内壁板属性被选取，如图 6-39 中 g 所示；单击 Connector Properties，如图 6-39 中 h 所示，在弹出的对话框中定义焊点名称为 spot1，如图 6-39 中 i 所示，定义焊点直径为 0.25，如图 6-39 中 j 所示，选取焊点材料，如图 6-39 中 k 所示，单击 OK 按钮。单击 Apply 按钮。

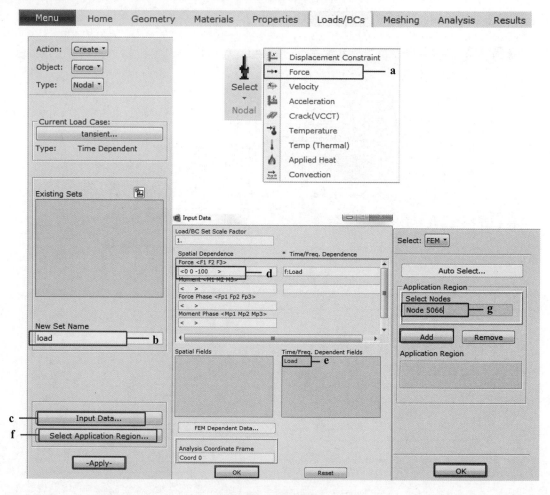

图 6-38　创建外载荷

相同的方法建立 Node 2199 与 Node 3198 之间，Node 3998 与 Node 2998 之间以及 Node 2998 与 Node 3999 之间的焊点连接。

2. 设置分析参数并提交分析作业

顺次单击应用菜单栏中的 Analysis→Entire Model，如图 6-40 中 a 所示；定义作业名称为 bracket，如图 6-40 中 b 所示；单击 Translation Parameters，如图 6-40 中 c 所示，在弹出的对话框中定义结果输出类型为 MASTER/DBALL 形式，如图 6-40 中 d 所示，单击 OK 按钮确定；单击 Solution Parameters，如图 6-40 中 e 所示，在弹出的对话框中设置结构阻尼 0.05，如图 6-40 中 f 所示。单击 Load Steps 打开载荷步设置框，如图 6-40 中 g 所示；在打开的对话框中列举了已有的载荷工况，单击 transient 载荷工况，如图 6-40 中 h 所示，默认情况下，程序会自动定义 Step Name 为 transient；设置 Analysis Type 为 Transient Dynamic，如图 6-40 中 i 所示，单击 Step Parameters，如图 6-40 中 j 所示。

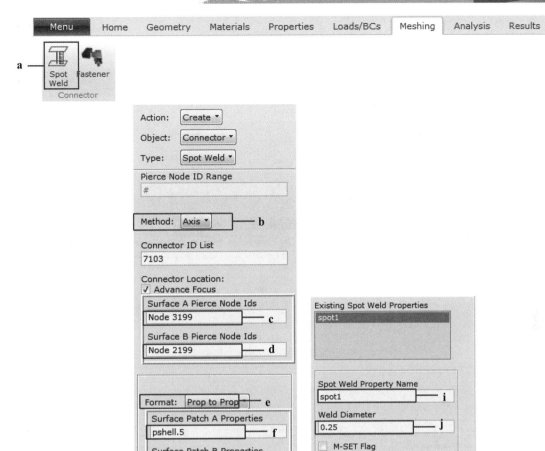

图 6-39　创建焊点连接

在弹出的对话框中单击 Load Increment Params，如图 6-41 中 a 所示，在弹出的对话框中定义步长增量类型为 Adaptive，如图 6-41 中 b 所示，设置完成单击 OK 按钮。接着单击 Iteration Parameters，如图 6-41 中 c 所示，在弹出的对话框中定义收敛准则，设载荷的收敛容差为 0.05，如图 6-41 中 d 所示，勾选 Vector Component Method，如图 6-41 中 e 所示，勾选 Length Method，如图 6-41 中 f 所示，设置完成后单击 OK 按钮。

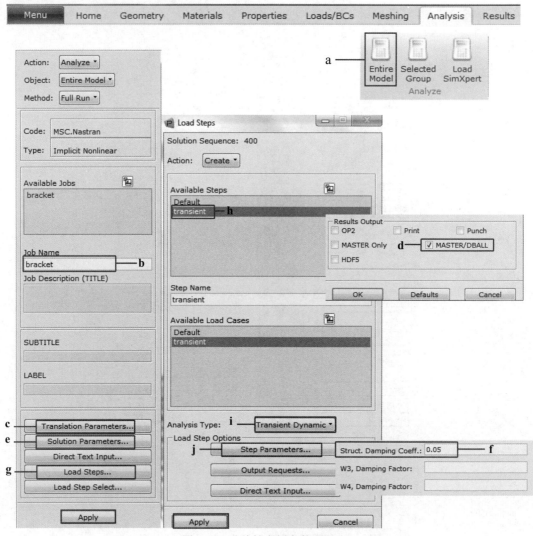

图 6-40　非线性求解参数设置 1

3. 结果查看

读取 Master 结果文件浏览结果信息，可以查看载荷作用 1/4 周期及作用时间为 0.5s 左右结构所对应的最大变形结果，如图 6-42 所示，此时的最大变形量为 0.786mm，可以看到在焊点连接的影响下内壁板也同时向下凹陷。

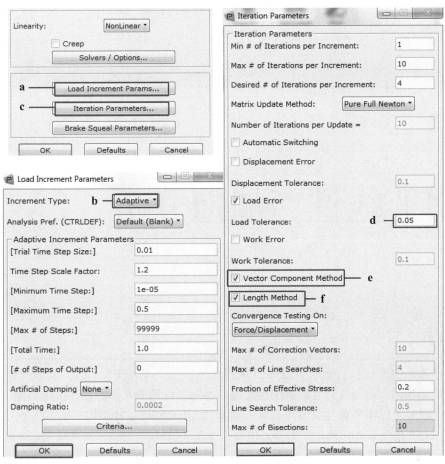

图 6-41　非线性求解参数设置 2

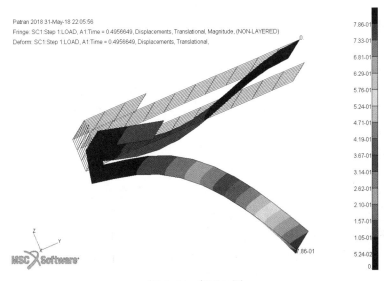

图 6-42　变形云图

7

几何非线性与屈曲分析

7.1 概述

当物体内产生的位移远远小于物体自身的几何尺度，即应变很小时，可按一阶无穷小线性应变度量物体的实际应变，这是按线性化处理小变形问题的常用方法。在此前提下，建立物体力平衡方程时可以不考虑物体变形前后位置和形状的差异，直接将力平衡方程建立在变形前的构形上，大大简化了实际问题。然而，也有很多不符合小变形假设的实际问题。概括起来有两类：

- 大位移或大转动问题。例如板、壳等薄壁结构在一定载荷作用下，尽管应变很小，甚至未超过弹性极限，但是结构位移较大或者有较大的转动。这时必须考虑变形对平衡的影响，即平衡条件应建立在变形后的构形上，同时应变表达式也应包括位移的二次项。这样一来，平衡方程和几何关系都将是非线性的。这种由于大位移和大转动引起的非线性问题称为几何非线性问题。和材料非线性问题一样，几何非线性问题在结构分析中具有重要意义。例如在平板的大挠度理论中，由于考虑了中面内薄膜力的影响，可能使得按小挠度理论分析得到的挠度有很大程度的缩减。再如在薄壳的后屈曲问题中，载荷到达一定的数值以后，挠度和线性理论的预测值相比，将快速地增加。

- 大应变或有限应变问题。例如金属的成形过程中的有限塑性变形、弹性体材料受载荷作用下可能出现的较大非线性弹性应变，是实际中的另一类大应变几何非线性问题。处理这类大应变问题时除了采用非线性的平衡方程和几何关系以外，还需要引入相应的应力-应变关系。对于弹性体材料而言即使应变很大但通常还处于弹性状态，当然很多大应变问题是和材料的非弹性性质联系在一起的。

在涉及几何非线性问题的有限单元法中，通常都采用增量分析方法。根据参考坐标系的不同，增量有限元可以采用两种不同的表达格式：

- 总体拉格朗日格式。这种格式中所有静力学和运动学变量总是参考于初始构形，即在整个分析过程中参考构形保持不变。

● 更新拉格朗日格式。这种格式中所有静力学和运动学的变量参考于当前载荷或时间步结束时刻的构形，即在分析过程中参考构形是被不断地用迭代的新构型更新的。

在 SOL 400 求解序列中，同时包括这两种增量有限元格式，使用时可以根据所分析的问题及材料本构关系的具体特点和形式选择最有效的格式。屈曲和稳定性分析考察结构的极限承载能力，研究结构总体或局部的稳定性，求解结构失稳形态和失稳路径。

工程中经常出现的屈曲/失稳问题包括：

● 板、壳、梁等薄壁结构的屈曲/后屈曲。

● 蠕变屈曲。

● 由材料局部承载力下降引起的局部失稳，如损伤开裂，软化等。

● 压力加工过程中工件的起皱和表面重叠。

按特征值分析屈曲失稳临界载荷是一种简便的稳定性分析方法，可以获得平衡路径的分歧点。但是，仅有特征值的屈曲分析还不够。实际上，屈曲失稳往往涉及几何非线性、材料非线性甚至与边界条件非线性（接触、摩擦、追随力等）密切相关。另外，初始结构的不完整性（几何缺陷）对屈曲载荷的影响也十分显著。分析时，必须引入这些因素的影响，才能获得合理的结果。屈曲失稳导致结构刚度的突变，用有限元分析时，对程序的求解能力是一个严峻的考验。

SOL 400 对屈曲/失稳问题的分析方法大致有两类：一类是通过特征值分析计算屈曲载荷，根据是否考虑非线性因素对屈曲载荷的影响，这类方法又细分成线性屈曲和非线性屈曲分析；另一类是利用结合牛顿迭代的弧长法来确定加载方向，追踪失稳路径的增量非线性分析方法，能有效地分析高度非线性屈曲和失稳问题。

7.2 几何非线性分析方法

几何非线性导致两类现象：结构行为的变化和结构稳定性的丧失。大变形问题有两大类：大位移小应变问题和大位移大应变问题。对于有些大位移小应变问题，应力-应变关系的变化可以忽略不计，但非线性项在应变-位移关系中的贡献是不能忽略的。对于大位移大应变问题，本构关系必须在正确的参考系中定义，并由参考坐标系转换为平衡方程组。变形的运动学可以用下述方法来描述。

在拉格朗日方法中，有限元网格附在材料上，并随材料在空间中运动。在这种情况下，在特定的材料点上建立应力或应变历史并没有困难，自由表面的处理是自然而直接的。拉格朗日方法也自然地描述了结构(壳和梁)单元的变形。拉格朗日方法的缺点是流动问题难以模拟，网格变形与物体变形一样严重，需要很好的网格重划分技术。

拉格朗日方法可分为两类：总拉格朗日法和更新拉格朗日法。对于总体拉格朗日方法，平衡方程参考初始未变形状态；对于更新的拉格朗日方法，以当前的构形作为参考状态。变形的运动学和运动的描述在表 7-1 和图 7-1 中给出。

表 7-1 大变形与运动学及应力-应变度量

构形度量	参考（$t=0$ 或 n 增量步时刻）	当前（$t=n+1$ 增量步时刻）
坐标	X	x
形变张量	C（右柯西-格林）	b（左柯西-格林）

续表

构形度量	参考（$t=0$ 或 n 增量步时刻）	当前（$t=n+1$ 增量步时刻）
应变度量	E（格林-拉格朗日应变） F（形变梯度）	e（对数应变）
应力度量	S（第二皮奥拉-科茄霍夫应力） P（第一皮奥拉-科茄霍夫应力）	σ（柯西应力）

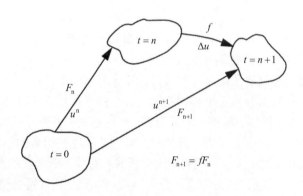

图 7-1　运动的描述

总体拉格朗日方法可用于线性或非线性材料，静力分析或瞬态动力学分析均可。虽然列式是基于初始单元的几何形状，但增量的刚度矩阵更新时考虑了前面应力的变化和几何形状的变化。这种方法特别适用于非线性弹性问题的分析（例如，用 Mooney 或 Ogden 材料模型）。总拉格朗日方法也适用于有中等大小的转动但是应变不大的塑性和蠕变问题。梁、壳弯曲问题是典型的应用实例。

总体拉格朗日列式适用的问题需要满足两个条件：第一，未变形的构形是已知的，因而可以进行数值积分；第二，皮奥拉-科茄霍夫应力是一个应变的已知函数。流体通常不符合第一个条件，因为变形历史通常是未知的。对于固体而言，每个分析通常是在无应力变形状态开始，而且积分没有任何困难。

对于弹塑性和粘塑性材料，本构方程通常提供变形速率、应力、变形以及有时其他（内部）材料参数的应力率表达式。本构方程的相关量是给定材料点上的应力速率。

更新后的拉格朗日列式参考当前构形。真实（或称柯西）应力和与其共厄的真实（或称对数）应变用于本构关系。更新的拉格朗日方法可以用于以下类型的分析中：

- 壳体和梁结构的大转动分析，曲率表达式中的非线性项不能被忽略。
- 大变形塑性分析，不能将塑性变形假定为无穷小。
- 接触问题，更容易描述基于当前状态的约束。

在一般情况下，这种方法可以用来分析结构弹塑性行为（例如塑性、粘塑性或蠕变）引起的大变形。在这些分析中，（初始）拉格朗日坐标系的物理意义不大，因为非弹性变形是永久性的。对于这些分析，拉格朗日的参考系不断地被重新定义。

对于更新的拉格朗日列式，可以用虚功原理推导出刚度矩阵，具体的推导方程参见参考文献[10]。

MSC Nastran 的几何非线性列式的选择由 NLMOPTS、LRGSTRN 模型数据卡片确定。如果用户没有选择一个选项，SOL 400 将根据模型的内容选择它认为是最好的选项。在 MSC Nastran 的几何非线性列式的选择主要是通过 PARAM，LGDISP，N 选项，N 取-1 到 2 之间的值。具体意义如下：

N = -1：不考虑几何非线性。

N = 0：计算微分刚度。

N = 1：考虑大位移的影响和跟随力。

N = 2：考虑大位移的影响但不考虑跟随力。

高级非线性单元（通过 PSHLN1、PSLDN1、PSHLN2、PBARN1、PBEMN1 标识），对指定的几何非线性列式的选项控制由 NLMOPTS，LRGSTRN，M 提供，其中 M 在-1～2 之间取值。具体意义如下：

M = -1：关闭高级非线性单元的大位移影响（取代 PARAM，LGDISP 设置）。

M = 0：默认设置 PARAM，LGDISP，N。

M = 1：通常为更新的拉格朗日设置标志，加法。对特定的材料/单元类型，内部切换到总拉格朗日或更新拉格朗日乘法（表 7-2）。

M = 2：通常为 Multiplicative 的拉格朗日设置标志，乘法。对于特定材料/单元类型，在内部切换到更新的拉格朗日，加法（表 7-3）。

注意：PARAM，LGDISP，0，1 或 2 对于高级非线性单元自动打开 NLMOPTS，LRGSTRN，1。

表 7-2　与 PARAM，LGDISP，1 或 2 对 NLMOPTS，LRGSTRN，1 配合使用的大位移列式

	不可压缩实体单元	除平面应力外的位移单元	平面应力位移单元
没有屈服	更新拉格朗日	更新拉格朗日	更新拉格朗日
弹性材料	更新拉格朗日	总体拉格朗日	总体拉格朗日
冯米塞斯屈服准则	更新拉格朗日乘法分解	更新拉格朗日加法分解	更新拉格朗日加法分解
其他屈服准则	不适用	更新拉格朗日加法分解	更新拉格朗日加法分解

表 7-3　与 NLMOPTS，LRGSTRN，2 配合使用的大位移列式

	不可压缩实体单元	除平面应力外的位移单元	平面应力位移单元
没有屈服	更新拉格朗日	更新拉格朗日	更新拉格朗日
弹性材料	更新拉格朗日	更新拉格朗日	总体拉格朗日
冯米塞斯屈服准则	更新拉格朗日乘法分解	更新拉格朗日乘法分解	更新拉格朗日加法分解
其他屈服准则	不适用	更新拉格朗日加法分解	更新拉格朗日加法分解

7.3　弧长法与后屈曲分析

传统的牛顿法不能对结构进行超越极限载荷的静力非线性响应分析。虽然在结构设计中通常不允许进入后屈曲状态，但这种响应的预测在某些情况下可能是用户感兴趣的。例如，在

设计过程中，可能需要跟踪快速通过或后屈曲行为。弧长法允许此类问题的不稳定状态中的求解。与 SOL 400 大多数分析控制和荷载增量法相同，对弧长法的控制参数由 SOL 400 NLSTEP 卡片的 ARCLN 选项中定义。ARCLN 方法不支持接触分析，也不要用于瞬态动力分析、热分析或热机耦合分析中。ARCLN 卡片仅适用于结构力学分析，对蠕变分析不起作用。可用的弧长法（或约束类型）如下。

TYPE= "CRIS":

$$\{U_n^i - U_n^0\}^T \{U_n^i - U_n^0\} + w^2 (\mu^i - \mu^0)^2 = \Delta l_n^2 \tag{7-1}$$

TYPE= "RIKS":

$$\{U_n^i - U_n^{i-1}\}^T \{U_n^i - U_n^0\} + w^2 \Delta \mu^i (\mu^i - \mu^0) = 0 \tag{7-2}$$

TYPE= "MRIKS":

$$\{U_n^i - U_n^{i-1}\}^T \{U_n^{i-1} - U_n^0\} + w^2 \Delta \mu^i (\mu^{i-1} - \mu^0) = \alpha \tag{7-3}$$

式中，w 为用户指定的比例因子（SCALEA）；μ 为载荷乘子、l 为弧长。

通过将位移与载荷系数混合，约束方程在数量级上相差较大。引入用户可以按需输入的比例因子，使得用户可以通过适当的缩放因子来约束方程的单位相关性。随着 w 数值的增加，约束方程逐渐被载荷项所支配。在无穷大的极限情况下，弧长法是退化到传统的牛顿方法。

注意：对 SOL 400 求解序列 w 不起作用。

另外，软件中会有 MINALR 和 MAXALR 参数，用来限制增量步之间弧长的增量。

用户在采用这些弧长法时，需指定：

● 初始加载增量步的载荷与施加的总载荷的比例系数 β，用于控制初始加载步长。

● 弧长的最大放大系数 max，控制自动加载过程中弧长的最大值。

● 弧长的最小放大系数 min，控制自动加载过程中弧长的最小值。

● 每个增量步期望的迭代次数 I_d，控制弧长的增加与减小。

程序依据这些参数，自动确定每个增量步的弧长大小。

在第一个增量步由 β 值计算出平衡后的初始位移增量 Δu_{ini}，进而可确定初始弧长 $\sqrt{C_{in}} = \|\Delta u_{ini}\|$。在后续加载步中，程序根据前一增量步迭代收敛后的迭代次数 I_{prev} 和用户设置的期望的迭代次数 I_d 以及前一增量步的弧长，按式（7-4）自动确定当前增量步弧长 $\sqrt{C_{new}}$ 的大小。

$$\sqrt{C_{new}} = \frac{I_d}{I_{prev}} \sqrt{C_{prev}} \tag{7-4}$$

而由此定义的 $\sqrt{C_{new}}$ 不能超过用户定义的弧长最大和最小极限，应满足

$$\min = \frac{\sqrt{C_{new}}}{\sqrt{C_{prev}}} < \max \tag{7-5}$$

不难发现，这几个控制弧长增量步长大小的可调参数直接影响到追踪平衡路径所需的增量步数和计算效率。用户设置时需注意以下几点：

（1）对极限载荷分析时，初始载荷比例系数不要设得太大，最大弧长放大系数也应有所限制。否则，后续加载步长可能太大。对于载荷-位移曲线有平台的情形，例如极限载荷的分析十分不利。

（2）如果过分减小初始载荷比例和最大弧长放大系数，会造成后续加载增量步的弧长太小，使得完成整个追踪载荷-位移过程需要太多增量步，造成计算时间不必要的浪费。

（3）比较合理的方法是选择的这些参数，应使在屈曲/失稳发生前后的增量步的弧长足够小，而其他加载阶段弧长可以放大。一个可行的方法是通过试算确定屈曲/失稳发生的大致载荷区间。以此载荷区间为分界，将加载过程定义成若干个加载历程，合理设置每个加载历程中的弧长法的控制参数。

（4）I_d 是用户期望在每个增量步内的迭代次数，I_d 必须小于增量步的非线性迭代的最大允许次数，前者控制弧长的增减，后者控制非线性迭代。

（5）另外，在用弧长法追踪失稳路径时，应打开相应开关，允许在系统刚度矩阵非正定时继续求解。

在有限元分析过程中，导致刚度矩阵非正定的原因有以下几种：

● 分析开始时出现的非正定可能是由于系统产生刚体位移。出现这种情况的对策是在定义边界条件时，施加足以约束刚体位移的位移约束。如果实际情形不允许施加强迫的位移约束，可以定义刚度比结构小得多的弹簧，同样可以消除刚体位移的影响。

● 在分析过程中出现的非正定可能是不正确的材料系数定义（如将泊松比给得大于 0.5，材料性质随温度变化也可能引起非正定）。此时应注意检查模型或数据文件中的材料参数定义是否正确。

● 在非线性分析中，结构屈曲或达到塑性极限载荷时也会出现刚度矩阵的非正定。也就是说，非正定预示着达到极限载荷或临界失稳载荷。

● 在接触问题分析中，出现非正定可能是由于缺乏法向压力造成无摩擦力的情形引起的。

弧长法不但适于分析极限载荷问题，也适于分析结构的后屈曲行为。许多薄壳结构屈曲失稳后可继续承载。采用载荷控制或位移控制的牛顿迭代法，在刚度矩阵出现非正定时，平衡方程的求解会因失败而中断。而采用基于弧长控制的牛顿迭代法，在刚度矩阵奇异点附近，沿真实平衡路径迭代平衡方程。更容易避免在奇异点处对非正定系统求解，使后续加载分析得以继续。弧长法也适于分析一些结构的局部失稳问题，如受压表面的起皱和重叠、材料软化、局部失效导致承载力下降等。

对于结构静力分析，在整个分析模型具有很强的非线性或很低的应力条件下，往往会出现失稳。为了改善这种情况下的稳定性，在 SOL 400 中可以适用人工阻尼策略。该策略引入阻尼因子 F_d，在某个工况下启动时，该因子设置为 0。第一个增量的时间步长设置为与用户定义的初始时间步长相等。在刚度矩阵 K 和右端矢量 F 的组集过程中，阻尼的贡献 Kdamp 和 Fdamp 被添加到方程系统的两侧。

采用人工阻尼方案，仍采用自适应时间步进法控制时间步长，但根据系统阻尼耗能进行调节。对载荷工况的第一个增量步，能量的计算和预测是基于估计的应变能和阻尼耗能的工况。

对工况的后续增量步，F_d 和时间步长根据总应变能和预估的应变能来修正。

7.4　后屈曲分析实例

本例对如图 7-2 所示的相互接触的壳体组合结构进行屈曲分析，将板的后屈曲强度与线性屈曲载荷进行比较。模型网格数据直接从已有的 MSC Nastran 输入文件中导入。

图 7-2　屈曲分析板模型

1．读入网格模型并进行分组

（1）新建 MSC Patran 的空数据文件。单击菜单栏 Menu→File→New，输入模型数据文件名称为 stiffened_plate.db。

（2）顺次单击主工具条中 File→Import，打开模型导入窗口。设置导入模型的格式为 MSC Nastran Input，在相应路径下选取 stiffened_plate_buckling.bdf 文件，单击 Apply 按钮，导入模型，如图 7-3 所示。

（3）单击主工具条中 Group，如图 7-3 中 a 所示，单击 Create 按钮；如图 7-3 中 b 所示，依次设置 Action、Method、Create 及 Group Name Options 的属性为 Create、Property Set、Multiple Groups 及 Property Set Name；如图 7-3 中 c 所示，勾选 Post Groups、Unpost All Other Groups 和 Automatically Color Groups 项；如图 7-3 中 d 所示，在 Property Sets 列表框中选择 Stiffener_cap、Stiffener_web_flange、skin_base 和 skin_thickened。

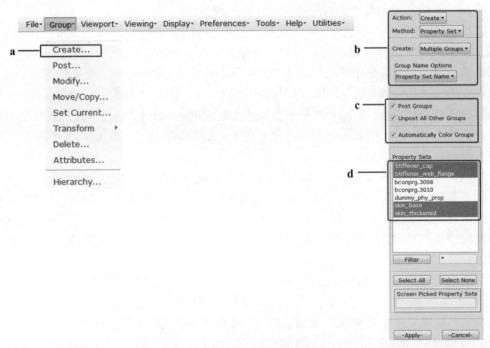

图 7-3　模型分组

2．定义载荷、边界和接触

（1）单击工具栏中的 Loads/BCs 按钮，如图 7-4 中 a 所示，依次设置 Action、Object 及 Type 的属性为 Create、Displacement 及 Nodal；如图 7-4 中 b 所示，在 New Set Name 文本框中

输入 displacement；如图 7-4 中 c 所示，单击 Input Data...按钮，弹出 Input Data 对话框；如图 7-4 中 d 所示，在 Translations 文本框中分别输入<,,0.28>，单击 OK 按钮完成输入；如图 7-4 中 e 所示，单击 Select Application Region 按钮，在 Application Region 列表框中，选择右部 RBE2 控制节点 3277，单击 OK 按钮，然后单击 Apply 按钮。

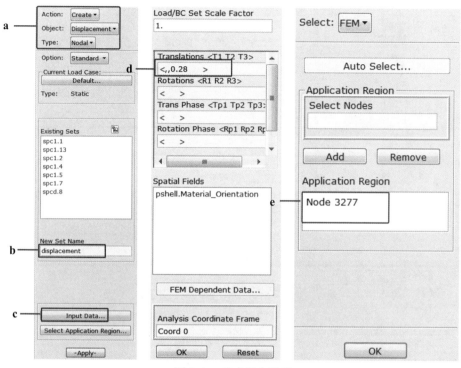

图 7-4　定义固定约束

（2）单击工具栏中的 Loads/BCs 按钮，如图 7-5 中 a 所示，依次设置 Action、Object、Type 及 Option 的属性为 Create、Contact、Element Uniform 和 Body Pair；如图 7-5 中 b 所示，在 New Set Name 文本框中输入 joggled-skin；如图 7-5 中 c 所示，单击 Input Data...按钮，弹出对话框；如图 7-5 中 d 所示，在 Distance Tolerance 文本框中输入 0.02，在 Bias Factor 文本框中输入 0；如图 7-5 中 e 所示，勾选 Glued Contact、Retain Gaps 及 Retain Moment 项；如图 7-5 中 f 所示，单击 Select Application Region...按钮，弹出对话框；如图 7-5 中 g 所示，在 Body1 Name 文本框中选择 Skin-DEFORM.9...，在 Body2 Name 文本框中选择 Joggled_Flange...，单击 OK 按钮完成；然后单击 Apply 按钮，完成接触对设置。

类似以上设置，创建名称为 stiff_skin 的接触对。此时 Body1 Name 为 Skin-DEFORM.9...，Body2 Name 为 Stiff_Flange_DEFORM.8，其他参数同上，具体操作不再细述。

（3）单击工具栏中的 Loads/BCs 按钮，如图 7-6 中 a 所示，依次设置 Action、Object、Type 及 Option 的属性为 Create、Contact、Element Uniform 和 Body Pair；如图 7-6 中 b 所示，在 New Set Name 文本框中输入 breaker-skin；如图 7-6 中 c 所示，单击 Input Data...按钮，弹出对话框；如图 7-6 中 d 所示，在 Distance Tolerance 文本框中输入 0.18，在 Bias Factor 文本框中输入 0；如图 7-6 中 e 所示，勾选 Glued Contact、Retain Gaps 及 Retain Moment 项；如图 7-6 中 f 所示，勾选 Single Sided 项；如图 7-6 中 g 所示，勾选 Ignore Thickness 项；如图 7-6 中 h

所示，单击 Select Application Region...按钮，弹出对话框；如图 7-6 中 i 所示，在 Body1 Name 文本框中选择 Skin-DEFORM.9...，在 Body2 Name 文本框中选择 Breaker_DEFORM.11...，单击 OK 按钮完成；然后单击 Apply 按钮，完成接触对设置。

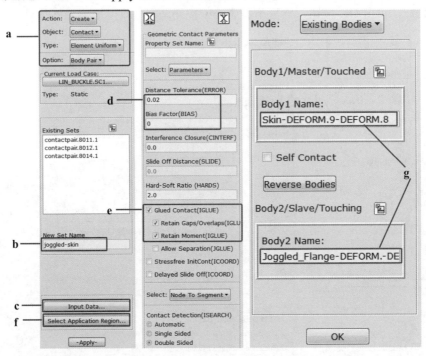

图 7-5　粘接接触对设置之一

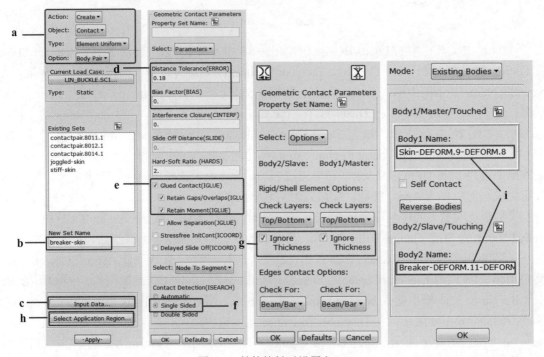

图 7-6　粘接接触对设置之二

3. 设置分析参数并提交分析作业

（1）单击工具栏中的 Analysis 按钮，如图 7-7 中 a 所示，依次设置 Action、Object 及 Method 的属性为 Analyze、Entire Model 及 Full Run；如图 7-7 中 b 所示，在 Job Name 文本框中，输入 Stiffened_plate_buckling；如图 7-7 中 c 所示，单击 Solution Type...按钮，弹出对话框；如图 7-7 中 d 所示，勾选 BUCKLING 选项，单击 OK 按钮，返回主菜单。

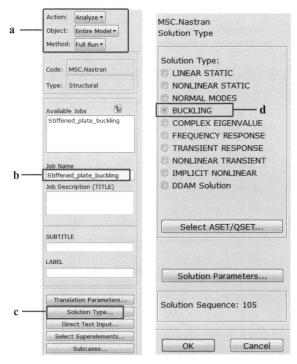

图 7-7　求解类型设置

（2）子工况设置。如图 7-8 中 a 所示，单击 Subcases...按钮，在弹出的 Available Steps 列表框中选择 LIN_BUCKLE.SC1 工况；如图 7-8 中 b 所示，单击 Output Requests...按钮，进入工况输出设置。如图 7-8 中 c 所示，在 Form Type 选项中选择 Advanced；如图 7-8 中 d 所示，高亮选择 Eigenvectors；如图 7-8 中 e 所示，勾选 Suppress Print for Result Type 项。

（3）如图 7-9 中 a 所示，单击 Subcase Select...按钮，在弹出的列表框中选择 LIN_BUCKLE.SC1 工况。单击 OK 按钮回到 Analysis 主界面，并提交 Nastran 运算。

4. 结果查看

（1）单击工具栏中的 Analysis 按钮，依次设置 Action、Object 及 Method 的属性为 Access Results、Attach Output2 及 Result Entities，单击 Apply 按钮读取相关结果文件。

（2）单击工具栏中的 Results 按钮，如图 7-10 中 a 所示，单击 Select Subcases 按钮，在 Select Result Cases 窗口，单击选中 LIN_BUCKLE,Mode 1 选项；如图 7-10 中 b 所示，选中 Eigenvectors,Translational 项；如图 7-10 中 c 所示，选中 Eigenvectors,Translational 项，单击 Apply 按钮。

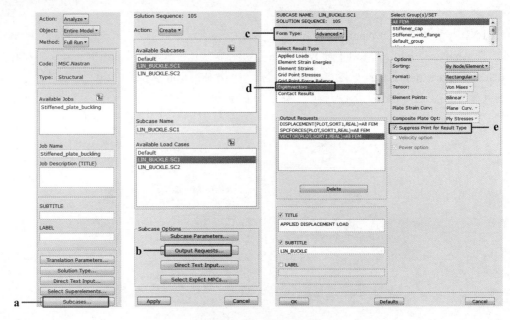

图 7-8　子工况设置

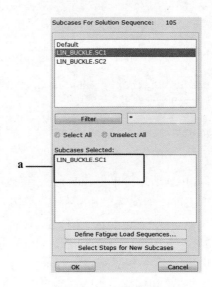

图 7-9　子工况选择

5. 非线性设置及结果

（1）单击工具栏中的 Loads/BCs 按钮，如图 7-11 中 a 所示，单击 Create Load Case 按钮；如图 7-11 中 b 所示，设置 Load Case Name 为 NL_BUCKLE；如图 7-11 中 c 所示，单击 Input Data…按钮，在弹出的界面中，如图 7-11 中 d 所示，选取 LIN_BUCKLE.SC1 的所有内容到载荷工况 NL_BUCKLE 中，单击 OK 按钮，单击 Apply 按钮。

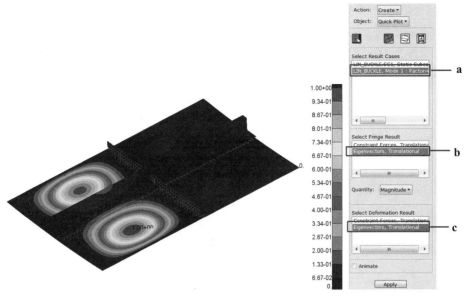

图 7-10   线性特征向量显示

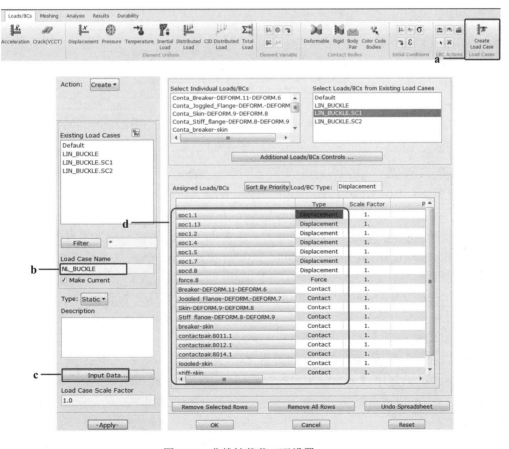

图 7-11   非线性载荷工况设置

（2）单击工具栏中的 Analysis 按钮，如图 7-12 中 a 所示，依次设置 Action、Object 及 Method 的属性为 Analyze、Entire Model 及 Full Run；如图 7-12 中 b 所示，在 Job Name 文本框中，输入 Stiffened_plate_buckling_NL；如图 7-12 中 c 所示，单击 Solution Type...按钮，弹出对话框；如图 7-12 中 d 所示，勾选 IMPLICIT NONLINEAR 选项，单击 OK 按钮，返回主菜单。

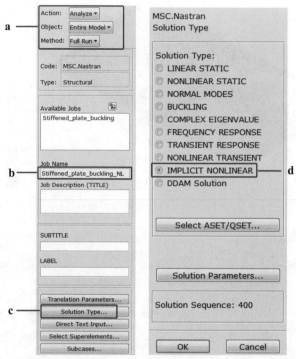

图 7-12　求解类型设置

（3）子工况设置。如图 7-13 中 a 所示，单击 Subcases...按钮，在弹出的 Available Steps 列表框中选择 NL_BUCKLE 工况；如图 7-13 中 b 所示，单击 Subcase Parameters...按钮。如图 7-13 中 c 所示，单击 Load Increment Parameters...按钮；如图 7-13 中 d 所示，在 Increment Type 选项中选择 Adaptive；如图 7-13 中 e 所示，在 Trial Time Step Size 文本框中输入 0.015，在 Minimum Time Step 文本框中输入 0.005，在 Maximum Time Step 文本框中输入 0.05。多次单击 OK 按钮回到 Analysis 主界面，并提交 Nastran 运算。

（4）如图 7-14 中 a 所示，单击 Subcase Select...按钮，在弹出的列表框中依次选择 NL_BUCKLE 工况。单击 OK 按钮回到 Analysis 主界面，并提交 Nastran 运算。

（5）计算结束后，将后处理结果导入 Patran 中。

（6）单击工具栏中的 Results 按钮，设置显示 QuickPlot；如图 7-15 中 a 所示，在 Select Result Cases 窗口，单击选中 NL_BUCKLE Non-linear:100%选项；如图 7-15 中 b 所示，选中 Displacements,Translational 项；如图 7-15 中 c 所示，选中 Displacements,Translational 项，单击 Apply 按钮。

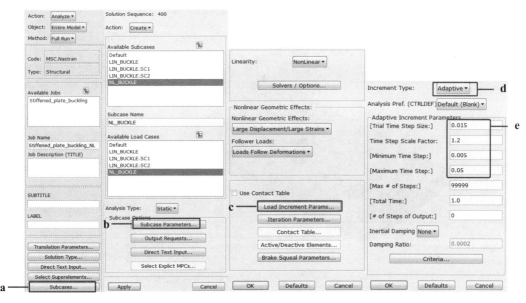

图 7-13　非线性分析子工况设置

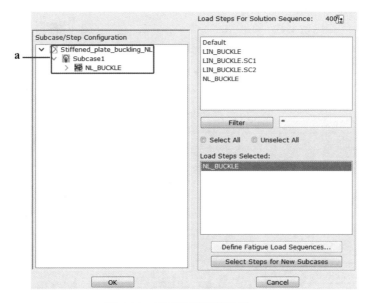

图 7-14　子工况/载荷步选择

（7）单击工具栏中的 Results 按钮，如图 7-16 中 a 所示，依次设置 Action、Object 及 Method 的属性为 Create、Graph 及 Y vs X；如图 7-16 中 b 所示，单击 Select Subcases 按钮，弹出 Select Result Cases 窗口，选择 NL_BUCKLE；如图 7-16 中 c 所示，选中 Constraint Force,Translational 项，同时在 Quantity 中，选中 Z Component；如图 7-16 中 d 所示，选中 X:Result，单击 Select X Result 按钮；如图 7-16 中 e 所示，选中 Displacements,Translational 项。如图 7-16 中 f 所示，选择节点 3277，单击 Apply 按钮。生成曲线如图 7-17 所示。

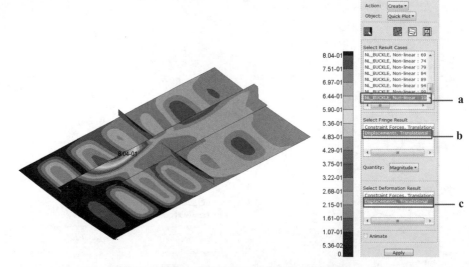

图 7-15　非线性分析位移云图及变形显示设置

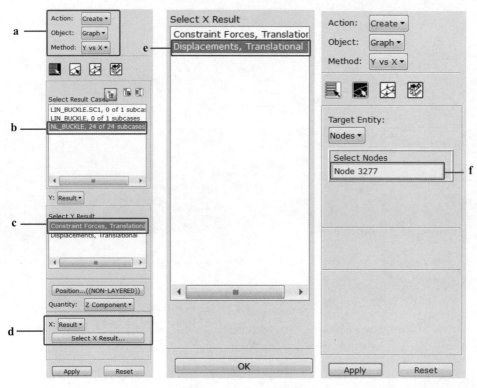

图 7-16　曲线生成设置

　　从图 7-17 可以看出，在非线性屈曲计算过程中，随着位移载荷增量步不断增加，出现了加载增加而对应的约束反力却明显下降的情况。说明了在未达到整体线性屈曲力前，结构整体刚度已发生变化，整体结构已出现屈曲现象。

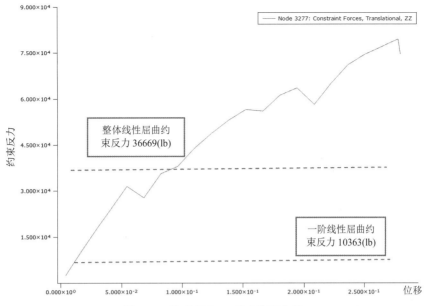

图 7-17　约束反力 vs 节点位移曲线

8

接触分析

8.1　概述

　　许多工程问题的仿真需要模拟接触现象的功能。包括装配模拟、干涉配合、橡胶密封件、轮胎、碰撞和制造过程的仿真等。接触行为的分析通常比较复杂，因为需要准确地跟踪多个几何体的运动以及这些物体在接触后的相互作用而产生的运动。包括描述表面之间的摩擦和需要的物体之间的热传递。数值分析的目的是检测物体的运动，施加约束以避免穿透，并施加适当的边界条件来模拟摩擦行为和传热。已经开发了几个算法来处理这些问题，包括使用扰动或增广拉格朗日法、罚函数法和直接约束法。此外，接触模拟常常需要使用特殊的接触或间隙单元。SOL 400 允许在不使用特殊接触单元的情况下自动进行接触分析。

　　在结构问题中，接触通常发生在变形体之间，称为可变形体与变形体的接触，有时一个物体比感兴趣的变形体明显刚硬，可以被建模为刚体，这称为刚体与变形体接触。在结构问题的情况下，接触分析能模拟接触体之间的应力和力的传递；在热分析的情况下，接触算法能模拟接触体之间传递的热量；还有一类问题称为热-机耦合或热-结构耦合问题，此时可以模拟接触体之间力和热的传递。

　　接触问题涉及各种不同的几何和运动学情况。一些接触问题涉及在接触面之间的较小的相对滑动，而另一些涉及大滑动。有些接触问题涉及大面积的接触，而另一些涉及离散点之间的接触。SOL 400 用于模拟接触的一般接触体方法可以用来处理大多数接触问题。

　　接触算法提供了两种模型来模拟结构表面之间的相互作用。其中之一是小滑移算法，在该算法中，表面只能彼此相对滑动，但可以进行任意转动。这种类型的应用程序的一个例子是经典赫兹接触问题。第二个算法是一个大的滑动算法，会出现分离和大幅度的滑动和表面的任意转动。一个例子是橡胶轮胎在地面上滚动的模拟。

　　本章介绍 MSC Nastran SOL 400 的接触分析能力，可用于解决非线性结构和热分析的问题。首先，通过描述如何在有限元模型中建立接触体，然后，如何使用接触表或接触对功能来描述物体之间的相互作用。建立了接触问题的具体过程涉及很多信息和大量细节，必须使用一个图形化用户界面，如 Patran。在介绍建立一个接触问题所需的基础概念后，将介绍如何采用 Patran 建立接触分析模型，包括如何定义接触体以及如何输入需要描述接触相互作用的数据，包括接触体之间的干涉配合、摩擦等。本章的后续部分将详细描述各种可能被包括在模拟中的接触功能，以便提供最精确的表征。这些功能包括：接触或粘接接触，接触算法（如节点-面段或面段-面段）、摩擦、小滑动和有限滑动，闭合和过盈配合，延迟滑开，拓扑（如包括梁单元的半径或壳单元的厚度），近距离接触换热系数，并提供包括接触的接触分析状态的结果，剪切/法向力和应力。使用接触算法将部件粘接在一起而不让它们分离常常是有用的。粘接接触最有用的功能之一是连接不允许分离的结构的不同部分，但有非匹配网格。这有时称为装配模拟。

8.2　接触探测方法

MSC Nastran 有用于两种实现接触约束的方法。按实现的时间顺序，第一种方法称为节点对面段探测。此时，节点与刚性表面或变形体的边/面接触。第二种方法称为面段对面段接触。在这种情况下，单元边或面的一部分可以接触刚性表面，也可以接触单元边或表面的一部分。

1. 节点对面段（NTS）接触

在二维和三维接触问题中，总是在变形体表面的节点和另一表面的几何轮廓之间检测到接触。有两种模式，其中一个节点检查与其他物体的接触。默认版本是双面接触过程。在单边接触过程中，在较低编号的接触体上的节点可以接触相等或更高编号的表面。例如，接触体 1 号的边界节点是根据接触体 1, 2, 3，…的表面轮廓来检查的，然而，接触体 2 号的边界节点只能根据接触体 2, 3，…的表面轮廓进行检查，因此，由于表面离散化，接触体 2 的一个节点稍微穿透接触体 1 的表面是有可能的。

双面接触选项检查任何两个表面之间的可能接触（表面 i 检查与表面 j 接触，表面 j 也检查与表面 i 接触，其中 $i, j = 1, 2, 3, \cdots$，为在问题中的总面数）。

2. 节点对面段接触的一些限制

当检测到接触时，非穿透约束在网格点上执行。由于这一点的应用约束，节点对面段的算法一般不保持变形接触体的接触界面上的应力连续性。

由于非穿透约束被强制使用多点约束方程，所以求解结果对主节点和从节点的选择有潜在的依赖性。使用主/从概念定义变形体之间的约束称为变形体对变形体的接触。换言之，求解结果取决于哪个是主动接触节点以及哪些是被接触面段上的节点。虽然有多种选择来优化多点约束方程，但它不可能在模型中处处取得最好的结果，并且完全消除对接触体编号的依赖性。

如果在壳单元的顶面和底面检测到接触，则不可能仅使用壳单元的节点来施加两个多点约束方程。这意味着对于壳双面接触模拟是有限制选项。当壳单元的边与另一个单元的表面接触时，也会出现类似的问题。如果发生这种情况，则接触约束基于壳顶面或底面。因此，壳体边的"接触印痕"与壳体厚度没有直接关系。

3. 面段对面段（STS）接触

在面段对面段的方法中，在边（2-D）或面（3-D）上放置多个辅助接触检测点，并且在这些点之间有效地进行接触。在这些点之间形成约束。接触体之间没有主从排列。因为这种方法使用更多的目标点，所以有更好的应力连续性。此外，与壳单元的接触精确地处理了单元的几何形状。当使用这些不同的方法时，许多接触的概念是相同的（如接触体定义）。而其他一些概念（如分离），处理的方法有所不同。

BCPARA 模型数据卡片中的 METHOND 关键词可以让用户选择节点对面段、面段与面段之间的方法。

8.3 变形体的定义

本节介绍二维和三维接触体的定义，包括变形接触体的构成、输入文件中有关接触体的数据卡片、适合构成接触体的各类单元以及如何在前处理器 Patran 中定义接触体等。

8.3.1 变形接触体的构成

SOL 400 中有两种类型的接触体：可变形体和刚性体。可变形体仅仅是有限单元的集合，如图 8-1 所示。可变形曲面由构成它所关联的一组单元定义。

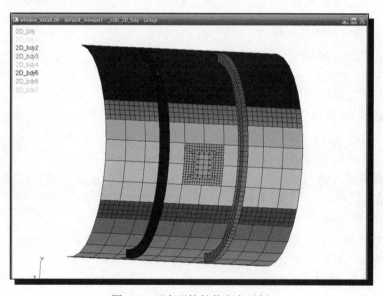

图 8-1 可变形接触体定义示例

可变形接触体定义包括三个关键方面：

（1）构成接触体的单元。

（2）外部表面上可能与另一物体或自身接触的节点。这些节点被视为潜在的接触节点。

（3）描述另一物体（或同一物体）上的节点可能接触的外表面的边（2-D）或面（3-D）。这些边/面被视为潜在的接触段。

注意：一个物体可以是多连通的（物体有孔洞存在）。它也可以由三角形单元和四边形单元组成的二维接触体或由四面体单元和六面体组成的三维接触体，梁单元和壳单元也可以构成接触体。

图 8-2 所示的是两个具有不同网格离散化的板分别构成两个接触体，它们搭接在一起。

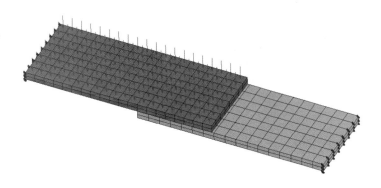

图 8-2　两个三维实体单元构成的接触体

在这样一个简单的模型中，定义接触体有多种方法，包括：

- 将单元放入组或集合中，并将这些单元与特定的接触体相关联。
- 每个板与专有属性 ID 相关联，然后将每个属性 ID 与一个接触体相关联。
- 如果每个板块都有唯一的材料属性 ID，那么将每个材料属性 ID 与一个接触体相关联。
- 让 GUI 扫描完整的模型，并将每个连接区域与一个接触体相关联。

最后一种方法在直接从 CAD 系统获得装配模型时非常实用，在 CAD 系统中，有数百个零件（体）存在。可以参见后续的自动接触体对创建部分。

每个节点和单元最多只能属于一个接触体。没有必要识别外部表面上的节点，因为这是自动完成的。所使用的算法是基于边界上的节点，是只属于一个单元的单元边或面。外表面上的每个节点被视为一个潜在的接触节点。在许多问题中，会已知某些节点肯定不会接触；在这种情况下，该 BCHANGE 模型数据卡片可以用来标识相关的节点。由于自由表面上的所有节点都被认为是接触节点，如果网格生成中存在错误，使得内部空穴或缝隙存在，就会产生不良的结果。

使用这种方法并在板上应用分布式载荷会得到如图 8-3 所示的信息。

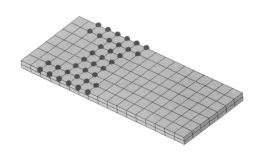

圆点表明节点处于接触状态

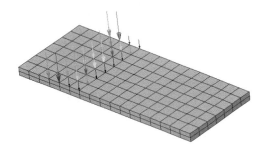

接触力

图 8-3　接触分析结果信息

接触应力   变形（比例放大了）

图 8-3 接触分析结果信息（续图）

8.3.2 MSC Nastran 接触数据格式

SOL 400 的接触分析技术和功能在过去十年中得到了长足的发展，并逐渐应用于更广的领域以及更复杂的工程问题。在本章中，所使用的数据选项有早期的数据格式，也有当前数据格式，或者两者都有。对于简单的模型（例如只有两个接触体），用户通常会发现早期的输入格式更容易使用，尽管新格式更强大。

1. MSC Nastran 格式——2013 以前版本

用户采用 BCBODY 模型数据卡片定义接触体，包括接触体标识符、刚体的几何形状、初始运动和物理性质，如摩擦或传热特性。对于可变形体，可参考的选项有：

● BSURF：指定接触体中的单元。

● BCPROP：依据属性 ID 指定接触体中的单元。

用户可用 BCTABLE 定义探测顺序、物理属性和数值行为（如接触距离容差和惩罚因子）。

2. MSC Nastran 格式——2013 以后版本

用户可用 BCBODY1 模型数据卡片定义接触体，包括接触体标识符、接触体的维数和接触体的类型（可变形、刚性、热传递），并指向下列附加选项：

● BSURF：指定接触体中的单元。

● BCPROP：依据属性 ID 指定接触体中的单元。

● BCRGSRF：定义描述刚体的几何表面集合。

● BCBDPRP：定义接触体的物理属性。

● BSID：定义接触体的几何。

● BCRGID：定义施加在刚体表面上的运动/边界条件。

BCRGSRF 选项相应地参考以下选项：

● BCPATCH：由四边形面构成的刚性曲面。

● BCBZIER：由 Bezier 曲面构成的刚性曲面。

● BCNURB2：由 NURBS 曲线构成 2-D 刚性面。

● BCNURB：由 NURBS 曲面构成 3-D 刚性面。

用户可用 BCTABL1 模型数据卡片定义接触体之间的作用关系。它给出工况控制命令 BCONTACT 引用的接触表标识符。此外，它会指向一个或多个 BCONECT 模型数据卡片定义的接触体对，指向以下其他选项：

- BCONPRG：定义接触体之间的相互作用，例如粘接条件。
- BCONPRP：定义与接触体之间的相互作用关联的物理属性，例如摩擦系数和换热系数。

8.3.3　构成变形接触体的各类单元

MSC Nastran 接触功能支持几乎所有可用的单元，但某些单元的使用有相应的处理方式。所有的结构连续体单元可用于接触分析，无论是低阶或高阶的。所有这些单元中都可以有摩擦。

当单元加载通过均匀的压力，高阶等参单元的形函数会导致角节点和边中节点的等效节点载荷的方向相反。因此高阶单元节点接触力不能用于分离判断，而是基于接触法向应力来判断。

在许多加工工艺仿真和橡胶件分析中，低阶单元比高阶单元有更好的表现，因为它们具有代表大变形的能力，因此，推荐使用这些低阶单元。

对节点自由度施加的约束取决于单元的类型。

（1）当一个连续单元的节点接触时，平移自由度受到约束。

（2）当壳体单元的节点接触时，平移自由度受到约束，转动自由度不受约束。例外的情况是，当外壳接触到对称表面时。在这种情况下，单元边的转动也受到约束。

1.　单元维数

在 MSC Nastran 中，二维接触分析意味着使用平面应变、平面应力、轴对称单元而刚体仅为直线或曲线。因此，问题本身就是一个二维问题，整个模型都在 XY 平面内。三维接触问题可以使用三维实体单元、壳单元甚至梁单元。所有这些单元都是真正三维的，在任何坐标方向都可以有位移结果。BCBODY1 卡片中的 DIM 就是标明接触体的维数，参见参考文献[13]。MSC Nastran 关注的是一个二维分析还是三维分析，分析维度需要正确定义。在相同的分析中，不能混合有二维和三维的单元和/或接触体等。

定义 Patran 的接触体时，二维和三维有不同的含义。三维意味着三维单元（固体）。2-D 是一个二维单元（壳或平面类型单元）。一维是指一维单元（梁单元）。所以 Patran 中一维/二维/三维只是建立接触体时的一种过滤方式，以便选择某些单元的类型来定义接触体。如果用户的接触体有三维实体单元和壳单元，用户用三维过滤器定义三维实体单元；如果它们是壳体单元，用户用二维过滤器定义它，但分析本身仍然是三维分析。二维分析不会有三维实体单元和壳单元。二维分析只能有平面应变、平面应力或轴对称单元。

刚体也是如此。在 PATRAN 定义它们，用户选择维 1-D 或 2-D 取决于它是否是一个直线/曲线或曲面。MSC Nastran 的输入文件写的分析维数要么是二维、要么是三维的。二维分析，只能有刚性线/曲线以及平面应变单元、平面应力单元或轴对称单元。对于三维，允许有刚性表面。

2.　梁单元

在早期版本中，节点对面段的接触算法模拟梁接触的能力有限。在梁与非梁接触可以在梁节点上建立接触关系，但不考虑梁截面的大小。为了模拟梁—梁的接触，必须定义一个等效梁的半径，并且在包括梁半径的接近检查的基础上建立横跨梁段的多点约束。

三维梁单元可以用三种方法进行接触：

（1）梁的节点可以与由表面构成的刚体接触。法线是基于刚性表面的法线。

（2）梁单元的节点也可以接触到三维连续单元或壳单元的表面。法线是基于单元表面的法线。

（3）三维梁单元也可以与其他梁（梁与梁接触）接触。

如果由梁单元构成的接触体是使用 BCBODY 模型数据卡片定义的，那么第一个方法是默认激活的。第三种方法必须通过打开 BCPARA 模型数据卡片中梁与梁接触开关才能激活。

在梁-梁接触模型中，通常梁单元可视为具有圆截面的圆锥曲面。横截面的半径可以在梁单元的开始和结束节点之间线性变化。对于一个接触体每个梁单元，接触半径必须通过 BCBMRAD 模型数据卡片输入。一个节点上的接触半径遵循共享该节点的单元的平均接触半径。因此，单元的起始和结束节点可能具有不同的接触半径。

如果所关联的圆锥表面相互接触，则在两个梁单元之间检测接触，如果圆锥表面上最近点之间的距离小于接触容差，则被认为相互接触。图 8-4 描述了在梁单元及其接触体的大致情形。需要强调的是，接触点是有限元模型上的圆锥面上的点而不是节点。

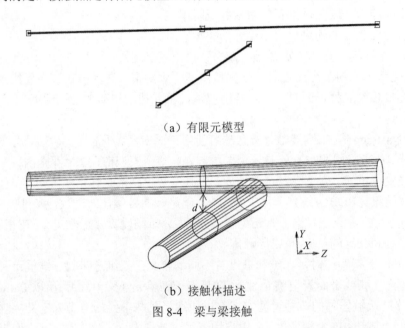

（a）有限元模型

（b）接触体描述

图 8-4　梁与梁接触

如果两个梁单元接触，则自动施加一个多点约束方程，以确保圆锥面不能穿透。这个约束方程涉及两个单元起止节点的位移，该方程中的被约束节点由程序自动选择。

在迭代过程中，如果单元相互滑动，两个梁单元的接触点可以改变。此外，接触点可以从一个单元移动到另一个单元。在这种情况下，多点约束方程中涉及的节点将自动更新。在滑动过程中，可以考虑摩擦。由于梁单元接触点没有法向应力，对于常规的接触梁和梁接触只支持基于节点力的库仑摩擦（无论是反正切、双线性模型）。另外支持没有相对切向运动粘接接触模型。

梁—梁接触模型的一个限制是接触体不能包含分支，也就是说，接触体中的每一个单元的前后均只能与一个单元连接。

近几年软件对梁单元的接触功能增强，在面段—面段的接触算法支持扩展（接近真实）梁截面的接触，图 8-5 为 9 根梁结构采用扩展截面的接触模型。该功能具体使用方法可以参见参考文献[10]的第 9 章相关内容。

3．壳单元接触

壳单元的接触问题如图 8-6 所示，壳单元上的所有节点都是潜在的接触节点。壳单元可以与刚体、连续体单元或其他壳单元接触。壳-壳接触涉及一个更复杂的分析，因为它需要确定壳的哪一面发生接触。对于面段对面段接触，双面和边缘总是被认为可接触。对于节点对面段接触，按接下来所述的方式处理。

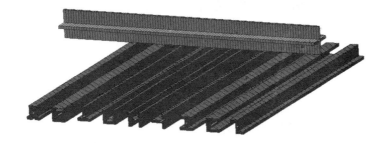

图 8-5　采用扩展截面的梁与梁接触模型

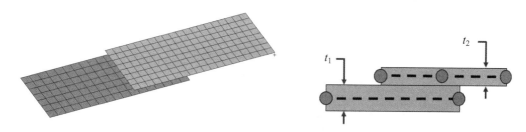

图 8-6　壳单元的接触

默认情况下，壳单元的顶面和底面（依据壳厚度和壳中面偏移量）将被分别考虑。这意味着一个节点可以在单元的顶面或者底面与其他物体发生接触。然而，基于壳单元公式的性质，采用节点对面段的方法时不能同时对两面施加接触约束条件。使用面段对面段方法则允许在顶面或底面上接触壳单元。

用户可以设置每对接触物体的 BCTABLE/BCTABL1 模型数据卡片来指定如何处理壳单元的几何。这意味着可以定义接触体和被接触体，并且将基于以下选项之一进行接触描述：

● 考虑顶面和底面（默认）。
● 仅考虑顶面（有或无厚度偏置）。
● 仅考虑底面（有或无厚度偏置）。

对于粘接接触，可以使用顶面和底面，但不需要厚度偏置。厚度偏移量是壳厚度的一半，加上用户定义的壳偏置量。

本节前面所讨论的梁—梁接触模型也可用于壳的边接触的模拟。这要求在 BCPARA 模型数据卡中打开梁和梁接触的标识，对于壳接触体组合，在 BCTABLE/BCTABL1 模型数据卡中打开边对边接触的标识。对于边对边接触，壳厚度的一半用来设置接触半径。

4. 壳单元的表面控制

用户可以通过在 BCBDPRP、BCONPRG、BCTABLE 或 BCBODY 模型数据卡片中的 COPT 标识选项控制表面。COPT 基本公式为　$COPT = A + 10 * B + 1000 * C$。其中：

● A：接触体内实体单元的外部。
➤ = 1：外部将在接触描述中（默认）。

- B（变形体）：接触体内壳体单元的外部。
  - = 1：顶面和底面都在接触描述中，包括壳单元厚度偏置（默认）。
  - = 2：只有底面在接触描述中，包括壳单元厚度偏置。
  - = 3：只有底面在接触描述中，忽略壳单元厚度。
  - = 4：只有顶面在接触描述中，包括壳单元厚度偏置。
  - = 5：只有顶面在接触描述中，忽略壳单元厚度。
  - = 6：顶部和底部的表面都在接触描述中，忽略壳单元厚度。

是否激活壳厚度的 Patran 菜单如图 8-7 所示。

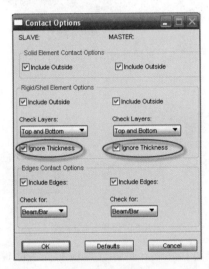

图 8-7　是否激活壳厚度的 Patran 菜单

如果在接触组合中的两个体的 B＝6，则在当前分析步或随后的分析步中，从接触体分离的节点不能再次接触，除非其中一个物体选择了不同的标识。

注意：对于面段与面段的接触算法，只能使用 B = 1 或 B = 6。

- B（刚体）：刚体表面（在 SOL 400 可以忽略）。
  - = 1：刚体表面应在接触描述中（默认）。
- C（变形体）：接触体的单元边。
  - = 1：仅梁/杆边在接触描述中（默认）。
  - = 10：仅壳单元的自由边或硬边在接触描述中。
  - = 11：梁/杆边和壳单元的自由边或硬边在接触描述中。

如果梁对梁接触设置为 OFF (BCPARA 卡片中的 BEAMB1)选项，则没有影响。BCPARA 卡片中的 BEAMB 选项 将在梁对梁接触中讨论。

  - 注意对面段对面段接触，C 没有用。

5. 面段对面段接触体定义

面段对面段算法的接触体定义与节点对面段算法相同。这意味着可以定义由有限单元组成的变形接触体和由曲线（2-D）或曲面（3-D）组成的刚体。刚体可以是载荷、速度或位移控制；载荷控制的刚体有一个（平移）或两个（平移和转动）控制节点。

对于属于接触体的有限单元，程序自动建立变形体的外边界。这个边界是由单元边（2-D）

或单元面（3-D）定义的。图 8-8 显示二维连续体和二维壳/梁单元的基本概念。对于二维连续介质单元，接触面段与单元边重合。对于二维壳单元，在接触体的描述中不仅包括顶部和底部，而且将有限元模型的自由端转换为接触面段。同样的概念被应用于三维连续单元和三维壳单元，对于壳单元，有限元模型的自由边被转换成接触段。用户也可以决定忽略壳的厚度，在这种情况下，顶部和底部面段具有相同的位置，但方向相反。自由端接触面段通常包括壳体厚度。

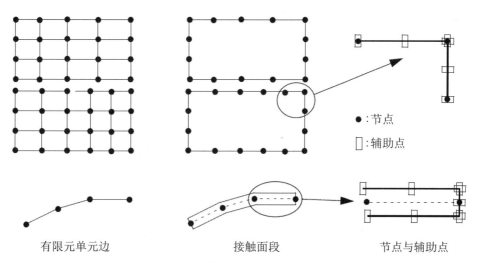

● ：节点

□ ：辅助点

有限元单元边　　　　　　接触面段　　　　　　节点与辅助点

图 8-8　二维连续体和二维壳/梁单元的基本概念

如前所述的节点对面段接触，SPLINE 模型数据卡片可用于面段对面段接触。当壳单元选择该选项时，从顶部和底部接触段到自由端段的过渡将自动标记为具有法线向量不连续性。

6. 变形接触的有限滑动

在以上介绍中，依据接触边/面的折线、多边形点的位置基于单元第一次接触时的位置。在变形接触体之间的接触情况下，这意味着这些方程只适用于接触变形体之间的相对位移较小的模拟。由于在许多接触应用中，常出现较大的相对位移，默认的选择是允许较大的相对位移。如果大的相对位移是允许的，对折线/多边形点的相对位移进行监测，一旦超过阈值，将创建新的点。默认阈值等于接触距离容差的五倍，但它也可以通过 BCPARA 模型数据卡片定义。

以一个二维问题为例，如图 8-9 所示是较大的相对位移更新过程。折线点初始位置如图 8-9（a）所示。深灰和浅灰区域代表上面物体与左下、右下单元之间的共同区域。一个可能的相对位移 d 如图 8-9（b）图所示。只要 d 值小于阈值，接触仿真是基于折线点的初始位置。如果 d 值大于阈值即新的折线点产生，导致图 8-9（c）显示的情况。重新定义折线/多边形点会在分析过程中常常需要做的。在产生新的折线、多边形点后，重要的接触数据（如接触应力）从旧的映射新的折线、多边形点，并作为新起点继续分析。

在 BCPARA 模型数据卡的 METHOD 接触参数允许用户打开小的相对位移；在这种情况下，不更新折线或多边形的点的位置。

7. 变形体的解析描述

由边或面组成的潜在面段有两种潜在的处理方法。默认的是分段线性（PWL）描述。作为替代，可以改为解析描述，即三次样条（二维）或孔斯曲面（三维）描述。BCBODY 或 BCBDPRP 模型数据卡片用来启动这个程序。这可以提高法向计算的准确性，如图 8-10 所示。

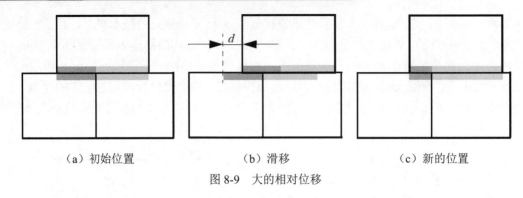

（a）初始位置　　　　　　　　（b）滑移　　　　　　　　（c）新的位置

图 8-9　大的相对位移

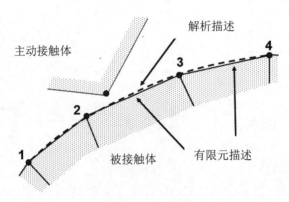

图 8-10　解析描述示意图

这种平滑描述用于计算接触法线和表面之间的距离。计算摩擦时，准确的表面描述尤为重要。应该注意的是，激活该选项对计算成本有较小的影响，因为改进了收敛性。如果使用高阶单元，建议激活（MIDNOD）中间节点的投影。

图 8-11 所示的是一个过盈配合的例子，内环接触体的网格比外环接触体的网格更粗一些，此时采用面段对面段接触探测方法结果通常更准确。如果采用节点对面段探测法而且采用 PWL 描述，得到的等效应力如图 8-11（b）所示，在接触边界上应力不均匀；而如图 8-11（c）所示采用的解析描述方法，由于采用三次样条函数来描述接触边界，接触面上的结果也是准确的。

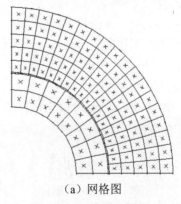

（a）网格图

图 8-11　过盈配合算例

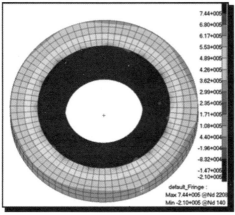 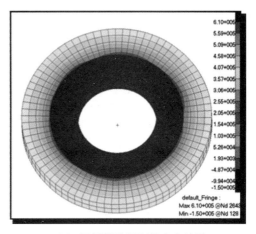

（b）离散表述得到的应力结果　　　　　　　（c）解析描述得到的应力结果

图 8-11　过盈配合算例（续图）

8.3.4　在 Patran 中定义变形体

如图 8-12 所示，在载荷/边界定义的主菜单项下，选择 Create>Contact>Element Uniform 可以定义各类接触体，包括对应用形式定义变形体、刚性接触体、接触对、滑移线（早期版本使用，SOL 400 不支持）。该窗口用于定义 MSC Nastran 输入文件中的一些数据项定义。在建立非线性静态或非线性瞬态动力学分析作业时，在分析应用窗口中定义了其他数据项。另外还支持接触表；默认情况下，所有接触体最初都有可能与所有其他接触体及其自身进行相互接触。此默认行为可以用接触表修改，接触表的定义在子工况或分析步定义菜单窗口中。

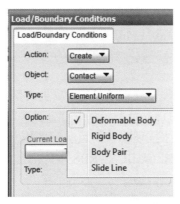

图 8-12　接触体定义设置

接触的应用区域（Application Region）用于选择接触体，无论它们是可变形的还是刚性的。变形接触体总是被定义为一个单元列表或者是与这些单元关联的几何，这些单元或几何边界定义了接触面。

定义一个可变形的接触体需要通过输入属性（Input Properties）窗口定义以下数据。

Friction Coefficient (MU)：接触体的静摩擦系数。对于具有不同摩擦系数的两个变形体之间的接触使用平均值，刚体与变形体接触则取刚体的摩擦系数。接触体之间的摩擦系数目前更多的是在接触表或接触对属性中定义。

Heat Transfer Coefficient to Environment：环境换热系数（也称膜系数）。只适用于耦合分析，采用隐式非线性接口界面才有该菜单。

Environment Sink Temperature：环境温度。只适用于耦合分析，采用隐式非线性接口界面才有该菜单。

Contact Heat Transfer Coefficient：接触换热系数（膜）。只适用于耦合分析，采用隐式非线性接口界面才有该菜单。

Boundary Type：默认情况下，可变形接触体边界由其单元（离散）定义。但是，用户可以使用解析曲面来表示可变形体。采用样条线（二维）或 Coons 曲面（三维）描述接触体的外表面提高了变形接触分析的准确性。

Exclusion Region：这是一个可选输入，排除某些节点的接触探测。一个变形体的表面通常包括由组成它的各单元外表面表示的整个外表面，除非采用了 Exclusion Region 选项。选择具有与其相关联的单元的接触体的几何实体，或者沿外表面选择单个有限元节点。在选择排除实际外部表面或边缘几何形状的排除区域时应小心。如果描述了一个三维实体的边的节点被选择，节点必须按顺序输入；此时选择几何实体比较安全，因为如果选节点，节点号可能会错误重排。

8.4 刚性体的定义

8.4.1 刚性接触体的构成

刚性表面不变形。有两种模式来描述刚性表面的几何轮廓。首先，将分段线性方法（PWL），轮廓由几何数据集来定义，而几何数据集可以由直线、圆、样条线、直纹面、转动面和四边面组成，第二种方法，称为解析描述，几何外形是由二维 NURB 曲线、三维 NURB 表面等构成。使用这种方法，接触条件是基于真实表面几何形状的。这种方法对曲面更精确，并且可以减少迭代次数，特别是有摩擦时。

在耦合热应力接触中，由标准热分析单元的定义的表面，可施加刚体运动。

接触体的几何方面由 BCBODY1 模型数据卡片定义。对于刚体，BCBODY1 模型数据卡片参考 BCRIGID 模型数据卡片来描述物体的运动。另外，对于刚体，几何采用 BCRGRF、BCPATCH、BCBZIER、BCNURB2 或 BCNURBS 卡片指定。BCBDPRP 卡片可以定义与可变形体或刚体相关的物理参数。

刚体由曲线（2-D）、曲面（3-D）或耦合问题中的热分析单元网格组成。目前，注意变形体可以与刚体接触但不能考虑刚体之间的接触。

创建刚体的方法有多种，用户可以从 CAD 系统中导入曲线和曲面，也可以通过 Patran 生成几何，或直接在 SOL 400 的输入文件中插入刚体的数据。下面介绍一下可以输入的几种不同类型的曲线和曲面。

在 Patran 中，所有接触曲线或曲面的数学处理为 NURB 曲面。这允许最大程度的通用性。在分析中，这些刚体的表面可以用两种方式来处理：①离散分段线性线（二维）或四边形面（三维）；②作为解析 NURB 曲面。当采用离散方法时，所有几何原生线或面被细分为直线段或小平面。用户可以控制这些细分的密度，在期望的精度范围内近似曲面。确定拐角条件时也与此细分数相关。对刚体用 NURB 曲面处理是有利的，因为它具有更高的几何描述精度、表面法线计算也更精确。此外，接触体上表面法线的变化是连续的，从而可更好地计算摩擦行为且具有更好的收敛性。

对刚体的一个重要考虑是内侧面和外侧面的定义。如图 8-13 所示，对于二维分析，内部侧是在沿着物体按编号顺序运动时在接触边界的左手侧；对于三维分析，内部侧是由右手规则沿着一个小平面形成的。内侧是在 Patran 中能见到标记的一面；外侧则是在 Patran 中无标记的一侧，如图 8-14 所示。

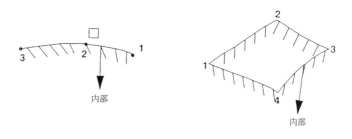

图 8-13　刚体的内外面规则

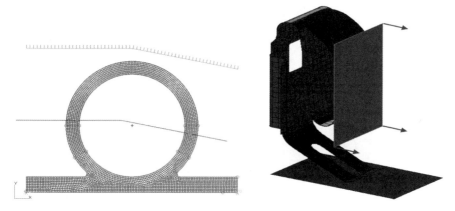

图 8-14　刚体的内侧面标记

刚体没有必要定义完整的物体。只需要指定边界曲面。但是，要小心变形体不能滑出边界，二维的情况如图 8-15 所示。这意味着它必须总是能够将位移增量分解为相对于刚性面一个法向分量和一个相切的分量。

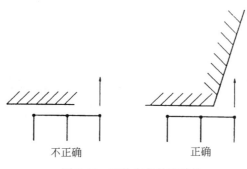

图 8-15　刚体定义的完整性

在二维问题中，刚性表面可以通过 NURB 曲线的组合描述。注意几何实体的法向量总是指向刚体。法向量方向是由几何实体的方向决定的，必须注意在刚性表面上以正确的方向输入坐标（x，y）数据。

在三维问题中，刚性表面由下列三维曲面实体的任意一个或一个组合表示：Bezier 曲面、四边形（四点）面、NURB 曲面、圆柱面、球面。

变量 ITYPE 用于刚性面的类型。由于大多数的三维表面可以充分由四边形面代表，ITYPE= 7 的选项是描述三维刚性表面的一个非常方便的方式。四边形面的节点连接和节点坐标可以用 Patran 产生。

对于（PWL）的方法，在三维空间几何数据还原为节点的四边形面。四个节点可能不在同一平面上。近似中的误差是由定义曲面的细分数决定的。一个四边形面的法线是由右手规则定义的，它是根据输入四个点的顺序来定义的。

注意：Patran 产生所有三维刚体表面的 NURBS 描述，即使指定了四边形面或其他几何形状。如果需要由小面片构成的刚体，那么几何体需要分网并指定的单元作为接触体的应用区域。

当选用 NURBS 选项，NURBS 由以下几项定义：①NPOINT1 * NPOINT2 控制点坐标（x，y，z）；②npoint1 * npoint2 齐次坐标；③（NPOINT1 + NORDER1）+（NPOINT2 + NORDER2）归一化的节点矢量。如果只输入控制点，则使用插值策略，使得表面经过所有控制点。用 SOL 400 计算齐次坐标和结点向量。NPOINTS 和 NPOINT2 必须至少等于 3 的插值策略。一个典型的表面描述的 NURBS 如图 8-16 所示。

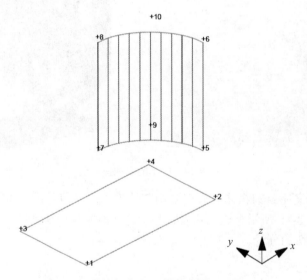

图 8-16　非均匀有理 B 样条曲面（NURBS）

当选用四边形面选项时，用户直接进入所有节点的四边形面。他们输入与 SOL 400 将使用指定 CQUAD4 单元节点编号和节点坐标相同格式。通过这种方式，可以使用有限元前处理器来创建曲面。图 8-17 显示了一个典型的四边形面构成的曲面。它不能用作解析表面。

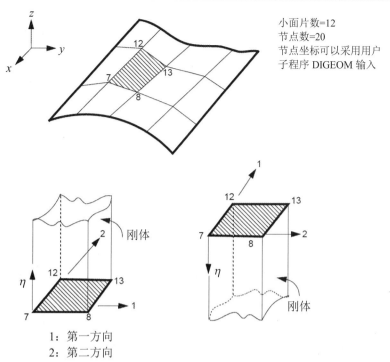

小面片数=12
节点数=20
节点坐标可以采用用户
子程序 DIGEOM 输入

1：第一方向
2：第二方向
η：法向矢量（右手准则）指向刚体内部。

图 8-17　三维刚性表面（4 节点小平面）

8.4.2　在 Patran 中定义刚体

定义一个刚性接触体需要表 8-1 所列的数据，这些数据通过载荷/边界条件主菜单下的刚性接触体定义输入数据窗口定义。一维和二维刚体的输入数据形式不同。一维刚性表面通常用曲线来定义，偶尔也用线单元来定义，用于二维接触问题，这些曲线或单元必须在 x-y 平面内。二维刚性表面一般采用曲面来定义，也可以采用四边形或三角形低阶单元来定义，用于三维接触问题。在产生 MSC Nastran 分析文件时，曲面会转化成 NURB 曲面，面单元会转成四边形面。

表 8-1　刚性接触体定义项

定义项	描述
Flip Contact Side	对于定义每个刚体，Patran 显示法向矢量或小分割线。这些应该指向刚体内部。也即，与矢量所在侧相反的另一侧是接触面。一般来说，向量指向远离它想要接触的物体。如果它没有指向内部，使用修改选项来打开这个开关，指向刚体内部的法线方向将会反转
Symmetry Plane	指定表面或物体是对称平面。默认情况下是关闭的
Null Initial Motion	此切换仅用于速度和位置类型的运动控制。如果设置为 ON，初始速度、位置和角速度/转动在 CONTACT 选项中设置为零，不管它们设置的值是多少（增量步零时）
Motion Control	刚体的运动可以用许多不同的方式来控制：速度、位置（位移）、力/力矩
Velocity (vector)	对于速度控制的刚体，定义 X 和 Y 速度分量，或者三维问题的 X、Y 和 Z 速度分量

续表

定义项	描述
Angular Velocity (rad/time)	速度控制的刚体，如果有刚体转动，给定围绕通过转动中心的全局 Z 轴（平面问题）或转动轴（三维问题用户定义具体轴矢量方向余弦）以每单位时间（通常是秒）弧度表示的角速度
Velocity vs Time Field	如果刚体速度随时间变化，它的时间定义可以通过非空间场定义，然后可以通过这个文本框选择。它将根据速度文本框中定义的速度向量定义来缩放。角速度也将由这个时间域来缩放
Friction Coefficient (MU)	接触体的静摩擦系数。对于具有不同摩擦系数的两个变形物体之间的接触，使用平均值；当变形体与刚体接触时取刚体的摩擦系数
Rotation Reference Point	这是定义刚体转动中心的点或节点。如果留空，转动参考点将默认为原点
Axis of Rotation	对于三维问题中的二维刚性曲面，除了转动参考点外，如果用户想定义转动，也必须以矢量的形式指定轴的方向
First Control Node	针对力或 SPCD 控制刚体运动。它是节点所施加的力或约束（SPCD）。力的定义必须是一个单独的边界条件，但施加的节点也必须在这里指定。如果指定了力和力矩，即使它们是重合的，它们也必须使用不同的控制节点。如果只指定 1 个控制节点，就不允许刚体转动
Second Control Node	针对力矩控制的刚体运动。它是施加力矩的节点。力矩的定义必须是一个单独的边界条件，但施加节点也必须在这里指定。它也作为转动参考点。如果指定了力和力矩，即使它们是重合的，它们也必须使用不同的控制节点

注意：在模型中定义刚体后，可以通过选择 Preview Rigid Body Motion...预览刚体运动。

8.4.3 刚体运动描述

在变形体与刚体的接触中，变形体的力和位移往往是通过与之相接触的刚体的运动产生的。SOL 400 提供了三种方式描述刚体运动。

1. 给定速度

刚性接触体的运动由刚性接触体参考点的平动速度和参考点的转动速度来定义，如图 8-18 所示。刚体上任意一点 A 的速度参见式（8-1）。

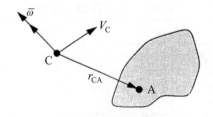

图 8-18　刚体运动描述

$$V_A = V_C + \bar{\omega} \times r_{CA} \tag{8-1}$$

式中，V_A 为刚体上 A 点的速度；V_C 为刚体上参考点 C 的平动速度；$\bar{\omega}$ 为刚体绕 C 点的角速度（弧度/时间），r_{CA} 是从 C 到 A 的转动半径。

刚体的运动位移在每个增量步内被处理成按线性变化。给定速度后，通过显式的前差分积分速度，可确定刚体在当前时间步的空间位置，如图 8-19 所示。

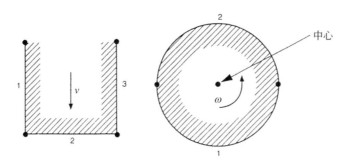

图 8-19　速度控制的刚性接触体

2．给定位置（位移）

与给定速度类似，给定参考点的平动距离和绕参考点的转动量可以确定刚体的空间运动轨迹。这可通过在前处理来选择，或直接按输入文件格式需要填写卡片。

3．给定载荷

当在刚体上施加外力时，需要对每个刚体指定附加节点。作用在刚体上的外载荷实际上施加在刚体的控制节点上，如图 8-20 所示。每个载荷控制的刚体可以指定两个附加的控制节点：对于二维问题，第一个控制节点有两个平动自由度（对应全局坐标中的 X 和 Y 方向），可以指定刚体沿 X、Y 方向上的所受的力，第二个节点有一个转动自由度（对应全局坐标中的 Z 方向），可以指定刚体在 XOY 平面内绕 Z 轴的转动。对三维问题，第一个控制节点有三个平动自由度（对应全局坐标中的 X、Y 和 Z 方向），可以指定刚体沿 X、Y 和 Z 三个方向所受的力，第二个节点有三个转动自由度（对应全局坐标中的 X、Y 和 Z 方向），可以指定刚体沿 X、Y 和 Z 三个方向所受的力矩。应该注意的是：对于三维实体单元，由于 MSC Nastran 中一个节点只有三个平动自由度，所以在屏幕显示中，第二个控制节点自由度仍为平动自由度，但实际上对应的是刚体的转动自由度，也即输入的第二个控制节点所受的力，实际对应的是刚体所受的力矩。例如：在二维问题中，输入第二个控制节点所受的 X 方向的力，实际上是刚体所受 XOY 平面内绕 Z 轴的力矩；对三维问题，输入第二个控制节点所受的 X、Y 和 Z 方向的力，实际上对应的是刚体所受的绕 X、Y 和 Z 轴的力矩。这样，通过使用控制节点的集中力，载荷和运动都可加载到刚体上。同时，用户也可以用位移约束限定控制节点的控制节点的一个或多个自由度。可以这样理解：载荷控制的刚体可以看作是二维时有三个自由度、三维时有六个自由度的刚体。

需要说明的是：用给定位移和速度的方法描述刚体运动比给定刚体的载荷更为简单，计算效率更高，计算成本也更低一些。

4．刚性接触体的增大

可以控制刚体的缩放。这对于分析密封件以及支架等生物医学部件尤为重要。一个典型的支架应用将支架放置在阻塞的动脉中，然后用气球扩张装置。在模拟支架扩张的主要挑战是通过增加时间增大的刚体扩展支架内部表面。SOL 400 为解决这一问题提供了刚性接触体增大功能。

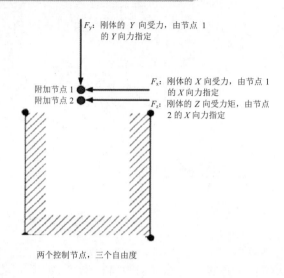

两个控制节点，三个自由度

图 8-20   载荷控制的刚性接触体

8.4.4   描述刚体运动的初始条件

在分析开始时，物体之间要么分离，要么处于接触，除非有意进行过盈配合分析，否则在整个接触分析过程不能使物体间有穿透发生。

由于刚体的轮廓可能很复杂，用户往往难于准确找到开始产生接触的确切位置，SOL 400 提供了自动探测初始接触的功能。对于有非零初速度的刚性接触体，SOL 400 自动找到恰好与变形体产生接触，却又不使变形体产生运动和变形的刚体位置。对于热-力耦合分析，这一过程也没有传热发生。如果分析涉及多个具有非零初速度的刚体，在开始增量步分析前 SOL 400 会使它们全都刚好与变形体接触。也就是说，增量步零的接触探测只是使物体刚好与变形体接触，不要在这步对变形体施加任何力和给定非零位移，如图 8-21 所示。

速度控制

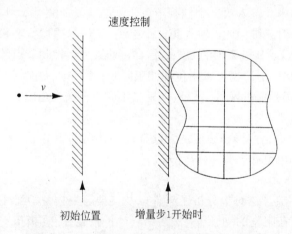

初始位置   增量步1开始时

图 8-21   非零初始速度刚性接触体的自动接触

8.5 接触关系的定义

在本节中，我们将讨论如何指定接触体的相互作用关系。有两种方法可以做到这一点。最简单的方法是：在工况数据部分包括 BCONTACT=ALLBODY 语句。这告诉 SOL 400 在分析中跟踪每个接触体和所有其他接触体之间的接触。用户经常担心这样跟踪很多的物体会导致性能下降，但是测试表明由此产生的多余的代价是可以忽略的。

8.5.1 接触关系参数

当有 BCTABLE 或 BCTABL1 和 BCONECT 模型数据卡片输入，每一个接触体检测的默认设置被改写不起作用，而是由用户指定接触体之间的探测关系。除非用户要求，否则主动接触体不会接触它本体。每当被动接触体是可变形体时，默认情况下，双面接触探测的功能应用于接触体之间。通过选择单面接触或通过在 BCTABLE 或 BCONECT 模型数据卡片设置探测顺序可以关闭双面探测。

对于 SOL 101、SOL 400，要求 BCONTACT=N 或=ALLBODY，默认是 BCONTACT=NONE。在 SOL 101 中是标准的子工况控制，而在 SOL 400 中是标准的分析步控制。因此，在每个子工况或分析步中，BCONTACT 可能用于定义在特定子工况或分析步中接触体是否考虑接触。在 SOL 400 中，如果模型数据部分中有 ID = 0，将自动调用初始预载接触条件，在非线性模拟开始之前，其所列的接触体将恰好相互接触。

如果用户有子工况有接触而另一些子工况没有接触，需要使用 BCONTACT= N 和 BCONTACT=NONE 选项，而不能采用 BCONTACT= ALLBODY。

使用节点对面段方法时，可以控制接触的探测顺序。通常，接触体上的节点被标记为从节点，而被接触体的面或边上的节点被标记为主节点。如果使用单边接触，则接触节点被认为是从接触体的一部分。如果用户对接触体或网格一无所知，就不可能确定哪个物体应该是(主动)接触体、哪个应该是被接触体。用户可以让程序自动确定顺序，如果两个物体中一个比另一个柔软，软件会选择柔软的接触体作为接触体而更硬的接触体作为被接触体；如果两个物体中一个网格比较细，另一个有较粗的网格，那么网格更细密的物体应该是接触体。

注意： 当使用面段对面段接触时，探测顺序不起作用；也不必关注主、从接触体或节点的概念。

MSC Nastran 有两个输入方式来定义接触相互作用：

- BCTABLE：输入所有信息。
- BCTABL1、BCONECT、BCONPRG、BCONPRP：用户采用 BCONPRG 卡片定义接触相互作用机制，另外采用 BCTABL1 和 BCONECT 定义哪些接触体采用了该机制。

无论使用哪种机制，变量 ISEARCH 都用来控制探测过程：

- ISEARCH=0（默认）：双向探测。
  - ➢ 首先，对 ID 号较低的接触体进行检查是否接触 ID 号较高的接触体。如果发现接触，则创建接触约束。
  - ➢ 接下来，对 ID 号较高的接触体进行检查是否接触 ID 号较低的接触体，如果发现接触则创建与现有约束不冲突的附加接触约束。

- ISEARCH=1：单向探测。
  - ➢ 探测顺序为从接触体到主接触体。
  - ➢ 从接触体和主接触体在接触表中定义。
- ISEARCH=2：自动。
  - ➢ 探测顺序是从接触体中最小的单元边尺寸较小的接触体到体中最小单元边尺寸较大的接触体，而且探测是单向的。更详细信息参见参考文献[13]。

图 8-22 是 Patran 中定义接触对探测方法菜单，有关接触对有关属性的定义将在 8.5.3 小节介绍。

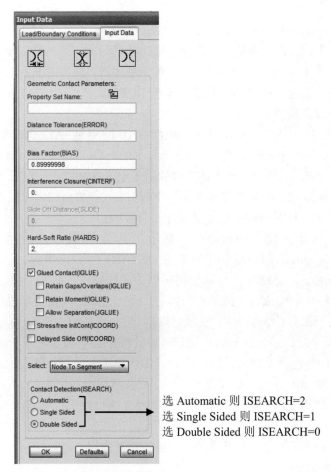

选 Automatic 则 ISEARCH=2
选 Single Sided 则 ISEARCH=1
选 Double Sided 则 ISEARCH=0

图 8-22　探测方法选择

对于 ISEARCH=0 或 ISEARCH=1：
- 具有相似网格密度的物体比较合适。
- 当网格密度明显不同的物体接触时，这种探测逻辑不能很好地工作。

8.5.2　变形体和变形体接触约束

在节点对面段接触的情况下，当检测到节点与段接触时，将创建 MPC，如图 8-23 所示。请注意，这类似于 RBE3 单元，面段上的节点的移动不受限制。此外，当使用 SOL 400 求解大位移问题时可以包括大转动。

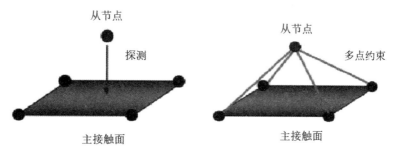

图 8-23　接触探测与约束

注意，对于节点对面段的接触探测法，错误的接触体定义顺序所导致的穿透发生，如图 8-24 所示。

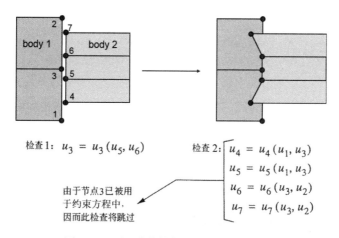

图 8-24　不正确的接触体定义顺序的后果

软件对在多点约束关系中已经被约束的节点，不会再被用作保留节点去约束其他点的位移，因此与 3 点有关的检查 2 全被漏掉，从而产生穿透。

正确的接触体定义顺序应如图 8-25 所示。

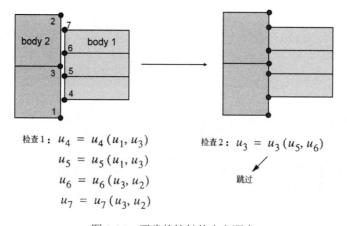

图 8-25　正确的接触体定义顺序

此时漏掉的 check 2 无关紧要，不会造成穿透发生。

可以看到，当使用不同的网格密度时，可能发生穿透。对于许多问题，用户可能不知道哪个接触体有更细密的网格划分，在这种情况下，应该使用 ISEARCH= 2，此时对于上述的例子，软件自动选择更细密的网格划分为主动接触体。

在一些模型中，例如图 8-26 所示的密封件闭合模拟，因为大的滑动存在，接触可能会在多种不同尺寸的网格上发生，可以通过设置 ISEARCH= 0 和 ISTYP = 2 来优化接触约束。SOL 400 的接触约束优化基于刚度和网格密度的约束，这是在使用节点对面段接触时推荐的方法。

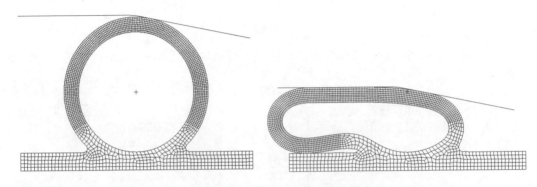

图 8-26 优化接触应用案例

另一个例子，可以查看一下壳单元的接触探测和用于确定接触探测的其他规则。如图 8-27 所示，两壳单元接触体接触：上板（body2）和下板（body 1）的厚度分别为 0.125 和 0.070，两壳的中面距离是（t_1+t_2）/ 2 = 0.0975。

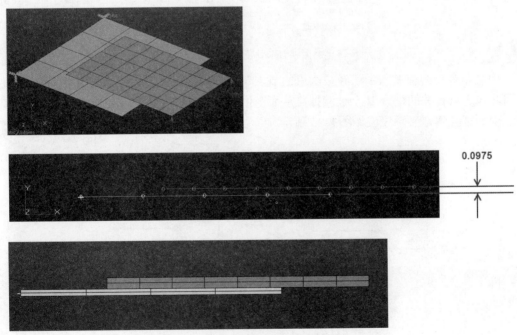

图 8-27 壳单元接触

　　用 ISEARCH = 0，它将探测下板顶面对上板底面，然后探测上板底面对下板顶面，依据接触体的顺序探测。它不会考虑网格密度的影响。在这种特殊情况下，效果不好。图 8-28 显示的是第一、二道探测和约束情况。

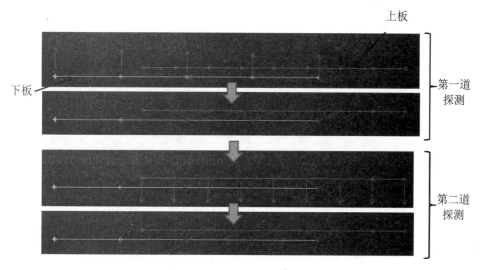

图 8-28　第一、二道探测及接触约束

　　在第一道探测中，粗网格的下板与细网格的上板接触，形成约束方程。在第二道探测中，细网格接触体试图用粗网格的接触体来约束，但事实上，它不能用已经被已约束的节点来约束。这就导致了一个很差的接触约束。

　　在这种情况下使用 ISEARCH = 1 并将细网格的接触作为第一个接触体，得到的更好的效果如图 8-29 所示。

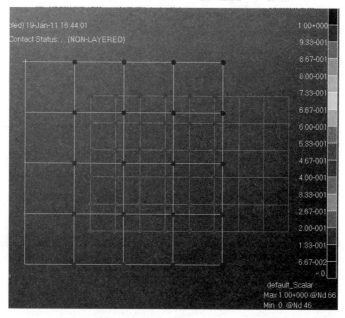

图 8-29　接触体顺序改后的接触约束

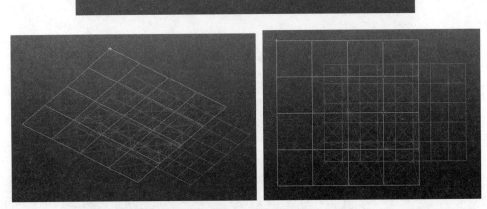

图 8-29 接触体顺序改后的接触约束（续图）

该模型还展现了自动探测过程中的一个有趣的行为。探测顺序是从接触距离容差较小的接触体到接触距离容差较大的接触体。对壳单元的接触容差有两个几何维度，即：

（1）网格尺寸（最小单元边长的 1/20）。

（2）壳的厚度（厚度的 1/4）。

在上述模型中，下壳在按厚度计算的接触容差尺寸更小，并且将形成非最优的约束。通过检查输出可以看出这一点，如图 8-30 所示。

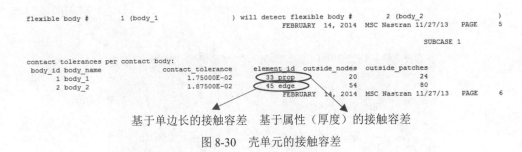

图 8-30 壳单元的接触容差

为了克服这个问题，在采用 ISEARCH = 2 时忽略厚度。对于节点对面段的接触探测方法，推荐使用 BCPARA，0，THKOFF，1。

注意：当使用面段对面段的接触探测方法时，该值与接触体的顺序是无关紧要的。

8.5.3 接触关系的控制

在物理上，接触可以分为四种类型：可变形和可变形体接触、自接触（前者的特例）、变形体和刚体接触、变形体和对称面接触（也是一种特例）。从用户的角度来看，可以将接触关系定义为以下几种。

（1）General Contact（一般接触）。在模拟的任何时刻，两个物体都可以接触并分离，接触体可以相互摩擦或摩擦。基本约束是物体接触时没有相对的法向位移。一般接触仅可用于 SOL 101、SOL 400、SOL 600 或 SOL 700。对于 SOL 101，接触是非线性的唯一来源，没有大的位移、大转动或材料非线性。

（2）Glued Contact（粘接接触）。在模拟的任何时刻，两个物体都可以接触并分离，但在接触时，没有相对滑动。基本约束是物体接触时没有相对法向位移或切向位移。可以认为这相当于两个具有无限摩擦力的表面。当接触力或应力大于分离准则的值、存在 Unglue（不粘接）或 Breaking Glue（打开粘接）时，粘接的物体都可能失去接触。

（3）Step Glued Contact（分析步粘接接触）。仅适用于 SOL 400。每个接触对当 IGLUE 取负值时激活分析步粘接接触。它类似于粘接，有两种情况。

1）在分析步开始时检查接触状态，并且那些处于接触状态的节点或片段将在整个分析步中保持粘接接触。如有大转动，约束将发生变化。此外，如果在当前工况中在接触界面上产生一个大的拉力或应力，在这些初始接触区域上不会发生分离。在分析步中，这些区域也不能执行 Unglue（不粘接）或 Breaking Glue（打开粘接）。这可能被成功地用来模拟不同网格的结合，而在以后的时间里，要模拟接触体的分离（例如门的开启问题）。

2）当使用分析步粘接时，传统的接触发生在分析步开始时不接触的节点/面段上。这意味着，当它们进入接触时就会粘接一起，但它们可以在同一分析步中分离。

（4）Permanently Glued Contact（永久粘接接触）。这是一个特殊情况下的接触，其中的初始设置用来确定接触约束，这些接触关系在整个分析中不会改变。最初不接触的节点或面段将不考虑接触，实际上可能穿透模型。粘接类型的约束意味着没有法向和切向相对位移。永久粘接可用于连接不同的网格或在不发生其他接触时进行简单的装配体模拟。接触体永远不会分开。在经历大转动的模型中不要使用永久粘接。永久粘接适用于 SOL 101、SOL 103、SOL 105、SOL 107、SOL 108、SOL 109、SOL 110、SOL 111、SOL 112、SOL 200 和 SOL 400。如果被第一工况（经典求解序列）或第一分析步（SOL 400）引用 BCTABLE 或 BCTABL1 卡片中 IGLUE 大于零，永久粘接接触即被激活。

如果永久粘接接触已经应用但用户需要以常规（一般）的接触完成剩余的模拟分析，只要输入模型数据卡片 BCPARA，0，NLGLUE，1，在后续的分析步中就会停用永久粘接。

由于粘接接触在工程实践中遇到的装配建模问题非常有用，也可以考虑一些特殊情况。

（5）Cohesive Contact（粘性接触）。这是粘接接触的特殊情况。在现代工业中，飞机、汽车等产品结构越来越复杂，零部件繁多。装配过程可以通过各种工艺来完成，如铆钉、螺栓、点焊、缝焊或粘接剂。在由多个部件组装而成的结构数值模拟中，对每一个离散连接件进行建模往往成本过高，而粘接接触能力为简化和降低计算成本提供了一种实用、高效的方法。虽然这种方法很容易使用，但是往往导致结构过于刚硬，因为相当于刚性连接。为了缓解这个问题，可以使用灵活的粘接接触能力。采用粘性粘接接触，可以对连接件进行更准确地建模，在粘接接触中提供连接件的刚度。

（6）Moment Carrying Glue（传矩粘接）。默认情况下，与壳单元粘接接触的接触约束只包括平移自由度。换言之，接触界面不传递弯矩、扭矩。采用传矩粘接后，允许粘接连接真正的传矩；当壳单元或梁单元的节点粘接在受载荷控制的刚体、壳单元或固体单元的表面时，壳或梁的转动可以被抑制。对于一个对实体单元表面的刚性连接，主动接触节点的转动是通过被接触表面节点的平动自由度约束的，该约束关系基于大转动 RBE3 理论。完全传矩粘接支持下列接触类型：壳对壳、壳对固体、梁对壳、梁对固体。目前传矩功能是可选的，通过 BCTABLE/BCTABL1 模型数据卡激活。

传矩粘接不支持下列类型的接触：

● 梁单元对梁单元。

● 壳单元边对壳单元边接触（在 BCPARA 中有 BEAMB=1）。

（7）Symmetry Contact（对称接触）。与刚性对称表面的变形接触。在这种情况下，不允许摩擦也不允许分离。另外，与刚性对称表面接触的梁单元或壳单元中的节点转动自由度被自动约束，以满足对称性约束要求。除了指定的刚性表面是一个对称体，用户不需要指定任何附加的输入。

在 SOL 400 中，可以在模型中有多个接触关系类型，这意味着各接触对可以进行一般接触、粘接接触、分析步粘接接触等。激活一个新的 BCTABLE 或 BCTABL1 可以在不同的分析步中采用不同的接触关系。

总之，物体之间的粘接条可以通过 bctable 或 bconprg 卡片中的 IGLUE 关键词定义，不同的 IGLUE 值代表的意思及相关参数说明如下：

● 0：无粘接。

● 1：激活粘接选项。采用粘接选项后，对于变形体对变形体接触，一旦节点接触，所有接触节点的自由度都被绑定；对于变形体对刚性体接触，接触节点的相对切向移动为零。接触节点将投射到被接触体上。

● 2：激活一个特殊的粘接选项，以确保当节点接触时没有相对切向和法向位移。节点和被接触体之间存在的初始间隙或重叠不会被移除，因为节点不会被投射到接触的物体上。为了保持初始间隙，应将接触距离容差设置为略大于物理间隙的值。

● 3：确保在壳单元接触时粘接传矩。该节点将投射到被接触的物体上。

● 4：确保在壳单元接触时粘接传矩。该节点不会被投射到接触体上，节点和接触体之间存在的初始间隙或重叠将不会被移除。

● 对于 SOL 101 和 SOL 400，如果接触初始没有真正发生，设 BCPARA 为 1。

● 对于 SOL 400 如果有粘接的和没有粘接的接触体同时存在，必须采用 BCPARA, 0, NLGLUE, 1。

注意：IGLUE = 1 或 IGLUE = 3 的使用可能有负面影响，因为节点投影到表面。这可能导致刚体模态的丧失。大型装配模型，建议二者择一：采用 IGLUE = 2 或 4；采用 IGLUE = 1 或 3，并与无应力初始接触的设置 ICOORD = 1 同时使用。

在 Patran 中可以定义接触关系及 IGLUE 参数，相关菜单界面如图 8-31 所示。

1. 装配体建模/不匹配的网格和初始缺陷的几何

在许多分析中，粘接接触是需要的，但是这两个物体并不是严丝无缝的接触。这可能是由于 CAD 模型中的误差或分网的误差引起的结果。它也可能是设计就如此，例如过盈配合模拟。这些描述上的差异对于装配模型不同的处理方式得到的结果也有所不同。通过接触约束把一些边界节点直接移到接触位置会使模型产生人为应力。要克服这一问题，有两种可能处理方法：一是施加约束，但不将曲面投影到接触面中；二是激活无应力（STRESS-FREE）初始接触，是一个不错的选择，用户通过设置 ICOORD = 1 实现。第二种方法的实现如图 8-32 所示，移动主动接触节点的坐标使它们落在接触表面上，这些节点的坐标位置将被更新，所有位移、应变、应力都将与这些新位置相对应。

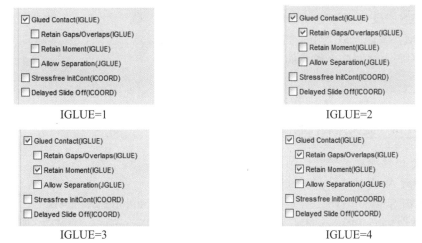

图 8-31 Patran 接触关系定义菜单及 IGLUE 的参数

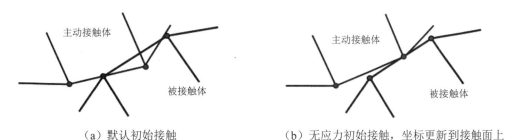

（a）默认初始接触 　　　　　　　　（b）无应力初始接触，坐标更新到接触面上

图 8-32 无应力初始接触

如果用户设置 PARAM, LGDISP 来进行考虑初始应力影响的特征值分析，利用无应力初始接触技术可以得到预期的六个刚体模态。如果不这样做，网格中的缺陷会引起应力，从而影响刚体模态。

2．UNGLUE（不粘接）

采用 UNGLUE，用户可以选择接触体上的一些节点是常规的接触而不是粘接接触，即使接触表（bctable）里约定这些节点应该粘接。那些选中的节点将忽略任何粘接接触条件而是遵循常规的接触规则（仅法向约束而无切向约束）。

3．Breaking Glue（脱粘或打开粘接）

在涉及结构脱层的工程问题中，通常表示两个表面先粘接在一起，如果达到一定的应力水平则可以分开。最简单的方法是基于接触法向应力（优先）或法向力条件。而对于像剥离这样的问题，包括法向和剪切应力条件是很有用的。这可以通过在 BCTABLE 或 BCONPRG 中的 JGLUE 调用：

- 0：粘接接触节点保持接触，默认。
- 1：调用标准分离行为。
- 2：用打开准则打开粘接。

式（8-2）打开粘接的准则，左端大于 1 则意味着满足打开条件。式（8-2）中的参数由 BKGL 关键词定义：

- BGST：最大切向应力(default=0.0)。

- BGSN：最大法向应力(default=0.0)。
- BGM：与切向应力相关的第一指数(default=2.0)。
- BGN：与法向应力相关的指数(default=2.0)。

$$\left(\frac{\sigma_t}{BGST}\right)^{BGM}+\left(\frac{\sigma_n}{BGSN}\right)^{BGN}>1.0 \qquad (8\text{-}2)$$

8.5.4 在 Patran 中定义接触控制参数

对一个分析作业定义接触控制参数的步骤如下：

（1）单击 Analysis 应用按钮进入分析参数定义窗口。

（2）单击 Solution Type...并选择分析类型后再单击 Solution Parameters...。

（3）选择 Contact Parameters...会弹出 Contact Control Parameters 子窗口，如图 8-33 所示。

图 8-33　接触控制参数定义菜单

Deformable-Deformable Method：如采用双边（Double-Sided）探测法，对于每个接触体对，两个接触体的节点都将被检查是否接触；如采用单边（Single-Sided）探测法，对于每个接触体对，仅编号小的接触体的节点被检查是否接触。结果与定义接触体的顺序相关。

Penetration Check：控制接触穿透检查。有时称为增量步拆分选项。可用选项是：

- Per Increment（默认）：意味着在增量步结束时检查穿透。
- Per Iteration：意味着在一个增量步的每次迭代结束时检查穿透。如发现有穿透则增量步被细分开。
- Suppressed（Fixed or Adaptive）：对固定和自适应加载步抑制穿透检查功能。

Reduce Printout of Surface Definition：控制是否减少表面定义的打印输出。

1. 接触表的定义

接触表的定义也非常重要，在 Patran 中定义接触表的步骤如下：

（1）单击 Analysis 应用按钮进入分析参数定义窗口。

（2）单击 Subcases...，选择 Subcase Parameters...，激活 Use Contact Table 并单击 Contact Table。
图 8-34 为接触表定义示例，从图中可见有 3 个变形接触体。

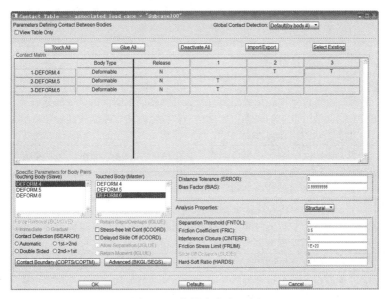

图 8-34　接触表定义示例

注意：Patran 默认是所有接触体都会接触，因此默认将 BCONTACT=ALLBODY 写到输入文件中，不需要写出 BCTABLE 模型数据卡片。只有当用户修改了默认的接触关系，Patran 才会写出接触表数据卡片。

接触表中的菜单选项说明参见表 8-2。

表 8-2　接触表中的菜单选项说明

菜单项	说明
Contact Detection	Default (by body #)：这是默认情况下，按顺序写到输入文件中的接触体顺序检查接触。在这种情况下，最细密的网格应该首先列出。将首先对第一接触体的节点对第二接触体进行接触检查，然后检查第二接触体的节点是否会与第一接触体接触。如果单面接触的接触参数窗口激活，那么只做前一部分检查。 Automatic：与默认情况不同，接触检测是自动确定的，不依赖于列出的接触体顺序，而是通过具有最小单元边长度的原则确定接触体顺序。然后只检查第一个接触体节点相对于第二个接触体的节点的接触，反之不检查。 First ->Second：接触关系矩阵下三角部分是空白的，不能接受任何输入。只有上三角部分的接触体关系可写入，从而迫使检查第一接触体节点相对于第二物体的接触检查。 Second-> First：接触关系矩阵上三角部分是空白的，不接受任何输入。只有下三角部分的接触体关系可写入。接触检测与 First ->Second 正好相反。 Double-Sided：接触表关系矩阵的上下三角部分均可写。这选项使接触参数（Contact Parameters）的窗口中设置的单面（Single Sided）接触参数设置对该接触对不起作用
Touch All	放置 T 表示所有变形体对变形体或刚体对变形体均为一般的接触
Glue All	放置 G 表示所有变形体对变形体或刚体对变形体均为粘接接触
Deactivate All	表格均改为空置状态
Body Type	列出每个接触体的接触体类型，可变形的或刚性的

菜单项	说明
Release	这种格子可以在 Y 或 N（是或否）之间切换。如果是 Y，表明指定的接触体是从这个子工况删除。与该物体相关联的接触力可以在第一个增量步中立即被移除，或者通过消除力（Force Removal）开关控制在整个分析步中被逐渐移除
Touching Body/ Touched Body	这些是信息列表框，允许用户查看哪个接触关系格子是激活的并查看接触距离容差和其他相关参数的设置。用户必须单击被接触体/主动接触体才能看到设置的值
Distance Tolerance	设置这对接触体的距离容差。必须按回车键（Enter）或返回键（Return）才能接受此数据框中的数据。如果这个参数随时间、温度或其他独立变量变化，可以引用非空间的场并写入表格中。这将覆盖距离容差的任何其他设置
Separation Force	设置这对接触体的分离力。必须按回车键或返回键才能接受此数据框中的数据。如果这个参数随时间、温度或其他独立变量变化，可以引用非空间的场并写入表格中。这将覆盖分离力的任何其他设置
Friction Coefficient	设置这对接触体的摩擦系数。必须按回车键或返回键才能接受此数据框中的数据。如果这个参数随时间、温度或其他独立变量变化，可以引用非空间的场并写入表格中。这将覆盖摩擦系数的任何其他设置
Interference Closure	设置这对接触体的过盈量或间隙量。必须按回车键或返回键才能接受此数据框中的数据。如果这个参数随时间、温度或其他独立变量变化，可以引用非空间的场并写入表格中。这将覆盖过盈关闭的任何其他设置
Heat Transfer Coefficient	设置这对接触体的传热系数。必须按回车键或返回键才能接受此数据框中的数据。如果这个参数随时间、温度或其他独立变量变化，可以引用非空间的场并写入表格中。这将覆盖任何其他设置的传热系数。只用于耦合分析
Retain Gaps/Overlaps	只适用于粘接选项。节点和接触体之间的任何初始间隙或过盈将不会被移除（否则，节点被投影到默认的接触体上）。仅用于可变形体与可变形体接触
Stress-free Initial Contact	只适用于第 0 增量步接触中的初始接触，在这种情况下，可以调整接触节点的坐标，从而有无应力初始接触。当由于网格生成中的不准确而引起节点和接触单元边/面之间有一个小的间隙/重叠时，这个选项很重要。仅用于可变形体与可变形体接触
Delayed Slide Off	默认情况下，当节点通过锐拐角并且其接触距离大于接触距离容差范围时就会滑开，即脱离接触。该选项扩展了切向距离容差。仅用于可变形体对可变形体接触

2. 接触对相互作用关系（Contact Pair Interaction）定义

这是一个比较新的功能，增强了 MSC Nastran 的接口界面对接触对的前、后处理能力，对于有很多接触体的模型，它比之前的接触表用起来更简单。具体而言，它支持前述的 MSC Nastran 有关接触关系的模型数据卡片。支持所有通过接触表支持的选项，包括壳单元边接触、UNGLUE（不粘接）等。

现在有两个定义施加区域的方式。施加区域可以是已存在的接触体，或者用户可以选择几何或单元作为施加区域，Patran 将对这些区域创建接触体。

当模型中只有几个接触体时，如部件模型，各个接触体都可能相互接触，接触表的方式很好用。然而，当接触体的数量变大时，如汽车或飞机等复杂结构的分析时，接触表会变得难以管理。针对这一情况，MSC Nastran 开发了不同于 BCTABLE 卡片的另一种形式（BCTABL1/BCONECT 数据卡片），将用接触对来描述接触关系。Patran 做了功能增强，可让用户选择采用早已有的接触表的方式还是近来新加的接触对方式。但由于 BCTABLE 和新 BCTABL1/

BCONECT 卡片格式的规定，不支持接触表和接触对同时存在的"混搭"模式。

接触对的定义在载荷/边界条件的菜单有专门的菜单选项，如图 8-35 所示。可以定义不同的接触对几何属性和物理属性。

图 8-35　接触对属性定义菜单

另外，在 Tools 下拉式菜单中的 Modeling 项有 Contact Bodies/Pairs 菜单选项，可以用于自动创建接触体和接触对。如图 8-36 所示，接触体可以基于以下选项自动产生：

● Connectivity
● Element Type
● Group
● Property
● Materials
● Geometry

其中基于 Connectivity 意指基于类似单元的连续单元连接性创建接触体。"类似单元"是指所有的实体三维单元（六面体/四面体）、壳或二维单元（四边形/三角形）和杆/梁单元。其他选项易于理解。

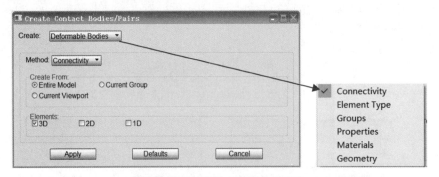

图 8-36　工具菜单中接触体的产生

接触对的自动产生只有一个选项即接触体之间的距离，如图 8-37 所示。表 8-3 对图 8-37 中的选项做了详细说明。

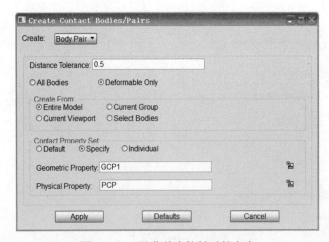

图 8-37　工具菜单中接触对的产生

表 8-3　接触对定义菜单选项说明

菜单选项	说明
Create	选项是接触对或可变形接触体
Distance Tolerance	接触体边界距离容差，如果小于此值，两个物体被认为形成一对接触体
All Bodies	如果这个开关被设置为所有的物体（All Bodies），那么所有的接触体，变形体-刚体和变形体—变形体的接触体对都会被创建出来
Deformable Only	如果此开关仅设置为可变形体（Deformable Only），则只创建变形体—变形体接触对
Create From	选项是考虑整个模型（Entire Model）、当前视窗（Current Viewport）、当前组（Current Group）或者手动选择已有的接触体（Select Bodies）。如果选中了 Select Bodies 选项，则会出现列表框图标，用户可以单击该图标并在弹出的列表框中选择需要的接触体。依据基于所有物体或可变形体的不同设置，列表框中列出的接触体会有不同。列表框具有动态刷新功能，如果用户在窗口打开时创建了新的接触体，列表框内容会动态更新。另外，列表框具有过滤功能

菜单选项	说明
Apply	创建体对并发出 PCL 命令来执行
Defaults	将窗口重置为默认值
Cancel	关闭窗口而不创建接触体对

3. 全局属性编辑器（Property Editor）

在每个接触对都用各自的单个属性创建的情况下，仍然可以使用全局属性编辑器在一步中修改大量的接触对的属性。例如：如果用户创建的多个接触对，它们参考各自（不共享）的接触属性，但如果用户想将所有的接触连接配合做一个快速的检查运行（即备份数据库中保存原来的接触对，然后一次修改所有接触对的属性），用户通过一次操作可以很容易地将所有的接触对改成粘接接触。全局属性编辑器菜单为 Utilities 下拉式菜单中的 Property Editor。

4. 接触关系定义方式选择

有两种机制来定义接触体的相互作用，并且需要一个控制来指定使用哪种方法。假设如果用户定义了接触对，则用户不希望使用接触表，因此 Solution Parameters 表包含一个 Use Contact Table 菜单按钮，可以通过切换来确定启用或不用接触表，如图 8-38 所示。

图 8-38　接触关系定义方式选择菜单

当窗口最初打开或者被打开时没有专门与现有的子工况关联时，Patran 将检测在边界条件中是否存在接触体对。如果发现有接触体对，Patran 切换按钮为 OFF 状态即 Use Contact Table 按钮处于不起作用状态。如果没有发现有接触体对，然后切换按钮为 ON 状态即按钮处于起作用状态。

在 Initial Contact 的参数定义中有同样的问题。如果边界条件中没有接触体对，窗口菜单条功能保留，Use Contact Table 按钮可以不起作用或隐藏。

如果边界条件中有接触体对，切换按钮需要启用/显示，如图 8-39 所示。如果 Initial Contact 处于 ON 的状态，Initial Contact 按钮将调出 Contact Table 窗口（Use Contact Table=OFF）或者

一个大的列表框列出载荷工况（Use Contact Table=ON），用户可从中选择包含接触体对边界条件的载荷工况作为初始接触设置。

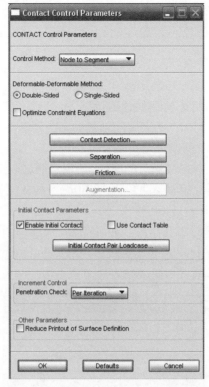

图 8-39　初始接触关系定义方式选择菜单

当作业保存后，数据库参数 Use Contact Table=YES/NO 就保存下来。

当初始接触选 ON 而且用户采用接触对边界条件时，Patran 将写出带有 ID 0 参数的 BCTABL1 卡片。

注意：仅对 MSC Nastran 版本 2013 或后续版本起作用，对于 2013 以前版本没有 Use Contact Table 按钮，必须使用接触表，此时，数据库中的任何接触体对都将被忽略。

8.6　分离准则及软件处理方法

8.6.1　分离准则

当一个节点接触到一个表面后，它可以在随后的迭代步或增量步中分离出来。在数学上，当节点与表面之间的反作用力变成拉力时，节点应该分离。物理上，用户可以考虑当拉力或正应力超过表面张力时，节点应该分离。通常不使用精确的数学定义，而是用户可以输入导致分离的临界力或压力。

这个数字在理论上应该是零。然而，由于一个小的拉伸力很可能仅仅是由于平衡方程的求解误差引起的，所以这个非零阈值可以避免不必要的分离。阈值不能过大或过小，如果过小，导致节点与表面的交替分离和接触。当然，过大的值会导致人为的不真实接触行为。

在许多分析中，有接触但接触力很小，例如，在一张桌子上放一张纸。由于有限元算法的一些限制可能会导致数值抖动。SOL 400 有一些额外的接触控制参数，可以让该问题最小化。当使用 NTS 方法时，一个分离导致额外的迭代（这会导致更高的成本），选择适当的参数是非常有益的。

（1）分离方法。指控制物体之间的分离方法，特指是受力或应力控制的，以及它是基于绝对或相对的测试。它体现在 BCPARA 模型数据卡片的 IBSEP 项。在 STS 接触的情况下，只允许基于绝对应力测试的应力分离。因此，FNTOL 输入的值是指应力值，理解这点至关重要。简单地把现有的 NTS 输入文件改成 STS 接触，而不调整分离值，如果原来设的是基于力的分离法将导致不同的行为和潜在的计算成本显著增加。

（2）分离阈值。表示引起分离应力/力的大小或应力/力的相对值大小。在 BCPARA 或 BCTABLE 模型数据卡片输入 FNTOL 数值，该值与 IBSEP 值相关。对于 STS 接触的情况下，需要输入应力值的绝对值，通常为金属屈服应力的 1%大小是比较适当的。

在每个载荷增量期间，可以发生分离。用户可以控制每个增量步中允许的最大节点分离数，以减少计算成本。

采用 BCPARA/IBSEP 控制分离：

- 0：当接触拉伸力超过 FNTOL 时分离（在 BCPARA、BCTABLE 或 BCONPRP 中输入。默认：整个模型中最大的残余力）。
- 1：当接触名义拉伸应力（拉伸力除该节点面积）超过 FNTOL 时分离（默认：具有位移约束节点上的最大应力乘收敛容差）。
- 2：当接触拉伸应力（对积分点上的值进行外插并平均）超过 FNTOL 时分离。
- 3：当接触名义拉伸应力超过 FNTOL（默认=0.1）乘模型中最大接触应力时分离。
- 4：当接触拉伸应力超过 FNTOL（默认=0.1）乘模型中最大接触应力时分离。

对于给定面上应力分布的高阶单元，其等效力如图 8-40 所示。这将导致使用基于力的分离标准时出现问题，因此对于这些单元必须使用基于应力的标准。

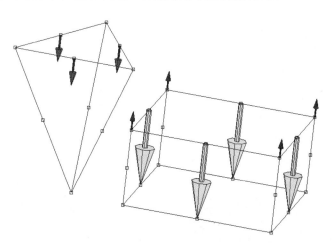

图 8-40　分布力的等效力

注意：对高阶单元接触，只能采用 2 或 4 选项。

MSC Nastran 结构中的最大残余力作为分离力。最大的残余力可以在 BCPARA 模型数据卡规定。这个值的默认值是使用最大反作用力的 10%。因此，如果某一特殊节点存在局部很大的反作用力，分离力也很大。不过在大多数情况下，默认值是一个很好的度量。

如果用户希望基于应力来判断分离，则应输入分离应力值。默认值是节点的最大残余力除以该节点的接触面积。

对于 NTS 接触，如果绝对分离应力设为零，会显著增加计算工作量，对于 STS 接触，情况则并非如此。

（3）平衡：当接触发生时，与接触节点相关的反作用力与该节点相邻的单元的内部应力平衡。当分离发生时，这种反作用力表现为残余力（自由节点上的力应为零）。这就要求变形体内部应力重新分布。根据力的大小，这可能需要多次迭代。

用户应该注意到，在静态分析中，如果一个变形体只受其他物体的约束（没有明确的约束边界条件），物体随后与所有其他物体分离，那么它就有刚体运动。对于静力分析，这将导致在一个奇异的或非正定系统。通过施加适当的边界条件可以避免这个问题。

8.6.2　在 Patran 中定义分离

在接触控制参数的窗口，选择 Separation...，弹出的菜单窗口控制接触分离的接触参数，如图 8-41 所示。

Maximum Separations：在每个增量步中最大允许的分离次数，默认值是 9999。

Retain Value on NCYCLE：如果不想在分离发生时重新设置 NCYCLE 则激活该选项，会加速求解，但可能会导致结果不稳定。

Increment：指定是在哪个增量步（当前或下一个增量步）允许分离发生。

Chattering：指定是否允许接触—分离状态的振荡摇摆。

Separation Criterion、Force Value/Stress Value：指定分离准则（力或应力）和分离发生的临界值。

图 8-41　分离参数定义菜单窗口

8.7　模拟摩擦

摩擦是一种非常复杂的物理现象，与接触表面的硬度、湿度、法向应力和相对滑动速度等特性有关。其机理目前仍是研究中的课题。SOL 400 中采用了两种简化的理想模型来对摩擦进行数值模拟。

8.7.1　滑动库仑摩擦模型

此摩擦模型除了不用于块体锻造成型外，在许多加工工艺分析和其他有摩擦的实际问题中都被广泛采用。

库仑摩擦模型为

$$\sigma_{fr} \leqslant -\mu\sigma_n t \qquad (8\text{-}3)$$

式中，σ_n 为接触节点法向应力；σ_{fr} 为切向（摩擦）应力；μ 为摩擦系数；t 为相对滑动速度方向上的切向单位矢量。

库仑摩擦模型又常常写成节点合力的形式

$$f_t \leqslant -\mu f_n \cdot t \qquad (8\text{-}4)$$

式中，f_t 为剪切力，f_n 为法向力。

对于摩擦系数呈非线性的实际情形，不应采用这种基于节点合力的库仑定律。因为通常这种非线性与节点应力相关，而与合力无关。这时应采用基于应力表示的摩擦模型。当然，基于合力的摩擦模型也可用于连续单元中。

另外，可以看到当法向力给定后，如果相对滑动的速度或位移增量方向变化，摩擦力会产生阶梯函数状的变化，如图 8-42 所示。摩擦力的突变对平衡方程的收敛性通常会有影响，因而 SOL 400 中不用经典的库仑摩擦模型。

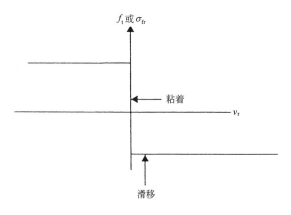

图 8-42　静摩擦力与滑动摩擦力之间的突变

8.7.2　剪切摩擦

实验表明，当法向力或法向应力太大时，库仑摩擦模型常常与实验观察结果不一致。由库仑定律预测的摩擦应力会超过材料的流动应力或失效应力。此时，要么通过用户子程序采用非线性摩擦系数的库仑定律加以修正，要么采用基于切应力的摩擦模型，如图 8-43 所示。

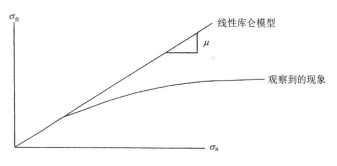

图 8-43　非线性摩擦行为

剪切摩擦定理：基于切应力的摩擦模型认为摩擦应力是材料等效剪切应力的一部分

$$\sigma_{\text{fr}} \leq -m\frac{\overline{\sigma}}{\sqrt{3}}t \tag{8-5}$$

这种模型对所有能够处理分布载荷的应力分析单元都适用。当然通过对面积积分，也可以写成集中力的形式。

同样，如果相对滑动的速度或位移增量方向变化，摩擦力会产生阶梯函数状的变化，摩擦力的突变对平衡方程的收敛性通常会有影响，因而 SOL 400 中也没有用该摩擦模型。

8.7.3 双线性摩擦模型

MSC Nastran SOL 400 采用前述的滑动库仑摩擦模型和剪切摩擦模型的修正形式。

如图 8-44 所示，双线性摩擦模型假定粘性摩擦和滑动摩擦分别对应于可逆（弹性）和不可逆（塑性）相对位移增量，采用一个滑动面 ϕ 表示

$$\phi = \|f_t\| - \mu f_n \tag{8-6}$$

并给定粘性极限距离 δ，默认值为 $0.0025 \times$ 变形接触体的单元平均尺度。

$$\Delta u_t < \delta, \quad \phi < 0, \quad 粘性摩擦$$
$$\Delta u_t > \delta, \quad \phi > 0, \quad 滑动摩擦 \tag{8-7}$$

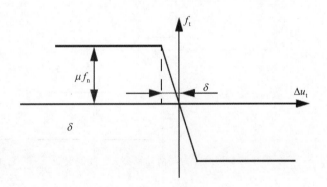

图 8-44 双线性摩擦模型

双线性模型要求进行额外的摩擦力收敛检查，要求满足下式

$$\frac{\|F_t\| - \|F_t^P\|}{\|F_t\|} \leq e \tag{8-8}$$

式中，F_t 为当前所有节点总的摩擦力向量；F_t^P 为前一迭代步所有节点总的摩擦力向量；e 为容差，默认值为 0.05。

库仑摩擦是依赖于法向力和相对滑动速度的高度非线性现象，它是速度或位移增量的隐式函数，其数值贯彻包含两个部分：一个是施加切向摩擦力的贡献；另一个是对系统刚度矩阵的贡献。如果完整地考虑这种摩擦对刚度的贡献会导致系统系数矩阵出现非对称，这样一来，所需的计算机内存和 CPU 时间都会上升。从减少计算费用的角度出发，MSC Nastran 软件在考虑摩擦力对刚度矩阵的贡献时，可以只保留对称部分的影响。

8.7.4　其他摩擦模型

考虑到摩擦描述实际很复杂，涉及表面条件、润滑条件、相对滑动速度、温度，表面几何等因素的影响，有时仅靠库仑摩擦或剪切摩擦并不足以描述。软件提供了用户子程序接口，允许用户自己定义摩擦系数，通常用户定义的摩擦系数为

$$\mu = \mu(x, f_{n}, T, v_{r}, \sigma_{y}) \tag{8-9}$$

式中，x 为所计算的接触节点的位置；f_{n} 为所计算的接触节点的法向力；T 为所计算的接触点的温度；v_{r} 为所计算的接触点相对滑动速度；σ_{y} 为材料流动应力。

8.7.5　关于摩擦的其他说明

在考虑摩擦生热的热-机耦合分析中，MSC Nastran 程序自动计算基于节点应力的摩擦力功所转换的热，并把由摩擦产生的热流分别平分到产生接触的两个物体表面中，作为表面热流加热接触体。

在 Patran 接触表或接触对属性参数定义菜单中均可以定义各接触体之间的摩擦系数。同样，在 Patran 也可以选择摩擦定律，在 Contact Control Parameters 子窗口，单击 Friction Parameters....即调出相应的菜单窗口，如图 8-45 所示。

图 8-45　定义摩擦定律菜单窗口

摩擦类型的可用选项有：无（默认）、双线性剪切（多用于金属成形）和双线性库仑（常规接触问题）。

注意：默认是无摩擦类型，即使定义了接触体的摩擦系数，如果没有采用双线性剪切或双线性库仑摩擦类型，在计算过程中也是不考虑摩擦的。

8.8 干涉配合分析

干涉（Interference）配合分析功能可用于模拟有过盈或间隙的几何体需要装配在一起的情况，由于过盈配合更为普遍，因此也常称为过盈配合分析。过盈配合使用的一些例子包括紧轴上安装的直齿轮、联轴器、领环、安装在轮辋上的轮胎、轮毂的轴承衬套、阀座、橡胶密封件、合成树脂压制材料制成的衬套等。

8.8.1 分析方法介绍

过盈配合分析采用接触算法在 MSC Nastran 处理，与传统的接触分析相比，过盈配合的过盈量可以大很多。理想情况下，过盈配合计算是在一个单独的载荷工况下执行的，可能需要多个增量步。用户可以控制完成该配合过程所需的增量步数或时间。目前 MSC Nastran SOL 400 有四种方法供用户使用，用户可根据几何形状来选择。这些方法都适用于点对面段（NTS）的接触和面段对面的段（STS）的接触算法。具体叙述如下：

1. 接触法线（Contact normal）

这种方法通常被推荐用于具有较小的过盈值的情况下，以沿所述接触方向的法线方向解决。当过盈较大时，其他方法更适合。此时，主动接触体上的节点（NTS 法）或辅助点（STS 法）沿垂直方向投影到被接触体的面段上。各主动接触实体被定位在沿被接触面法向、距被接触面一定的距离（过盈或间隙）之处。用户需要提供过盈距离值（BCONPRG 卡中的 CINTERF 选项），表示接触体之间的最大的过盈或间隙。如果是过盈该距离值为负，如果是间隙则该值为正。对于点对面段接触时节点或面段对面段接触时的辅助点，接触探测算法的原理如下：

$$(Overlap/Gap + Interference) < D(1+B) \qquad 在接触体内$$

或

$$(Overlap/Gap + Interference) < D(1-B) \qquad 在接触体外$$

式中，D 为正常接触距离容差；B 为偏置系数。

为了控制实现过盈配合的增量或时间的数量，用户可以指定一个表，其中过盈距离的大小从过盈的可能最大值降到 0。过盈可以逐步得到解决。请注意，如果需要为整个作业保持一个间隙或过盈，那么在所有的工作工况下，需要将过盈值作为一个常量值保持。当过盈距离较大时，这种方法可能无法充分发挥作用。在这种情况下，接触实体可以在给定的距离内找到多个被接触的面段。

方法 2 至 4 更通用，允许（主动）接触体和被接触体之间更大的干涉（过盈或间隙）。这些方法的总体策略是在内部计算接触体的节点和被接触体的部分之间的初始平移矢量。这个初始向量也被称为"伪位移向量"。关于伪位移矢量应注意以下几点：

● 伪移动的大小是根据用户提供的表来变化的，在通常工况下，从 1 到 0 是一个向下倾斜的表。

注意： 接触实体对接触段的投影是在每次迭代中进行的，但接触实体的位置总是基于载荷工况开始时计算的伪位移向量的缩放。因此，在过盈载荷情况下，不允许干涉体的大转动。

- 应注意对两个连续载荷工况下的过盈的处理。过盈可以被指定为任何载荷工况下，虽然通常情况下，它是在开始分析时指定（零增量步和第一个载荷工况）。有三种可能的情况：
  - ➢ 过盈是在零增量步指定并在第一个工况下（这是推荐的选项）。零增量步中，过盈的物体之间的接触是基于给定的数据建立但过盈本身是无法解决的。实际过盈在第一个工况下得到解决。
  - ➢ 零增量步不指定过盈但在第一个载荷工况指定（这是不推荐的）。在这种情况下，有可能基于常规接触算法在零增量步时两个接触体之间检测到一些接触，这可能会导致与工况 1 中的"伪位移"接触冲突。
  - ➢ 过盈是在零增量步指定但没有在第一个载荷工况指定（这是不推荐的）。在这种情况下，过盈物体之间的接触是在增量步 0 中建立的，计算的"伪位移"在增量步 1 开始时立即减小到 0.0。这可能会导致收敛困难。每种过盈方法为该伪矢量的计算提供了不同的策略。

2. 移动（Translation）

对于此法，对于接触定义中的每个过盈体对，用户指定以下参数：

- 矢量大小。
- 矢量的方向余弦。
- 指定方向余弦所用的坐标系（默认为总体直角坐标系）。
- 施加干涉矢量的接触体。
- 一个指定在工况中干涉量变化的表格。

该算法使过盈物体沿着由用户指定的方向有一个初始的伪运动使过盈消除。接着是去除伪运动，使干涉配合达到。这种方法特别适用于在特定方向上接触物体之间有很大的初始过盈。

3. 缩放（Scaling）

在此法中，对于接触定义中的每个过盈体对，用户指定以下参数：

- 缩放的中心点位置。
- X、Y 和 Z 三个方向的缩放系数。
- 缩放发生的坐标系（默认为总体直角坐标系）。
- 施加干涉矢量的接触体。
- 一个指定在工况中干涉量变化的表格。

虚伪调整（非真实的结构调整）是通过缩放一个物体来完成的，这样就消除了过盈。算法的其余部分类似于"Translation"选项。

4. 自动（Automatic）

在此法中，对于接触定义中的每个过盈体对，用户指定以下参数：

- 穿透容差。
- 施加干涉矢量的接触体。
- 一个指定在工况中干涉量变化的表格。

过盈体的节点（由用户指定）到另一个物体之间发现有过盈的距离向量，穿透容差应略高于接触体对之间的最高穿透深度，考虑到这种容差中的节点进行过盈计算。利用节点与最近接触段之间的垂直距离建立每个节点上的伪位移矢量。算法的其余部分类似于"Translation"

选项。另外，自动方法还应注意以下几点：

- 对于单向接触探测，主动接触体必须被选为干涉物体（interfering body）。
- 一般而言，采用此法时被接触体最好采用解析描述。
- 对于壳接触体，用户需要指定顶面或底面作为接触探测面。

过盈配合的限制：

- 不能用于自接触。
- 不能用于梁单元之间（beam-to-beam）的接触。
- 采用方法 2、3、4 时，干涉载荷工况不能出现大转动。
- 对于非结构力学分析不支持干涉。

8.8.2　过盈配合分析实例

本例模拟如图 8-46 所示的活塞销与连杆的干涉配合问题。在本例中两个零件是通过过盈配合及摩擦紧固在一起的，过盈量为 0.2mm。本例从文件中导入网格数据，采用 SOL 400 的两种不同的干涉配合分析选项进行了分析：

（1）沿着用户指定的方向干涉闭合（在圆柱坐标系中使用比例因子）。

（2）基于节点的初始穿透干扰自动计算。

活塞销材料参数：

杨氏模量：$E_{cs} = 2.0 \times 10^5 \text{MPa}$

泊松比：$v_{cs} = 0.3$

连杆材料参数：

杨氏模量：$E_p = 1.7 \times 10^5 \text{MPa}$

泊松比：$v_p = 0.33$

图 8-46　活塞销-连杆模型

1. 建立模型

（1）新建 MSC Patran 的空数据文件。单击菜单栏 Menu→File→New，输入模型数据文件名称为 Interference_Fit.db。

（2）顺次单击主工具条中 File→Import，打开模型导入窗口。设置导入模型的格式为 MSC Nastran Input，如图 8-47 中 a 所示，在相应路径下选取 Piston_Rod.dat 文件，单击 Apply 按钮。

（3）导入模型如图 8-46 所示，模型中共包含 16136 个六面体单元和 18609 个节点。

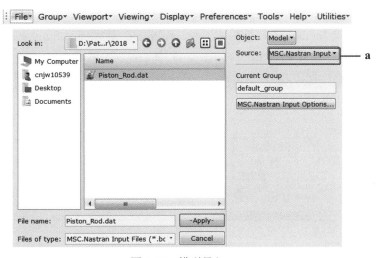

图 8-47　模型导入

2．定义材料本构关系

（1）单击工具栏中的 Materials 按钮，打开 Materials 窗口，如图 8-48 中 a 所示，依次设置 Action、Object 及 Method 的属性为 Create、Isotropic 及 Manual Input；如图 8-48 中 b 所示，在 Material Name 文本框中输入 Piston；如图 8-48 中 c 所示，单击 Input Properties…按钮，弹出 Input Options 对话框；如图 8-48 中 d 所示，在 Elastic Modulus 中填入 2E5，在 Poisson Ratio 中填入 0.3，单击 OK 按钮。

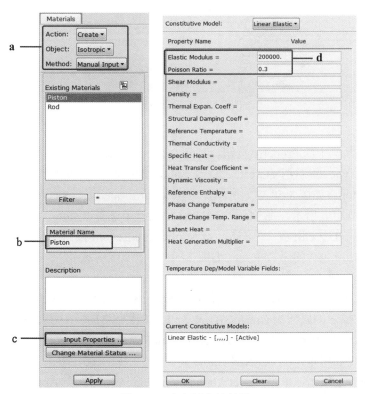

图 8-48　定义活塞销材料

（2）单击工具栏中的 Materials 按钮，打开 Materials 窗口，如图 8-49 中 a 所示，依次设置 Action、Object 及 Method 的属性为 Create、Isotropic 及 Manual Input；如图 8-49 中 b 所示，在 Material Name 文本框中输入 Rod；如图 8-49 中 c 所示，单击 Input Properties…按钮，弹出 Input Options 对话框；如图 8-49 中 d 所示，在 Elastic Modulus 中填入 1.7E5，在 Poisson Ratio 中填入 0.33，单击 OK 按钮。

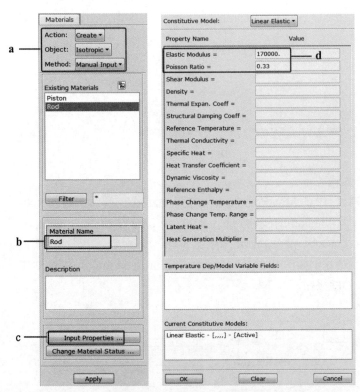

图 8-49   定义连杆材料

3. 定义单元属性

（1）单击工具栏中的 Property 按钮，打开 Property 窗口，如图 8-50 中 a 所示，依次设置 Action、Object 及 Type 的属性为 Create、3D 及 Solid；如图 8-50 中 b 所示，在 Property Set Name 文本框中输入 Piston。如图 8-50 中 c 所示，单击 Input Properties…按钮，弹出 Input Properties 对话框；如图 8-50 中 d 所示，在 Material Name 列表框中选择 Piston，单击 OK 按钮完成属性参数输入；如图 8-50 中 e 所示，单击 Select Application Region 按钮，在 Application Region 列表框中选择 Piston 所包含的所有单元（如图 8-50 中 f 所示区域），单击 OK 按钮，然后单击 Apply 按钮完成活塞销单元属性的创建。

（2）单击工具栏中的 Property 按钮，打开 Property 窗口，如图 8-51 中 a 所示，依次设置 Action、Object 及 Type 的属性为 Create、3D 及 Solid；如图 8-51 中 b 所示，在 Property Set Name 文本框中输入 Rod。如图 8-51 中 c 所示，单击 Input Properties…按钮，弹出 Input Properties 对话框；如图 8-51 中 d 所示，在 Material Name 列表框中选择 Rod，单击 OK 按钮完成属性参数输入；如图 8-51 中 e 所示，单击 Select Application Region 按钮，在 Application Region 列表框中选择 Rod 所包含的所有单元（如图 8-51 中 f 所示区域），单击 OK 按钮，然后单击 Apply 按

钮完成连杆单元属性的创建。

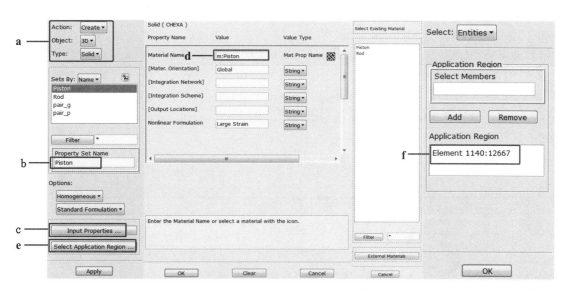

图 8-50　定义活塞销单元属性

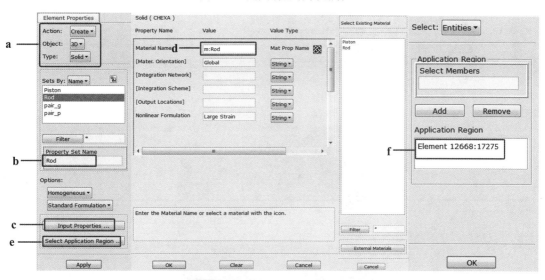

图 8-51　定义连杆单元属性

4. 定义载荷和边界条件

（1）单击工具栏中的 Loads/BCs 按钮，如图 8-52 中 a 所示，依次设置 Action、Object 及 Type 的属性为 Create、Displacement 及 Nodal；如图 8-52 中 b 所示，在 New Set Name 文本框中输入 Piston_Fixed；如图 8-52 中 c 所示，单击 Input Data...按钮，弹出 Input Data 对话框；如图 8-52 中 d 所示，在 Translations 和 Rotations 文本框中分别输入<0，0，0>，单击 OK 按钮完成输入；如图 8-52 中 e 所示，单击 Select Application Region 按钮，在 Application Region 列表框中，选择活塞销远端所有节点，单击 OK 按钮，然后单击 Apply 按钮，完成 Piston_Fixed 的创建。

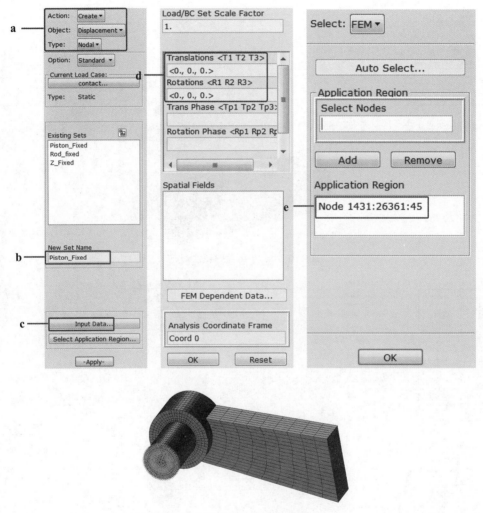

图 8-52　定义活塞销约束

（2）单击工具栏中的 Loads/BCs 按钮，如图 8-53 中 a 所示，依次设置 Action、Object 及 Type 的属性为 Create、Displacement 及 Nodal；如图 8-53 中 b 所示，在 New Set Name 文本框中输入 Rod_Fixed；如图 8-53 中 c 所示，单击 Input Data...按钮，弹出 Input Data 对话框；如图 8-53 中 d 所示，在 Translations 和 Rotations 文本框中分别输入<0，0，0>，单击 OK 按钮完成输入；如图 8-53 中 e 所示，单击 Select Application Region 按钮，在 Application Region 列表框

中，选择连杆底部所有节点，单击 OK 按钮，然后单击 Apply 按钮，完成 Rod_Fixed 的创建。

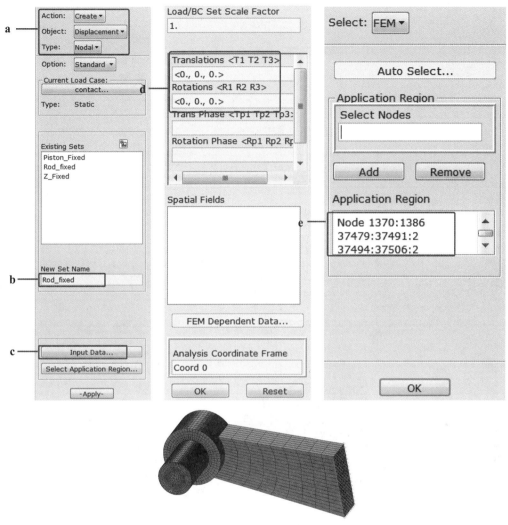

图 8-53 定义连杆约束

（3）单击工具栏中的 Loads/BCs 按钮，如图 8-54 中 a 所示，依次设置 Action、Object 及 Type 的属性为 Create、Displacement 及 Nodal；如图 8-54 中 b 所示，在 New Set Name 文本框中输入 Z_Fixed；如图 8-54 中 c 所示，单击 Input Data...按钮，弹出 Input Data 对话框；如图 8-54 中 d 所示，在 Translations 文本框中分别输入<,, 0>，单击 OK 按钮完成输入；如图 8-54 中 e 所示，单击 Select Application Region 按钮，在 Application Region 列表框中，选择活塞销和连杆对称面上所有节点，单击 OK 按钮，然后单击 Apply 按钮，完成 Z_Fixed 的创建。

（4）单击工具栏中的 Loads/BCs 按钮，如图 8-55 中 a 所示，依次设置 Action、Object 及 Type 的属性为 Create、Contact 及 Element Uniform；如图 8-55 中 b 所示，在 New Set Name 文本框中输入 Piston；如图 8-55 中 c 所示，单击 Select Application Region 按钮，在 Application Region 列表框中，选择活塞销所有单元，单击 OK 按钮，然后单击 Apply 按钮，完成活塞销接触体的创建。

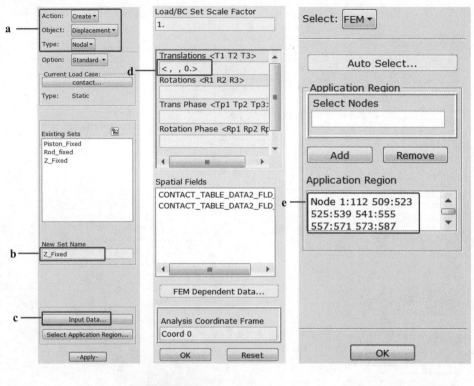

图 8-54 定义对称约束

（5）单击工具栏中的 Loads/BCs 按钮，如图 8-56 中 a 所示，依次设置 Action、Object 及 Type 的属性为 Create、Contact 及 Element Uniform；如图 8-56 中 b 所示，在 New Set Name 文本框中输入 Rod；如图 8-56 中 c 所示，单击 Select Application Region 按钮，在 Application Region 列表框中，选择连杆所有单元，单击 OK 按钮，然后单击 Apply 按钮，完成连杆接触体的创建。

（6）单击工具栏中的 Loads/BCs 按钮，如图 8-57 中 a 所示，依次设置 Action、Object 及 Type 的属性为 Create、Contact 及 Element Uniform；如图 8-57 中 b 所示，在 New Set Name 文本框中输入 Contact_Pair；如图 8-57 中 c 所示，单击 Select Application Region...按钮，弹出对话框；如图 8-57 中 d 所示，在 Body1 Name 文本框中选择 Piston，在 Body2 Name 文本框中选择 Rod，单击 OK 按钮完成；然后单击 Apply 按钮，完成接触对的设置。

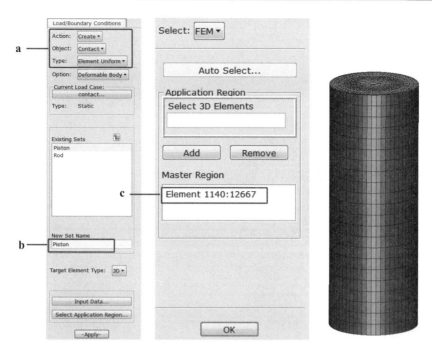

图 8-55　定义活塞销接触体

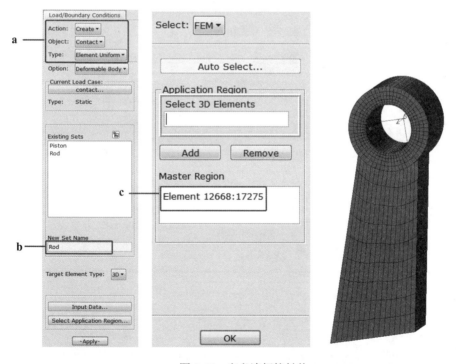

图 8-56　定义连杆接触体

（7）单击工具栏中的 Loads/BCs 按钮，如图 8-58 中 a 所示，单击 Create Load Case 按钮；如图 8-58 中 b 所示，设置 Load Case Name 为 contact；如图 8-58 中 c 所示，选取 Type 的类型是 Static；如图 8-58 中 d 所示，单击 Input Data…按钮，在弹出的界面中选取位移约束 Piston

Fixed、Rod Fixed、Z Fixed，接触 Piston、Rod、contact pair 到载荷工况 Contact 中，单击 OK 按钮，单击 Apply 按钮。

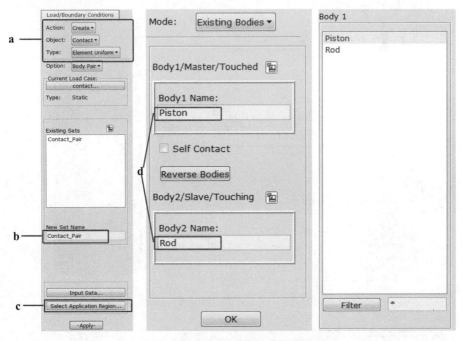

图 8-57　接触对设置

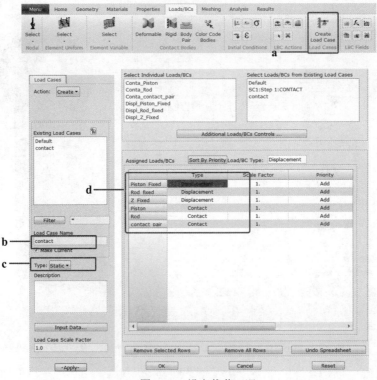

图 8-58　设定载荷工况

5. 设置分析参数并提交分析作业

（1）单击工具栏中的 Analysis 按钮，如图 8-59 中 a 所示，依次设置 Action、Object 及 Method 的属性为 Analyze、Entire Model 及 Analysis Deck；如图 8-59 中 b 所示，在 Job Name 文本框中，输入 Scale_factor；如图 8-59 中 c 所示，单击 Solution Parameters...按钮，弹出对话框；如图 8-59 中 d 所示，选择 Large Displacement；如图 8-59 中 e 所示，单击 Contact Parameters... 按钮。如图 8-59 中 f 所示，在 Control Method 选项框中，选择 Segment to Segment；如图 8-59 中 g 所示，单击 Augmentation...按钮；如图 8-59 中 h 所示，在 Method 选项框中，选择 Automatic，多次单击 OK 按钮，返回主菜单。

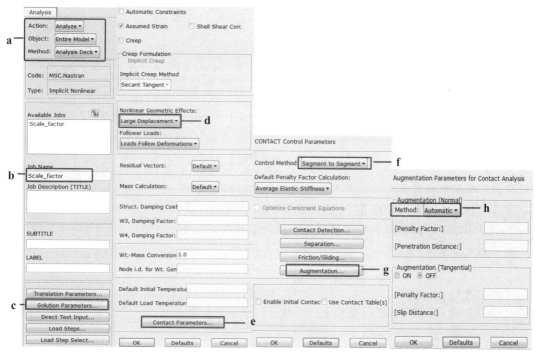

图 8-59　接触参数设置

（2）如图 8-60 中 a 所示，单击 Direct Text Input 按钮，如图 8-60 中 b 所示，输入

```
BCONPRG,1,,ISEARCH,0,BIAS,1.0,TBINTRF,4
,OPINTRF,3,CDINTRF,5,VXINTRF,0.95,VYINTRF,1.0
,VZINTRF,1.0,XCINTRF,0.0,YCINTRF,0.0
,ZCINTRF,0.0,CBINTRF,1
TABLED1,4
,0.0,1.0,1.0,0.0,ENDT
CORD2C,5,0,0.0,0.0,0.0,0.0,0.0,0.0,1.0
,-1.0,0.0,0.0
```

单击 OK 按钮完成。

以上是采用比例因子选项分析时输入的参数。采用自动选项时，输入的参数如下：

```
BCONPRG,1,,BIAS,0.95,TBINTRF,4,OPINTRF,4,CDINTRF,0,PTINTRF,1.0
TABLED1,4
,0.0,1.0,1.0,0.0,ENDT
```

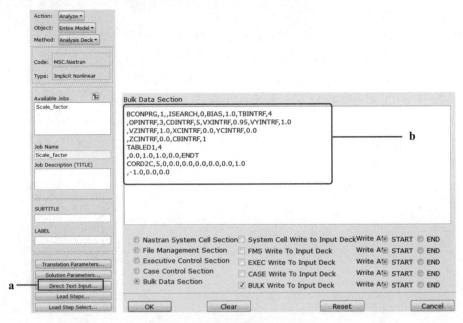

图 8-60　接触相关参数卡片输入

注意：在开始计算前，请打开.bdf 文件，找到 BCONECT 卡片。其第二个域如果没有数字，请填入 BCONPRG 的 ID 号 1，即 BCONECT ,8009 ,1, ,2,1。

下面说明以下输入参数卡片的格式及相关项的意义。

BCONPRG 卡片的格式：

1	2	3	4	5	6	7	8	9	10
BCONPRG	BCGPID		PARAM1	VAL1	PARAM2	VAL2	PARAM3	VAL3	
	PARAM4	VAL4	PARAM5	VAL5	-etc.-				

域	内容
BCGPID	几何接触参数的识别号（大于 0 的整数）。
PARAMi	参数名称。
VALi	参数值。

下面对所选的参数作一下说明：

ISEARCH　对于可变形体接触，接触探测顺序选项。面段对面段接触不需要该选项（整数，默认为 0）。

　　　　　0　（双向探测）首先从接触体中 ID 号小的探测是否会接触到 ID 号的大的，然后，执行一次相反探测过程。

　　　　　1　（单向探测）从从面（Slave）到主面(Master)探测。

　　　　　2　（单向探测）程序决定探测顺序。

BIAS　　　接触容差偏置系数。如果为空，则采用 BCPARA 卡片中的值。

TBINTRF　用于干涉配合的 TABLED1 ID 号（大于 0 的整数，仅当 OPINTRF>0 时需要）。

OPINTRF　干涉配合的方法（≥0 的整数，默认为 0）。

0 小干涉配合

1 法线法

2 移动法

3 比例因子法

4 自动法

CDINTRF　　　对于干涉配合的 VXINTRF、VYINTRF 和 VZINTRF 的坐标系 ID 号。仅当 OPINTRF 为 2、3 时才需要（大于 0 的整数，默认为 0）。

当 OPINTRF=2 时，坐标的平移向量方向余弦系统。

当 OPINTRF=3 时，比例因子向量坐标系。

VXINTRF　　　干涉配合矢量的 X 分量。仅当 OPINTRF=2、3 时需要（实数，默认为 0）。

VYINTRF　　　干涉配合矢量的 Y 分量。仅当 OPINTRF=2、3 时需要（实数，默认为 0）。

VZINTRF　　　干涉配合矢量的 Z 分量。仅当 OPINTRF=2、3 时需要（实数，默认为 0）。

XCINTRF　　　缩放中心的 X 值。仅当 OPINTRF=3 时需要（实数，默认为 0）。

YCINTRF　　　缩放中心的 Y 值。仅当 OPINTRF=3 时需要（实数，默认为 0）。

ZCINTRF　　　缩放中心的 Z 值。仅当 OPINTRF=3 时需要（实数，默认为 0）。

CBINTRF　　　干涉配合中接触体的选择。仅当 OPINTRF=2、3 或 4 时需要（实数，默认为 0）。

0 为主动接触体（slave body）

1 为被接触体（master body）

TABLED1 卡片格式：

1	2	3	4	5	6	7	8	9	10
TABLED1	TID	XAXIS	YAXIS						
	x1	y1	x2	y2	x3	y3	-etc.-	"ENDT"	

域	内容
TID	表格标识号。
XAXIS	指定 X 轴是线性或对数插值。
YAXIS	指定 Y 轴是线性或对数插值。
xi、yi	表格数值（实数）。
"ENDT"	表格结束标志。

CORD2C 卡片格式：

1	2	3	4	5	6	7	8	9	10
CORD2C	CID	RID	A1	A2	A3	B1	B2	B3	
	C1	C2	C3						

域	内容
CID	坐标参考系标识号
RID	参考坐标系的标识号
Ai、Bi、Ci	参考于坐标系 RID 的三个点的坐标。

（3）Load Steps 设置。如图 8-61 中 a 所示，单击 Load Steps...按钮，在弹出的 Available Steps 列表框中选择 Contact 工况；在 Analysis Type 列表框中选择 Static（即静力分析类型）。如图 8-61 中 b 所示，单击 Step Parameters...按钮，进入工况属性设置。如图 8-61 中 c 所示，单击 Iteration Parameters 按钮，进入非线性计算时的迭代设置。如图 8-61 中 d 所示，勾选 Displacement Error 选项，多次单击 OK 按钮回到 Load Steps 主界面，完成加载的设置。

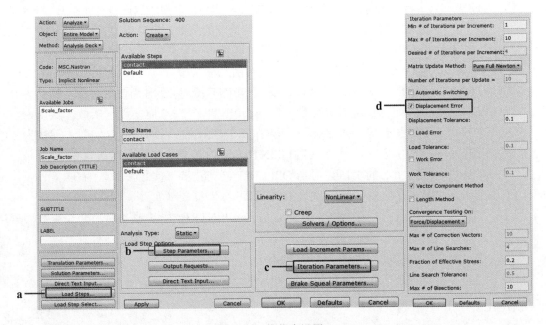

图 8-61　载荷步设置

（4）如图 8-62 中 a 所示，单击 Load Step Select 按钮，在弹出的列表框中依次选择 contact 工况。单击 OK 按钮回到 Analysis 主界面，并提交 Nastran 运算。

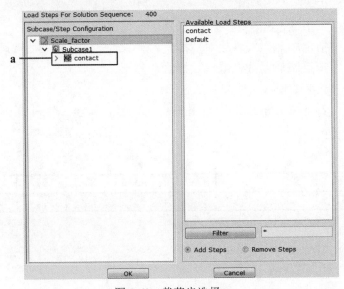

图 8-62　载荷步选择

6. 结果查看

（1）单击工具栏中的 Analysis 按钮，依次设置 Action、Object 及 Method 的属性为 Access Results、Attach Output2 及 Result Entities，单击 Apply 按钮读取相关结果文件。

（2）可以显示一下不同过盈设置选项的位移云图结果，如图 8-63 所示。从图中可见，对于位移，不同过盈设置几乎没有影响。

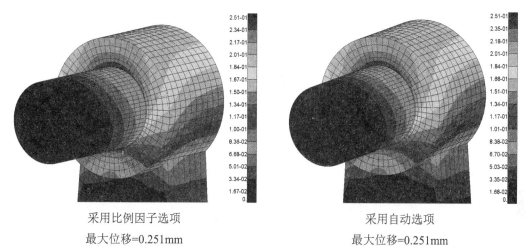

采用比例因子选项　　　　　　　　　　　　　采用自动选项

最大位移=0.251mm　　　　　　　　　　　　最大位移=0.251mm

图 8-63　活塞销-连杆位移变形

（3）通过工具栏中 Group 选项，选择活塞销不包括最外层的内部所有单元，创建新的 Group；通过工具栏 Utilities 中 Group 选项，单击 Boolean Groups，将活塞销原有 Group 减去新创建的 Group，便生成了活塞销最外层单元的 Group。

（4）观察到径向应力的分布情况，如图 8-64 所示。同时，也方便对最外层单元的径向应力进行平均化，与理论计算结果进行对比。

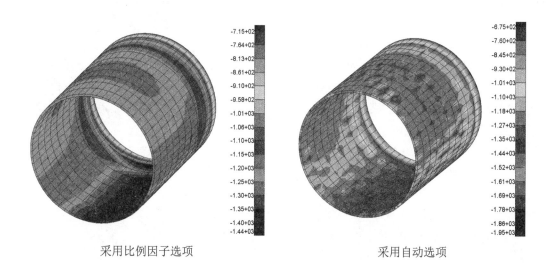

采用比例因子选项　　　　　　　　　　　　　采用自动选项

最大径向应力=1440MPa　　　　　　　　　　最大径向应力=1950MPa

图 8-64　活塞销径向应力（仅显示过盈接触部分的最外层单元）

（5）厚壁圆筒接触压力的大小等于圆筒接触面上的径向应力，即 $\sigma_r = -P$，P 为接触压力，可由式（8-10）得到理论解

$$P = \left[\cfrac{\Delta}{\cfrac{D_{io}}{E_o} \times \left(\cfrac{D_{oo}^2 + D_{io}^2}{D_{oo}^2 - D_{io}^2} + \mu_o \right) + \cfrac{D_{oi}}{E_i} \times \left(\cfrac{D_{oi}^2 + D_{ii}^2}{D_{oi}^2 - D_{ii}^2} + \mu_i \right)} \right] \qquad (8\text{-}10)$$

式中，Δ 为干涉数值（在本例中为 0.4mm）；D_{io} 为外部圆环的内直径（在本例中为 20mm）；D_{oo} 为外部圆环的外直径（在本例中为 35mm）；D_{oi} 为内部圆环的外直径（在本例中为 21mm）；D_{ii} 为内部圆环的内直径（在本例中为 0mm）；μ_i 为内部圆环的泊松比（在本例中为 0.3）；μ_o 为外部圆环的泊松比（在本例中为 0.33）。

对于活塞销外径的径向应力由式（8-10）计算得到为 1071MPa，该值与活塞销外径的平均径向应力相近。为了验证有限元计算结果，对活塞销最外层单元的径向应力进行平均化，计算得平均径向应力为 1199MPa（采用比例因子选项）和 1199MPa（采用自动选项）。可以看到两个计算结果的平均值相同，比理论值略大，这是因为外筒结构刚度比标准厚壁筒刚度略大引起的。通过图 8-64 可以看到，采用比例因子选项的计算结果应力变化更为光滑。

8.9 螺栓预紧分析实例

本例模拟螺栓预紧的问题。如图 8-65 所示的发动机结构，包括气缸盖、发动机缸体、垫片、螺栓和火花塞。垫片装配在气缸头和气缸体之间。SOL 400 可用于发动机的典型分析，比如涉及发动机的垫片材料和螺栓预拉伸载荷的非线性关系。其中，粘接接触可以用来建立发动机模型不同部件之间的接触。

整个分析分为两个载荷步：①先对螺栓施加预载荷；②在发动机机头和垫片部位施加压力载荷。

发动机机体、火花塞和螺栓（钢、线弹性）的材料参数：

杨氏模量：$E = 2.1 \times 10^5$ MPa

泊松比：$\nu = 0.3$

环形发动机机头（铝合金、线弹性）的材料参数：

杨氏模量：$E = 7.0 \times 10^4$ MPa

泊松比：$\nu = 0.3$

垫片的平面各向同性行为：

杨氏模量：$E = 1.2 \times 10^2$ MPa

剪切模量：$G = 6.0 \times 10^1$ MPa

垫片环的平面各向同性行为：

杨氏模量：$E = 1.0 \times 10^2$ MPa

剪切模量：$G = 5.0 \times 10^1$ MPa

图 8-65 发动机结构模型

1．建立模型

（1）新建 MSC Patran 的空数据文件。单击菜单栏 Menu→File→New，输入模型数据文件名称为 Airplane_Engine_Analysis.db。

（2）顺次单击主工具条中 File→Import，打开模型导入窗口。设置导入模型的格式为 MSC Nastran Input，如图 8-66 中 a 所示，在相应路径下选取 Airplane_Engine_Model.dat 文件，单击 Apply 按钮。

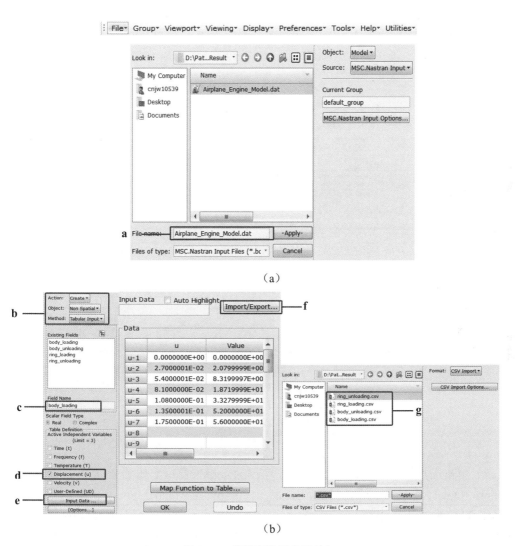

图 8-66　模型和数据表格导入

（3）导入的模型文件如图 8-66（a）所示，模型中共包含 8293 个四面体单元和 468 个六面体单元。垫片部分采用六面体单元，其他部分采用四面体单元。

同时，导入垫片和垫片环的材料数据曲线。单击工具栏中的 Property 按钮，打开 Property 窗口，如图 8-66 中 b 所示，依次设置 Action、Object 及 Type 的属性为 Create、Non Spatial 及 Tabular Input；如图 8-66 中 c 所示，在 Field Name 文本框中输入 body_loading；如图 8-66 中 d

所示，勾选 Displacement 选项；如图 8-66 中 e 所示，单击 Input Data...按钮，弹出 Input Options 对话框；如图 8-66 中 f 所示，单击 Import/Export 按钮，如图 8-66 中 g 所示，导入 body_loading.csv 数据文件，单击 Apply 按钮，完成 body_loading 数据表格的创建。按照相同操作，依次完成 body_unloading，ring_loading 和 ring_unloading 的表格创建。

2. 定义材料本构关系

（1）单击工具栏中的 Materials 按钮，打开 Materials 窗口，如图 8-67 中 a 所示，依次设置 Action、Object 及 Method 的属性为 Create、Isotropic 及 Manual Input；如图 8-67 中 b 所示，在 Material Name 文本框中输入 Steel；如图 8-67 中 c 所示，单击 Input Properties...按钮，弹出 Input Options 对话框；如图 8-67 中 d 所示，在 Elastic Modulus 中填入 2E5，在 Poisson Ratio 中填入 0.3，单击 OK 按钮。

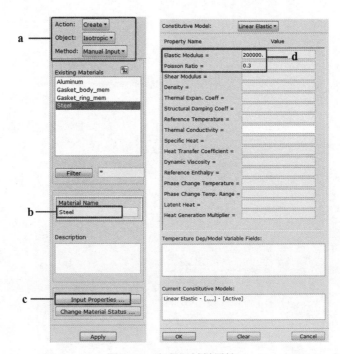

图 8-67　定义钢材料属性

（2）单击工具栏中的 Materials 按钮，打开 Materials 窗口，如图 8-68 中 a 所示，依次设置 Action、Object 及 Method 的属性为 Create、Isotropic 及 Manual Input；如图 8-68 中 b 所示，在 Material Name 文本框中输入 Aluminum；如图 8-68 中 c 所示，单击 Input Properties...按钮，弹出 Input Options 对话框；如图 8-68 中 d 所示，在 Elastic Modulus 中填入 7E4，在 Poisson Ratio 中填入 0.3，单击 OK 按钮。

（3）单击工具栏中的 Materials 按钮，打开 Materials 窗口，如图 8-69 中 a 所示，依次设置 Action、Object 及 Method 的属性为 Create、Isotropic 及 Manual Input；如图 8-69 中 b 所示，在 Material Name 文本框中输入 Gasket_body_mem；如图 8-69 中 c 所示，单击 Input Properties...按钮，弹出 Input Options 对话框；如图 8-69 中 d 所示，在 Elastic Modulus 中填入 120，在 Shear Modulus 中填入 60，单击 OK 按钮。

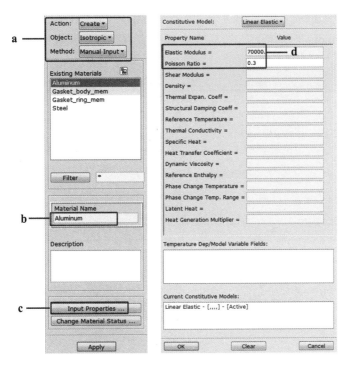

图 8-68　定义铝合金材料属性

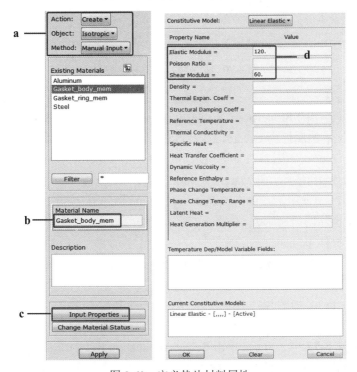

图 8-69　定义垫片材料属性

（4）单击工具栏中的 Materials 按钮，打开 Materials 窗口，如图 8-70 中 a 所示，依次设置 Action、Object 及 Method 的属性为 Create、Isotropic 及 Manual Input；如图 8-70 中 b 所示，

在 Material Name 文本框中输入 Gasket_ring_mem；如图 8-70 中 c 所示，单击 Input Properties…按钮，弹出 Input Options 对话框；如图 8-70 中 d 所示，在 Elastic Modulus 中填入 100，在 Shear Modulus 中填入 50.，单击 OK 按钮。

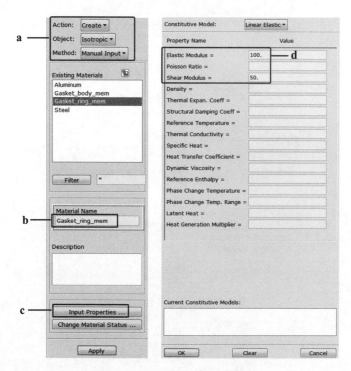

图 8-70　定义垫片环的材料属性

3. 定义单元属性

（1）单击工具栏中的 Property 按钮，打开 Property 窗口，如图 8-71 中 a 所示，依次设置 Action、Object 及 Type 的属性为 Create、3D 及 Solid；如图 8-71 中 b 所示，在 Property Set Name 文本框中输入 prop_block。如图 8-71 中 c 所示，单击 Input Properties…按钮，弹出 Input Properties 对话框；如图 8-71 中 d 所示，在 Material Name 列表框中选择 Steel，单击 OK 按钮完成属性参数输入；如图 8-71 中 e 所示，单击 Select Application Region 按钮，在 Application Region 列表框中选择发动机机体的所有单元（如图 8-71 中 f 所示区域），单击 OK 按钮，然后单击 Apply 按钮，完成发动机机体单元属性的创建。

（2）单击工具栏中的 Property 按钮，打开 Property 窗口，如图 8-72 中 a 所示，依次设置 Action、Object 及 Type 的属性为 Create、3D 及 Solid；如图 8-72 中 b 所示，在 Property Set Name 文本框中输入 prop_head。如图 8-72 中 c 所示，单击 Input Properties…按钮，弹出 Input Properties 对话框；如图 8-72 中 d 所示，在 Material Name 列表框中选择 Aluminum，单击 OK 按钮完成属性参数输入；如图 8-72 中 e 所示，单击 Select Application Region 按钮，在 Application Region 列表框中选择发动机机盖的所有单元（如图 8-72 中 f 所示区域），单击 OK 按钮，然后单击 Apply 按钮，完成发动机机盖单元属性的创建。

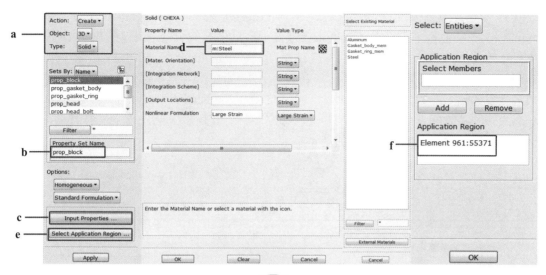

图 8-71　定义发动机机体的单元属性

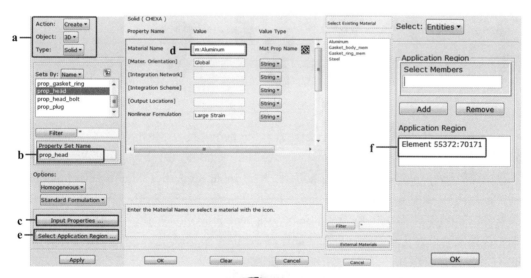

图 8-72　定义发动机机盖单元属性

（3）单击工具栏中的 Property 按钮，打开 Property 窗口，如图 8-73 中 a 所示，依次设置 Action、Object 及 Type 的属性为 Create、3D 及 Solid；如图 8-73 中 b 所示，在 Property Set Name 文本框中输入 prop_head_bolt。如图 8-73 中 c 所示，单击 Input Properties…按钮，弹出 Input Properties 对话框；如图 8-73 中 d 所示，在 Material Name 列表框中选择 Steel，单击 OK 按钮完成属性参数输入；如图 8-73 中 e 所示，单击 Select Application Region 按钮，在 Application Region 列表框中选择四个螺栓的所有单元（如图 8-73 中 f 所示区域），单击 OK 按钮，然后单击 Apply 按钮，完成螺栓单元属性的创建。

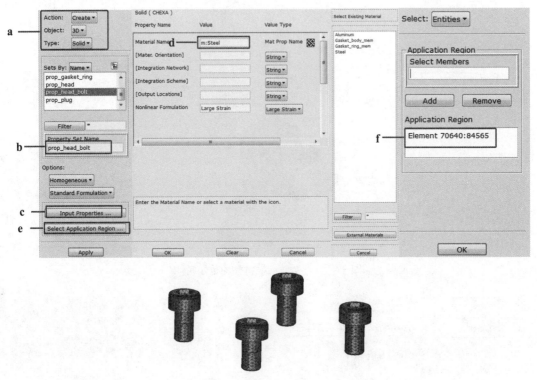

图 8-73　定义螺栓单元属性

（4）单击工具栏中的 Property 按钮，打开 Property 窗口，如图 8-74 中 a 所示，依次设置 Action、Object 及 Type 的属性为 Create、3D 及 Solid；如图 8-74 中 b 所示，在 Property Set Name 文本框中输入 prop_plug。如图 8-74 中 c 所示，单击 Input Properties…按钮，弹出 Input Properties 对话框；如图 8-74 中 d 所示，在 Material Name 列表框中选择 Steel，单击 OK 按钮完成属性参数输入；如图 8-74 中 e 所示，单击 Select Application Region 按钮，在 Application Region 列表框中选择发动机火花塞的所有单元（如图 8-74 中 f 所示区域），单击 OK 按钮，然后单击 Apply 按钮，完成发动机火花塞单元属性的创建。

（5）单击工具栏中的 Property 按钮，打开 Property 窗口，如图 8-75 中 a 所示，依次设置 Action、Object 及 Type 的属性为 Create、3D 及 Solid；如图 8-75 中 b 所示，在 Property Set Name 文本框中输入 prop_gasket_body。如图 8-75 中 c 所示，在 Option 选项中，选择 Gasket；如图 8-75 中 d 所示，单击 Input Properties…按钮，弹出 Input Properties 对话框；如图 8-75 中 e 所示，在 Material Name 列表框中选择 Gasket_body_mem，在 Loading Path 和 Unloading Path 1 列表框

中选择 body_loading 和 body_unloading，在 Yield Pressure 文本框中输入 52，在 Tensile Modulus 文本框中输入 72，在 Transverse Shear Modulus 文本框中输入 35，在 Initial Gap 文本框中输入 0.05，单击 OK 按钮完成属性参数输入；如图 8-75 中 f 所示，单击 Select Application Region 按钮，在 Application Region 列表框中选择垫片的所有单元（如图 8-75 中 g 所示区域），单击 OK 按钮，然后单击 Apply 按钮，完成垫片单元属性的创建。

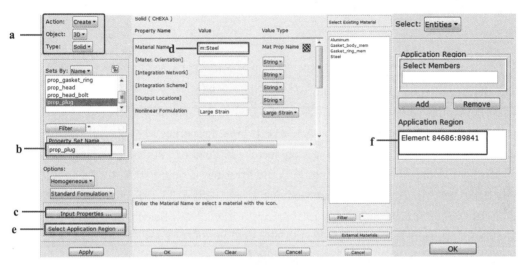

图 8-74　定义发动机火花塞单元属性

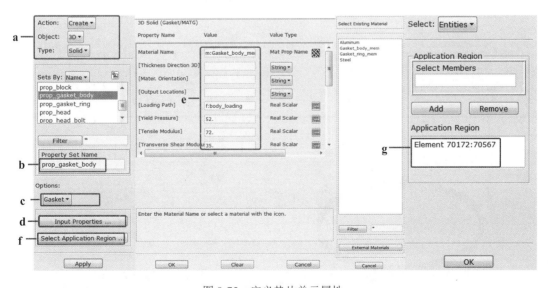

图 8-75　定义垫片单元属性

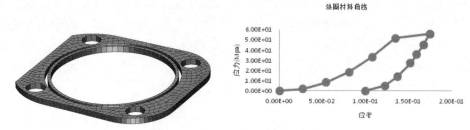

图 8-75 定义垫片单元属性（续图）

（6）单击工具栏中的 Property 按钮，打开 Property 窗口，如图 8-76 中 a 所示，依次设置 Action、Object 及 Type 的属性为 Create、3D 及 Solid；如图 8-76 中 b 所示，在 Property Set Name 文本框中输入 prop_gasket_ring。如图 8-76 中 c 所示，在 Options 选项中，选择 Gasket；如图 8-76 中 d 所示，单击 Input Properties…按钮，弹出 Input Properties 对话框；如图 8-76 中 e 所示，在 Material Name 列表框中选择 Gasket_ring_mem，在 Loading Path 和 Unloading Path 1 列表框中，选择 ring_loading 和 ring_unloading，在 Yield Pressure 文本框中输入 42，在 Tensile Modulus 文本框中输入 64，在 Transverse Shear Modulus 文本框中输入 35，在 Initial Gap 文本框中输入 0，单击 OK 按钮完成属性参数输入；如图 8-76 中 f 所示，单击 Select Application Region 按钮，在 Application Region 列表框中选择垫片环的所有单元（如图 8-76 中 g 所示区域），单击 OK 按钮，然后单击 Apply 按钮，完成垫片环单元属性的创建。

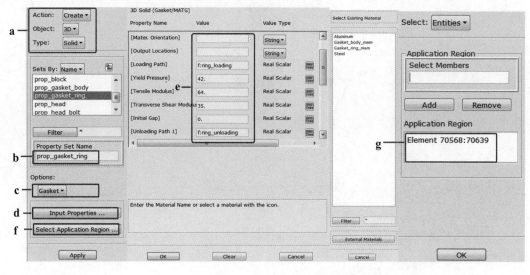

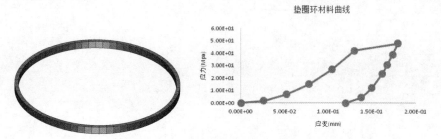

图 8-76 定义垫片环单元属性

4. 定义载荷、边界条件和接触

（1）单击工具栏中的 Loads/BCs 按钮，如图 8-77 中 a 所示，依次设置 Action、Object 及 Type 的属性为 Create、Displacement 及 Nodal；如图 8-77 中 b 所示，在 New Set Name 文本框中输入 Left_Fixed；如图 8-77 中 c 所示，单击 Input Data...按钮，弹出 Input Data 对话框；如图 8-77 中 d 所示，在 Translations 文本框中分别输入<0，0，0>，单击 OK 按钮完成输入；如图 8-77 中 e 所示，单击 Select Application Region 按钮，在 Application Region 列表框中，选择机体左部节点，单击 OK 按钮，然后单击 Apply 按钮，完成 Left_Fixed 的创建。

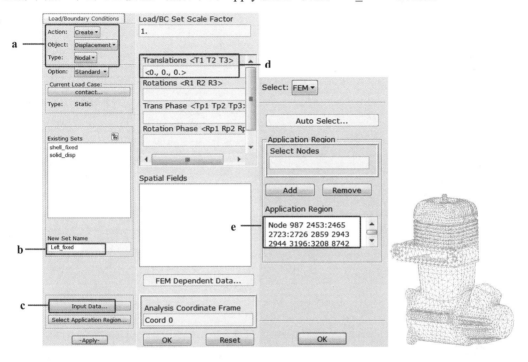

图 8-77　定义发动机固定约束

（2）单击工具栏中的 Loads/BCs 按钮，如图 8-78 中 a 所示，依次设置 Action、Object 及 Type 的属性为 Create、Pressure 及 Element Variable；如图 8-78 中 b 所示，在 New Set Name 文本框中输入 pressure；如图 8-78 中 c 所示，单击 Input Data...按钮，弹出 Input Data 对话框；如图 8-78 中 d 所示，在 Pressure 文本框中输入 16，单击 OK 按钮完成输入；如图 8-78 中 e 所示，单击 Select Application Region 按钮，在 Application Region 列表框中，选择发动机机盖与垫片非接触的中心区域节点，单击 OK 按钮，然后单击 Apply 按钮，完成 Pressure 的创建。

（3）单击主工具条中 Tools 按钮，如图 8-79 中 a 所示，在下拉菜单中，选择 Modeling 选项；如图 8-79 中 b 所示，在 Modeling 菜单中，单击 Bolt Preload...按钮；如图 8-79 中 c 所示，依次设置 Action、Object 及 Method 的属性为 Create、Displacement 及 Vectorial；如图 8-79 中 d 所示，在 Bolt Name 文本框中输入 bolt_1；如图 8-79 中 e 所示，在 Axial Bolt Load 文本框中输入 0.25；如图 8-79 中 f 所示，在 Direction Vector 文本框中输入<0 1 0>；如图 8-79 中 g 所示，在 Element List 列表框中，选择螺栓中部切开平面的所有节点；如图 8-79 中 h 所示，在 Bolt Axis 列表框中，选择 Coord 1.2 轴线，单击 Apply 按钮，完成螺栓预紧的创建。依次对其余三个螺栓执行相同的操作。

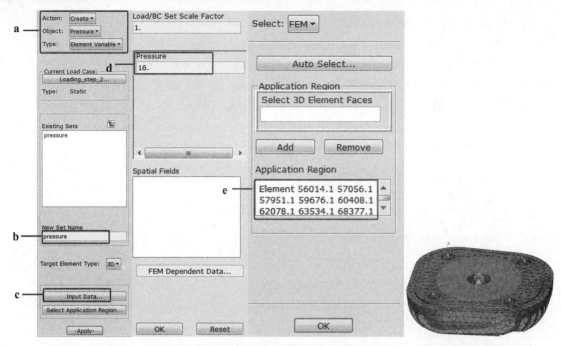

图 8-78　定义均布压力载荷

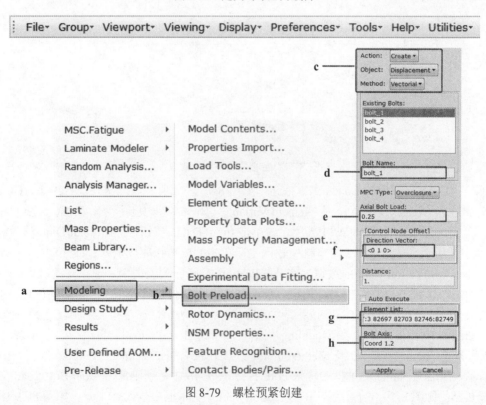

图 8-79　螺栓预紧创建

（4）单击工具栏中的 Loads/BCs 按钮，如图 8-80 中 a 所示，依次设置 Action、Object 及 Type 的属性为 Create、Contact 及 Element Uniform；如图 8-80 中 b 所示，在 New Set Name 文本框中输入 block；如图 8-80 中 c 所示，单击 Select Application Region 按钮，在 Application Region

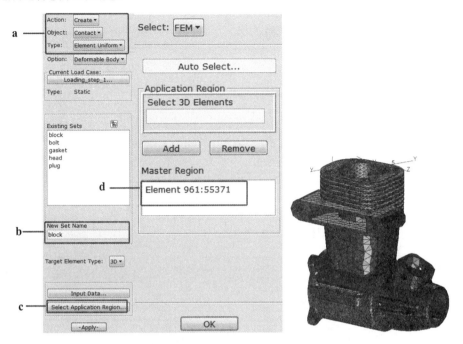

列表框中，选择连杆所有单元（如图 8-80 中 d 所示区域），单击 OK 按钮，然后单击 Apply 按钮，完成连杆接触的创建。

图 8-80　发动机机体的接触体设置

依次，对剩余的四个部件（bolt、gasket、head、plug）进行相同的接触体设置。

（5）单击工具栏中的 Loads/BCs 按钮，如图 8-81 中 a 所示，依次设置 Action、Object 及 Type 的属性为 Create、Contact 及 Element Uniform；另将 Option 设为 Body Pair；如图 8-81 中 b 所示，在 New Set Name 文本框中输入 pair_gasket_block；如图 8-81 中 c 所示，单击 Input Data… 按钮，弹出对话框；如图 8-81 中 d 所示，选中 Glued Contact，选中 Delayed Slide Off 和 Single Sided 选项；如图 8-81 中 e 所示，单击 Select Application Region...按钮，弹出对话框；如图 8-81 中 f 所示，在 Body1 Name 文本框中选择 block，在 Body2 Name 文本框中选择 gasket，单击 OK 按钮完成；然后单击 Apply 按钮，完成发动机体与垫片接触对的设置。

按照相同操作，完成垫片与发动机机盖的设置（pair_gasket_head），其中 Master 为 head，Slave 为 gasket。接下来的接触对设置中，如图 8-81 中 d 所示，仅取消勾选 Delayed Slide Off，依次完成剩余四组（pair_bolt_block, pair_head_plug, pair_head_block, pair_head_bolt）接触对的设置，其中 pair_bolt_block 接触对，Master 为 block，Slave 为 bolt；pair_head_plug 接触对，Master 为 head，Slave 为 plug；pair_head_block 接触对，Master 为 block，Slave 为 head；pair_head_bolt 接触对，Master 为 head，Slave 为 bolt。

（6）单击工具栏中的 Loads/BCs 按钮，如图 8-82 中 a 所示，单击 Create Load Case 按钮；如图 8-82 中 b 所示，设置 Load Case Name 为 Loading_step_1；如图 8-82 中 c 所示，选取 Type 的类型是 Static；如图 8-82 中 d 所示，单击 Input Data...按钮，在弹出的界面中选取部件位移约束、螺栓轴向位移载荷、螺栓径向位移约束和接触设置到载荷工况 Loading_step_1 中。其中 bolt_1 和 bolt_1_LateralDisp 等螺栓相关边界条件为创建螺栓预紧载荷时自动生成，例如 bolt_1 为 1 号螺栓轴向位移载荷，bolt_1_LateralDisp 为 1 号螺栓径向位移约束，如图 8-82 中 e 所示。单击 OK 按钮，单击 Apply 按钮。

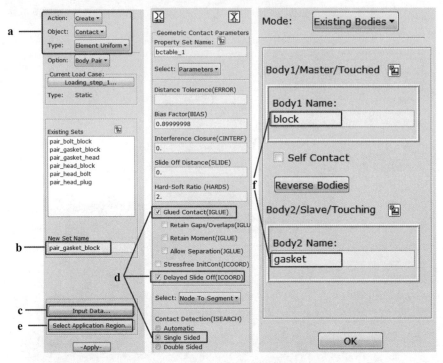

图 8-81　发动机体与垫片接触对设置

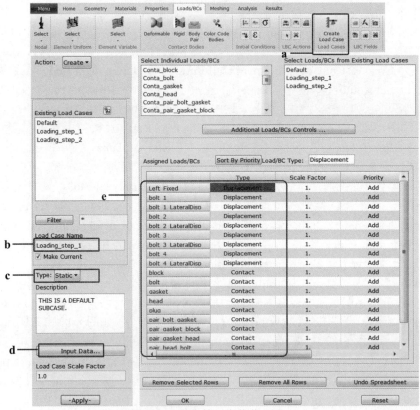

图 8-82　设定第一步载荷工况

（7）单击工具栏中的 Loads/BCs 按钮，如图 8-83 中 a 所示，单击 Create Load Case 按钮；如图 8-83 中 b 所示，设置 Load Case Name 为 Loading_step_2；如图 8-83 中 c 所示，选取 Type 的类型是 Static；如图 8-83 中 d 所示，单击 Input Data…按钮，在弹出的界面中选取部件位移约束、部件压力载荷、螺栓轴向、径向位移约束和接触设置到载荷工况 Loading_step_2 中，其中 bolt_1_a 为 1 号螺栓轴向位移约束，设置为<,0,>，其余类似，如图 8-83 中 e 所示。单击 OK 按钮，单击 Apply 按钮。

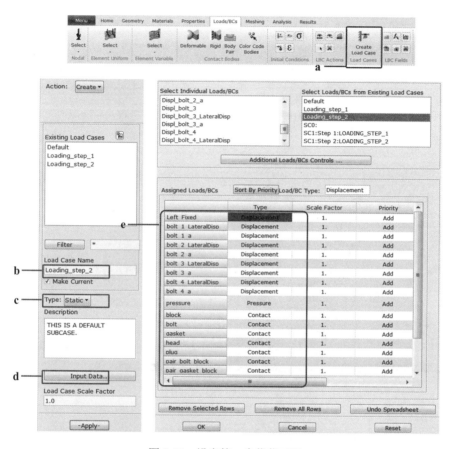

图 8-83 设定第二步载荷工况

5. 设置分析参数并提交分析作业

（1）单击工具栏中的 Analysis 按钮，如图 8-84 中 a 所示，依次设置 Action、Object 及 Method 的属性为 Analyze、Entire Model 及 Analysis Deck；如图 8-84 中 b 所示，在 Job Name 文本框中，输入 Airplane_Engine_Analysis；如图 8-84 中 c 所示，单击 Solution Parameters...按钮，弹出对话框；如图 8-84 中 d 所示，单击 Contact Parameters…按钮。如图 8-84 中 e 所示，在 Control Method 选项框中，选择 Segment to Segment；多次单击 OK 按钮，返回主菜单。

（2）如图 8-85 中 a 所示，单击 Load Step Select 按钮，在弹出的列表框中依次选择 Loading_step_1 和 Loading_step_2 工况。单击 OK 按钮回到 Analysis 主界面，并提交 Nastran 运算。

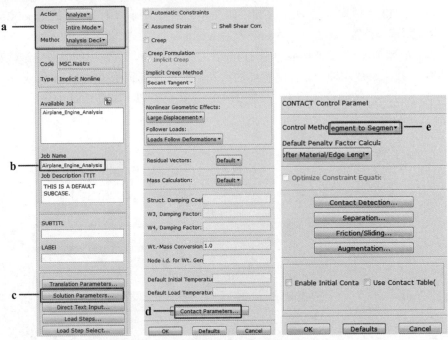

图 8-84　接触参数设置

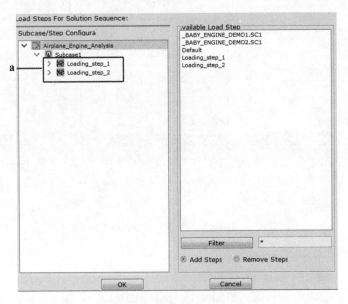

图 8-85　载荷步选择

6. 结果查看

（1）单击工具栏中的 Analysis 按钮，依次设置 Action、Object 及 Method 的属性为 Access Results、Attach Output2 及 Result Entities，单击 Apply 按钮读取相关结果文件。

（2）可以显示各增量步的变形和位移云图。图 8-86 显示了第一个载荷步下螺栓预紧力和固定约束下发动机的 Y 方向（竖直方向）的位移情况。图 8-87 显示了第二个载荷步下螺栓预紧力、机盖压力载荷和固定约束共同作用下发动机的 Y 方向（竖直方向）的位移情况。

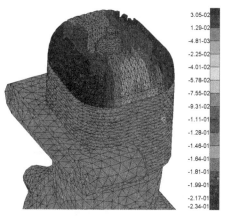 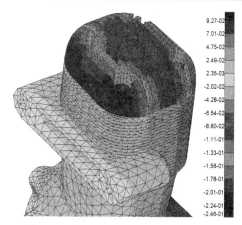

图 8-86　第一载荷步的 *Y* 方向位移云图　　　　图 8-87　第二载荷步的 *Y* 方向位移云图

（3）通过 Group 选项中的 Post 操作，分别单独显示垫片和发动机机体的分析结果。从图 8-88、图 8-89 可以看到，通过对螺栓施加预紧力和接触设置，已将螺栓预紧作用至垫片和发动机机体上。

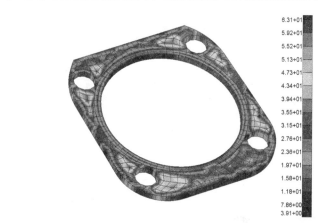

图 8-88　垫片的正向接触力

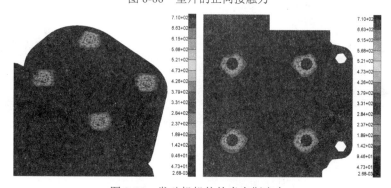

图 8-89　发动机机体的米塞斯应力

8.10　初始间隙分析实例

本例模拟如图 8-90 所示的初始间隙分析的问题。现实工业支架中多具有刚性垫片，如支架和其他部件之间的隔振垫。在大多数情况下，这些刚性部件不需要被详细建模，它们可以使用初始间隙（Initial Gap）选项来模拟，物体之间的间隙（GAP）可以改变。还有许多其他典型的例子，比如干涉配合的轴、轴承等。

初始间隙/间隙选项可用于：

● 定义接触体之间的间隙或过盈。

● 移动接触面的节点，使之精确地接触。

● 消除由数值舍入引起的小间隙或穿透情况，并防止可能出现的收敛问题。

● 不同于初始无应力选项，当初始间隙能力被使用时，接触体的节点不移动。

在 SOL 400 中，用 BCONPRG 卡片中的 MGIGNP 关键词定义初始间隙。

支架和基座材料参数如下。

杨氏模量：$E= 2.1 \times 10^5$ MPa

泊松比：$v = 0.3$

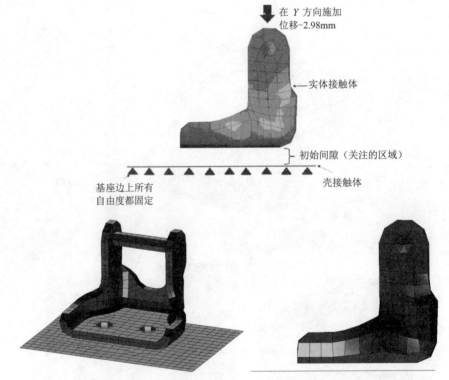

图 8-90　支架和基座模型

1. 建立模型

（1）新建 MSC Patran 的空数据文件。单击菜单栏 Menu→File→New，输入模型数据文件名称为 Gap_Analysis.db。

（2）顺次单击主工具条中 File→Import，打开模型导入窗口。设置导入模型的格式为 MSC Nastran Input，如图 8-91 中 a 所示，在相应路径下选取 Cap_Analysis_Model.dat 文件，单击 Apply 按钮。

（3）导入模型如图 8-90 所示，模型中共包含 1030 个单元和 1450 个节点。

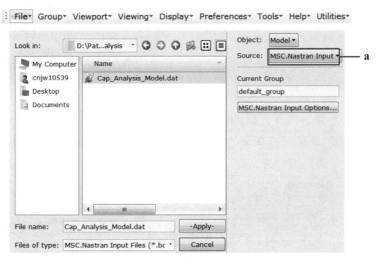

图 8-91　模型导入

2. 定义材料属性

单击工具栏中的 Materials 按钮，打开 Materials 窗口，如图 8-92 中 a 所示，依次设置 Action、Object 及 Method 的属性为 Create、Isotropic 及 Manual Input；如图 8-92 中 b 所示，在 Material Name 文本框中输入 Piston；如图 8-92 中 c 所示，单击 Input Properties…按钮，弹出 Input Options 对话框；如图 8-92 中 d 所示，在 Elastic Modulus 中填入 2E5，在 Poisson Ratio 中填入 0.3，单击 OK 按钮。

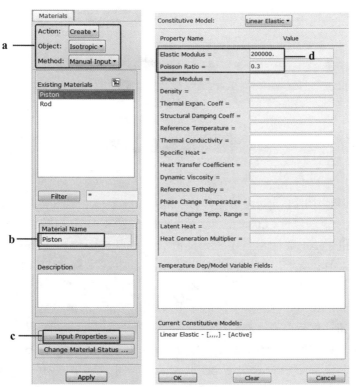

图 8-92　定义材料属性

3. 定义单元属性

（1）单击工具栏中的 Property 按钮，打开 Property 窗口，如图 8-93 中 a 所示，依次设置 Action、Object 及 Type 的属性为 Create、3D 及 Solid；如图 8-93 中 b 所示，在 Property Set Name 文本框中输入 Solid。如图 8-93 中 c 所示，单击 Input Properties…按钮，弹出 Input Properties 对话框；如图 8-93 中 d 所示，在 Material Name 列表框中选择 Steel，单击 OK 按钮完成属性参数输入；如图 8-93 中 e 所示，单击 Select Application Region 按钮，在 Application Region 列表框中选择 Solid 所包含的所有单元（如图 8-93 中 f 所示区域），单击 OK 按钮，然后单击 Apply 按钮，完成固体单元属性的创建。

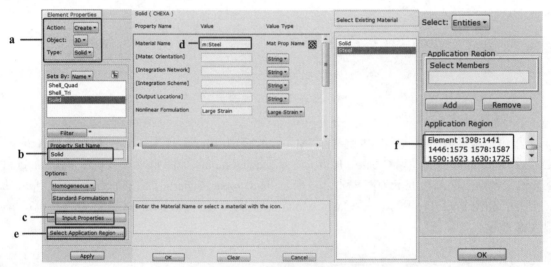

图 8-93　定义单元属性

（2）单击工具栏中的 Property 按钮，打开 Property 窗口，如图 8-94 中 a 所示，依次设置 Action、Object 及 Type 的属性为 Create、2D 及 Shell；如图 8-94 中 b 所示，在 Property Set Name 文本框中输入 Shell_Quad。如图 8-94 中 c 所示，单击 Input Properties…按钮，弹出 Input Properties 对话框；如图 8-94 中 d 所示，在 Material Name 列表框中选择 Steel，在 Thickness 文本框中输入 1.8，单击 OK 按钮完成属性参数输入；如图 8-94 中 e 所示，单击 Select Application Region 按钮，在 Application Region 列表框中，选择平板中所有的四边形单元（如图 8-94 中 f 所示区域），单击 OK 按钮，然后单击 Apply 按钮，完成平板中四边形单元属性的创建。

（3）单击工具栏中的 Property 按钮，打开 Property 窗口，如图 8-95 中 a 所示，依次设置 Action、Object 及 Type 的属性为 Create、2D 及 Shell；如图 8-95 中 b 所示，在 Property Set Name 文本框中输入 Shell_Tri。如图 8-95 中 c 所示，单击 Input Properties…按钮，弹出 Input Properties

对话框；如图 8-95 中 d 所示，在 Material Name 列表框中选择 Steel，在 Thickness 文本框中输入 1.8，单击 OK 按钮完成属性参数输入；如图 8-95 中 e 所示，单击 Select Application Region 按钮，在 Application Region 列表框中，选择平板中所有的三角形单元（如图 8-95 中 f 所示区域），单击 OK 按钮，然后单击 Apply 按钮，完成平板中三角形单元属性的创建。

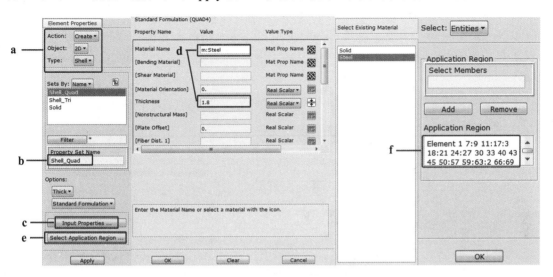

图 8-94　定义四边形壳单元属性

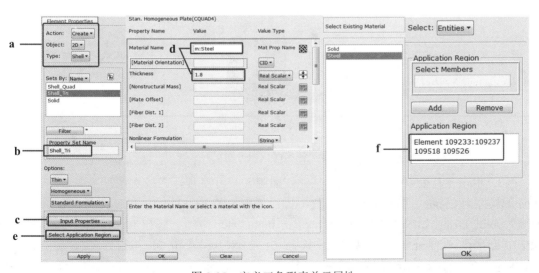

图 8-95　定义三角形壳单元属性

4. 定义载荷和边界条件

（1）单击工具栏中的 Loads/BCs 按钮，如图 8-96 中 a 所示，依次设置 Action、Object 及 Type 的属性为 Create、Displacement 及 Nodal；如图 8-96 中 b 所示，在 New Set Name 文本框中输入 shell_Fixed；如图 8-96 中 c 所示，单击 Input Data...按钮，弹出 Input Data 对话框；如图 8-96 中 d 所示，在 Translations 和 Rotations 文本框中分别输入<0，0，0>，单击 OK 按钮完成输入；如图 8-96 中 e 所示，单击 Select Application Region 按钮，在 Application Region 列表框中，选择平板四周边线节点，单击 OK 按钮，然后单击 Apply 按钮，完成 shell_Fixed 的创建。

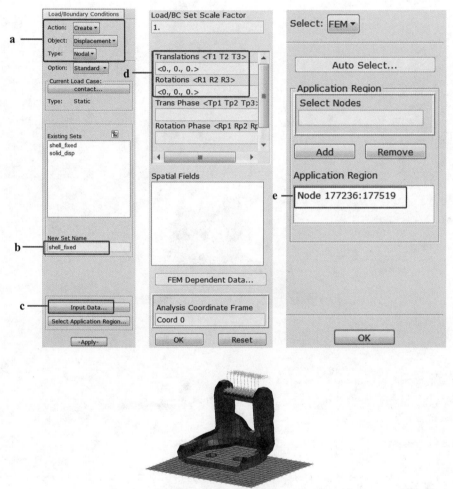

图 8-96　定义平板四周固定约束

（2）单击工具栏中的 Loads/BCs 按钮，如图 8-97 中 a 所示，依次设置 Action、Object 及 Type 的属性为 Create、Displacement 及 Nodal；如图 8-97 中 b 所示，在 New Set Name 文本框中输入 solid_Disp；如图 8-97 中 c 所示，单击 Input Data...按钮，弹出 Input Data 对话框；如图 8-97 中 d 所示，在 Translations 文本框中输入<0, -2.98, 0>，单击 OK 按钮完成输入；如图 8-97 中 e 所示，单击 Select Application Region 按钮，在 Application Region 列表框中，选择固体顶部的节点，单击 OK 按钮，然后单击 Apply 按钮，完成 solid_Disp 的创建。

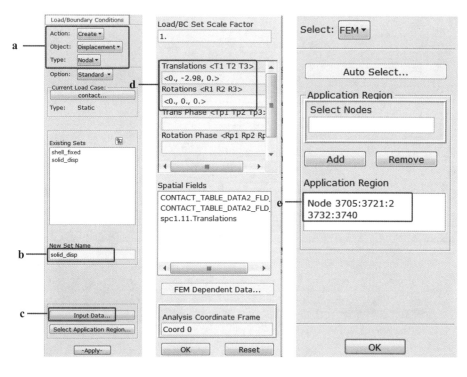

图 8-97　定义强迫位移约束

（3）单击工具栏中的 Loads/BCs 按钮，如图 8-98 中 a 所示，依次设置 Action、Object 及 Type 的属性为 Create、Contact 及 Element Uniform；如图 8-98 中 b 所示，在 New Set Name 文本框中输入 solid；如图 8-98 中 c 所示，单击 Select Application Region 按钮，在 Application Region 列表框中，选择固体所有单元，单击 OK 按钮，然后单击 Apply 按钮，完成实体接触体的创建。

（4）单击工具栏中的 Loads/BCs 按钮，如图 8-99 中 a 所示，依次设置 Action、Object 及 Type 的属性为 Create、Contact 及 Element Uniform；如图 8-99 中 b 所示，在 New Set Name 文本框中输入 solid；如图 8-99 中 c 所示，单击 Select Application Region 按钮，在 Application Region 列表框中，选择平板所有单元，单击 OK 按钮，然后单击 Apply 按钮，完成平板接触体的创建。

（5）单击工具栏中的 Loads/BCs 按钮，如图 8-100 中 a 所示，依次设置 Action、Object 及 Type 的属性为 Create、Contact 及 Element Uniform；将 Option 设置为 Body Pair；如图 8-100 中 b 所示，在 New Set Name 文本框中输入 Pair；如图 8-100 中 c 所示，单击 Select Application Region...按钮，弹出对话框；如图 8-100 中 d 所示，在 Body1 Name 文本框中选择 Shell，在 Body2 Name 文本框中选择 Solid，单击 OK 按钮完成；然后单击 Apply 按钮，完成接触对的设置。

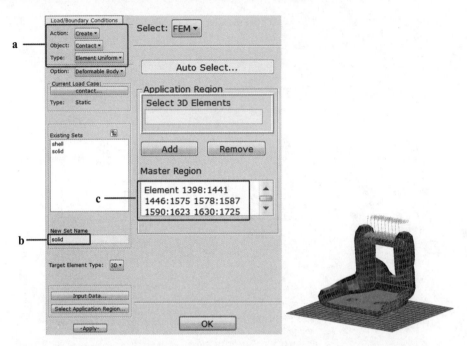

图 8-98　定义实体单元接触体

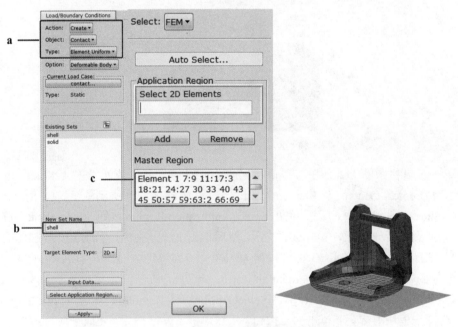

图 8-99　定义壳体单元接触体

（6）单击工具栏中的 Loads/BCs 按钮，如图 8-101 中 a 所示，单击 Create Load Case 按钮；如图 8-101 中 b 所示，设置 Load Case Name 为 contact；如图 8-101 中 c 所示，选取 Type 的类型是 Static；如图 8-101 中 d 所示，单击 Input Data…按钮，在弹出的界面中选取位移约束 shell Fixed、solid Disp，接触 shell、solid、Pair 到载荷工况 Contact 中，单击 OK 按钮，单击 Apply 按钮。

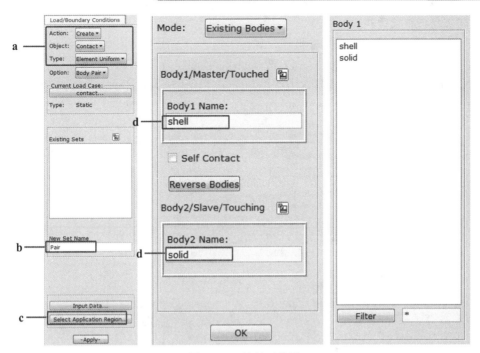

图 8-100　接触对设置

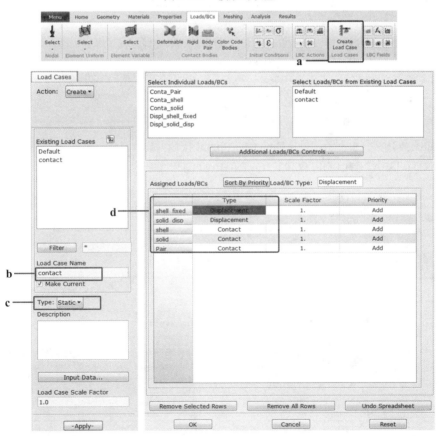

图 8-101　设定载荷工况

5. 设置分析参数并提交分析作业

（1）单击工具栏中的 Analysis 按钮，如图 8-102 中 a 所示，依次设置 Action、Object 及 Method 的属性为 Analyze、Entire Model 及 Analysis Deck；如图 8-102 中 b 所示，在 Job Name 文本框中，输入 Scale_factor；如图 8-102 中 c 所示，单击 Solution Parameters...按钮，弹出对话框；如图 8-102 中 d 所示，选择 Large Displacement，单击 OK 按钮，返回主菜单。

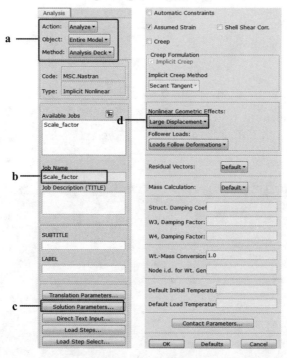

图 8-102　接触参数设置

（2）如图 8-103 中 a 所示，单击 Direct Text Input 按钮，如图 8-103 中 b 所示，输入 BCONPRG, 3005,ICOORD,0,ISEARCH,1,OPINGP,1,TOLINGP,0.0,CDINGP,0,MGINGP,0.0，单击 OK 按钮完成。

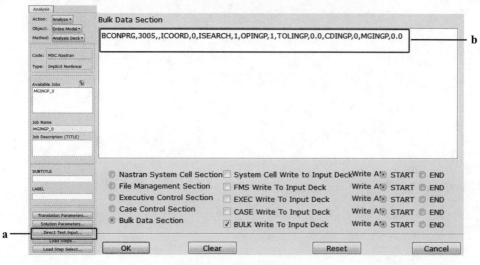

图 8-103　接触和相关卡片

以上是采用不变初始间隙选项分析时输入的参数。采用不同初始间隙选项时，需要修改 MGINGP 后的输入参数值。

BCONPRG 卡片格式在 8.8.2 中做过介绍，涉及本例的主要参数及含义有：

域	内容
ICOORD	输入 1 修改与可变形体接触的节点的坐标，以便可以获得无应力的初始接触。输入 2 延长在可变形体的锐角上切向接触距离容差，延缓从接触面段中滑离。输入 3 则同时具有 1 和 2 的动作（整型数，默认为 0）。
ISEARCH	对于可变形体接触，接触探测顺序选项。面段对面段接触不需要该选项（整数，默认为 0）。
	0　（双向探测）首先从接触体中 ID 号小的探测是否会接触到 ID 号的大的，然后，执行一次相反的探测过程。
	1　（单向探测）从从面（Slave）到主面（Master）探测。
	2　（单向探测）程序决定探测顺序。
OPINGP	初始间隙或过盈选项（≥0 的整数，默认为 0）。
	0　不用。
	1　初始间隙或过盈。
TOLINGP	探测初始间隙或过盈的容差。
CDINGP	被调整的接触体。
	0 为主动接触体（slave body）；1 为被接触体（master body）。
MGINGP	间隙或过盈值（实数，默认为 0.0）。
	>0　间隙
	=0　保持初始间隙
	<0　过盈

（3）如图 8-104 中 a 所示，单击 Load Step Select 按钮，在弹出的列表框中选择 contact 工况。单击 OK 按钮回到 Analysis 主界面，并提交 Nastran 运算。

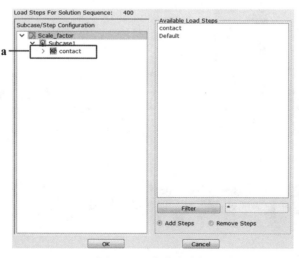

图 8-104　载荷步选择

6. 结果查看

（1）单击工具栏中的 Analysis 按钮，依次设置 Action、Object 及 Method 的属性为 Access Results、Attach Output2 及 Result Entities，单击 Apply 按钮读取相关结果文件。

（2）主要查看结构的变形和 Y 方向位移云图。通过图 8-105 可以看出，不使用初始间隙/间隙选项，在分析期间，支架移动并接触到基础部件的顶面。

从图 8-106 可以看出，通过使用初始间隙（MGINGP=0.0）选项，支架和基础部件之间的实际距离在分析期间保持为 2.5mm。需要注意的是，由于基础部件仅固定在边缘处，因此我们看到其中间部分在 Y 方向上有少量的移动。

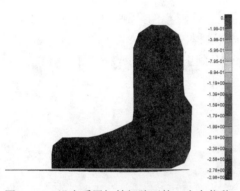
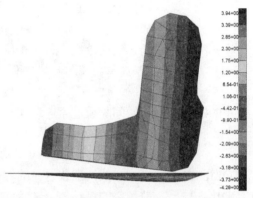

图 8-105　没有采用初始间隙下的 Y 方向位移　　图 8-106　采用 MGINGP=0 时的 Y 方向的位移

从图 8-107 可以看出，采用 MGINGP=1 时支架移动 1.0mm，支架和基础部件之间保持 1.5mm 的间隙。由于托架移动 1mm，支架的倾斜是顺时针方向看到的。

从图 8-108 可以看出，采用 MGINGP=-1 时托架移动了-1.0mm（离开基础部件），并且支架和基础部件部分之间保持了 3.5mm 的间隙。

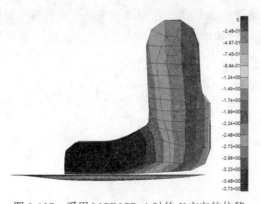
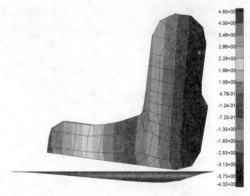

图 8-107　采用 MGINGP=1 时的 Y 方向的位移　　图 8-108　采用 MGINGP=-1 时的 Y 方向的位移

（3）从建模过程和后处理结果可以看出，通过改变 MGINGP 卡片数据，可以很方便地设置两接触体间不同应用情景下的间隙并得到所需的结果。

8.11 起落架结构分析实例

本例模拟如图 8-109 所示的飞机起落架结构接触问题。本例中采用两种接触类型：粘接接触和常规的接触。如前所述，如果没有设定分离力或应力，在粘接接触中接触节点一般是不允许分离的；而在常规接触中，依赖于载荷情况，可能会发生分离现象。本次分析中将不涉及大变形和非线性材料。

材料参数：

杨氏模量：$E = 3 \times 10^7 \text{Psi}$

泊松比：$\nu = 0.3$

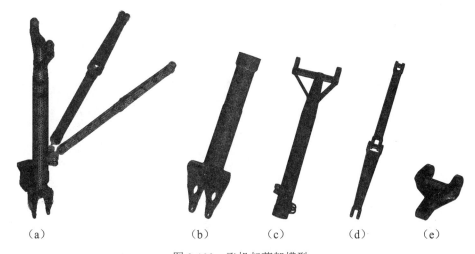

（a）　　　　　　　　（b）　　　（c）　　　（d）　　　（e）

图 8-109　飞机起落架模型

1. 建立模型

（1）新建 MSC Patran 的空数据文件。单击菜单栏 Menu→File→New，输入模型数据文件名称为 Landing_Gear_Analysis.db。

（2）顺次单击主工具条中 File→Import，打开模型导入窗口。设置导入模型的格式为 MSC Nastran Input，在相应路径下选取 Landing_Gear_Model.dat 文件，单击 Apply 按钮，导入模型。如图 8-109（a）所示，起落架模型共由 15 个部件组成，模型文件中已包含相关材料、单元和 MPC 属性。图 8-109（b）~（e）是起落架的几个主要部件，分别为 Inner_Cylinder、Upper_Cylinder、Drag_Strut 和 Upper_Torque_Link。

2. 定义载荷、边界条件和接触

（1）单击工具栏中的 Loads/BCs 按钮，如图 8-110 中 a 所示，依次设置 Action、Object 及 Type 的属性为 Create、Displacement 及 Nodal；如图 8-110 中 b 所示，在 New Set Name 文本框中输入 Fixed；如图 8-110 中 c 所示，单击 Input Data...按钮，弹出 Input Data 对话框；如图 8-110 中 d 所示，在 Translations 文本框中分别输入<0，0，0>，单击 OK 按钮完成输入；如图 8-110 中 e 所示，单击 Select Application Region 按钮，在 Application Region 列表框中，选择起落架六个 MPC 控制节点，单击 OK 按钮，然后单击 Apply 按钮。

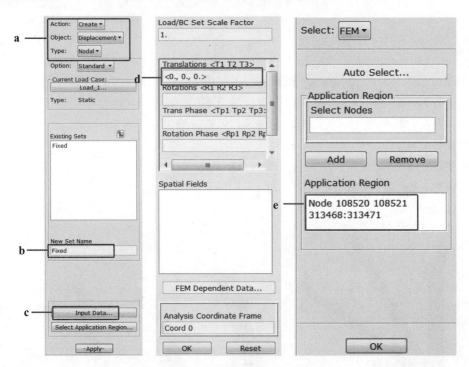

图 8-110　定义起落架固定约束

（2）单击工具栏中的 Loads/BCs 按钮，如图 8-111 中 a 所示，依次设置 Action、Object 及 Type 的属性为 Create、Force 及 Nodal；如图 8-111 中 b 所示，在 New Set Name 文本框中输入 Brake_F_M；如图 8-111 中 c 所示，单击 Input Data...按钮，弹出 Input Data 对话框；如图 8-111 中 d 所示，在 Force 文本框中输入<-60000,0,140000>，在 Moment 文本框中输入 <0,1335000,0>，单击 OK 按钮完成输入；如图 8-111 中 e 所示，单击 Select Application Region 按钮，在 Application Region 列表框中，选择起落架与轮胎的连接节点，单击 OK 按钮，然后单击 Apply 按钮，完成载荷创建。

（3）单击工具栏中的 Loads/BCs 按钮，如图 8-112 中 a 所示，依次设置 Action、Object 及 Type 的属性为 Create、Pressure 及 Element Variable；如图 8-112 中 b 所示，在 New Set Name 文本框中输入 pressure；如图 8-112 中 c 所示，单击 Input Data...按钮，弹出 Input Data 对话框；如图 8-112 中 d 所示，在 Pressure 文本框中输入 1190.4，单击 OK 按钮完成输入；如图 8-112 中 e 所示，单击 Select Application Region 按钮，在 Application Region 列表框中，选择 Upper_Cylinder 中 Z 坐标从 194.9 到 219.6 范围内的内壁所有单元面，单击 OK 按钮，然后单击 Apply 按钮，完成压力载荷创建。

（4）单击工具栏中的 Loads/BCs 按钮，如图 8-113 中 a 所示，依次设置 Action、Object 及 Type 的属性为 Modify、Contact 及 Element Uniform；如图 8-113 中 b 所示，单击 DEFORM.1；如图 8-113 中 c 所示，在 Rename Set as 文本框中输入 Drag_Strut，单击 Apply 按钮。其余更改名称，见表 8-4。

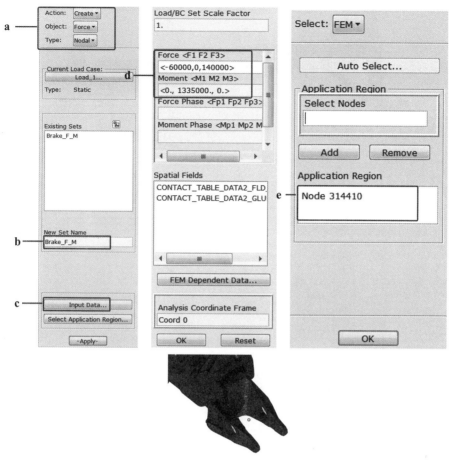

图 8-111　定义起落架载荷

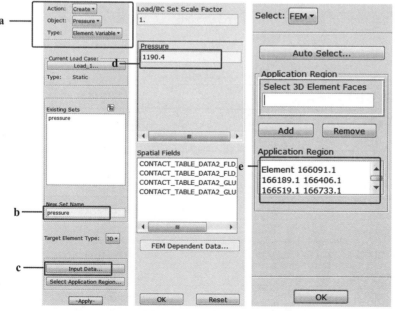

图 8-112　定义内壁压力载荷

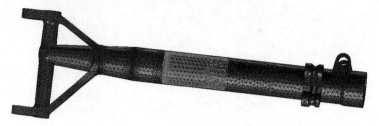

图 8-112　定义内壁压力载荷（续图）

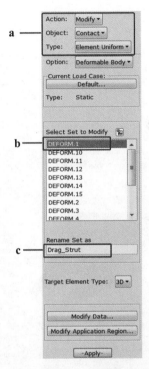

图 8-113　部件更改名称

表 8-4　部件对应表

原接触体名	改后接触体名
DEFORM.1	Drag_Strut
DEFORM.2	Drag_Strut_Pivot
DEFORM.3	Gas_Spring
DEFORM.4	Inner_Cylinder
DEFORM.5	Lower_Link_Pivot
DEFORM.6	Lower_Torque_Link
DEFORM.7	Side_Strut
DEFORM.8	Side_Strut_Pivot
DEFORM.9	Torsion_Link_Apex_Pivot
DEFORM.10	Upper_Cylinder

原接触体名	改后接触体名
DEFORM.11	Upper_Link_Pivot
DEFORM.12	Upper_Torque_Link
DEFORM.13	Lower_Link_Spacer
DEFORM.14	Upper_Link_Spacer
DEFORM.15	Apex_Spacer

（5）单击工具栏中的 Loads/BCs 按钮，如图 8-114 中 a 所示，依次设置 Action、Object、Type 及 Option 的属性为 Create、Contact、Element Uniform 及 Body Pair；如图 8-114 中 b 所示，在 New Set Name 文本框中输入 contact.1；如图 8-114 中 c 所示，单击 Input Data…按钮，弹出对话框；如图 8-114 中 d 所示，在 Distance Tolerance 文本框中输入 0.04，同时选中 Glued Contact；如图 8-114 中 e 所示，单击 Select Application Region…按钮，弹出对话框；如图 8-114 中 f 所示，在 Body1 Name 文本框中选择 Drag_Strut_Pivot，在 Body2 Name 文本框中选择 Drag_Strut，单击 OK 按钮完成；然后单击 Apply 按钮，完成粘接接触对设置。

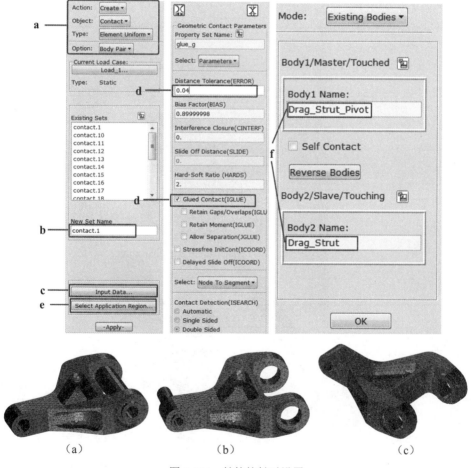

（a）　　　　　　　　　（b）　　　　　　　　　（c）

图 8-114　粘接接触对设置

图 8-114 中（a）、（b）和（c），分别为 Lower Link Pivot 与 Lower Torque Link，Lower Torque Link 与 Torsion Link Apex Pivot，Lower Torque Link 与 Lower Link Spacer 的粘接接触对。粘接接触本例中多用于各种螺栓、垫片与结构部件之间的连接。具体粘接接触对见表 8-4。

（6）单击工具栏中的 Loads/BCs 按钮，如图 8-115 中 a 所示，依次设置 Action、Object、Type 及 Option 的属性为 Create、Contact、Element Uniform 及 Body Pair；如图 8-115 中 b 所示，在 New Set Name 文本框中输入 contact.3；如图 8-115 中 c 所示，单击 Input Data…按钮，弹出对话框；如图 8-115 中 d 所示，在 Distance Tolerance 文本框中输入 0.04；如图 8-115 中 e 所示，单击 Select Application Region...按钮，弹出对话框；如图 8-115 中 f 所示，在 Body1 Name 文本框中选择 Inner_Cylinder，在 Body2 Name 文本框中选择 Gas_Spring，单击 OK 按钮完成；然后单击 Apply 按钮，完成接触对设置。

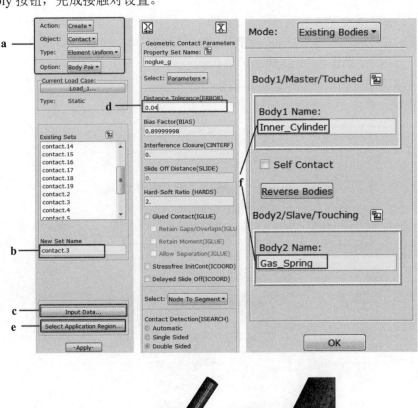

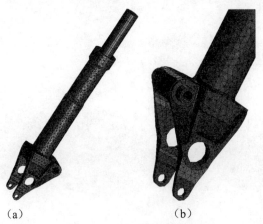

（a）   （b）

图 8-115　常规接触对设置

图 8-115 中（a）为 Gas Spring 与 Inner Cylinder，（b）为 Inner Cylinder、Lower Link Pivot 和 Lower Link Spacer，三个部件相互间均为 Touch 接触。其余接触对设置，可参考表 8-5。

表 8-5　接触对对应表格

Number	SLAVE Component (BCBODY ID)	MASTER Component (BCBODY ID)	TOUCH	GLUE
contact.1	Drag_Strut	Drag_Strut_Pivot		YES
contact.2	Drag_Strut_Pivot	Upper_Cylinder		YES
contact.3	Gas_Spring	Inner_Cylinder	YES	
contact.4	Gas_Spring	Upper_Cylinder		YES
contact.5	Inner_Cylinder	Lower_Link_Pivot	YES	
contact.6	Inner_Cylinder	Upper_Cylinder	YES	
contact.7	Inner_Cylinder	Lower_Link_Spacer	YES	
contact.8	Lower_Link_Pivot	Lower_Torque_Link		YES
contact.9	Lower_Torque_Link	Torsion_Link_Apex_Pivot		YES
contact.10	Lower_Torque_Link	Lower_Link_Spacer		YES
contact.11	Lower_Torque_Link	Apex_Spacer		YES
contact.12	Side_Strut	Side_Strut_Pivot		YES
contact.13	Side_Strut_Pivot	Upper_Cylinder		YES
contact.14	Torsion_Link_Apex_Pivot	Upper_Torque_Link	YES	
contact.15	Upper_Cylinder	Upper_Link_Pivot	YES	
contact.16	Upper_Cylinder	Upper_Link_Spacer	YES	
contact.17	Upper_Link_Pivot	Upper_Torque_Link		YES
contact.18	Upper_Torque_Link	Upper_Link_Spacer		YES
contact.19	Upper_Torque_Link	Apex_Spacer	YES	

（7）单击工具栏中的 Loads/BCs 按钮，如图 8-116 中 a 所示，单击 Create Load Case 按钮；如图 8-116 中 b 所示，设置 Load Case Name 为 Load_1；如图 8-116 中 c 所示，选取 Type 的类型是 Static；如图 8-116 中 d 所示，单击 Input Data…按钮，在弹出的界面中选取以上所有的约束、载荷和接触设置到载荷工况 Load_1 中，如图 8-116 中 e 所示，单击 OK 按钮，单击 Apply 按钮。

3. 设置分析参数并提交分析作业

（1）单击工具栏中的 Analysis 按钮，如图 8-117 中 a 所示，依次设置 Action、Object 及 Method 的属性为 Analyze、Entire Model 及 Full Run；如图 8-117 中 b 所示，在 Job Name 文本框中，输入 Landing_Gear_Analysis；如图 8-117 中 c 所示，单击 Solution Parameters…按钮，弹出对话框；如图 8-117 中 d 所示，单击 Contact Parameters…按钮。如图 8-117 中 e 所示，在 Control Method 选项框中，选择 Segment to Segment；多次单击 OK 按钮，返回主菜单。

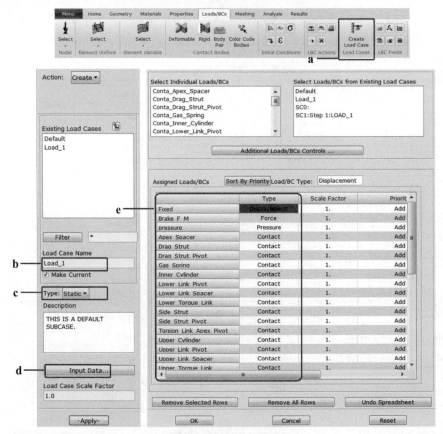

图 8-116　设定载荷工况

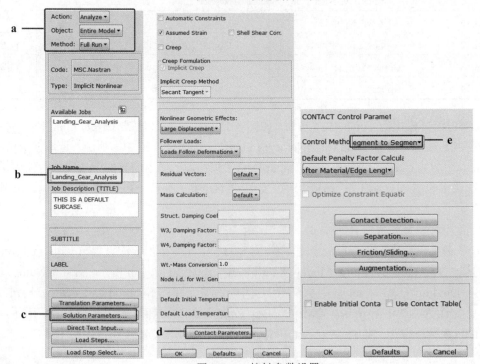

图 8-117　接触参数设置

（2）Load Steps 设置。如图 8-118 中 a 所示，在 Available Steps 列表框中选择 Load_1 工况；在 Analysis Type 列表框中选择 Static（即静力分析类型）。如图 8-118 中 b 所示，单击 Step Parameters...按钮，进入工况属性设置。如图 8-118 中 c 所示，单击 Load Increment Params 按钮，进入非线性计算时的迭代设置。如图 8-118 中 d 所示，选择 Fixed 为迭代类型，设增量数量 Number of Increments 为 1，Total Time 为 1.0。如图 8-118 中 e 所示，设定 Max of Iterations per Increment 为 25，设定 Load Tolerance 为 0.1，多次单击 OK 按钮回到 Analysis 主界面，完成 Load Steps 的设置。

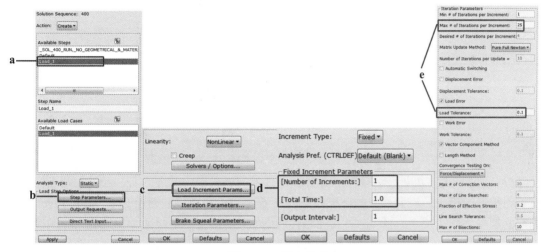

图 8-118　设定载荷步

（3）如图 8-119 中 a 所示，单击 Load Step Select 按钮，在弹出的列表框中选择 Load_1 工况。单击 OK 按钮回到 Analysis 主界面，并提交 MSC Nastran 运算。

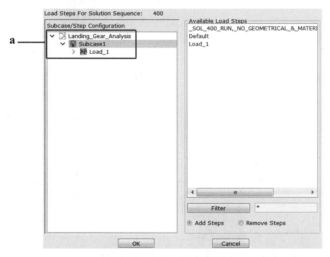

图 8-119　载荷步选择

4．结果查看

（1）单击工具栏中的 Analysis 按钮，依次设置 Action、Object 及 Method 的属性为 Access

Results、Attach Output2 及 Result Entities，单击 Apply 按钮读取相关结果文件。

（2）可以通过 Quick Plot 显示功能，先查看整个结构的变形及位移云图。从图 8-120 可以看出，最大总位移发生在起落架底部靠近轴位置，最大位移变形为 0.883inch。

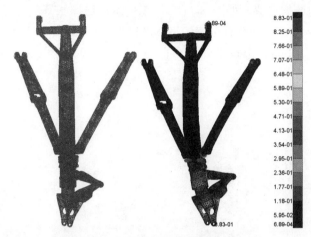

图 8-120　起落架的最大位移（inch）

（3）通过 Quick Plot 显示功能，查看各部件的应力云图。从图 8-121 可以看到飞机起落架在受力接触过程中，应力最大的部位在 Upper_Cylinder 和相接触螺栓 Side_Strut_Pivot 上。因为起落架受力载荷很大，部件已进入弹塑性状态。但本例主要是验证 MSC Nastran 的接触功能，为了简化分析，仍按照线弹性问题分析。因此部件应力情况较大，为了更好地显示应力状态，此云图色谱经过调整。此外，接触体的网格疏密程度、接触状态与实际情况的简化，也会导致部分节点、应力值较大。

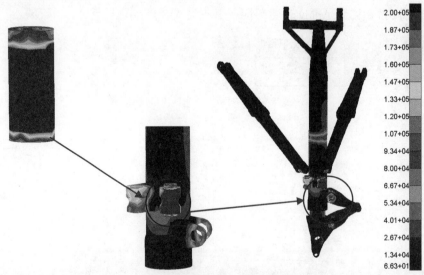

图 8-121　起落架的米塞斯应力（Psi）

（4）在后处理界面中，有很多显示接触分析结果的选项，包括：Contact Status、Friction contactforce、Magnitude、Normal contact force、Magnitude、Contact force、Friction、Contact force、Normal、Contact stress、Friction 1、Contact stress、Friction 2、Contact stress、Normal 等。

单击工具栏中的 Results 按钮，如图 8-122 中 a 所示，依次设置 Action、Object 的属性为 Create、Fringe；如图 8-122 中 b 所示，选择 Contact Status，同时选择 Upper_Torque_Link 和 Torsion_Link_Apex_Pivot，此时会高亮显示两个部件的接触状态。可以通过主从接触体中显示的接触状态的一致性来判别接触建模质量。特别是在粘接接触的情况下，应该显示连续接触状态轮廓。如果出现不连续的状态显示，可能是接触体几何形状的问题。

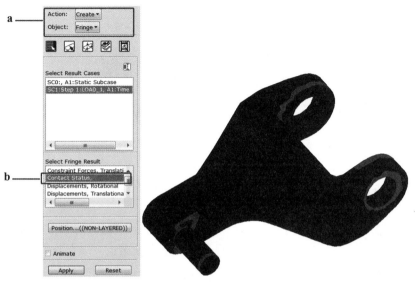

图 8-122　接触状态显示

（5）单击工具栏中的 Results 按钮，如图 8-123 中 a 所示，依次设置 Action、Object 的属性为 Create、Fringe；如图 8-123 中 b 所示，选择 contact force，Normal 选项，同时选择 Upper_Torque_Link 和 Torsion_Link_Apex_Pivot，会显示此时两接触体间的法向接触力，色谱也进行相应调整。

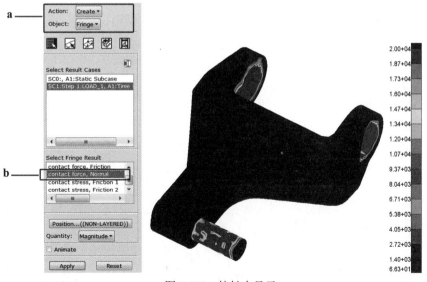

图 8-123　接触力显示

9

热分析和热机耦合分析

9.1 概述

自然界中的热交换现象无处不在、无时不有。几乎所有工程问题都在某种程度上与热有关，如焊接，铸造，各种冷、热加工过程，高温环境中的热辐射，通电线圈的发热等。

根据传热问题类型和边界条件的不同，可将热传导相关问题根据与时间相关性、线性与非线性、耦合与非耦合的关系进行不同的分类。

● 与时间相关性分类。

与时间无关的稳态传热（Steady State）。

与时间有关的瞬态传热（Transient）。

● 线性与非线性分类。

材料参数和边界条件不随温度变化的线性热传导。

材料参数和边界条件对温度敏感的非线性传热（如相变潜热、辐射、强迫对流等）。

● 场序耦合与热-机耦合分类。

先求解热分析再进行热应力分析的场序耦合分析。

温度场与变形相互作用的热-机耦合（Coupled）。

MSC Nastran 软件作为一个通用有限元分析软件，提供了广泛的热传导分析功能，支持上述各类与传热相关的分析。

相对而言，MSC 公司的 Marc 软件在多物理场耦合分析方面功能更强，除支持上述与热相关的分析外，还支持以下分析类型：温度场与流体运动相互作用的流－热耦合；温度场、流场和结构位移场相互作用的流－热－固耦合；静磁场和温度场相互作用的磁热耦合分析；电场和温度场相互影响的电场生热分析；电磁场生热分析；电场、磁场、温度场和结构相互影响的电磁场/热场/结构耦合分析。

温度场问题涉及方方面面，要真实地模拟实际工程问题，热传导分析所涉及的内容也是十分复杂的。本章从热传导问题的基本要素和有限元分析的实际应用出发，着重介绍用 MSC Nastran 分析各类与传热相关问题的分析流程、方法和技巧，并给出了 SOL 400 的一些应用算例。

9.2 热分析

9.2.1 分析功能

MSC Nastran 的热分析功能包括：

- 一维、二维和三维的热传导。
- 基本对流。
- 一维平流。
- 空间辐射。
- 腔内辐射。
- 指定温度。
- 表面和体积热载荷。
- 热控系统单元。
- 接触传导。

MSC Nastran 可以进行全方位热分析，从总体能量平衡的系统级分析到与温度场和热应力的相关的详细分析。在 Patran 与 MSC Nastran 的集成环境内，用户可以模拟线性、非线性、稳态和瞬态热行为。可以对模型的几何和有限元实体施加载荷和边界条件。MSC Nastran 复杂的解决方案策略能自动判别非线性行为的存在以及相应的程度，能够及时调整相应的求解过程。

在参考文献[23]中介绍的例题涉及很多工程问题，包括以下方面的应用：

- 瞬态热分析。
- 印刷电路板自由对流。
- 印刷电路板强制空气对流。
- 接触热阻。
- 典型的电子流。
- 腔体辐射。
- 管内轴对称流体加热。
- 方向热流载荷。
- 受方向热载荷结构的热应力分析。
- 双金属板的热应力分析。

9.2.2 热分析常用材料属性

MSC Nastran 热材料的性能包括导热系数、比热和热容、密度、粘度、内部产生的热量，与相变现象相关的温度范围和潜热数量。

1. 导热系数（conductivity）

导热系数是所有材料的固有特性，在没有任何其他传热方式的情况下，热量通过一个区域和整个区域的温度梯度提供了比例常数（傅立叶定律）。热导率通常是一个温度的平缓函数。对于固体，它通常随着温度的升高而降低；对于液体和气体，它通常随着温度的升高而升高。此外，在固体中，热导率可以随材料方向（各向异性）变化，热流的优先路径可以得到。MSC

Nastran 允许导热系数与温度和方向相关。

2. 比热和热容

比热是另一个固有的材料属性。比热乘以材料的体积和密度即为热容。给定一个封闭的热力系统，热容提供了从系统中添加或减去的热量和系统的温度上升或下降之间的比例常数。在热传导方程中，热容仅是温度对时间导数的倍数，所以比热通常只与瞬态热现象的解有关。要注意，稳态的平流（advection）分析也会引入伪瞬态的特点，因此在平流计算中也需要输入对流流体的比热和密度。

比热也有轻微的温度相关性。然而，在典型的传热问题中，比热的最大变化通常是由材料相变引起的。

3. 密度

为了保持质量守恒，密度不能随温度变化。由于网格节点在 MSC Nastran 热分析空间是固定的，如果密度随温度变化，密度×体积也会发生变化，从而改变系统的质量。

在进行与传热有关的分析时，要注意各物理量单位的一致性，表 9-1 提供了国内常用的两套单位制及相应的数据转换关系。

表 9-1　热分析和力学分析常用单位制及数据转换关系

力和长度单位	N, m	N, mm
质量	1（kg）	0.001（Mg）
密度（ρ）	7850（kg/m^3）	7850*E-12（Mg/mm^3）
热传导率（k）	50（kg-m/s^3/K 或/m/K）	50（Mg-mm/s^3/K 或 N/s/K）
比热（c）	450（m^2/s^2/K 或 J/kg/K）	450*E6（mm^2/s^2/K）
重力加速度（g）	9.8（m/s^2）	9800.（mm/s^2）
换热系数（对流或接触）	1（kg/s^3/K 或 W/m^2/C）	0.001（Mg/s^3/K 或 N/s/K/mm）
点热流	1（kg-m^2/s^3 或 W）	1000（Mg-mm^2/s^3 或 mW）
面热流	1（kg/s^3 或 W/m^2）	0.001（Mg/s^3 或 mW/mm^2）
体热流	1（kg/m-s^3 或 W/m^3）	1e-6（Mg/mm-s^3 或 mW/mm^3）
斯蒂芬-波尔兹曼常数	5.6696E-8（w/m^2-K^4）	5.6696E-11（mw/mm^2-K^4）
弹性模量	2.1E 11（N/m^2）	2.1E 5（N/mm^2）

注：表中 Mg 为兆克，即吨。

9.2.3　热载荷和边界条件

MSC Nastran 支持全方位的热边界条件和热载荷，从简单的温度和热流量（或热通量）边界条件，到涉及更复杂的传热机理的热接触、对流和辐射等边界条件。所有的热边界条件都可以被模拟为时间函数。

在前处理器 Patran 中，热边界条件可以施加到有限元实体和几何实体上。

另外需要注意，当将热流类型载荷施加到节点时，单位仍将是每单位面积的热流量；此时 Patran 的热载荷数据输入框中要求用户指定节点的等效面积。

温度边界条件：温度约束只能应用于节点。温度约束可以定义为常数、随空间变化的或随时间变化的。

法向热流密度：使用节点、单元均匀或单元变化等载荷选项定义法向热流。与温度边界条件一样，热流量载荷可以随时间或空间而变化。

方向性热流：MSC Nastran 支持从一个遥远的辐射热源的热流量矢量。这种能力使用户能够模拟诸如白天或轨道加热之类的现象。定义边界条件需要的输入包括：

● 热流矢量的大小。

● 热流施加表面的吸收率。

● 热流矢量的各方向分量。

吸收率可与温度相关，热流的大小和分量可以定义为常数，随空间变化的或随时间变化的。

点热源：热可以直接应用于节点。节点热源可以定义为常数，随空间变化的或随时间变化的。

体积热产生：体积热可应用于一个或多个传导元件，可定义为常数，随空间变化的或随时间变化的。Patran 还可以指定温度相关的热量生成乘子，该温度相关乘子特性是在材料属性定义窗口中定义的。

基本对流：可以定义基本对流边界。在 MSC Nastran 中基本对流换热是通过定义基本的对流换热系数和相应的环境温度来实现的。换热系数是用户指定的，可以从许多来源获得，包括参考文献[15]。换热系数可以定义为温度的函数；环境温度可以定义为时间的函数。

平流、强迫对流：平流、强迫对流是一种复杂的传热现象，它包括传热和流体流动两个方面。MSC Nastran 支持一维流体流动，即由平流和扩散引起的能量传递。流体流动与周围环境之间的传热可以通过基于局部雷诺数和普朗特数的强迫对流换热系数来计算；从参考文献[12]和[15]可以得到有关此类对流的更多基本理论知识。

强迫对流的输入包括：

● 流体的质量流动率。

● 流体管道的直径。

● 流体的材料属性。

流体与相邻壁面之间传热系数的计算需要指定薄膜温度。默认情况下，这个温度由软件内部计算，为液体和相邻壁的温度的平均值。附加的强迫对流输入包括用于计算能量传递的对流关系类型和计算管壁的传热系数的方法。关于能量输送有两种选择。默认的方法包括平流和流向扩散，其理论基础是 Streamwise-Upwind Petrov-Galerkin（SUPG）方法。

对空间辐射：对空间辐射是一个定义了表面和黑体空间之间的辐射交换的边界条件。对空间辐射所需的输入是表面的吸收率和发射率，空间的环境温度，以及表面和空间之间的辐射视角系数（通常等于 1）。吸收率和发射率都可以是温度相关的。环境温度可以随时间而变化。

辐射换热计算要求采用绝对温度（Kelvin 或 Rankine 温度）。如果涉及辐射问题的温度是摄氏或华氏温度，则可以定义内部转换。另外，斯蒂芬-波尔兹曼常数与长度单位也有密切关系，不同的长度单位取值不同。有关单位参数转换菜单如图 9-1 所示。

腔体辐射：腔体辐射换热类似于对空间辐射边界条件，但要考虑到离散表面之间的辐射热交换。因此，在建立有限元网格之后，必须确定各个有限元表面之间的几何关系（视角系数）。对于腔体辐射，表面之间的视角系数是在 MSC Nastran 内部计算的。另外，对于腔体辐射，吸收率等于发射率（基尔霍夫的恒等式）。

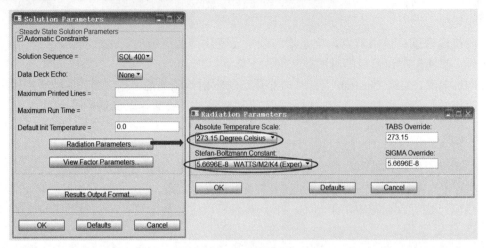

图 9-1　辐射相关单位转换

　　辐射视角系数的计算可以是传热分析中计算量最大的运算。MSC Nastran 具有一套独特的算法，既有合理的计算速度又能保证比较准确的计算结果。为了便于计算，在已知遮挡关系的情况下添加了能遮挡（Can Shade）和能被遮挡（Can Be Shaded）选项，这些选项可以帮助减少腔体辐射的计算时间。当然随着计算机性能的提高，目前通常将能遮挡、能被遮挡和能被第三个物体遮挡全选上。在 Patran 中腔体辐射定义窗口如图 9-2 所示。

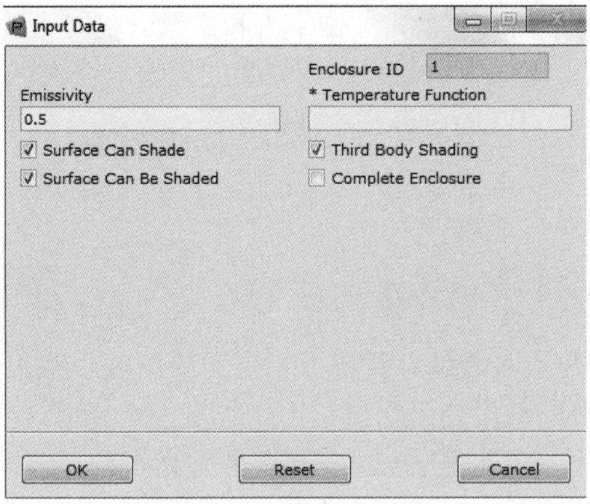

图 9-2　腔体辐射定义

　　不采用完全封闭（Complete Enclosure）选项是指有些单元面可能还会与绝对 0 度空间辐射，视角系数为 1 减去其与其他面的视角系数之和；激活完全封闭选项则需要在随之出现的菜单框中定义环境温度，意指有些单元面会与该环境温度发生辐射，有些物体也可以用环境温度来体现辐射，视角系数为 1 减去其与其他面的视角系数之和。

　　Patran 还允许用户定义多个腔体辐射。每个腔体辐射内的视角系数独立计算，与其他腔体无关。一般来说，视角系数准确计算需要合理的表面网格。由于视角系数的精度随着辐射单元面之间的距离减小而减低，因而建议采用可以避免精度过低的网格。

　　接触换热：接触边界条件有两种定义方法：一种是在对流边界条件中定义；另一种是采用接触体的方法。

在对流边界条件中定义的相关菜单如图 9-3 所示，对于基本热接触参数，只需要输入接触换热系数即可，接触换热系数与接触热阻之间为倒数关系。当热量流过两个相接触的固体的交界面时，界面本身对热流呈现出明显的热阻，称为接触热阻。产生接触热阻的主要原因是，任何外表上看来接触良好的两物体，直接接触的实际面积只是交界面的一部分，其余部分都是缝隙。热量依靠缝隙内气体的热传导和热辐射进行传递，而它们的传热能力远不及一般的固体材料。接触热阻使热流流过交界面时，沿热流方向温度发生突然下降，工程应用中通常需要避免此类现象。减小接触热阻的措施有：①增加两物体接触面的压力，使物体交界面上的突出部分变形，从而减小缝隙增大接触面；②在两物体交界面处涂上有较高导热能力的胶状物体——导热脂。由于接触热阻的影响因素非常复杂，至今仍无统一的规律可循，通常只能通过实验加以确定。另外，有些手册或专著中会提供一些热阻的经验值可供分析参考。

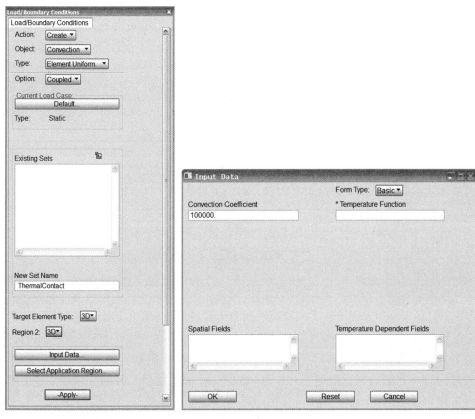

图 9-3　在对流类边界条件中定义热接触

采用接触体方法模拟接触换热也很方便，如果在 SOL 400 或 SOL 600 中定义了接触体，热接触参数由接触体或接触表属性参数确定，不同的工况可以采用不同的接触表。当接触体相互靠近时，接触体之间的换热逐渐从辐射转变为对流传导。更多信息参见参考文献[13]和本书第 8 章。

9.2.4　非线性热分析

热问题可分为稳态或瞬态、线性或非线性。瞬态分析的特点是随着时间的推移温度场不断变化，除了与环境的能量交换还会涉及热能储存。稳态分析关注稳定状态的解，是固定边界条件问题。

有几个方面的因素使稳态和瞬态求解具有非线性性质。最常见的非线性是由与温度有关的材料性能引起的，特别是热导率和比热的温度相关性。边界条件，主要是对流和辐射，会引入其他非线性项。所有非线性分析必然涉及到求解迭代、误差估计和收敛准则。MSC Nastran 多次改进算法以便高效、稳健地求解。

1. 稳态分析

辐射会使热平衡方程中出现四阶项，因而呈现出高度非线性。除了辐射项外，系数矩阵和边界条件会引入许多其他非线性项。具体来说，通过指定材料性质和边界条件，如温度相关的热材料特性、热载荷和边界条件。

MSC Nastran 的牛顿迭代法适用于热分析中的非线性方程的求解。由于执行矩阵分解比较费时，在 MSC Nastran 传统的热分析求解序列中，每次迭代时计算残差向量，只在认为收敛时或需要提高迭代效率时才重新计算切线矩阵；MSC Nastran 将试图通过平衡各种求解策略达到最佳的收敛解：载荷二分、残余热流的更新、切线矩阵更新、线性搜索、BFGS 更新等。在参考文献[12]中可以找到所采用方法的进一步描述。对于稳态分析，控制非线性解的缺省设置对于大多数问题都是足够的。对于那些需要额外控制的问题，可以覆盖温度、载荷和功的收敛容差。更多信息参见参考文献[12]中稳态和瞬态收敛标准部分。

在 SOL 400 中可以采用纯全牛顿法进行迭代求解，对非线性程度高的问题比较有效。

稳态分析的初始条件：由于非线性方程是用迭代策略求解的，要考虑初始条件对问题收敛的速度有多大的影响，或者它是否会收敛。初始条件提供了迭代求解方法的起始点温度。显然，如果我们能够准确地猜测我们的问题的解，这个过程将在第一次迭代中收敛。虽然这是不太可能的，但是一个好的初始估算可以显著加快收敛过程。对于高度非线性的问题，可能需要良好的初始温度估计以达到收敛，有些非线性问题还可以通过瞬态分析来得到稳态解。

2. 瞬态分析

由于它的瞬态行为，热平衡方程必须对时间积分。实现时间积分的数值方法是纽马克方法。在瞬态情况下，由于辐射和温度相关的材料性质和边界条件，方程也可能是非线性的。因此，方程的解也需要非线性迭代。迭代在每个时间步长内执行，直到达到该时间步长的收敛的解。

瞬态分析需要指定总的求解时间。求解时间由初始时间步长和请求的时间步总数定义。总的解决时间是从它们的乘积决定的。由于 MSC Nastran 采用自动时间步策略（即在求解过程中求解器可以调整时间步长的大小），使用的时间步骤的实际数目很可能与输入的不同。在任何情况下，在最后一个时间步长的一些小误差下，求解的总时间大约等于初始计算步长和步数的乘积。使用自适应时间步长算法的优点是可以显著减少运行时间。

为了避免不准确的结果或不稳定的解决方案，需要对初始时间步长进行适当的选择。一个合理的初始时间步长取决于许多因素，包括网格单元边长的大小和材料的热扩散率。式（9-1）为选择标准。

$$\Delta t = \frac{\Delta x^2 \rho C_\mathrm{p}}{10k} \tag{9-1}$$

式中，Δt 为初始时间步长或固定时间步长；Δx 为高温度梯度方向的网格尺寸；ρ 为材料密度；C_p 为比热；k 为热导率。

瞬态分析的初始条件：初始条件定义瞬态分析的温度起点。问题中的每个节点必须有明确定义的初始温度。对于任何没有初始温度定义的节点软件将自动给它赋 0 值。无论是稳态分析还是瞬态分析，这个默认温度都可以在 Solution Parameters 窗口中修改。当指定初始条件与边界条件所定义的任何指定温度相对应时，必须谨慎。这些节点的初始条件温度必须等于边界条件在时间为零时的值。如果这些温度不匹配，将导致求解的初始跳跃，从而使收敛难以实现。幸运的是，默认的分析设置将自动使这些温度在求解开始时相等。

稳态和瞬态收敛准则：如前所述，非线性方程组的求解需要迭代策略。有效的迭代策略依赖于收敛准则和误差估计。收敛准则提供了相对于预定的可接受水平的计算误差度量方法。对于在求解过程中的每一次迭代，计算误差大小并与预设的容差进行比较。在 MSC Nastran，误差度量基于温度、载荷和能量三种收敛准则。这些判据适用于稳态和瞬态解。关于非线性收敛有四个建议：

（1）对于大多数问题，使用默认准则及其默认的容差值。

（2）如果分析是瞬态的而且有随时间变化的温度边界条件，必须使用温度收敛准则。

（3）收敛性可以通过减小默认容差值来提高。

（4）对于高度非线性的瞬态问题，每个时间步长的最大迭代次数可能会增加。

控制非线性解的默认值对于大多数问题都足够了。然而，对于那些需要额外控制的问题，温度、载荷和功（WORK）的收敛容差可以修改。在求解传热问题时，基于功的收敛准则实际上是一个数学构造，它代表了结构分析中所用方程的扩展。

9.2.5　热分析实例

本例如图 9-4 所示，金属外壳包裹陶瓷源芯，顶部绝缘材料可以降低外部热流对源芯的温度影响，绝缘材料与源芯间有辐射发生，金属外壳与周围空气产生对流散热。

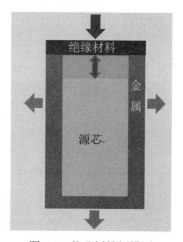

图 9-4　热分析算例模型

绝缘材料顶部的热流密度为 $500W/m^2$，金属外壳与空气间的对流换热系数为 $2W/(m^2 \cdot ℃)$，考虑绝缘材料和源芯的辐射率均为 0.5，其他材料参数见表 9-2。

1. 建立模型

（1）新建 MSC Patran 的空数据文件。单击菜单栏 Menu→File→New，输入模型数据文件名称为 thermal.db。

表 9-2　其他材料数据

名称	热导率/[W/（m^2·℃）]	比热容/[J/（kg·℃）]	密度/（kg/m^3）
陶瓷源芯	4.5	300	9750
绝缘材料	0.4	830	350
金属外壳	30	190	16950

（2）顺次单击主工具条中 Preferences→Analysis，在打开的对话框中选取分析类型为 Thermal，如图 9-5 中 a 所示，最后单击 OK 按钮，切换到热分析接口界面。

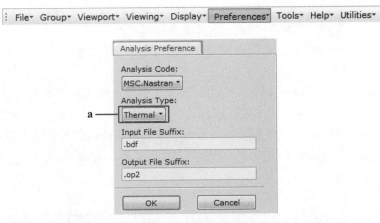

图 9-5　设置热分析类型

（3）顺次单击主工具条中 File→Import，打开模型导入窗口。设置导入模型的格式为 MSC Nastran Input，如图 9-6 中 a 所示，在相应路径下选取 thermal.bdf 文件，单击 Apply 按钮。

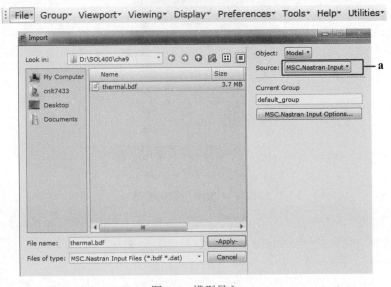

图 9-6　模型导入

（4）导入模型如图 9-7 所示，模型中已包含绝缘材料、金属外壳以及陶瓷源芯的网格模型和材料数据。

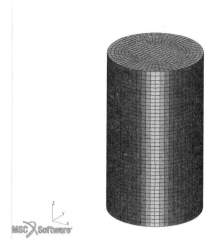

图 9-7 检查导入数据

（5）顺次单击主工具条中 Group→Create，在弹出的对话框中定义按照属性集合分组，在 Method 对应列举中选择 Property Set，如图 9-8 中 a 所示；在 Create 对应列举中选择 Multiple Groups，如图 9-8 中 b 所示；选中 Property Sets 下的所有属性名称，如图 9-8 中 c 所示；单击 Apply 按钮。

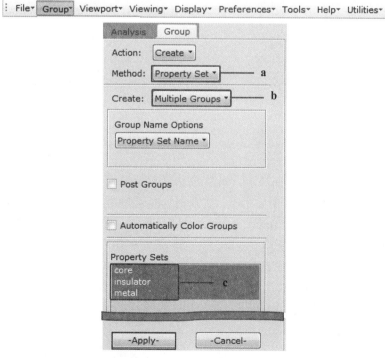

图 9-8 自动按属性分组

（6）顺次单击主工具条中 Utilities→Group→Group Color，在弹出的对话框中定义 Assign Colors 为 Automatic，如图 9-9 中 a 所示；在 Group Selection 对应列举中选择 All，如图 9-8 中 b 所示；单击 Apply 按钮。

沿 *XZ* 平面擦除模型 1/2 后显示，可以清晰的区分金属外壳、源芯以及绝缘材料的网格分布。

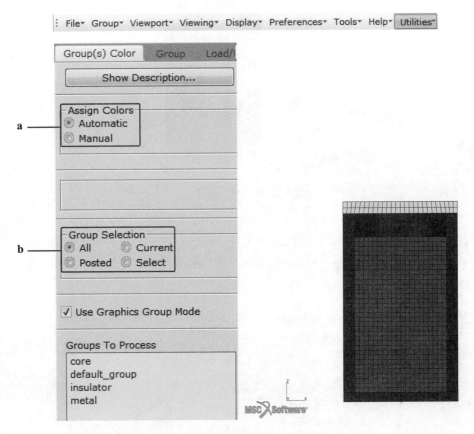

图 9-9　用不同颜色区分组

2. 定义热载荷和边界条件

（1）首先定义绝缘材料顶面热流，顺次单击应用菜单栏中的 Loads/BCs→Applied Heat（Element Uniform），如图 9-10 中 a 所示；在弹出的对话框中定义 New Set Name 为 heatflux，如图 9-10 中 b 所示；单击 Input Data，如图 9-10 中 c 所示；在弹出的对话框中定义热流密度 Heat Flux 为 500，如图 9-10 中 d 所示；单击 OK 按钮，如图 9-10 中 e 所示。单击 Select Application Region 按钮，如图 9-10 中 f 所示；在弹出的对话框中定义 Select 对象为 FEM，如图 9-10 中 g 所示；在 Select 3D Element Faces 下选择绝缘材料顶面的所有自由表面单元面后，单击 Add 按钮，如图 9-10 中 h 所示；单击 OK 按钮，如图 9-10 中 i 所示；最后单击 Apply 按钮，如图 9-10 中 j 所示。

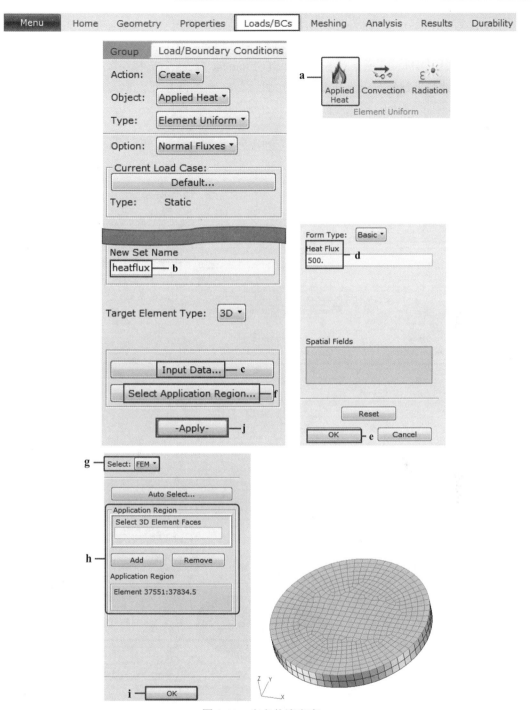

图 9-10　定义热流密度

（2）下面定义绝缘材料与源芯间的辐射，首先定义绝缘材料的辐射条件。顺次单击应用菜单栏中的 Loads/BCs→Radiation（Element Uniform），如图 9-11 中 a 所示；在 Option 下设置选项为 Enclosures，如图 9-11 中 b 所示；定义 New Set Name 为 rad_insulator，如图 9-11 中 c 所示；单击 Input Data，如图 9-11 中 d 所示；在弹出的对话框中定义辐射率为 0.5，如图 9-11

中 e 所示；定义 Enclosure ID 为 1，如图 9-11 中 f 所示；单击 OK 按钮，如图 9-11 中 g 所示。单击 Select Application Region 按钮，如图 9-11 中 h 所示，在打开的对话框中定义 Select 目标为 FEM 项，如图 9-11 中 i 所示；在 Select 3D Element Faces 下选择绝缘材料底面与源芯顶面包裹腔体中绝缘材料这部分的自由表面单元面后，单击 Add 按钮，单击 OK 按钮，如图 9-11 中 j 所示；最后单击 Apply 按钮，如图 9-11 中 k 所示。

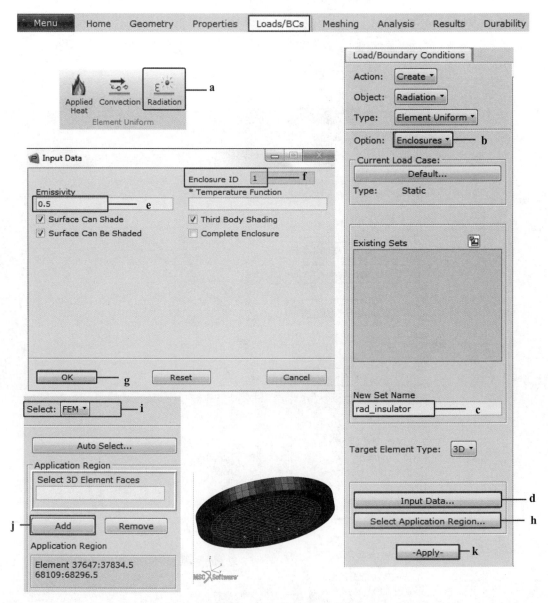

图 9-11　定义绝缘材料辐射条件

接着采用相同的方法定义源芯材料的辐射条件，顺次单击应用菜单栏中的 Loads/BCs→Radiation（Element Uniform），在 Option 下设置选项为 Enclosures，定义 New Set Name 为 rad_core。单击 Input Data，在弹出的对话框中定义辐射率为 0.5，定义 Enclosure ID 为 1。单击 Select Application Region 按钮，在打开的对话框中定义 Select 目标为 FEM 项，在 Select 3D Element Faces 下选择绝缘材料底面与源芯顶面包裹腔体中源芯材料这部分的自由表面单元面后，单击 Add 按钮；单击 OK 按钮；最后在原始对话框中单击 Apply 按钮。最终的辐射载荷定义位置应该如图 9-12 所示。

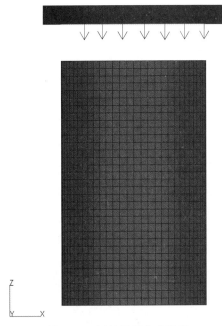

图 9-12　辐射载荷定义结果

（3）最后定义金属外壳与空气间的对流，顺次单击应用菜单栏中的 Loads/BCs→Convection（Element Uniform），如图 9-13 中 a 所示；定义 New Set Name 为 convection，如图 9-13 中 b 所示；单击 Input Data，如图 9-13 中 c 所示；在弹出的对话框中定义对流系数为 2，环境温度为 30，如图 9-13 中 d 所示；单击 Select Application Region，如图 9-13 中 e 所示；在弹出的对话框中定义 Select 目标为 FEM 项，如图 9-13 中 f 所示，在 Select 3D Element Faces 下选择金属外壳外表面的自由表面单元面后，单击 Add 按钮，单击 OK 按钮，如图 9-13 中 g 所示；最后单击 Apply 按钮，如图 9-13 中 h 所示。

（4）沿 XZ 平面擦除模型 1/2 后显示载荷条件，应该如图 9-14 所示。

这里介绍一个关于选取自由表面单元的小技巧，主工具条 Preferences 下的 Picking 选项可以控制选取参数。单击 Picking 后，在弹出的对话框如图 9-15 中 a 所示位置可以定义框选目标方式。其中 Enclose entire entity 代表框选后，如果目标全部包含于框选范围内，目标才会被选取；Enclose any protion of entity 代表目标部分包含于框选范围内即会被选取，Enclose centroid 代表目标中心点包含于框选范围内才会被选取，灵活定义选取方法可以很方便地实现选取目的。

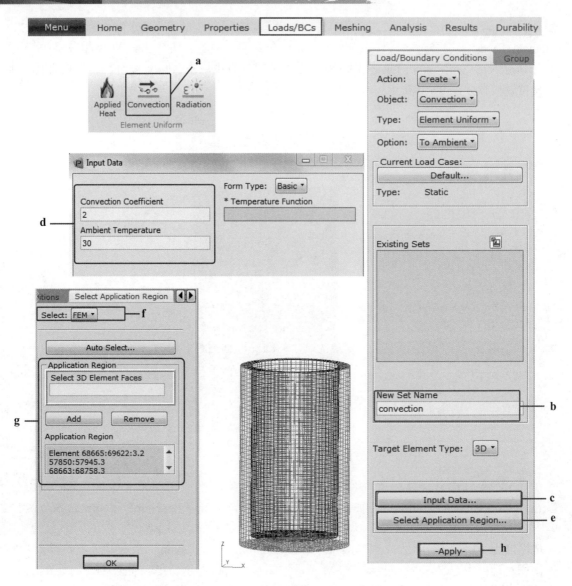

图 9-13　定义金属外壳与空气间的对流条件

　　例如，选取绝缘材料顶面自由表面元时，如果按照默认选取方式 Enclose any Portion of entity，在绝缘材料顶面使用矩形线框选取，如图 9-16（a）所示拖动矩形框，除顶面自由表面元之外，与顶面连接的侧面自由表面元也会同时被选取，选取结果如图 9-16（b）所示。但是如果将选取方式转换为 Enclose entire entity，在相同的位置框选，选取结果却如图 9-16（c）所示。

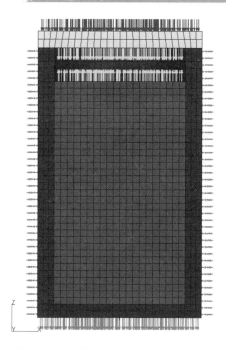

图 9-14　各类热载荷和边界条件显示

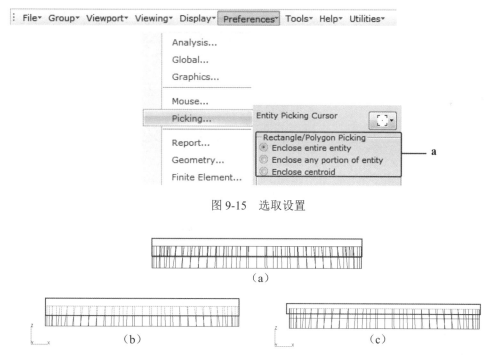

图 9-15　选取设置

图 9-16　不同选取设置得到的选取结果

3．设置分析参数并提交分析作业

顺次单击应用菜单栏中的 Analysis→Entire Model，如图 9-17 中 a 所示；定义作业名称为 thermal，如图 9-17 中 b 所示；单击 Solution Type 打开求解类型设置框，如图 9-17 中 c 所示；

在打开的对话框中，勾选 STEADY STATE ANALYSIS，如图 9-17 中 d 所示；单击 Solution Parameters，如图 9-17 中 e 所示；在弹出的对话框中设置 Solution Sequence 为 SOL 400，如图 9-17 中 f 所示；设置初始温度为 30，如图 9-17 中 g 所示；单击 Radiation Parameters 定义辐射参数，如图 9-17 中 h 所示，在弹出的辐射参数对话框中选取绝对温度比例为摄氏度，如图 9-17 中 i 所示；定义斯蒂芬-波尔兹曼常数为 5.6696E-8，如图 9-17 中 j 所示；顺次单击 OK 按钮，关闭其他对话框，最后单击 Apply 提交计算。

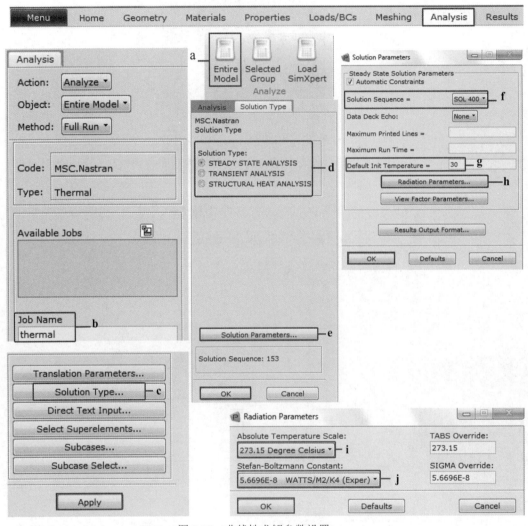

图 9-17　非线性求解参数设置

4. 结果查看

读取 Master 结果文件浏览结果信息，最后一个载荷步对应的温度分布如图 9-18 和图 9-19 所示，绝缘材料的最高温度为 173℃，源芯的最高温度为 48.2℃。

图 9-18　整体温度分布云图

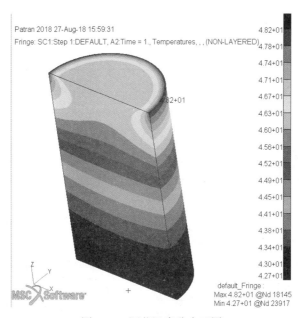

图 9-19　源芯温度分布云图

9.3　顺序耦合分析

材料具有热胀冷缩特性，在温度作用下会产生体积变化，产生热应变。当结构的热应变受到约束不能自由发展时，就会产生热应力。这里所指的约束可能是外界环境施加的约束，也可能是由于结构各部分之间热膨胀系数的差异引起的相互作用。而由非均匀的温度分布即温度梯度产生的热应力最为常见。

温度对结构应力和变形的影响不仅仅在于产生热应变和热应力。材料机械性能如弹性模量、泊松比、屈服应力、热膨胀系数等往往随温度变化，也会影响到结构应力分析结果。这种热应力分析称为热弹塑性分析。实际上，这里的顺序耦合的热应力分析包含了这样的假设：温度影响变形而变形不再影响温度的无耦合情形。对于变形也影响温度的耦合分析将在下一节中介绍。

9.3.1　顺序耦合分析方法

用 MSC Nastran SOL 400 创建分析热应力的数据与定义一般的机械载荷作用下应力分析的流程基本相同，但两点是不同的：需要定义材料机械性能随温度变化的关系和作为热载荷的已知温度场信息。

1. 定义随温度变化的材料机械性能参数

Patran/MSC Nastran 可以处理随温度变化的材料机械性能参数，见表 9-3。

表 9-3　材料机械性能参数表

弹性模量	$E(T)$
泊松比	$v(T)$
屈服应力	$\sigma_y(T)$
硬化斜率	$h(T)$
热膨胀系数	$\alpha(T)$

在定义这些随温度变化的材料参数时，用 Patran 中的材料类的场来建立随温度分段线性变化的材料特性曲线。

2. 施加温度载荷

计算热应力除了按一般应力分析定义结构所受的力和位移边界条件外，还需将已知温度场定义成热载荷边界条件。Patran/MSC Nastran 软件施加温度场边界条件有几种方法。

（1）利用 Patran 中的有限元场，分两步求解。首先，建立稳态或瞬态温度场分析模型并求解，对温度场分析结果进行后处理，并对要进行热应力分析的时间步温度云图产生有限元场；而后转换分析类型到结构，定义相应材料的结构参数包括热膨胀系数，定义力学约束，选中前一步定义的有限元场作为温度载荷，如有需要再定义其他载荷，更新载荷工况及作业参数，最后求解热应力。采用此法，热分析和结构分析的网格可以不同，此时对模型定义不同的组进行操作比较方便。

（2）温度场和热应力场同时求解。首先，按瞬态热分析步骤建立分析模型，定义瞬态热分析工况，求解器选 SOL 400，写出求解文件；其次，转换分析类型到结构，定义相应材料的结构参数，包括热膨胀系数，相同的材料名。定义约束和其他载荷和结构分析工况，写出结构分析工况的求解文件；最后，对热分析求解文件和结构分析求解文件进行组合，生成热-结构耦合求解文件。以热分析文件为基础，对其修改。此法的详细内容将在下一节介绍。

（3）利用 punch 文件，分两步求解。首先，按瞬态热分析步骤建立分析模型，写出求解文件，修改设置，输出瞬态热分析每步的温度计算结果到.pch 文件；其次，转换分析类型到结构，定义相应材料的结构参数，包括热膨胀系数，相同的材料名。定义约束和其他载荷，写出结构分析的求解文件，然后对结构求解文件进行修改，添加工况。本方法的实质是把瞬态计算的每一步温度结果作为一个工况，对此工况进行静态分析。如想得到每一步的结果，则需要定义和增量步一样多的工况。也可以选择性地计算部分主要工况。该方法卡片修改简单，另外理论上讲热分析和热应力分析的网格和时间都可以不同，程序可以进行自动插值，当然结构如果很复杂、单元类型多的模型还是尽量采用相同网格比较稳妥。

9.3.2　顺序耦合分析算例

本例如图 9-20 所示，叶片自身工作转速为 95r/s。高温工作环境下，其 Z 轴正向一侧的对流换热系数为 3000W/（m²·℃），该侧的环境温度为 288℃，该侧承受的气动压力载荷为 37000Pa；其 Z 轴负向一侧的对流换热系数为 2700W/（m²·℃），该侧的环境温度为 150℃，该侧承受的气动压力载荷为-37000Pa。

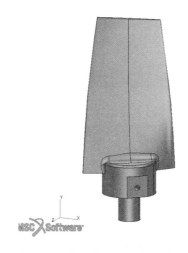

图 9-20　热应力分析算例模型

本案例将使用 MSC Nastran 计算热工况下的温度分布，并将温度载荷应用到结构工况中，本例忽略结构分析结果对传热分析的影响。

叶片对应的材料参数数据见表 9-4。

表 9-4　材料数据

名称	热导率 /[W/（m²·℃）]	比热容 /[J/（kg·℃）]	密度 /（kg/m³）	杨氏模量 /GPa	泊松比	热膨胀系数
数值	62	430	7830	207	0.3	10.8E-6

1. 建立模型

（1）新建 MSC Patran 的空数据文件。单击菜单栏 Menu→File→New，输入模型数据文件名称为 thermal_stress.db。

（2）顺次单击主工具条中 File→Import，打开模型导入窗口。设置导入模型的格式为 Parasolid xmt，如图 9-21 中 a 所示；单击 Parasolid xmt Options，如图 9-21 中 b 所示；在打开的对话框中单击 Model Units，如图 9-21 中 c 所示；设置模型单位为米制单位，如图 9-21 中 d

所示，单击 OK 按钮；在相应路径下选取 turbine_blade.xmt 文件，单击 Apply 按钮。

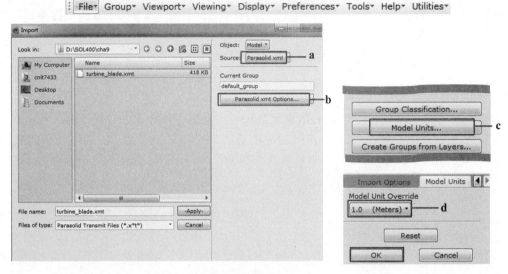

图 9-21 模型导入

（3）顺次单击主工具条中 Preferences→Analysis，在打开的对话框中选取分析类型为 Implicit Nonlinear，如图 9-22 中 a 所示，最后单击 OK 按钮，切换到隐式非线性分析接口界面。

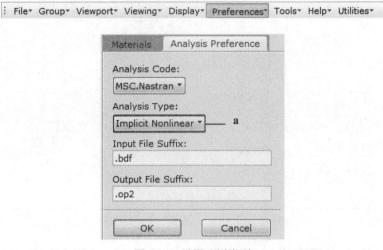

图 9-22　设置分析类型

（4）创建材料属性，单击应用菜单中的 Materials→Isotropic 选项，如图 9-23 中 a 所示；在打开的对话框中定义材料名称为 steel，如图 9-23 中 b 所示；单击 Input Properties 定义材料参数，如图 9-23 中 c 所示；在弹出的对话框中定义杨氏模量为 207e9Pa，如图 9-23 中 d 所示；定义泊松比为 0.3，如图 9-23 中 e 所示；定义材料密度为 7830kg/m³，如图 9-23 中 f 所示；定义材料的热膨胀系数为 10.8e-6，如图 9-23 中 g 所示；定义材料的热导率为 62W/（m²·℃），如图 9-23 中 h 所示；定义比热为 430J/（kg·℃），如图 9-23 中 i 所示；定义完成后单击 OK 按钮，最后单击 Apply 按钮。

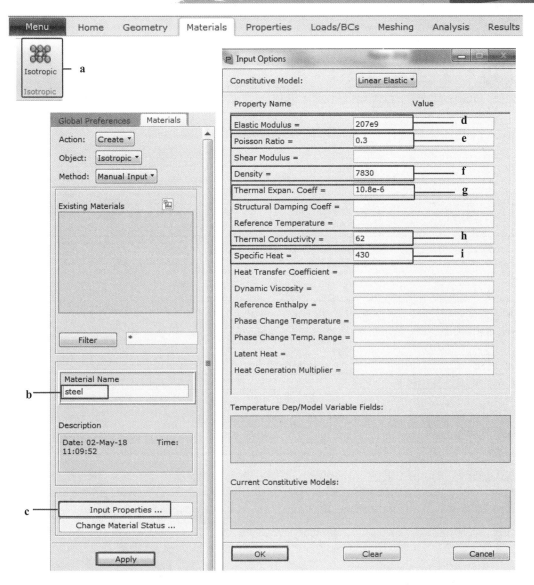

图 9-23　定义材料参数

接着定义单元属性，单击应用菜单中的 Properties→Solid 选项，如图 9-24 中 a 所示；在弹出的对话框下定义属性名称为 psolid，如图 9-24 中 b 所示；单击 Input Properties 定义结构属性，如图 9-24 中 c 所示；在弹出的对话框中单击 Mat Prop Name 右侧按钮，如图 9-24 中 d 所示，打开材料列举对话框；在材料列举框中选择已创建的材料 steel，如图 9-24 中 e 所示，随后单击 OK 按钮。接着单击 Select Application Region 按钮，如图 9-24 中 f 所示；在窗口中选取实体 Solid 1，如图 9-24 中 g 所示，随后单击 Add 按钮，单击 OK；最后单击 Apply 按钮。

（5）划分网格，单击应用菜单中的 Meshing→Solid 选项，如图 9-25 中 a 所示；弹出实体网格划分对话框，在 Input List 下选择实体 Solid 1，如图 9-25 中 b 所示；取消 Automatic Calculation 勾选项，录入网格尺寸数值为 0.01，如图 9-25 中 c 所示；最后单击 Apply 按钮。

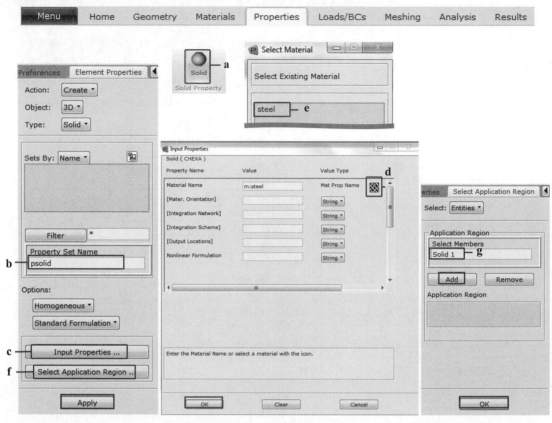

图 9-24　定义结构属性

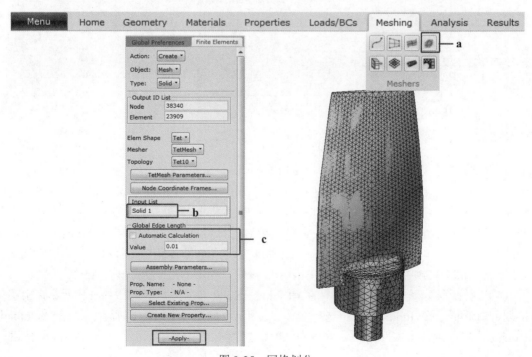

图 9-25　网格划分

2. 定义传热工况

（1）顺次单击应用菜单中的 Loads/BCs→Create Load Case 选项，如图 9-26 中 a 所示，创建一个新的温度载荷工况 Load Case；定义新载荷工况的名称为 thermal，并确保 Make Current 选项被勾选，如图 9-26 中 b 所示；定义完成后单击 Apply 按钮。

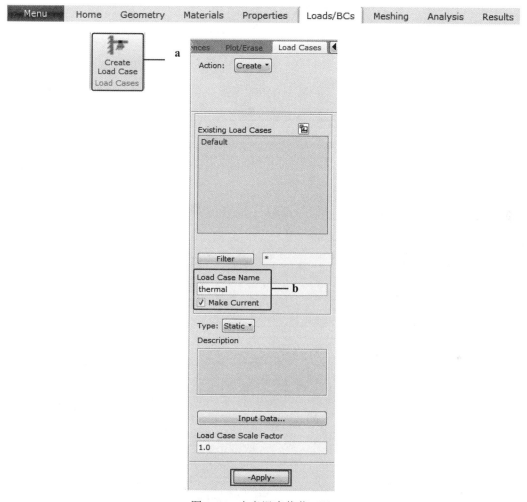

图 9-26　定义温度载荷工况

（2）顺次单击应用菜单中的 Loads/BCs→Select Element Uniform→Convection 选项，如图 9-27 中 a 所示；在弹出的对话框中选取对流方式为 To Ambient，如图 9-27 中 b 所示；定义载荷名称为 Zpos，如图 9-27 中 c 所示；单击 Input Data 打开参数录入界面，如图 9-27 中 d 所示；输入对流系数为 3000W/（m² · ℃），如图 9-27 中 e 所示；定义环境温度为 288℃，如图 9-27 中 f 所示；定义完成后，单击 OK 按钮。接着单击 Select Application Region 按钮，如图 9-27 中 g 所示；在弹出的选取对话框中，选取叶片 Z 轴正向的两个外表面 Solid 1.16 和 Solid 1.25 如图 9-27 中 h 所示，选择完成后单击 Add 按钮，单击 OK 按钮；最后单击 Apply 按钮。

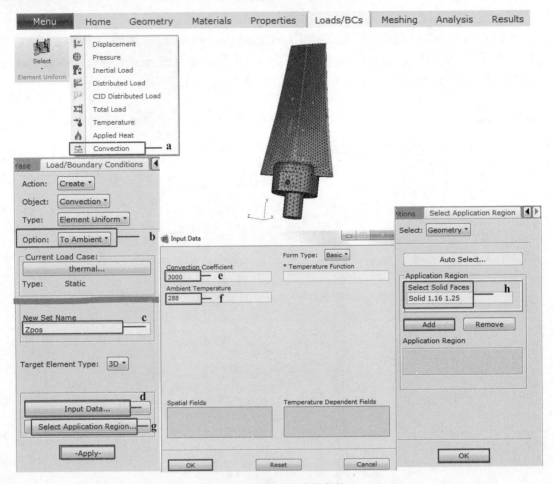

图 9-27　定义对流换热条件

相同的方法定义叶片 Z 轴负向一侧的对流换热条件，定义载荷名称为 Zneg，换热系数为 2700W/（$m^2 \cdot \text{℃}$），环境温度为 150℃，定义完成后如图 9-28 所示。

图 9-28　对流条件显示

3. 定义结构工况

（1）顺次单击应用菜单中的 Loads/BCs→Create Load Case 选项，如图 9-29 中 a 所示，创建一个新的结构载荷工况 Load Case；定义新工况的名称为 structual，并确保 Make Current 选项被勾选，如图 9-29 中 b 所示；定义完成后单击 Apply 按钮。

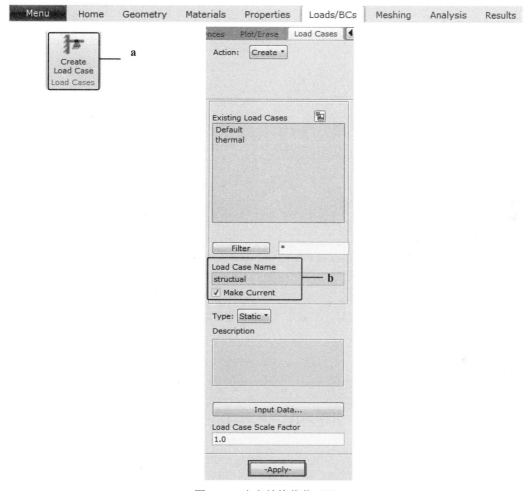

图 9-29　定义结构载荷工况

（2）定义 Z 轴正向压力载荷，顺次单击应用菜单中的 Loads/BCs→Select Element Uniform →Pressure 选项，如图 9-30 中 a 所示；定义压力载荷名称为 pressure1，如图 9-30 中 b 所示；单击 Input Data 打开参数录入界面，如图 9-30 中 c 所示；输入压力值为 37000Pa，如图 9-30 中 d 所示；输入完成后，单击 OK 按钮；接着单击 Select Application Region 按钮，如图 9-30 中 e 所示；在弹出的选取对话框中，选取叶片位于 Z 轴正向的外表面 Solid 1.16、Solid 1.25，如图 9-30 中 f 所示；选取完成后，单击 Add 按钮，单击 OK 按钮；最后单击 Apply 按钮。

相同的方法定义叶片 Z 轴负向一侧的压力载荷，载荷名称为 pressure2，载荷大小为 −37000Pa，注意是负压，定义完成后如图 9-31 所示。

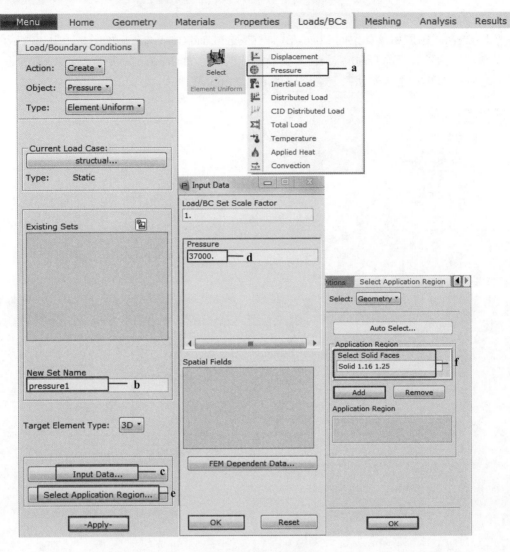

图 9-30　定义压力载荷

图 9-31　叶片承受的气动压力载荷

（3）定义转速，在相同界面下将 Object 切换为 Inertial Load，如图 9-32 中 a 所示；定义载荷名称为 rotation，如图 9-32 中 b 所示；单击 Input Data 打开参数录入界面，如图 9-32 中 c 所示；在弹出的输入界面内定义沿 Z 轴的转动速度为 95，如图 9-32 中 d 所示；定义完成后单击 OK 按钮，最后单击 Apply 按钮。

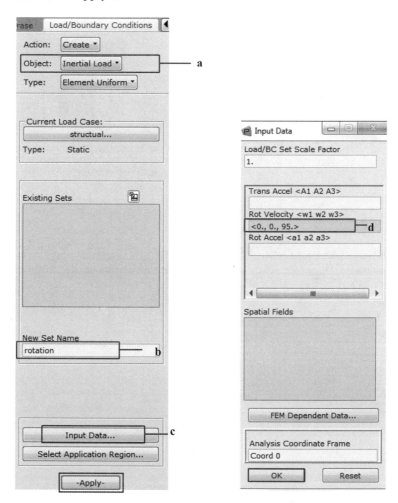

图 9-32　定义惯性载荷

（4）定义约束，在相同界面下将 Object 切换为 Displacement，如图 9-33 中 a 所示；定义约束名称为 fix，如图 9-33 中 b 所示；单击 Input Data 打开参数输入界面，如图 9-33 中 c 所示；在弹出的输入界面内定义固定约束，如图 9-33 中 d 所示；定义完成后单击 OK 按钮。接着单击 Select Application Region 按钮，如图 9-33 中 e 所示；在弹出的界面下，将选取目标指定为 Surface or Face，如图 9-33 中 f 所示；框选叶片根部所有的面，如图 9-33 中 g 所示；定义完成后单击 Add 按钮，单击 OK 按钮；最后单击 Apply 按钮。

（5）定义完成后，结构工况显示结果如图 9-34 所示。

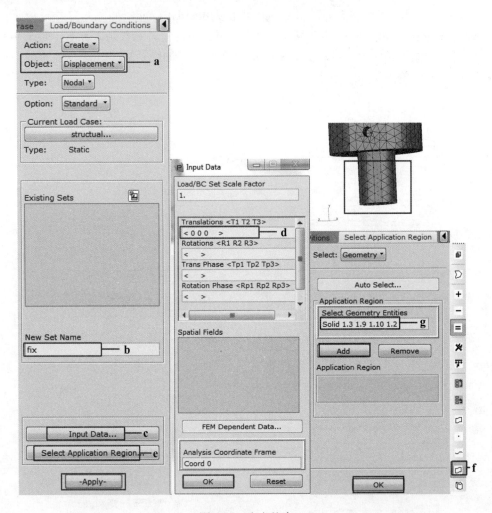

图 9-33 定义约束

图 9-34 结构工况显示结果

4. 设置分析参数并提交分析作业

（1）顺次单击应用菜单栏中的 Analysis→Entire Model，如图 9-35 中 a 所示；定义作业名称为 thermal_stress，如图 9-35 中 b 所示；单击 Load Steps 打开载荷步设置框，如图 9-35 中 c 所示；在打开的对话框中列举了已有的载荷工况，首先单击 structual 载荷工况，如图 9-35 中 d 所示，默认情况下，程序会自动定义 Step Name 为 structual；设置 Analysis Type 为 Static，如图 9-35 中 e 所示；其他求解使用默认参数，设置完成单击 Apply 按钮。

接着单击 thermal 载荷工况，如图 9-35 中 f 所示，默认情况下，程序会自动定义 Step Name 为 thermal；设置 Analysis Type 为 Steady state Heat，如图 9-35 中 g 所示；其他求解使用默认参数，设置完成单击 Apply 按钮。

单击 Load Step Select 按钮，如图 9-35 中 h 所示；在打开的对话框中顺次单击 thermal 和 structure 两个载荷步，如图 9-35 中 i 所示；载荷步添加完成后，subcase1 下面包含的载荷步情况应该与图 9-35 中 j 一致，单击 OK 按钮；单击 Apply 按钮。

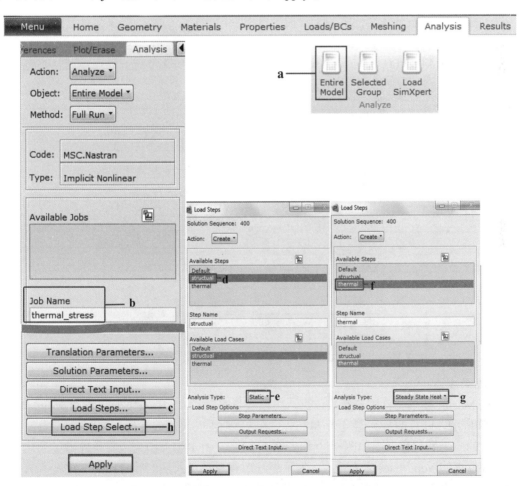

图 9-35　非线性求解参数设置

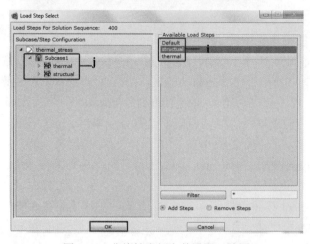

图 9-35   非线性求解参数设置（续图）

（2）修改 Nastran 输入文件中的工况控制段指令，如图 9-36 所示，在温度计算载荷步 STEP1 中追加 TSTRU 卡片，将计算出的温度分布结果插值到结构网格，在结构计算载荷步 STEP2 中追加 TEMPERATURE(LOAD) 卡片追加温度载荷，二者的 ID 号需一致，本例题的温度载荷 ID 号为 999。

```
SOL 400
CEND
$ Direct Text Input for Global Case Control
TITLE = MSC.Nastran job created on 02-May-18 at 20:54:09
ECHO = NONE
SUBCASE 1
 STEP 1
   SUBTITLE=thermal
   ANALYSIS = HSTAT
   NLSTEP = 1
   SPC = 1
   THERMAL(SORT1)=ALL
   FLUX(SORT1)=ALL
   NLSTEP = 1
   TSTRU = 999
$ Direct Text Input for this Step
 STEP 2
   SUBTITLE=structual
   ANALYSIS = NLSTATIC
   NLSTEP = 2
   SPC = 3
   LOAD = 3
   DISPLACEMENT(SORT1,REAL)=ALL
   SPCFORCES(SORT1,REAL)=ALL
   STRESS(SORT1,REAL,VONMISES,BILIN)=ALL
   NLSTEP = 2
   TEMPERATURE(LOAD) = 999
$ Direct Text Input for this Step
BEGIN BULK
```

图 9-36   修改情况控制段指令

5. 结果查看

读取 Master 结果文件浏览结果信息，可以查看最后一个载荷步对应的温度分布如图 9-37 和图 9-38 所示，叶片的最高温度为 247℃，位于 Z 轴正向一侧的叶根位置。

叶片的应力和位移云图如图 9-39 和图 9-40 所示。由于根部约束边界条件做了简化，造成位于叶轴位置的 Von Mises 应力过大，为了更好地查看重点关注的叶身应力，对色谱做了一些特殊设置；最大变形量为 2.47mm 位于叶片顶部，具体如图 9-40 所示。

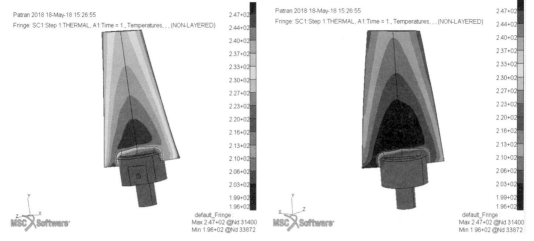

图 9-37　叶片沿 Z 轴正向一侧的温度分布云图　　图 9-38　叶片沿 Z 轴负向一侧的温度分布云图

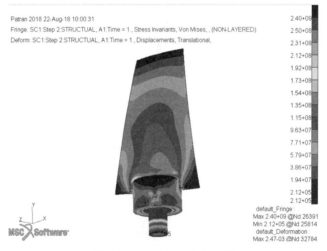

图 9-39　叶片应力分布云图

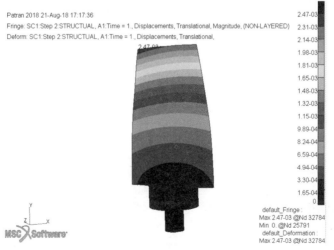

图 9-40　叶片位移分布云图

9.4 热机耦合分析

9.4.1 热机耦合分析涉及内容和方法

在许多实际的物理过程中温度变化和变形同时出现，并具有很强的相互作用效应，比如焊接、热处理、挤压、板材成型和冲压等加工工艺过程，或者某些产品在变温环境下的运行过程中。此时顺序耦合的分析方法不再适用，而热-机耦合分析可准确模拟耦合的效应。

温度对变形的影响主要反映在改变材料的力学参数和产生热应变，而对于单体结构变形对温度的作用主要来自：物体经历大变形后几何形状发生变化，单元体积或边界面积也随之改变。施加在这些有限元素上的热边界条件也因此变化。大变形的耦合效应可通过选择更新的拉格朗日格式自然地引入。

对于接触问题会涉及接触传热，接触边界变化引起参与接触传热的边界条件的改变，通过沿接触体边界的不同对流换热系数来自动考虑。没有接触时，物体边界上的对流是物体与环境之间的对流热交换。一旦接触，将自动变成接触面之间的接触换热。此外，相互接触物体间的摩擦力所做的功也会全部转化成热量作为表面热流进入物体内部。

非弹性功耗散转化成的热生成是另一种变形影响温度的常见情形。用户可输入适于其特定问题的功热转化系数。

材料热处理过程中，变形和应力影响相成分的转换，进而反映在相变潜热之中，对温度产生影响。

所有这些变形影响温度情形，都可以在 MSC Nastran SOL 400 的热－机耦合分析中求解。软件的热－机耦合分析支持传热分析和应力分析的各类边界条件，或者给定描述材料力学行为的各类本构模型和热物理参数。

- 软件采用温度场和位移场交替求解技术，快速求解热－机耦合问题。塑性功和摩擦生热产生的热流从前一个增量步中得到。
- 从位移从前一个增量步中来，在更新后的几何上形成新的热矩阵/载荷。
- 将节点温度从热量传递到应力分析的子增量步中。

热-机耦合的分析流程图如图 9-41 所示。

有关热-机耦合分析的输入数据：

- 工况控制。
  - ➤ SUBCASE–STEP–SUBSTEP：SUBSTEP 通过 ANALYSIS 卡片用于指定不同的物理场。
  - ➤ NLSTEP：用于指定非线性求解参数。
- 初始温度。
  - ➤ TEMP(INIT) 卡用于 HSTAT, IC 卡用于 HTRAN。
  - ➤ TEMP(INIT) 用于 NLSTAT 或 NLTRAN。
- 不要求 TEMP(LOAD)卡（温度自动从热分析子增量转到力学分析子增量）。

允许 HSTAT-NLSTAT, HSTAT-NLTRAN, HTRAN-NLSTAT, HTRAN-NLTRAN 问题的求解，允许和线性扰动一起分析。

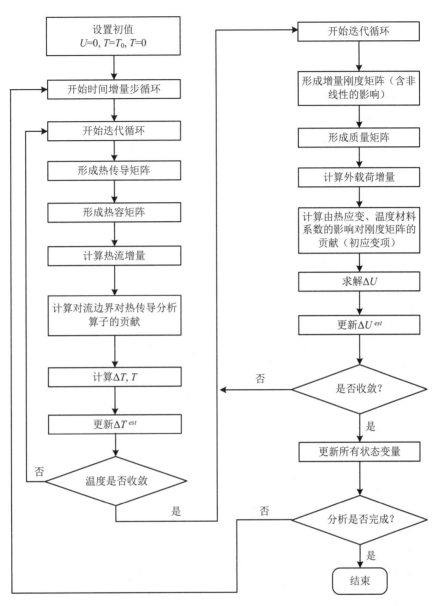

图 9-41　热-机耦合分析流程图

HSTAT-NLSTAT 分析算例卡片：

```
SUBCASE 1
TEMP(INIT) = 5
STEP 1
 NLSTEP = 1
 SUBSTEP 1
   ANALYSIS = HSTAT
   SPC = 9
   LOAD = 2
   THERMAL(SORT1)=ALL
   FLUX(SORT1) = ALL
```

```
   SUBSTEP 2
     ANALYSIS = NLSTAT
     SPC = 16
     LOAD = 8
     DISP(SORT1)=ALL
     STRESS(SORT1)=ALL
```

HTRAN-NLSTAT 分析算例卡片：

```
SUBCASE 1
TEMP(INIT) = 5
STEP 1
 NLSTEP = 14
SUBSTEP 1
   IC = 5
   ANALYSIS = HTRAN
   SPC = 9
   DLOAD = 2
   MPC = 6
   THERMAL(SORT1)=ALL
 SUBSTEP 2
   ANALYSIS = NLSTAT
   SPC = 16
   MPC = 14
   LOAD = 8
   DISP(sort1)=ALL
```

HTRAN-NLTRAN 分析算例卡片

```
SUBCASE 1
TEMP(INIT) = 5
STEP 1
 NLSTEP = 17
 BCONTACT = 99
SUBSTEP 1
   IC = 5
   ANALYSIS = HTRAN
   DEACTEL = 14
   PARAM,NDAMP,0.414
   SPC = 9
   DLOAD = 2
   THERMAL(SORT1)=ALL
 SUBSTEP 2
   ANALYSIS = NLTRAN
   IC = 22
   PARAM,NDAMP,0.0
   PARAM,NDAMPM,1.0
   SPC = 16
   DLOAD = 8
   DISP(sort1)=ALL
```

　　另外，也支持多物理场下的链式分析。此时，需要先完成所有的多物理场分析，随后的单个物理场和线性扰动分析步的顺序可以任意，但瞬态分析步必须在静力分析步之后。

　　多物理场下的链式分析例题数据：

```
STEP 1
    SUBSTEP 1
        ANALYSIS = HTRAN
    SUBSTEP 2
        ANALYSIS = NLSTAT
STEP 2
    ANALYSIS = NLTRAN
STEP 3
    ANALYSIS = MCEIG
```

目前软件功能还有一些限制：

- 辐射视角系数不支持更新几何，只在原始几何上计算。
- 从热分析到结构子分析步的温度影射仅适用于非线性单元，采用 Automated Element Defaults 线性单元的温度（例如 CQUAD8, CTRIA6）自动影射到非线性单元。如果用户通过（NLMOPTS,SPROPMAP,-1）来避免此种操作，则没有温度影射发生。
- 对增强非线性单元 NLIC 从任意分析步重启动不支持。此时 NLIC 重启动只能从前一个分析步的最后一个收敛的增量步开始。
- 对于多物理场分析 XDB 后处理文件格式不能用。只能用 MASTER 和 OP2 后处理格式。

9.4.2　热机耦合分析算例

本例将模拟考虑塑性和摩擦生热的圆柱体镦粗问题，圆柱体工件尺寸为直径 20mm×高度 30mm，冲压工具尺寸为直径 32mm×高度 10mm，如图 9-42 所示，初始温度 293K，冲压速度为 15mm/s。

图 9-42　热-机耦合分析算例模型

由于结构和边界条件都具备轴对称特点，所以圆柱工件将使用轴对称单元和 1/4 对称截面来进行模拟，这里冲压工具可以考虑为刚体。冲压工具与工件之间的摩擦作用以及工件的塑性变形都会产生相应热能，同时考虑润滑效应以及接触错位等造成的热能损失，这里给定 0.9 作为热转换系数。圆柱体工件对应的材料参数见表 9-5，冲压工具与工件之间的接触传热系数为 4N/s/mm/K，工件与周围环境的对流换热系数为 0.00295 N/s/mm/K。

表 9-5　材料数据

名称	热导率 / (N/s/K)	比热容 / (N/mm^2/K)	屈服应力 / (N/mm^2)	杨氏模量 /GPa	泊松比	应力（N/mm^2）与等效塑性应变
数值	36	3.77	275	200	0.3	$\sigma = 722\varepsilon^{0.262}$

1. 建立模型

（1）新建 MSC Patran 的空数据文件。单击菜单栏 Menu→File→New，输入模型数据文件名称为 thermal_stress_couple.db。

（2）顺次单击主工具条中 Preferences→Analysis，在打开的对话框中选取分析类型为 Implicit Nonlinear，如图 9-43 中 a 所示，最后单击 OK 按钮，切换到隐式非线性分析接口界面。

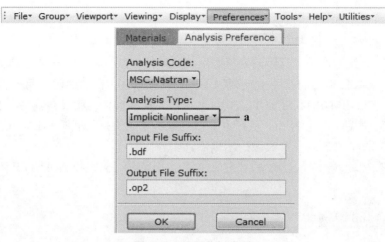

图 9-43　设置分析类型

（3）创建模型，单击应用菜单中的 Geometry→Select Surfaces→XYZ 选项，如图 9-44 中 a 所示；在弹出的对话框中设置尺寸<10 15 0>，如图 9-43 中 b 所示，选择起始点为原点位置[0 0 0]，如图 9-44 中 c 所示，生成工件 1/4 轴对称截面。同理，如图 9-43 中 d、e 所示，生成冲压工具截面几何。

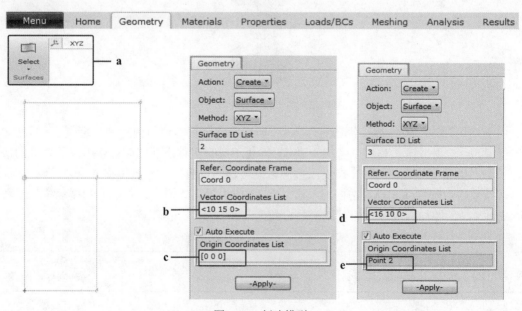

图 9-44　创建模型

（4）创建材料属性，首先定义线弹性材料参数，单击应用菜单中的 Materials→Isotropic 选项，如图 9-45 中 a 所示；在打开的对话框中定义材料名称为 steel，如图 9-45 中 b 所示；单击 Input Properties 定义材料参数，如图 9-45 中 c 所示；在弹出的对话框中定义杨氏模量为 2×10^5MPa，如图 9-45 中 d 所示；定义泊松比为 0.3，如图 9-45 中 e 所示；定义材料的热导率为 36N/s/K，如图 9-45 中 f 所示；定义比热为 3.77N/mm^2/K，如图 9-45 中 g 所示；定义完成后单击 OK 按钮，最后单击 Apply 按钮。此处密度值没有单独设置，程序会使用默认值 1.0 来参与计算。在本题中，只需比热与密度乘积合理即可。

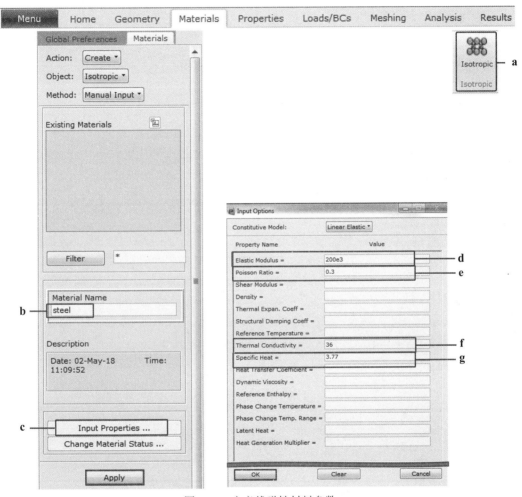

图 9-45　定义线弹性材料参数

接着定义弹塑性材料参数，首先定义应力应变场，单击应用菜单中的 Properties→Spatial Field 选项，如图 9-46 中 a 所示；在弹出的对话框中将 Object 切换为 Material Property，如图 9-46 中 b 所示；定义 Field Name 为 stress_strain，如图 9-46 中 c 所示；取消其他变量选项后，勾选 Strain 作为变量，如图 9-46 中 d 所示；单击 Input data 按钮，如图 9-46 中 e 所示，在弹出的对话框中单击 Import/Export 按钮，如图 9-46 中 f 所示，在弹出的对话框中，选取文件 stress_strain.csv，如图 9-46 中 g 所示，单击 Apply 按钮，如图 9-46 中 h 所示，导入应力应变曲线数据，单击 OK 按钮，单击 Apply 按钮。

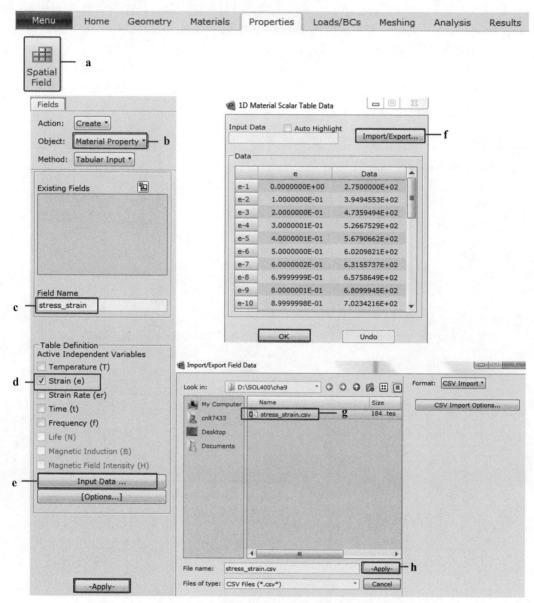

图 9-46　定义应力与等效塑性应变关系函数

再次单击应用菜单中的 Materials→Isotropic 选项，如图 9-47 中 a 所示，在弹出的对话框中单击已存在材料 steel，如图 9-47 中 b 所示；在随即弹出的对话框中将 Constitutive Model 切换为 Elastoplastic，如图 9-47 中 c 所示；将 Nonlinear Data Input 项设置为 Stress/Strain Curve，如图 9-47 中 d 所示；将 Strain Rate Method 项设置为 Piecewise Linear 如图 9-47 中 e 所示；单击选取已存在的应力应变场，如图 9-47 中 f 所示，选中后 Stress/Strain Curve 对应的内容应该如图 9-47 中 g 所示，单击 OK 按钮，单击 Apply 按钮。

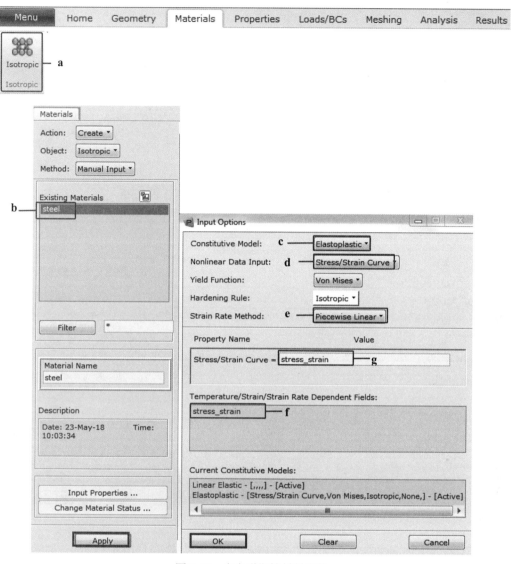

图 9-47 定义弹塑性材料参数

定义属性，单击应用菜单中的 Properties→Shells→2D Solid 选项，如图 9-48 中 a 所示；在弹出的对话框下定义属性名称为 workpiece，如图 9-48 中 b 所示；将壳单元属性设置为 Axisymmetric、Incompressible 形式，如图 9-48 中 c、d 所示，代表不可压缩的轴对称单元；单击 Input Properties 定义结构属性，如图 9-48 中 e 所示；在弹出的对话框中单击 Mat Prop Name 右侧按钮，如图 9-48 中 f 所示，打开材料列举对话框；在材料列举框中选择已创建的材料 steel，如图 9-48 中 g 所示，单击 OK 按钮。接着单击 Select Application Region 按钮，如图 9-48 中 h 所示；在窗口中选取实体 Surface 1，如图 9-48 中 i 所示，随后单击 Add 按钮，单击 OK 按钮；最后单击 Apply 按钮。

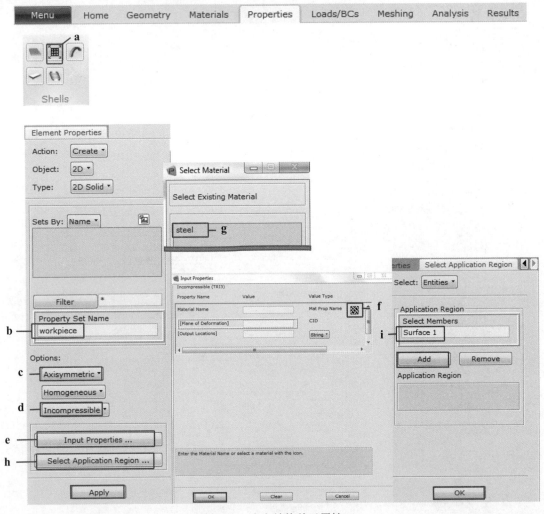

图 9-48　定义结构单元属性

（5）划分网格，单击应用菜单中的 Meshing→Mesh Seeds→Uniform 选项，如图 9-49 中 a 所示；在弹出的对话框中设置等分数量为 11，如图 9-49 中 b 所示，在 Curve List 下方选择 Surface 1 的两个长边，如图 9-49 中 c 所示，将等分数量修改为 10，如图 9-49 中 d 所示，在 Curve List 下方选择 Surface 1 的两个短边，如图 9-49 中 e 所示；将 Object 切换为 Mesh，如图 9-49 中 f 所示，将划分单元类型及拓扑设置为 Tria、IsoMesh、Tria3，如图 9-49 中 g 所示，选取面 Surface 1 进行网格划分，如图 9-49 中 h 所示；最后单击 Apply 按钮。

2. 定义边界条件

（1）将工件定义为可变形接触体，顺次单击应用菜单中的 Loads/BCs→Contact Bodies→Deformable 选项，如图 9-50 中 a 所示；定义接触体名称为 workpiece，如图 9-50 中 b 所示；定义目标单元类型为 2D，如图 9-50 中 c 所示；单击 Input Data 打开接触参数录入界面，如图 9-50 中 d 所示，定义 Friction Coefficient 为 0.65，Heat Transfer Coef. to Env.为 0.00295，Env. Sink Temperature 为 293，Contact Heat Transfer Coef.为 4，如图 9-50 中 e、f、g、h 所示，定义完成后单击 OK 按钮；接着单击 Select Application Region 按钮，如图 9-50 中 i 所示，在弹出的对

话框内选择 Surface 1,如图 9-50 中 j 所示,单击 Add 按钮,单击 OK 按钮;定义完成后单击 Apply 按钮。

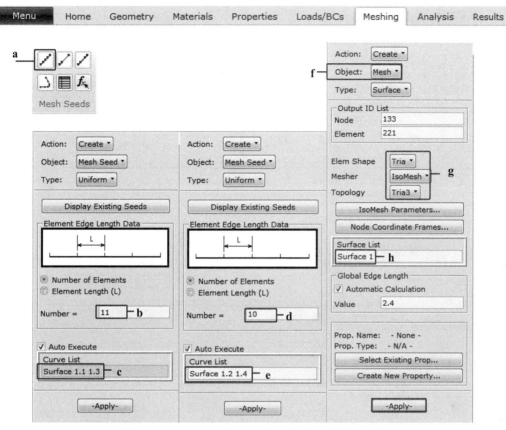

图 9-49 网格划分

(2)定义刚性接触体,顺次单击应用菜单中的 Loads/BCs→Contact Bodies→Rigid 选项,如图 9-51 中 a 所示;在弹出的对话框中定义接触体名称为 rigid,如图 9-51 中 b 所示;定义目标单元类型为 1D,如图 9-51 中 c 所示;单击 Input Data 打开接触参数录入界面,如图 9-51 中 d 所示,定义运动速度为<0., -15, 0.>,Friction Coefficient 为 0.65,Body Temperature 为 293,Contact Heat Transfer Coef.为 4,如图 9-51 中 e、f、g、h 所示,定义完成后单击 OK 按钮;接着单击 Select Application Region 按钮,如图 9-51 中 i 所示,在弹出的对话框内选择 Surface 2.4,如图 9-51 中 j 所示,选择完成后单击 Add 按钮,单击 OK 按钮;最后单击 Apply 按钮。

(3)定义接触关系,顺次单击应用菜单中的 Loads/BCs→Contact Bodies→Body Pair 选项,如图 9-52 中 a 所示;定义接触对名称为 rigid_workpiece,如图 9-52 中 b 所示;单击 Select Application Region 按钮,如图 9-52 中 c 所示,单击主接触体选取按钮,如图 9-52 中 d 所示,选取 rigid 作为主接触体,如图 9-52 中 e 所示,单击从接触体选取按钮,如图 9-52 中 f 所示,选取 workpiece 作为从接触体,如图 9-52 中 g 所示,单击 OK 按钮;单击 Apply 按钮。

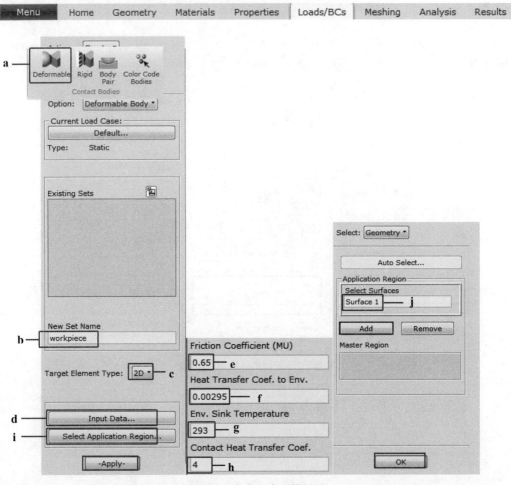

图 9-50　定义可变形接触体

（4）定义对称约束，首先定义 X 向对称约束。将 Object 切换为 Displacement，如图 9-53 中 a 所示；定义约束名称为 sym_x，如图 9-53 中 b 所示；单击 Input Data 打开参数录入界面，如图 9-53 中 c 所示；在弹出的录入界面内定义 X 向对称约束，如图 9-53 中 d 所示；定义完成后单击 OK 按钮。接着单击 Select Application Region 按钮，如图 9-53 中 e 所示；在弹出的界面下，将选取目标指定为 Curve or Edge，如图 9-53 中 f 所示；选择工件截面 X 向对称轴，如图 9-53 中 g 所示；定义完成后单击 Add 按钮，单击 OK 按钮；最后单击 Apply 按钮。

图 9-51　定义刚性接触体

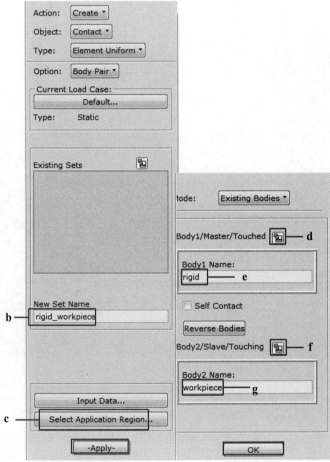

图 9-52　定义接触关系

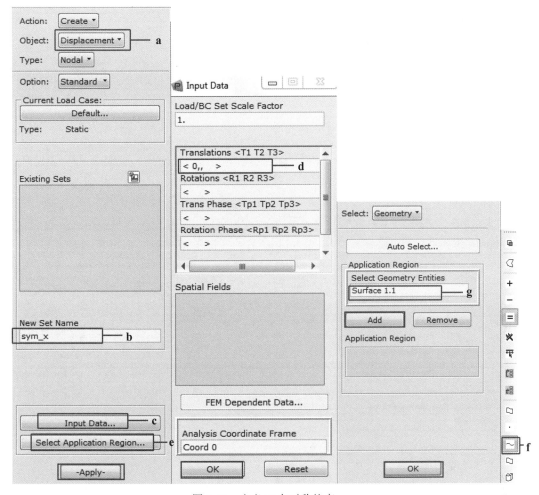

图 9-53　定义 X 向对称约束

　　接着使用相同的方法定义 *Y* 向对称约束，定义约束名称为 sym_y，定义 *Y* 向对称约束如图 9-54 中 a 所示，选择工件截面 *Y* 向对称轴，如图 9-54 中 b 所示，定义完成后，约束情况如图 9-54 右侧所示。

　　3. 设置分析参数并提交分析作业

　　由于现有 Patran 版本还不能够完全支持热-机耦合分析的界面定义，所以我们先将结构分析和热分析按照两个独立的 Subcase 定义，定义完成后在.bdf 文件中手动修改耦合分析参数。

　　顺次单击应用菜单栏中的 Analysis→Analysis Deck，如图 9-55 中 a 所示；定义作业名称为 thermal_stress_couple，如图 9-55 中 b 所示；单击 Solution Parameters，如图 9-55 中 c 所示，在弹出的界面下取消勾选 Assumed Strain 选项，如图 9-55 中 d 所示，设置初始温度为 293K，如图 9-55 中 e 所示，单击 OK 按钮。

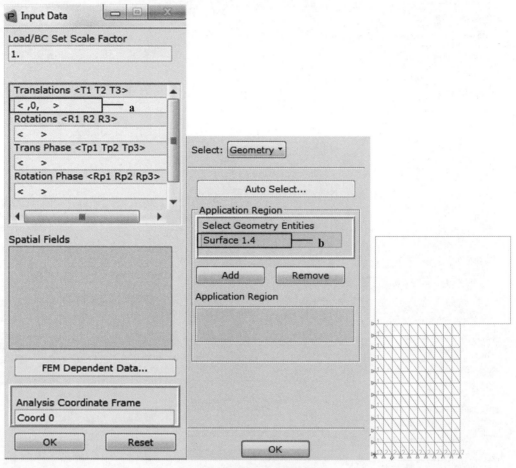

图 9-54　定义 Y 向对称约束

　　单击 Load Steps，如图 9-55 中 f 所示，打开载荷步设置框，定义 Step Name 为 structual，如图 9-56 中 a 所示；设置 Analysis Type 为 Static，如图 9-56 中 b 所示；单击 Step Parameters，如图 9-56 中 c 所示，在弹出的对话框中单击 Load Increments Params，如图 9-56 中 d 所示，在弹出的对话框中，默认使用固定步长，修改总求解时间为 0.5s，如图 9-56 中 e 所示，其他求解使用默认参数，设置完成后顺次单击 OK 按钮，最后单击 Apply 按钮。

　　接着定义 Step Name 为 thermal，如图 9-57 中 a 所示，设置 Analysis Type 为 Transient Heat，如图 9-57 中 b 所示，单击 Step Parameters，如图 9-57 中 c 所示，在弹出的瞬态热分析载荷步参数界面定义塑性和摩擦的耦合系数均为 0.9，如图 9-57 中 d 所示，接着单击 Load Increments Params，如图 9-57 中 e 所示，在弹出的对话框中，默认使用固定步长，修改总求解时间为 0.5s，如图 9-57 中 f 所示，其他求解使用默认参数，设置完成后顺次单击 OK 按钮，最后单击 Apply 按钮。

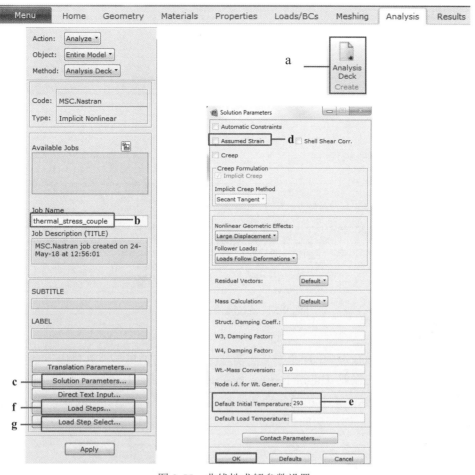

图 9-55 非线性求解参数设置

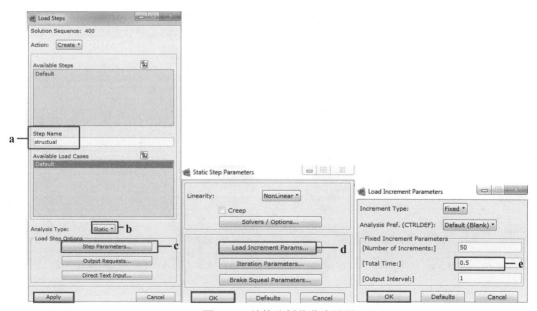

图 9-56 结构分析载荷步设置

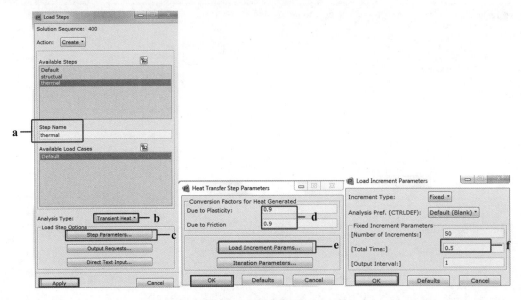

图 9-57　热分析载荷步设置

单击 Load Step Select，如图 9-55 中 g 所示，在弹出的对话框里首先单击 Thermal 载荷步，如图 9-58 中 a 所示，在作业 Thermal_stress_couple 位置单击鼠标右键，再弹出的列举项中选取 Add Subcase，如图 9-58 中 b 所示，在新添加的 Subcase2 中追加 Structual 作为载荷步，如图 9-58 中 c 所示，完成后如图 9-58 中 d 所示。

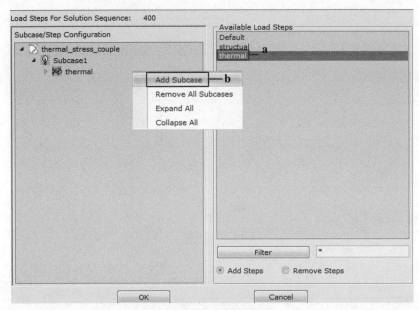

图 9-58　求解工况设置

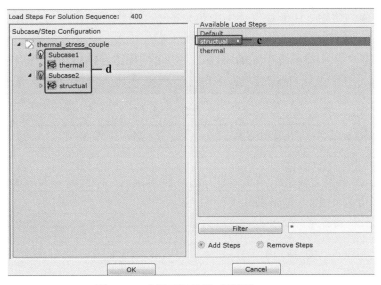

图 9-57　求解工况设置（续图）

4. 手动修改.bdf 文件

主要修改情况控制段的数据内容，由于现有版本Patran暂不支持耦合工况SUBSTEP定义，所以手动将热工况和结构工况对应的SUBCASE合并到SUBCASE 1的STEP 1下，分别设置为SUBSETP 1和SUBSTEP 2，详细请参考图9-59。

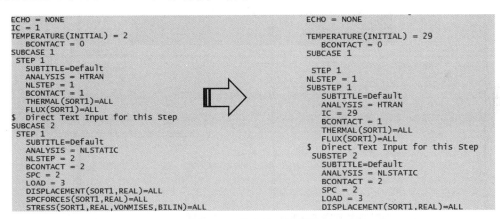

图 9-59　修改情况控制段

需要补充说明以下几点：

（1）情况控制段的NLSTEP卡片需要定义在STEP求解步下。

（2）初始温度ID号与SPC载荷约束ID号重复，所以将其修改为29，并需要同时修改模型数据段的初始温度卡片。

```
TEMPD     29       293.
```

否则会出现报错信息UFM 628，提示温度ID与载荷或约束ID重复。

```
*** USER FATAL MESSAGE 628 (LCGEN)
    THERMAL, DEFORMATION, AND EXTERNAL LOADS CANNOT HAVE THE SAME SET IDENTIFICATION NUMBER IN BULK DATA DECK.
    THE SET IDENTIFICATION MUMBER IS 2.
0FATAL ERROR
```

（3）IC 作为初始条件卡片仅适用于热分析子载荷步，因此移动到 SUBSTEP 1 下。

（4）结构分析控制了输出，仅输出变形结果。

（5）追加了结构-热耦合单元的属性定义，否则报错 UFM4565，追加内容如下：

```
PSHLN2    1        1
          C3      IAX      L        AXSOLID L
*** USER FATAL MESSAGE 4565 (TAON2M)
    Element ID=     3 with      3 grids references PSHLN2 property entry ID=        1
    USER INFORMATION: The Coupled Structural & Heat Transfer (ANAL=ISH) Behavior and Integration Scheme on the
                      property entry are BEH3H=PLST and INT3H=L, respectively.
    USER ACTION: Correct the connectivity or the property entry reference.
    PROGRAMMER INFORMATION: Internal NASTRAN element type =    168 (TRIAX3FD)
```

5. 结果查看

读取 Master 结果文件浏览结果信息，可以查看最后一个载荷步对应的温度分布如图 9-60 所示，最高温度为 412K，位于圆柱工件中心位置。

图 9-60　工件温度分布云图

工件的 X 向和 Y 向变形云图分别如图 9-61 和图 9-62 所示。

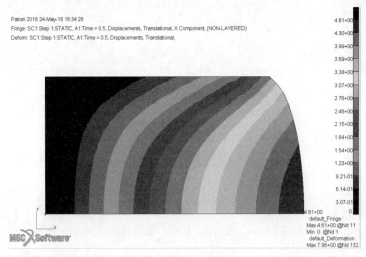

图 9-61　工件 X 向变形云图

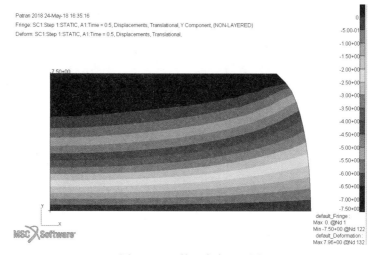

图 9-62　工件 Y 向变形云图

10

非线性动力学分析

10.1 概述

用有限元法求解动力和静力问题有许多相同之处，它们的主要区别在于动力分析考虑了惯性力，静力学分析求解外力作用下的静态平衡。与静力分析相比，动力分析要增加结构质量分布的离散和一致时间度量来描述加速度。因为有了时间度量的定义，因而可以定义与速度相关的载荷以及阻尼等。

对于线性振动分析来说，可以将运动方程从时域转换到频域来求解。对许多实际问题，结构载荷可在频域得到有效的描述：如简谐载荷、随机载荷。

结构线性动力行为的一个最重要特点是自由（无阻尼）运动由正则模态和相应的特征频率描述。对这些量（特征值问题）的计算可以更好地理解结构的动力行为。目前有多种方法可以用于求解这类问题，如幂扫描法、子空间迭代法、Lanczos 法。

非线性的动力问题须在时域里求解。瞬态分析可以计算任意载荷历程的响应，例如波的传播分析。与静力分析类似，用增量形式定义载荷，这些增量与时间增量相关，此时的时间为真实时间，具有物理意义。

动力问题的求解通过对时间直接积分得到。在 SOL 400 中有多种积分策略可供选用。因为采用增量逐步求解，可以将所有的非线性行为考虑进去。这些非线性行为可由材料特性引起的如塑性、非线性阻尼；几何非线性的考虑与静力分析时相似，但质量项要随着几何变化；另一类非线性是由与位置和/或时间相关的边界条件引起的，碰撞分析就是非线性动力边界条件的一个例子。

当然，时间积分方法的选择和时间的离散与所要分析的问题密切相关，需要慎重考虑。

本章先介绍 SOL 400 程序中动力分析的基本理论及方法，而后给出一些例题，以便于用户掌握 SOL 400 非线性动力学功能。

10.2 非线性动力学分析

非线性分析需要迭代求解方法，从而使计算量远远大于相应的线性分析。非线性瞬态响应分析可用 MSC Nastran SOL 129 和 SOL 400 求解，需要设置 ANALYSIS=NLTRAN。非线性问题分为几何非线性、材料非线性和接触问题三大类。主要的求解设置是载荷步和时间步、可接受的迭代收敛容差和刚度矩阵更新策略。迭代过程也是基于牛顿法。切线矩阵更新是自动执行的，为提高计算效率，用户可以修改更新策略。自适应方法是以两点递推（或一步）公式为基础实现的。在瞬态动力学环境中，精度和效率要求的最佳时间步长是不断变化的。自动时间步长调整的基本概念是，在前一个时间步长求解基础上，基于增量变形模式的主要频率可以预测合理时间步长的大小，略有时间滞后的不足。此外，以前的时间步的分析结果不能预测非线性性质的变化。

10.2.1　非线性瞬态响应分析界面接口

1. 用户界面及数据卡片

非线性特性和/或效应是由非线性材料数据（MATS1、MATEP 和 TABLES1）和几何非线性参数 PARAM、LGDISP 定义。瞬态效应由时间相关加载函数（TLOADi、DAREA 等）、阻尼（由参数、单元和材料属性数据定义）和质量属性引起。

SOL 400 需要的数据由 NLSTEP 卡片提供，该卡片可以包括所有时间/载荷非线性分析增量控制项。NLSTEP 模型数据卡片的详细说明参见本书第 2 章及参考文献[13]。

2. 工况控制

每个子工况和分析步定义了从上一个子工况或分析步的最后一个时间步结束开始的一个时间间隔，由 NLSTEP 卡片再细分为多个时间步长。输出时间的累积时间标记，包括所有以前的子工况。数据块包含的求解结果在每个子工况结束时存储在数据库，用于输出后处理和重新启动。因此对于多个子工况的问题，万一后来求解发散情况下很多中间增量步的收敛求解结果就被保存下来，用户可有更灵活的控制。使用 NLOPRM 工况控制卡片，收敛的增量结果可以输出到*.op2 文件中。

每个子工况的加载函数可以改变或重复采用相同的 DLOAD 继续以前的加载函数。但是，建议使用相同的 TLOAD 模型数据卡片以保持子工况之间的连续性，因为 TLOADi 数据卡定义加载历史作为累积时间的函数。静力载荷（PLOADi、FORCEi、MOMENTi）可以通过与 TLOADi 卡片中 EXCITEID 匹配与时间相关的函数关联。作为位移或速度函数的非线性力（NOLINi）可以分别用工况控制命令 NONLINEAR 和 NLLOAD 选择并打印输出。每个子工况可以有一个不同的时间步长、时间间隔和迭代控制策略。在第一子工况之后，工况控制卡 SPC、MPC、DMIG 和 TF 不得更改。

对于每个子工况都是独立处理输出要求，所有子工况要求输出的结果量附加在实际输出操作的计算过程之后。输出要求的讨论和一个完整的输出要求列表参见本书第 4 章。

初始条件（位移或速度）可以由模型数据卡片 TIC 指定，并由控制命令 IC 选择。如果给定初始条件，必须计算所有非线性单元的力和应力以满足指定的初始位移。另一方面，初始条件可以在第一个子工况采用 PARAM，TSTATIC 进行预载荷的静力分析而产生。而后，瞬态分析可以在随后的子工况进行。与自适应时间步长法相关，在 ADAPT 法中可以采用 PARAM，NDAMP 来控制稳定性。NDAMP 参数代表阻尼（一般情况下的推荐值是 0.01），常用于改善接触问题的收敛性和稳定性。

10.2.2 时间步定义

在瞬态动力学分析中，需要时间步长参数用于时间积分。SOL 400 通过 NLSTEP 卡片指定这些参数，这些可用于 Newmark-β 法调用自适应时间控制，输入参数来指定这组边界条件的时间步长和时间段。

使用 Newmark-β 法时，决定哪些频率对响应是重要的。该方法的时间步长不应超过结构中最高相关频率周期的 10%。否则，会出现大的相位误差。通常，与时间步长过大有关的现象是加速度剧烈振荡。如果时间步长更大，速度开始振荡，最终位移也振荡。

在非线性问题中，数值不稳定通常伴随振荡。当使用自适应动力学分析时，用户应该规定一个最大的时间步长。如同 Newmark-β 法，经典 Houbolt 法的积分时间步长不应超过最高重要频率周期的10%。但是过大的步长，Houbolt 方法不仅会引起相位误差，也会引起很大的人工阻尼。因此，高频率响应迅速衰减并且没有明显的振荡发生，确定时间步长是否合适完全取决于工程师。对于单步 Houbolt 法，阻尼问题得到很大程度上的缓解。

在非线性问题中，由于大位移效应，振型和频率可能与时间密切相关，因此上述准则只能是粗略近似。为了获得一个更准确的估计，用一个显著不同的时间步长（如原始步长的 1/5 到 1/10）重复分析并比较响应结果。

10.2.3 动力学积分方法

在非线性动力学问题中，由于问题的复杂性和多样性，无法给出使分析成功的简单原则，但可以给出一些分析的基本原则，有助于更好地应用非线性动力学求解功能。了解问题的性质、理解问题所涉及的物理背景也有助于用户取得良好的解。

对于非线性问题，动力方程可以写成下列形式

$$M\ddot{u} + C\dot{u} + f_{\text{int}} = f \tag{10-1}$$

式中，f_{int} 为内力向量，为位移的非线性函数。

将式（10-1）对时间微分，有

$$M\ddot{u} + C\ddot{u} + K^t\dot{u} = \dot{f} \tag{10-2}$$

式中，K^t 为切向刚度矩阵。

在一阶近似中，可以假设方程在有限时间域 Δt 内是有效的，因此，方程可以写为

$$M \cdot \Delta\ddot{u} + C \cdot \Delta\dot{u} + K^t \cdot \Delta u = \Delta f \tag{10-3}$$

非线性直接积分法就是对式（10-3）进行时间积分。许多显式或隐式的算式被推导出来，最常见的方法是有限差分法或龙格-库塔法。

直接积分法就是在特定时间区间内（$\Delta t = t^{n+1} - t^n$），设定位移、速度和加速度的算式。不同的算式决定求解的精度，稳定性和成本。

1. Newmark-β 法

该法可能是有限元分析中应用最广的直接积分法。对于线性问题，它可以是无条件稳定的，没有数值阻尼。Newmark-β 法可以有效地求解线性和非线性的各类载荷问题。该法允许改变时间步长，可以应用于受突然冲击而需要减少时间步长的问题。该算法可与自适应时间步长控制一起使用。虽然这种方法对于线性问题是稳定的，但如果出现非线性，就可能产生不稳

定性。通过减少时间步长和/或增加（刚度）阻尼，用户可以克服这些问题。

Newmark-β 法假定

$$\dot{u}^{n+1} = \dot{u}^n + [(1-\gamma)\ddot{u}^n + \gamma \cdot \ddot{u}^{n+1}]\Delta t \tag{10-4}$$

$$u^{n+1} = u^n + \dot{u}^n\Delta t + \left[\left(\frac{1}{2}-\beta\right)\ddot{u}^n + \beta \cdot \ddot{u}^{n+1}\right]\Delta t^2 \tag{10-5}$$

式中，β 和 γ 均为参数，它们决定算式的精度和稳定性。当 β=0.25，γ=0.5 时，算式为梯形法。

由于有限元法是空间离散的方法，这会引起误差，主要表现在高阶模态的瞬态响应计算精度较低。因此，有限元法瞬态分析一般研究的是中低频激励的响应。使用 Newmark-β 法计算时，一般需要设置数值阻尼或瑞利阻尼来降低高频振荡响应。因为 Newmark-β 法本身不产生任何数值阻尼，如果没有设定其他阻尼，计算结果可能会产生过大的数值噪声。

2. 单步 Houbolt 法

为了克服标准 Houbolt 法需要特殊启动程序和必须采用固定步长的缺点，Chung 和 Hulbert 于 1994 年提出了单步 Houbolt 法。它具有二阶精度和渐进消失（即消除高频振荡）的特点，特别适合于动力接触分析，为 SOL 400 默认的计算动力接触问题的积分方法。

最一般的单步 Houbolt 法可以写为以下形式

$$a_{m1}M\ddot{u}^{n+1} + a_{c1}c\dot{u}^{n+1} + a_{k1}ku^{n+1} + a_m M\ddot{u}^n + a_c c\dot{u}^n + a_k ku^n = a_{f1}F^{n+1} + a_f F^n \tag{10-6}$$

$$u^{n+1} = u^n + \Delta t \cdot \dot{u}^n + \beta \cdot \Delta t^2 \cdot \ddot{u}^n + \beta_1 \cdot \Delta t^2 \cdot \ddot{u}^{n+1} \tag{10-7}$$

$$\dot{u}^{n+1} = \dot{u}^n + \gamma \cdot \Delta t \cdot \ddot{u}^n + \gamma_1 \cdot \Delta t \cdot \ddot{u}^{n+1} \tag{10-8}$$

对于零增量步有

$$\ddot{u}^0 = M^{-1}(F_0 - c\dot{u}^0 ku^0) \tag{10-9}$$

3. HHT 法

HHT 法为 Hilber、Hughes 和 Taylor 于 1977 年提出的时间积分方法，它可以认为是广义 α 法的简化形式，它的特点是在高频时引入的数值阻尼可以消除噪声，但也不会降低计算精度；在低频时，数值阻尼也不会产生过多的影响。HHT 法为 SOL 400 默认的计算非接触的动力学问题的积分方法。

4. 广义 α 法

广义 α 法是 Chung 和 Hulbert 于 1993 年提出的时间积分方法，它实际上是一个广义格式的时间积分算式，在形式上将以上积分方法统一成一种格式。

广义 α 法可表示为

$$M\{\ddot{u}_{n+1+\alpha_m}\} + C\{\dot{u}_{n+1+\alpha_f}\} + K\{u_{n+1+\alpha_f}\} = \{F_{n+1+a_f}^{ext}\} \tag{10-10}$$

其中，

$$\{\ddot{u}_{n+1+\alpha_m}\} = (1+\alpha_m)\{\ddot{u}_{n+1}\} - \alpha_m\{\ddot{u}_n\} \tag{10-11}$$

$$\{\dot{u}_{n+1+\alpha_f}\} = (1+\alpha_f)\{\dot{u}_{n+1}\} - \alpha_f\{\dot{u}_n\} \tag{10-12}$$

$$\{u_{n+1+\alpha_f}\} = (1+\alpha_f)\{u_{n+1}\} - \alpha_f\{u_n\} \tag{10-13}$$

位移和速度的计算方法与 Newmark-β 法相同，参见式（10-4）和式（10-5），式中 β 和 γ 均为参数，与 α_f 和 α_m 相关：

$$\beta = \frac{1}{4}(1 + \alpha_m - \alpha_f)^2 \qquad (10\text{-}14)$$

$$\gamma = \frac{1}{2} + \alpha_m - \alpha_f \qquad (10\text{-}15)$$

α_f 和 α_m 可以通过手工修改，在 Nastran 输入文件的工况控制部分，使用命令 PARAM、NDAMP，xxx 修改 α_f 的值；使用命令 PARAM，NDAMP，yyy 修改 α_m 的值。

α_f 的有效范围是[-0.5,0.0]，而 α_m 的有效范围是[0.0,1.0]。通过改变 α_f 和 α_m 的值可以实现不同的时间积分方法，如 $\alpha_f = 0.0$、$\alpha_m = 0.0$ 时为 Newmark-β 法；$\alpha_f = -0.05$、$\alpha_m = 0.0$ 时为 HHT 法（非接触问题默认算法）；$\alpha_f = 0.0$、$\alpha_m = 1.0$ 且式（10-5）中 $\gamma = -0.5$、$\gamma_1 = 1.5$ 时为单步 Houbolt 法（接触问题默认算法）。

10.2.4 参数 NDAMP 和 NDAMPM 的取值

参数 NDAMP 和 NDAMPM 不仅用于动力学分析,在热分析和热-机耦合分析中也有采用,在此对参数 NDAMP 和 NDAMPM 做一下统一介绍。

对于 SOL 129 和 SOL 159 参数卡片中的 NDAMP 默认为 0.01,对于 SOL 400 热分析和没有接触的力学分析默认为-0.05,有接触的力学分析为 0.0。参数卡片中的 NDAMPM,对于 SOL 400 无接触的力学分析默认为 0.0,有接触的力学分析默认为 1.0。参数 NDAMPM 对热分析没有用。

对于 SOL 129 和 SOL 159,TSTEPNL 卡片中 METHODS ="ADAPT"时可以通过 NDAMP 参数指定数值阻尼来取得数值稳定。推荐 NDAMP 值的范围为 0.0 到 0.1,如果 NDAMP 为 0.0 则没有数值阻尼。

对于 SOL 400 动力学分析,用户可以通过参数 NDAMP 和 NDAMPM 来控制数值阻尼策略和相应的动力学积分算法,不受方法限制。

依据 NDAMP 和 NDAMPM 值的不同,上一个小节已经提到动力学平衡方程可以采用不同的积分法如 HHT 法、单步 Houbolt、广义 α 法。另外，如 NDAMP = 0 则为 Wood-Bossak-Zienkiewicz(WBZ) 积分法。

对于 HHT 法，NDAMP 的变化范围为：$-0.33 \leqslant$ NDAMP$\leqslant 0.0$。

对于WBZ法，NDAMPM的变化范围为：$0.0 \leqslant$ NDAMPM$\leqslant 1.0$。

对广义 α 法，NDAMP 的变化范围为：$-0.5 \leqslant$ NDAMP$\leqslant 0.0$，NDAMPM的变化范围为：$-0.5 \leqslant$ NDAMPM$\leqslant 1.0$。

对于不涉及接触的分析问题，SOL 400 采用默认 NDAMP = -0.05 和 NDAMPM = 0.0 的 HHT 法，除非模型是线性的或无质量和无阻尼矩阵的问题（此时默认设置 NDAMP = 0.0 和 NDAMPM = 0.0）。对于涉及接触的分析问题，SOL 400 采用默认 NDAMPM = 1.0 和 NDAMP = 0.0 的 WBZ 法（等同于 $\gamma = -0.5$、$\gamma_1 = 1.5$ 时的单步 Houbolt 法）。

对于 SOL 400 热分析，数值阻尼仅可以通过 NDAMP 指定。NDAMP 的变化范围为（-2.414，0.414）。采用这些范围更宽的界限值会使瞬态积分方法简化为向后欧拉法。任何出界的值重设为其附近的界限值。对于 NDAMP = 0.0，瞬态时间积分法简化为 Crank-Nicholson 法。默认 NDAMP 为-0.05。

SOL 400 热-机耦合分析，如果 NDAMP 和 NDAMPM 没有指定，每个子分析步采用合适的默认值。例如，对于瞬态接触问题，在热分析子步采用 NDMAP = -0.05，力学分析子分析步采用 NDAMP = 0.0，NDAMPM = 1.0。如果用户在模型数据部分指定了 NDAMP 和 NDAMPM 的值，这些值应用到热分析和力学分析子分析步。为使 NDAMP/NDAMPM 与物理场相关，用户可以在工况控制部分的每个子步定义这些值，例如：

```
SUBSTEP 1
    ANALYSIS=HTRAN
    PARAM,NDAMP,-2.414
SUBSTEP 2
    ANALYSIS=NLTRAN
    PARAM,NDAMP,-0.05
    PARAM,NDAMPM,0.0
```

10.3　动力学载荷和边界条件施加

在 MSC Nastran 中载荷有三种类型：动态载荷、静力载荷和非线性载荷。

动态载荷需要随时间和空间变化。用户需要按以下四个步骤指定动态载荷：

（1）定义载荷随时间变化的函数（TLOADi）。

（2）定义载荷在空间的分布（DAREA、FORCE 等）。

（3）通过 DLOAD 合并 TLOADi。

（4）通过工况控制命令 DLOAD 选择载荷。

瞬态响应分析的激励是将力定义为时间的函数，MSC Nastran 中有多种定义方法：

（1）TLOAD1 以时间—力数据对按顺序在表格中输入。

（2）TLOAD2 对解析形式载荷的高效定义。

（3）LSEQ 从静力载荷产生动力载荷。

10.3.1　随时间变化的载荷

1. TLOAD1 定义的载荷

$$\{P(t)\} = \{AF(t-\tau)\} \tag{10-16}$$

TLOAD1 卡片

1	2	3	4	5	6	7	8	9	10
TLOAD1	SID	EXCITEID	DELAYI/ DELAYR	TYPE	TID/F	US0	VS0		

其中：

TID 为空间载荷分布表格 TABLEDi 识别号。

F 为所有时间都用的常数值。

DELAYI 为定义 τ 的 DELAY 模型数据卡识别号。

DELAYR 为对所有由本数据卡激励的自由度均采用的 τ 值。

EXCITEID 为静态载荷集成 DAREA 或 SPCD 或热载荷卡片集的标识号。

US0 为强迫自由度的初始位移因子。

VS0 为强迫自由度的初始速度因子。

DELAY 定义具体节点、自由度及时间延迟量（仅和 DAREA 卡一起使用）。

TABLEDi 定义时间和力对。

由 DLOAD 工况控制卡选择。

TYPE 是激励类型，其定义见表 10-1。

表 10-1 TYPE 的取值

整数	激励函数
0 或不填	力或力矩
1	强迫位移
2	强迫速度
3	强迫加速度

2. TLOAD2 卡片

$$P(t) = \begin{cases} 0 & \tilde{t} < 0 \ 或 \ \tilde{t} > T_2 - T_1 \\ A\tilde{t}^B \, e^{C\tilde{t}} \cos(2\pi F\tilde{t} + P) \end{cases} \qquad (10\text{-}17)$$

其中，

$$\tilde{t} = t - T_1 - \tau$$

1	2	3	4	5	6	7	8	9	10
TLOAD2	SID	EXCITEID	DELAYI/DELAYR	TYPE	T1	T2	F	P	
	C	B	US0	VS0					

域　　　　内容

DELAYI 为定义 τ 的 DELAY 模型数据卡识别号。

DELAYR 为对所有由本数据卡激励的自由度均采用的 τ 值

TYPE　　和 TLOAD1 的定义一样。

T1，T2　时间常数（T2>T1）。

F　　　　频率（Hz）。

P　　　　相位角（度）。

C　　　　指数系数。

B　　　　增长系数。

EXCITEID 同 TLOAD1

US0　　　同 TLOAD1

VS0　　　同 TLOAD1

对于常载荷，F、P、C 和 B 均为空白；对于余弦波，指定 F=1，P、C 和 B 均为空白；对于正弦波，指定 F=1，P=-90°，C 和 B 均为空白。

该卡片由工况控制卡 DLOAD 选取。

TLOAD1 和 TLOAD2 卡片的早期格式和近期格式略有区别，各版本的格式及详细说明请参考参考文献[13]。

10.3.2 载荷的组合

外加载荷 P_C 可以是多个分载荷集 P_K 的组合。

$$P_C = S_C \sum_K S_K P_K \tag{10-18}$$

式中，S_C 为整体比例因子；S_K 为第 K 个载荷集的比例因子；P_K 为 TLOAD 的标识号。

DLOAD 模型数据条目，对频响分析或瞬态响应问题的载荷项（对频响分析为 RLOAD1 或 RLOAD2，对瞬态响应分析为 TLOAD1 或 TLOAD2）进行线性组合。

1	2	3	4	5	6	7	8	9	10
DLOAD	SID	SC	S1	P1	S2	P2	-etc-		

说明：

（1）TLOAD1 和 TLOAD2 标号要大于 0 并且唯一。

（2）用 DLOAD 组合 TLOAD1 以及 TLOAD2。

（3）由工况控制卡 DLOAD 选取。

10.3.3 DAREA 卡

DAREA 卡定义按照比例因子施加动力载荷的自由度。与其他卡片的关系如图 10-1 所示。

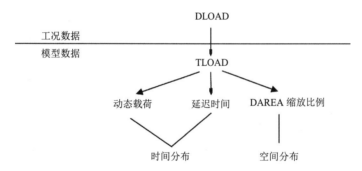

图 10-1　DAREA 卡片与其他卡片的关系

DAREA 示例：

DLOAD = 35

1	2	3	4	5	6	7	8	9	10
TLOAD1	SID	DAREA	DELAY	TYPE	TID				
TLOAD1	35	29	31	3	40				

DAREA	SID	POINT	COMPONENT	SCALE					
DAREA	29	30	1	5.2					

DELAY	SID	POINT	COMPONENT	LAG					
DELAY	31	30	1	0.2					

1	2	3	4	5	6	7	8	9	10
TABLED1	ID	XAXIS	YAXIS						
	X1	Y1	X2	Y2	X3	Y3	X4	Y4	
TABLED1	40								
	−3.0	4.0	2.0	5.6	6.0	5.6	ENDT		

结果：载荷由 TLOAD1 指定，比例因子是 5.2，延迟时间是 0.2s，施加到节点 30 的 T1 自由度（x 轴的平动自由度）上。

10.3.4　LSEQ 卡片

在瞬态响应分析时，用户需要按以下五个步骤来指定静态载荷：

（1）采用 FORCEi、GRAV、MOMENTi 等来定义静态载荷并被工况控制命令 LOAD 引用。

（2）定义 LSEQ 模型数据卡指向一个 TLOADi 卡以及一个被 LOADSET 工况命令引用的 load set。

（3）定义一个 TLOAD1 或 TLOAD2 卡来定义时间的常函数。

（4）通过 DLOAD 模型数据卡合并所有的 TLOADi 项。

（5）通过 DLOAD 工况控制命令选择 DLOAD 卡和通过 LOADSET 工况控制命令选择 LSEQ 卡。

将静态载荷用作动态载荷。该卡由工况控制卡 LOADSET 选取，包括一个 DAREA 卡片，以表明是和 TLOAD 卡一起使用的载荷集。LSEQ 卡片与其他卡片的关系如图 10-2 所示。

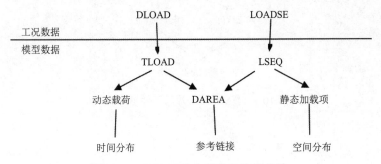

图 10-2　LSEQ 卡片与其他卡片的关系

LSEQ 示例，要加重力载荷到瞬态分析中：

- 工况控制部分
  - ➢ Step 5：　DLOAD = 50011

    　　　　　　 LOADSET = 5000
- 模型数据部分
  - ➢ Step 4：　DLOAD, 50011, 1.0, 1.0, 5001, 1.0, 4444,….

    　　　　　　　　　　　　　　　　　　　有附加载荷
  - ➢ Step 3：　TLOAD2, 5001, 5002, , 0, 0.0, 99999., 0., 0.

DAREA ID

> Step 2:　LSEQ,　5000,　5002,　5555

LOADSET ID

> Step 1:　GRAV, 5555, , 380., 0., 0., 1.0

关于瞬态激励的考虑：避免出现不连续力。如果有不连续力存在，由于数值误差，不同的计算机在某个增量步的时间略有不同，所取得的载荷会有明显不同，就可能引起在不同的计算机上产生不同的结果。可以在一个 Δt 的范围内需要将不连续的力进行平滑。

- 对于 SOL 109 和 SOL 129 瞬态响应计算中使用的外载是在三个邻近时间点的平均值，这将使载荷变得平滑，从而导致载荷的频率成分减少。载荷的时间曲线变化起伏越快越大，变换到频率中高频成分就越多，由于平均的作用，将使载荷曲线趋于光滑，光滑后其频率成分就减少了。所以在载荷变化大的地方，一般来说需要把时间步长变小些，这样才可以计算出高频的响应。对于 SOL 400，外载应该没有使用三个邻近时间点的平均值。

10.4　预载下的叶片模态分析和频响分析实例

本例模拟喷气发动机旋转风扇叶片的正则模态分析和频响分析。有限元的节点和单元将作为 MSC Nastran 的数据文件读入，长度单位为米。本例将分为两个作业分析。对于正则模态分析，分为两个分析步，首先进行非线性静力学分析来计算叶片载 8000r/min 时的应力，计算在预应力下的正则模态和固有频率。对于频响分析，第二分析步除了计算正则模态和固有频率，还要进行频响分析。

叶片采用了弹塑性材料，塑性应变和应力曲线采用 Patran 中的 Field 功能定义。

1. 创建新的数据库文件并导入网格文件

（1）新建 MSC Patran 的空数据文件。单击菜单栏 Menu→File→New，输入模型数据文件名称为 blede.db。

（2）顺次单击主工具条中 File→Import，打开模型导入窗口。设置导入模型的格式为 MSC. Nastran Input，如图 10-3 中 a 所示，在相应路径下选取 blade_model.bdf 文件，单击 Apply 按钮。

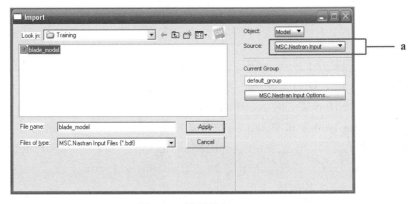

图 10-3　模型导入

（3）导入的模型信息如图 10-4 所示，模型中共包含 200 个四边形单元和 231 个节点，具体的模型如图 10-5 所示。

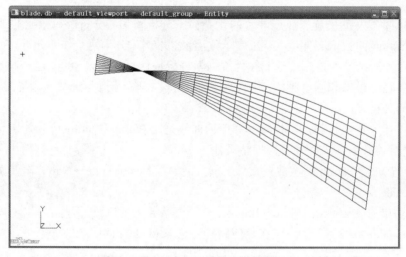

	Imported	Imported with Warning	Not Imported
Nodes	231	0	0
Elements	200	0	0
Coordinate Frames	0	0	0
Material Properties	0	0	0
Element Properties	1	0	0
Load Sets	0	0	0
Subcases	1	0	0
MPC Data	0	0	0
Comment Lines	3	0	0

图 10-4　导入的模型信息

图 10-5　导入的叶片模型

2．定义载荷和边界

（1）单击工具栏中的 Loads/BCs 按钮，如图 10-6 中 a 所示，依次设置 Action、Object 及 Type 的属性为 Create、Displacement 及 Nodal；如图 10-6 中 b 所示，在 New Set Name 文本框中输入 fixed；如图 10-6 中 c 所示，单击 Input Data...按钮，弹出 Input Data 对话框；如图 10-6 中 d 所示，在 Translations 和 Rotations 文本框中分别输入<0.，0.，0.>，单击 OK 按钮完成输入；如图 10-6 中 e 所示，单击 Select Application Region 按钮，在 Application Region 列表框中，选择叶片根部所有节点，节点号从 1 到 11，如图 10-6 中 f 所示，然后单击 OK 按钮，再单击 Apply 按钮，完成 fixed 的创建。

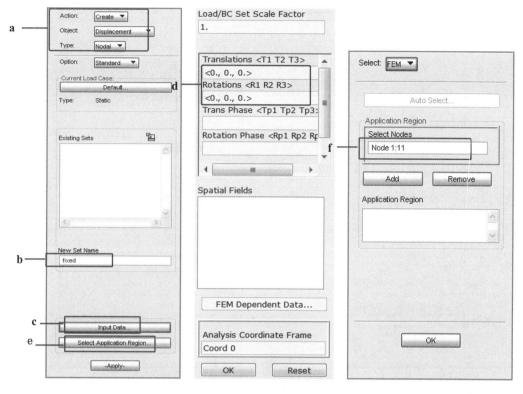

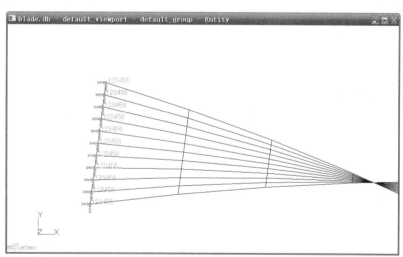

图 10-6　对叶片根部施加固定约束

（2）单击工具栏中的 Loads/BCs 按钮，如图 10-7 中 a 所示，依次设置 Action、Object 及 Type 的属性为 Create、Inertial Load 及 Element Uniform；如图 10-7 中 b 所示，在 New Set Name 文本框中输入 spin；如图 10-7 中 c 所示，单击 Input Data...按钮，弹出 Input Data 对话框；如 图 10-7 中 d 所示，在 Rot Velocity 文本框中输入<0，0，133.3>，单击 OK 按钮完成输入；然 后单击 Apply 按钮，完成 spin 的创建。

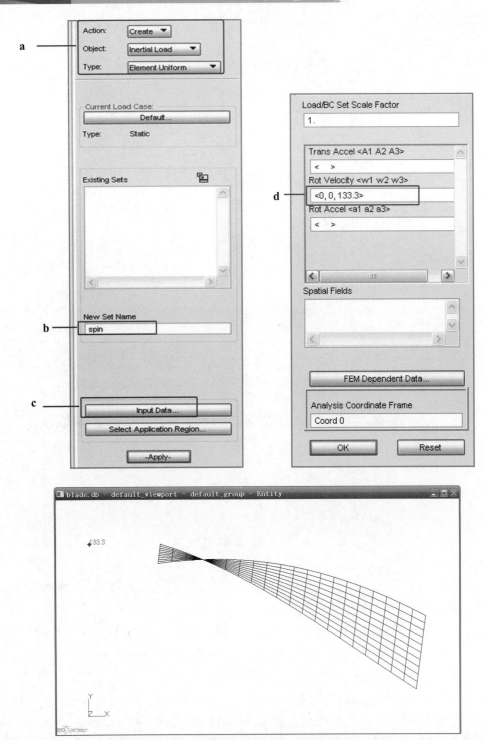

图 10-7　离心载荷的定义

3. 定义材料本构关系

先定义材料的塑性应变和应力关系曲线，再定义材料的弹性和弹塑性材料参数。

（1）单击工具栏中的 Fields 按钮，打开 Fields 窗口，如图 10-8 中 a 所示，依次设置 Action、Object 及 Method 的属性为 Create、Material Property 及 Tabular Input；如图 10-8 中 b 所示，在 Field Name 文本框中输入 Plasticity；如图 10-8 中 c 所示，选择 Strain 作为独立变量；如图 10-8 中 d 所示，单击 Input Data…按钮，弹出 1D Material Scalar Table Data 对话框；如图 10-8 中 e 所示，输入以下表中的数值，然后单击 OK 按钮，再单击 Apply 按钮。

应变（e）	应力
0.0	2.0E8
0.691	5.0E8
1.0	6.0E8

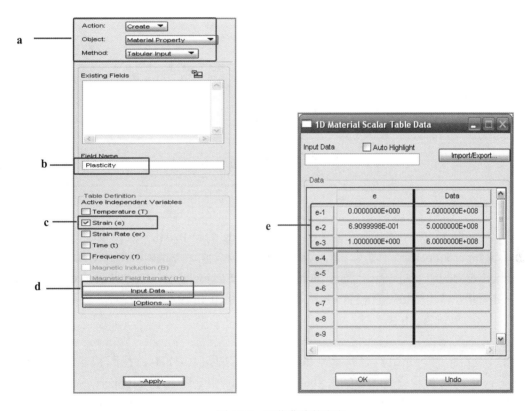

图 10-8　硬化曲线的定义

（2）单击工具栏中的 Materials 按钮，打开 Materials 窗口，如图 10-9 中 a 所示，依次设置 Action、Object 及 Method 的属性为 Create、Isotropic 及 Manual Input；如图 10-9 中 b 所示，在 Material Name 文本框中输入 steel；如图 10-9 中 c 所示，单击 Input Properties…按钮，弹出 Input Options 对话框；如图 10-9 中 d 所示，在 Elastic Modulus 中填入 2.1E11，在 Poisson Ratio 中填入 0.3，在 Density 中填入 7800，单击 OK 按钮，然后单击 Apply 按钮。

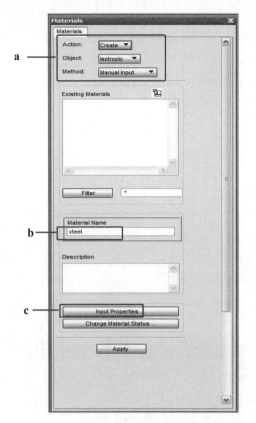
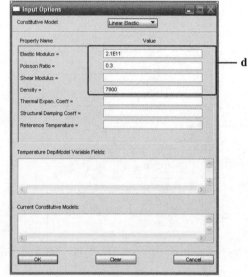

图 10-9　活塞销材料

（3）在如图 10-10 中的 a 所示的 Existing Materials 列表中单击 Steel；如图 10-10 中的 b 所示，单击 Input Properties…按钮，弹出 Input Options 对话框；如图 10-10 中 c 所示， 依次设置 Constitutive Model、Nonlinear Data Input 的属性为 Elastoplastic、Stress/Strain Curve；如图 10-10 中 d 所示，单击 Stress/Strain Curve 文本框；如图 10-10 中 e 所示，选择 Plasticity，单击 OK 按钮，然后单击 Apply 按钮。

4. 定义单元属性

单击工具栏中的 Property 按钮，打开 Property 窗口，如图 10-11 中 a 所示，依次设置 Action、Object 及 Type 的属性为 Create、2D 及 Shell；如图 10-11 中 b 所示，在 Property Set Name 文本框中输入 blade。如图 10-11 中 c 所示，单击 Input Properties…按钮，弹出 Input Properties 对话框；如图 10-11 中 d 和 e 所示，在 Material Name 列表框中选择 steel；如图 10-11 中 f 所示，输入厚度值 0.0025；如图 10-11 中 g 所示，在 Nonlinear Formulation (SOL 400)文本框右侧的下拉式按钮中选择 Large Strain，然后单击 OK 按钮完成属性参数输入；如图 10-11 中 h 和 i 所示，单击 Select Application Region 按钮，在 Application Region 列表框中选择 Piston 所包含的所有单元，单击 OK 按钮，然后单击 Apply 按钮；如图 10-11 中 j 所示，在弹出的信息窗口中选择 Yes For All，完成单元属性的创建。

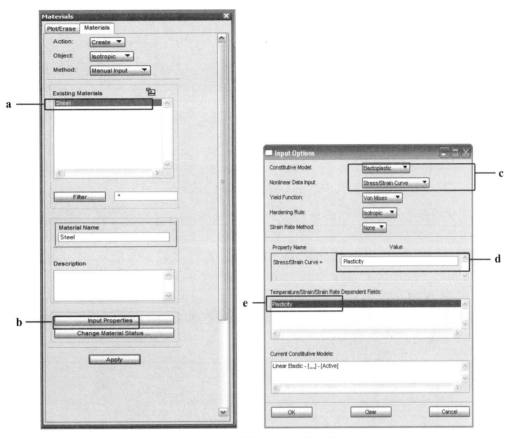

图 10-10　弹塑性材料参数定义

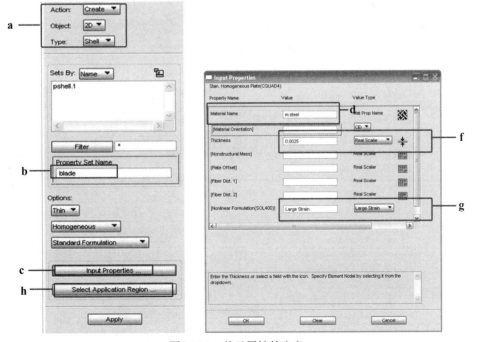

图 10-11　单元属性的定义

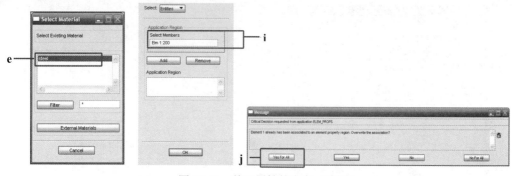

图 10-11　单元属性的定义（续图）

5．设置分析参数并提交分析作业

（1）单击工具栏中的 Analysis 按钮，如图 10-12 中 a 所示，依次设置 Action、Object 及 Method 的属性为 Analyze、Entire Model 及 Full Run；如图 10-12 中 b 所示，在 Job Name 文本框中，输入 blade；如图 10-12 中 c 所示，单击 Solution Types...按钮，弹出对话框；如图 10-12 中 d 所示，选择 IMPLICIT NONLINEAR；如图 10-12 中 e 所示，单击 Solution Parameters...按钮。如图 10-12 中 f 所示，单击 Results Output Format；如图 10-12 中 g 所示，勾选 OP2 前的小方框；多次单击 OK 按钮，返回主菜单。

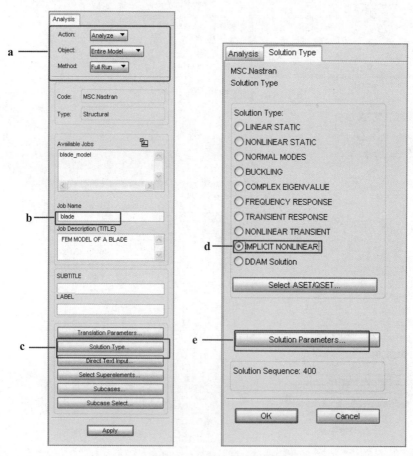

图 10-12　分析类型参数设置

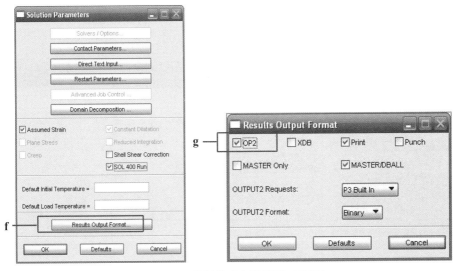

图 10-12　分析类型参数设置（续图）

（2）如图 10-13 中 a 所示，单击 Subcase Select 按钮，弹出对话框；如图 10-13 中 b 所示，输入 NL_Static 作为子工况名，并在已存在的载荷工况中选择 Default；如图 10-13 中 c 所示，单击 Subcase Parameter…按钮，弹出对话框；如图 10-13 中 d 所示，单击 Load Increment Params…按钮，弹出对话框；如图 10-13 中 e 所示，分别输入增量步数为 10、总时间为 1.0，单击 OK 按钮；如图 10-13 中 f 所示，单击 Iteration Parameter…按钮，弹出对话框；如图 10-13 中 g 所示，勾选位移误差，然后连续单击两次 OK 按钮。

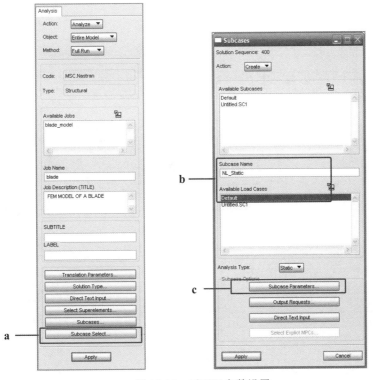

图 10-13　子工况参数设置

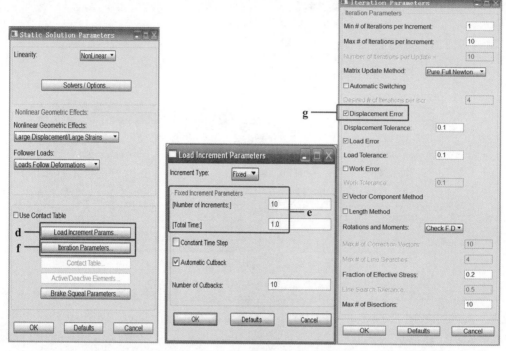

图 10-13　子工况参数设置（续图）

（3）如图 10-14 中 a 所示，单击 Subcase 按钮，弹出对话框；如图 10-14 中 b 所示，单击选择 Element Strains 作为输出结果，单击 OK 按钮，然后单击 Apply 按钮完成该 NL_Static 子工况的定义。

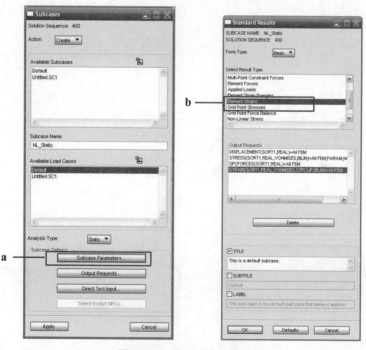

图 10-14　输出请求参数设置

（4）如图 10-15 中 a 和 b 所示，输入 Modes 作为子工况名，并在已存在的载荷工况中选择 Default；如图 10-15 中 c 所示，选择 Normal Modes 作为分析类型；如图 10-15 中 d 所示，单击 Subcase Parameter…按钮，弹出对话框；如图 10-15 中 e 所示，在待求模态数的框中输入 5，单击 OK 按钮，然后单击 Apply 按钮完成该 Modes 子工况的定义。

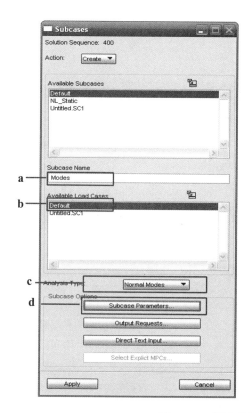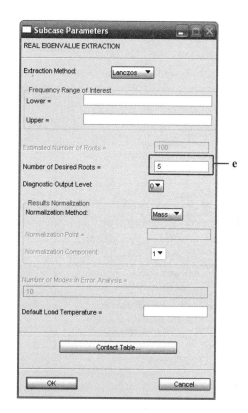

图 10-15　模态分析子工况参数设置

（5）如图 10-16 中 a 所示，单击 Subcase Select…按钮，弹出对话框；如图 10-16 中 b 所示，分别单击选择 NL_Static 和 Modes 子工况作为要分析的分析步；如图 10-16 中 c 所示，单击 Default 将其从要分析的分析步列表中去掉，然后单击 OK 按钮，最后单击 Apply 按钮提交运算。

6. 结果查看

（1）单击工具栏中的 Analysis 按钮，依次设置 Action、Object 及 Method 的属性为 Access Results、Attach Output2 及 Result Entities，单击 Apply 按钮读取相关结果文件。

（2）可以查看在转速最大时的等效应力云图和非线性应变中的等效塑性应变，可以得到如图 10-17 和图 10-18 所示的类似结果。

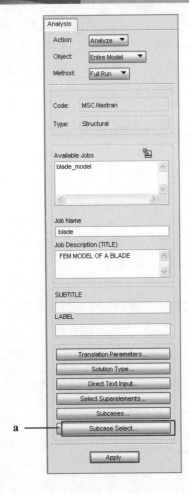

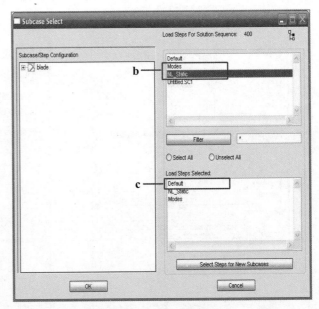

图 10-16　分析步的选择

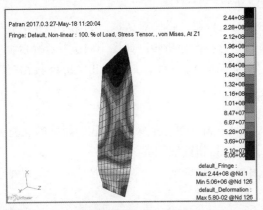

图 10-17　等效应力云图

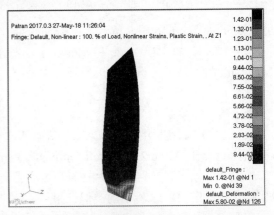

图 10-18　等效塑性应变云图

（3）可以查看在离心力作用下的各阶固有模态和频率，如图 10-19 所示。

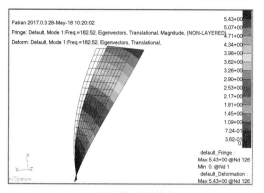

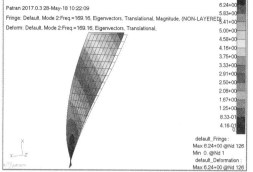

（a）第一阶模态　　　　　　　　　　　　　　　（b）第二阶模态

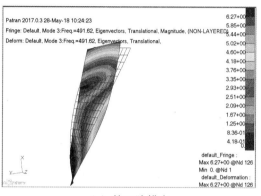

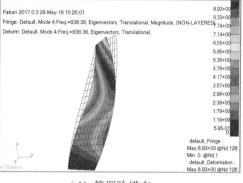

（c）第三阶模态　　　　　　　　　　　　　　　（d）第四阶模态

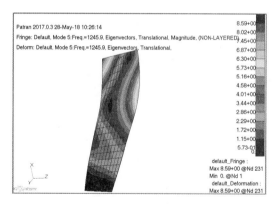

（e）第五阶模态

图 10-19　前五阶固有模态和频率

7. 预载下的频响分析参数修改

由于 SOL 400 的界面下没有频响分析的界面，因此需要对 MSC Nastran 的输入文件进行修改。数据文件的修改可以在预载模态求解输入文件的基础上修改而成。本例中是设定对 126 号节点 z 方向施加 1 牛顿的集中力，要计算的频率范围为 1～500Hz，频率增量为 99.8Hz，共计算 50 个频率下的响应，阻尼采用临界阻尼因子，1～500Hz 均为 0.05。如果载荷和阻尼等参数比较复杂，可以先建立不考虑离心力载荷下的频响分析模型并输出响应的 MSC Nastran 输入文件，然后将相应的数据拷贝插入到预载下模态分析的输入文件中，并参考本例对个别参数做相应的修改。

```
STEP 2
    SUBTITLE=Default
    ANALYSIS = MFREQ      （需要修改）
    METHOD = 1
    FREQUENCY = 1      （增加）
    SPC = 2
$    LOAD = 4      （删除或注释）
    DLOAD = 2
    DISPLACEMENT(SORT1,REAL)=ALL
    SPCFORCES(SORT1,REAL)=ALL
    STRESS(SORT1,REAL,VONMISES,BILIN)=ALL
$ Direct Text Input for this Subcase
BEGIN BULK
PARAM       POST       1
PARAM     PRTMAXIM YES
PARAM       LGDISP    1
NLSTEP      1
            FIXED     10
            MECH      UPV
FREQ1     1        1.       9.98      50                          （增加）
TABDMP1   1        CRIT                                          （增加）
          1.       .05      500.     .05       ENDT              （增加）
EIGRL     1                         10        0                          MASS
$ Elements and Element Properties for region : pshell.1
PSHELL    1        1        .0025    1                  1
PSHLN1    1        1        0
          C4       DCTN     LDK
$ Pset: "pshell.1" will be imported as: "pshell.1"
CQUAD4    1        1        1        2        13       12       0.
……………………………                    （单元、节点等数据，略）
$ Loads for Load Case : Default
SPCADD    2        3
LOAD      2        1.       1.       3
RLOAD1    4        5                          2        （增加）
DLOAD     2        1.       1.       4        （增加）
$ Displacement Constraints of Load Set : fixed
SPC1      3        123456   1        THRU     11
$ Loads for Load Case : Default
$ Angular Velocity Loading of Load Set : cent
RFORCE    3        0        0        133.3    0.       0.       1.       2
$ Nodal Forces of Load Set : force
FORCE     5        126      0        1.       0.       0.       1.       （增加）
$ Constant Load Table
TABLED1   2                                                    （增加）
          0.       1.       1000.    1.       ENDT              （增加）
$ Referenced Coordinate Frames
ENDDATA 36e53620
```

8. 预载下的频响分析结果查看

（1）单击工具栏中的 Analysis 按钮，依次设置 Action、Object 及 Method 的属性为 Access

Results、Attach Output2 及 Result Entities，单击 Apply 按钮读取相关结果文件。

（2）可以查看在不同频率下位移云图、等效应力云图等，图 10-20 所示的是在 400.2Hz（最大转速 4 倍左右）的等效应力云图。

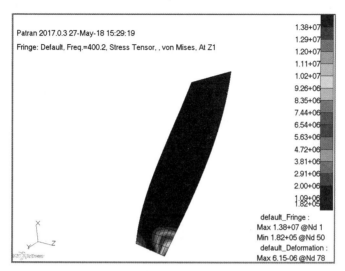

图 10-20　激励载荷频率为 400.2Hz 等效应力云图

（3）利用 Patran 后处理中的 Graph 功能可以查看、绘制不同节点的频率响应曲线，图 10-21 为激励节点 126 的 z 方向位移的频率响应曲线，可见在前二阶固有频率（大约 162.52、169.16Hz）附近都有很大的响应，在第三阶固有频率（约为 491.62Hz）附近也有较大的响应。

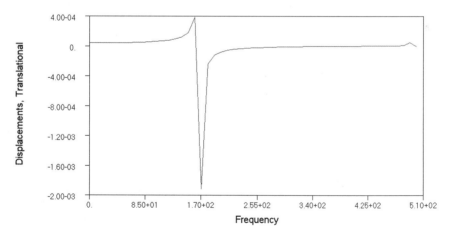

图 10-21　激励节点 126 的 z 方向位移的频率响应曲线

10.5　非线性瞬态动力学分析实例

本例如图 10-22 所示模拟钢球跌入织物的动力学冲击过程，模型将涉及梁—梁接触、梁—刚体接触、动力学接触、接触摩擦等问题，为了更好地评估织物纱线的接触状态本案例将使用 3D 梁—梁接触定义。

例中钢球以 100m/s 的初速度跌入四周被固定的织物中心，钢球半径为 1cm，等效密度 $\rho = 981.25\text{kg/m}^3$，织物的材料参数为：杨氏模量 $E = 10$ GPa，密度 $\rho = 1500\text{kg/m}^3$。

在全局参考坐标系下观察，织物是由沿 X 向和 Y 向的纱线交叉编织而成，纱线的截面如图 10-23 所示呈椭圆形状，其长、短轴半径分别为 a=1.25mm，b=0.5mm。

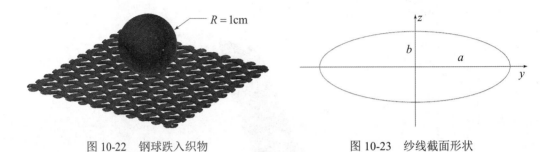

图 10-22 钢球跌入织物   图 10-23 纱线截面形状

1. 建立模型

（1）新建 MSC Patran 的空数据文件。单击菜单栏 Menu→File→New，输入模型数据文件名称为 NL_impact.db。

（2）顺次单击主工具条中 File→Import，打开模型导入窗口。设置导入模型的格式为 MSC.Nastran Input，如图 10-24 中 a 所示，在相应路径下选取 NL_impact.dat 文件，单击 Apply 按钮。

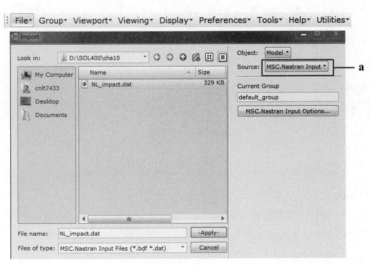

图 10-24 模型导入

（3）导入模型如图 10-25 所示，模型中已包含沿全局参考坐标系 X 向和 Y 向分布的纱线网格，每根纱线由 60 个梁单元（CBEAM）组成，模型中共包含 1440 个梁单元。钢球质心位置已经存在了节点 Node 1 以及位于节点上的集中质量单元 Element 2000，质量元的质量等于钢球体积与密度的乘积。

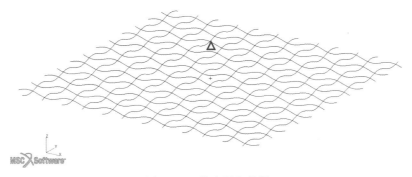

图 10-25　检查导入数据

X 向和 Y 向纱线上的梁单元截面属性参数及图 10-26 中 a、b、c、d 四项分别代表了梁截面面积、两个方向上的惯性矩以及扭矩常数，其计算公式如下所示。

$$A = \pi a b = 1.9635 \cdot 10^{-6}\,\mathrm{m}^2$$

$$l_1 = \frac{\pi}{4} a^2 b = 7.6699 \cdot 10^{-13}\,\mathrm{m}^4$$

$$l_2 = \frac{\pi}{4} b^3 a = 1.2272 \cdot 10^{-13}\,\mathrm{m}^4$$

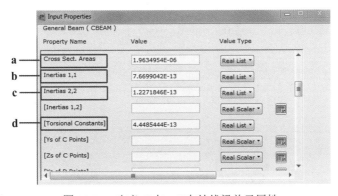

图 10-26　定义 X 向、Y 向纱线梁单元属性

（4）创建钢球，顺次单击应用菜单栏 Geometry→Select Solids→Primitive 如图 10-27 中 a 所示；选择创建球形，在 Radius List 相下输入半径值为 0.01，如图 10-27 中 b 所示；在 Center Point List 项下选择钢球质心位置的节点 Node 1，如图 10-27 中 c 所示；其他按照默认选项定义，最后单击 Apply 按钮。

2．定义载荷和边界

（1）先将模型中现有的载荷条件显示出来，顺次单击应用菜单栏中的 Loads/BCs→Plot Markers，如图 10-28 中 a 所示；选取 Assigned Load/BC Sets 列举项中已存在的载荷条件，如图 10-28 中 b 所示；选取 Select Groups 列举项中的组定义，如图 10-28 中 c 所示；单击 Apply 按钮。

现有载荷条件随即被显示在视图中，可以看到当前模型已经在织物的四周施加了六个自由度方向上的固定约束，在钢球质心位置施加了 X 向和 Y 向的平动约束。

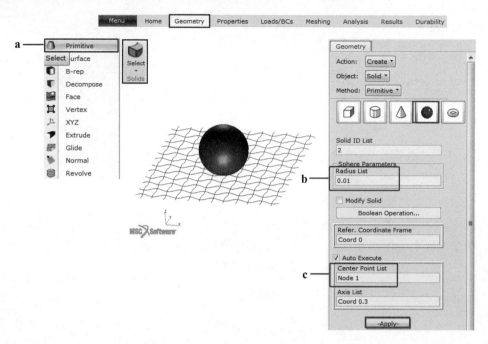

图 10-27　创建钢球

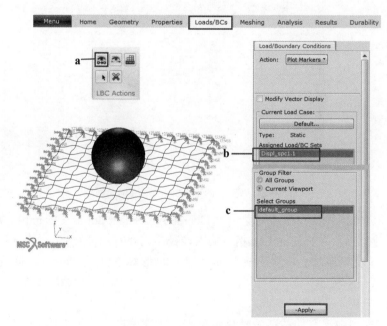

图 10-28　显示现有载荷条件

（2）下面创建接触关系，模型中需要定义钢球与 X 向纱线、钢球与 Y 向纱线以及 X 向纱线与 Y 线纱线之间的接触，摩擦系数为 0.1。

首先将钢球创建为接触刚体，顺次单击应用菜单栏中的 Loads/BCs→Rigid，如 10-29 中 a 所示；在 New Set Name 下设置刚体名称为 Sphere，如图 10-29 中 b 所示；单击 Input Data，如图 10-29 中 c 所示，在打开的对话框中选取 Motion Control 为 Force/Moment 项，在 First Control

Node 下选取质心位置节点 Node 1，分别图 10-29 如中 d、e 所示，在 Approach Velocity 下输入靠近速度为<0. 0. -0.01>，由于钢球初始位置与织物之间存在间隙，所以此处定义靠近速度使得钢球在第一个计算步沿 Z 轴负向与织物接触，而速度大小不影响冲击结果，最后单击 OK 按钮，图 10-29 中 f、g 所示。单击 Select Application Region 按钮，如 10-29 中 h 所示，在打开的对话框中定义 Geometry Filter 为 Geometry 项，在 Select Surfaces 项下选择球体外表面 Solid1.1 后，单击 Add，最后单击 OK 按钮，分别如图 10-29 中 i、j、k、l 所示；最后单击 Apply 按钮。

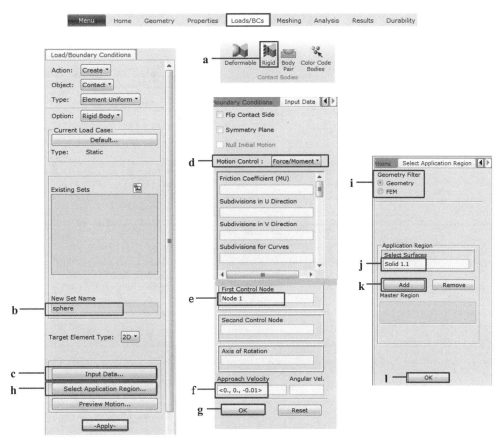

图 10-29　创建接触刚体

定义完成后，钢球的接触侧会自动显示，如 10-30 中 a 所示，注意钢球外表面发生接触时，该显示箭头应该指向钢球内侧，所以在图 10-30 中的 Input Data 界面，还需要勾选 Flip Contact Side 项，如图 10-30 中 b 所示。

接着将 X 向和 Y 向纱线创建为两组可变形接触体，由于现有模型 X 向和 Y 向纱线的单元属性名称不同，分别为 pbeam.1 和 pbeam.2，如图 10-31 所示，所以我们可以按照属性归类来定义接触体。

顺次单击应用菜单栏中的 Loads/BCs→Deformable，如图 10-32 中 a 所示；定义可变形接触体名称为 fabric_x，如图 10-32 中 b 所示；定义目标单元类型为 1D，如图 10-32 中 c 所示；单击 Input Data，如图 10-32 中 d 所示，在弹出的对话框中定义摩擦系数为 0.1 后单击 OK 按钮，如图 10-32 中 e、f 所示；单击 Select Application Region，如图 10-32 中 g 所示，在弹出的对话框中选取 Select

项为 Element Property，在 Application Region 列举项下选择 pbeam.1 后，单击 OK 按钮，分别如图 10-32 中 h、i、j 所示；最后单击 Apply 按钮完成 X 向纱线接触体定义。

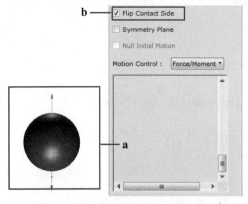

图 10-30　修改钢球接触侧

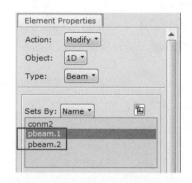

图 10-31　梁单元属性名称

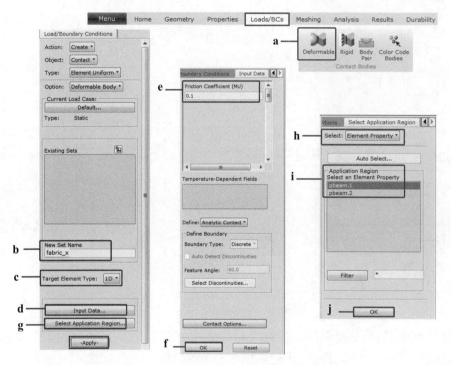

图 10-32　定义可变形体 X 向纱线

同样的方法完成 Y 向纱线接触体定义，定义其名称为 fabric_y，注意此时在 Application Region 下应该选择梁属性 pbeam.2，完成定义后在已存在的可变形接触体列举框中应如图 10-33 所示。

接着通过使用接触对功能定义钢球与 X 向纱线之间的接触，顺次单击应用菜单栏中的 Loads/BCs→Body Pair，如图 10-34 中 a 所示；定义接触对名称为 faX_sph，如图 10-34 中 b 所示；单击 Input Data，如图 10-34 中 c 所示，接触对参数使用默认设置；单击 Select Application Region，如图 10-34 中 d 所示；在弹出的对话框中单击 Master 接触体列表，如图 10-34 中 e 所示，选择 sphere，注意刚体只能被定义为 Master 接触体；单击 Slave 接触体列表，如图 10-34 中 f 所示，选择 fabric_x 后单击 OK 按钮，单击 Apply 按钮完成定义。

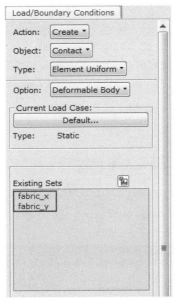

图 10-33　已存在的可变形接触体

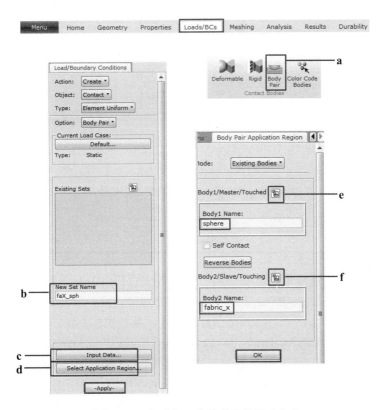

图 10-34　钢球与 X 向纱线的接触对定义

采用相同的方法定义钢球与 Y 向纱线之间的接触，接触对名称为 faY_sph，需要将 Sphere 定义为 Master 接触体，将 fabric_y 定义为 Slave 接触体。最后定义 X 向和 Y 向纱线之间的接触对名称为 faX_faY，此时 Master 接触体选取 fabric_x，Slave 接触体选取 fabric_y。

（3）定义钢球跌入织物时的初始速度，单击应用菜单栏中的 Loads/BCs→Initial Conditions →Velocity，如图 10-35 中 a 所示；定义载荷名称为 ini_velocity，如图 10-35 中 b 所示；单击 Input Data，如图 10-35 中 c 所示，在打开的对话框中定义钢球沿 Z 轴负向的初始速度为 100m/s，单击 OK 按钮，如图 10-35 中 d、e 所示；单击 Select Application Region，如图 10-35 中 f 所示，在打开的对话框中选取 Select 项为 FEM，选择 Node 1 后单击 Add 按钮，单击 OK 按钮，分别如图 10-35 中 g、h、i、j 所示，再单击 Apply 按钮。

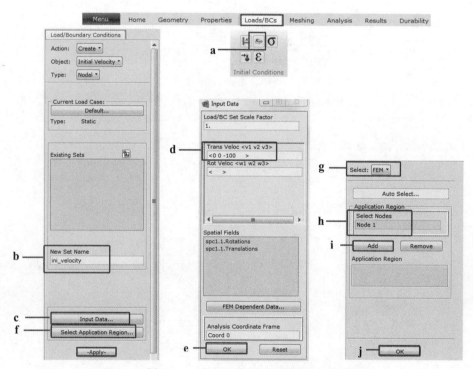

图 10-35　定义钢球跌入织物时的初始速度

3. 设置分析参数并提交分析作业

（1）首先设置非线性求解参数，顺次单击应用菜单栏中的 Analysis→Entire Model，如图 10-36 中 a 所示；定义作业名称为 NL_impact，如图 10-36 中 b 所示；单击 Translation Parameters 打开转换参数设置框，勾选结果输出类型为 OP2 和 MASTER/DBALL 后单击 OK，如图 10-36 中 c、d、e 所示；单击 Solution Parameters 打开求解参数设置框，单击 Contact Parameters 设置框定义接触参数，如图 10-36 中 f、g 所示；在打开的接触参数控制框中，单击 Contact Detection，打开的接探测试对话框中勾选 Activate 3D Beam-Beam Contact（BEAMB）后，单击 OK 按钮，如图 10-36 中 h、i、j 所示；在接触参数对话框中单击 Friction/Sliding 按钮，在打开的摩擦/滑移参数设置框中选取类型为 Bilinear Coulomb 后单击 OK 按钮，如图 10-36 中 k、l、m 所示；顺次单击 OK 按钮，关闭其他对话框，如图 10-36 中 n、o 所示。

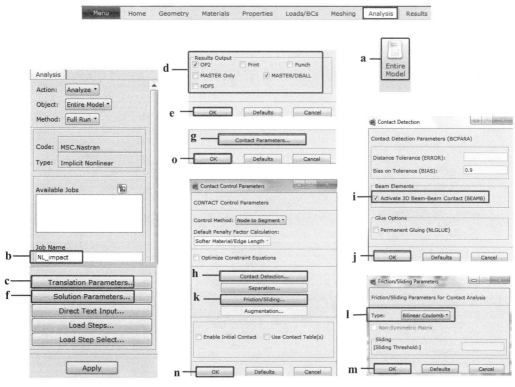

图 10-36　非线性求解参数设置

（2）下面定义载荷步，单击 Load Steps 按钮，如图 10-37 中 a 所示；在随即打开的载荷步对话框中已经列举出了已存在的所有载荷步和载荷工况,本例我们仅使用默认的载荷步名称 Default，如图 10-37 中 b 所示；接着设置分析类型为 Transient Dynamic，如图 10-37 中 c 所示；单击 Step Parameters 按钮，在打开的对话框中单击 Load Increment Params，如图 10-37 中 d、e 所示，随即打开载荷增量步设置框，本例使用固定步长法，定义载荷步数为 400 步，定义求解时间为 0.0002s，单击 OK 关闭该对话框，如图 10-37 中 f 所示；回到 Transient Dynamic Step Parameters 对话框，单击 Iteration Parameters 按钮，如图 10-37 中 g 所示，在随即打开的迭代参数对话框中，确认使用 Pure Full Newton 矩阵更新算法，如图 10-37 中 h 所示，勾选 Displacement Error 和 Vector Component Method，位移容差值为 0.1，如图 10-37 中 h、i 所示，单击 OK 关闭该对话框；回到 Transient Dynamic Step Parameters 对话框，单击 OK 关闭；回到 Load Steps 对话框，单击 Output Requests 按钮，如图 10-37 中 j 所示；在输出结果中增加 Contact Results 接触结果输出，如图 10-37 中 k 所示，单击 OK 关闭该对话框；在 Load Step 对话框下单击 Apply，如图 10-37 中 l 所示。

（3）如果此时直接递交计算的话，程序会提示如图 10-38 所示的报错信息，因为使用 3D 梁接触方法需要已知梁截面形状,最少已知梁的接触半径,所以回到 Analysis 对话框单击 Direct Test Input 按钮，需要在 Bulk Data Section 数据段追加梁接触半径的定义卡片 BCBMRAD，定义所有梁的接触半径为纱线横截面上短轴的长度尺寸，如图 10-39 所示，最后单击 Apply，递交计算。

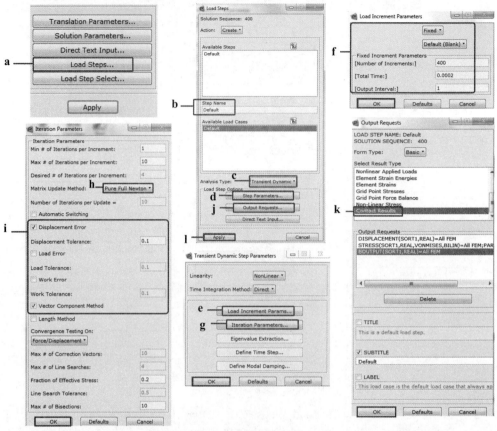

图 10-37　载荷步定义

```
*** USER FATAL MESSAGE 8161 (MCN1COLS)
NO 1-D ELEMENT RADIUS IS SPECIFIED BY BCBMRAD. BCBMRAD ID=1.
```

图 10-38　报错信息

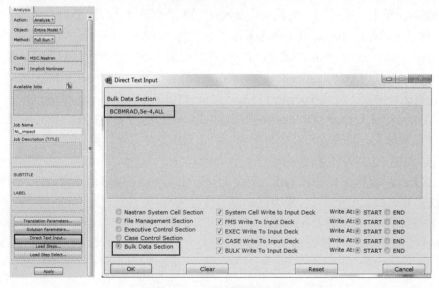

图 10-39　定义梁接触半径

此外，3D 梁的接触半径也可以在梁属性界面下直接定义，如图 10-40 所示。

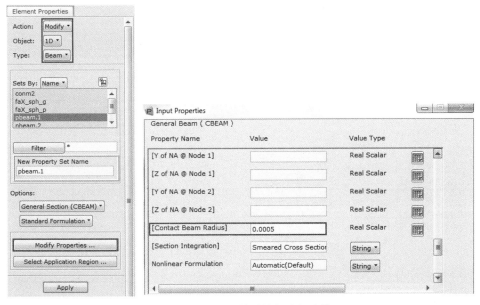

图 10-40　定义梁等效接触半径参数

4．结果查看

读取 Master 结果文件浏览结果信息，导入的载荷步数为 400 步，最后一个载荷步对应钢球跌落 0.0002s 时的状态，图 10-41 描述了钢球的运动轨迹，最大 Z 向位移为 0.0109m，图 10-42 为钢球跌落 0.0002s 时织物的变形云图。

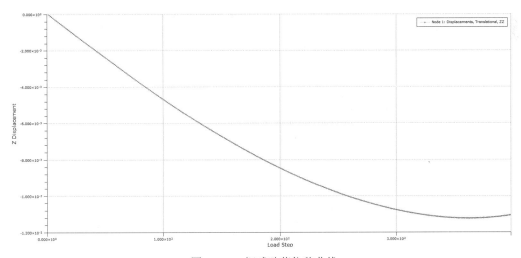

图 10-41　钢球跌落位移曲线

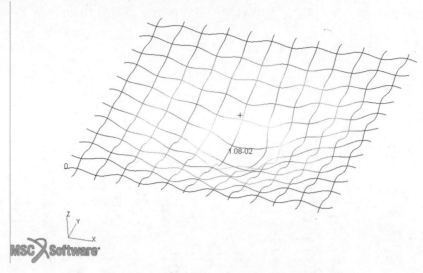

图 10-42　钢球跌落 0.0002s 时织物的变形云图

高级分析专题

本章主要介绍裂纹扩展分析、惯性释放分析、刹车啸叫分析、车门下沉分析、重起动分析、用户定义的服务及子程序、多质量配置功能等专题。这些专题在工程上有广泛的用途，通过本章的介绍，可以让用户较快地掌握相关的功能使用方法并应用到工程实践中。

11.1　裂纹扩展分析

裂纹萌生和扩展研究对于航空、核工业、石油和天然气工业等工业领域都是很关键的，因为安全问题都是它们最为关心的。MSC Nastran SOL 400 具备裂纹扩展分析功能，除了采用粘接接触的粘接关系失效方法外，主要还有采用 VCCT 方法和粘接区模拟方法。

11.1.1　虚拟裂纹闭合技术（VCCT）

虚拟裂纹闭合技术（Virtual Crack Closure Technique，VCCT）是一种计算能量释放率的方法，它不仅可以用于判断裂纹是否会扩展，也可以用于裂纹扩展的分析。另外，VCCT 法也很适合用于模拟复合材料层合板分层现象。该方法主要依据 Ronald Krueger 的理论，其详细的理论信息参见参考文献[14]。在有限元工具中基于能量释放率 G 的计算与断裂临界参数 G_c 的比较，当 $G > G_c$ 时，裂纹开始扩展。

如图 11-1 中裂纹类型所示，根据外部加载条件，G 可成为三种能量释放率成分 G_I，G_{II}，与 G_{III} 的任意组合，这三种成分分别由三种开裂模式确定。模式 I 中，G_I 垂直作用于裂纹平面；模式 II 中，G_{II} 产生于裂纹面内剪切应力，垂直作用于裂纹前缘；模式 III 中，G_{III} 产生于裂纹面内剪切应力，平行作用于裂纹前缘。

虚拟裂纹闭合技术在 MSC Nastran 中的实现是通过测定应变能释放率在裂纹前缘的分布程序完成的。该过程对 2D 模型中一个节点，或沿着 3D 模型的一系列节点完成。可模拟多道裂纹。用户只需定义裂纹尖端（Crack Tip）或裂纹前沿（Crack Front）节点，其他如裂纹扩展路径、张开位移、张开/闭合力、裂纹面积等都由软件自动搜索和判断。该运行方法与 Ronald Krueger 的描述一致，可以考虑任意形状的裂纹前缘。VCCT 方法示意如图 11-2 所示。

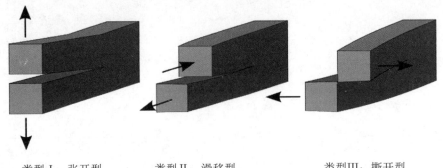

类型Ⅰ：张开型   类型Ⅱ：滑移型   类型Ⅲ：撕开型

图 11-1   裂纹的形状分类

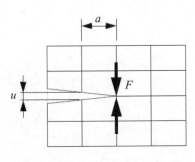

图 11-2   VCCT 方法

MSC Nastran 有专门的 VCCT 模型数据卡片用于计算能量释放率，另外前处理器 Patran 也有相应的菜单。

MSC Nastran 中支持各种单元类型的裂纹扩展形式，如图 11-3 所示。

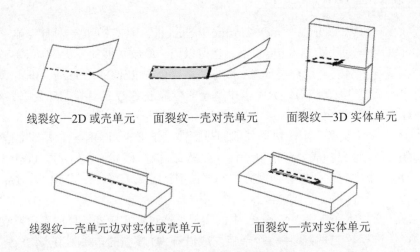

线裂纹—2D 或壳单元   面裂纹—壳对壳单元   面裂纹—3D 实体单元

线裂纹—壳单元边对实体或壳单元   面裂纹—壳对实体单元

图 11-3   裂纹扩展形式

MSC Nastran 中支持的裂纹扩展形式包括：线裂纹（在二维结构或壳单元构成的结构中的裂纹，如壳单元边与其他壳单元表面或体单元间的裂纹）、面裂纹（壳与壳间形成的裂纹、3D

体单元结构中的裂纹、壳单元表面与体单元间的裂纹）。

当能量释放率大于用户指定的裂纹扩展阈值（Crack Growth Resistance）时，裂纹扩展。裂纹扩展在一个增量步中完成，当探测到裂纹扩展时，程序将不断迭代，直到没有新的裂纹产生。

11.1.2 粘接区模拟技术

粘接区模拟技术（Cohesive Zone Modeling，CZM）可用于模拟不同材料的分层以及均质材料的裂纹扩展。用户可以在模型中直接创建界面单元对应的网格模型，同时用户必须为界面单元指定粘接（Cohesive）材料属性。界面单元支持二维和三维模型的创建。

MSC Nastran 中的 CZM 基于特殊的界面单元（Interface Element）和新的材料模型用于模拟界面特性。以八节点的三维界面单元为例，单元的变形是由顶面和底面的相对位移决定的，如图 11-4 和图 11-5 所示。

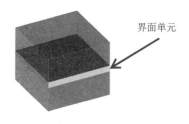

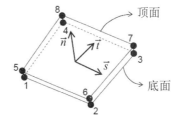

$$\underline{v} = \begin{bmatrix} u_n^t - u_n^b \\ u_s^t - u_s^b \\ u_t^t - u_t^b \end{bmatrix}$$

图 11-4　三维界面单元示意图　　　　图 11-5　三维界面单元节点编号及变形

界面单元适用于线性单元和高阶单元。4 节点的平面单元具有两个积分点；8 节点的三维单元具有四个积分点；4 节点的轴对称单元具有两个积分点；6 节点的三维单元具有三个积分点；高阶单元，例如 8 节点的平面单元具有三个积分点；20 节点的三维单元具有九个积分点；8 节点的轴对称单元具有三个积分点；15 节点的三维单元具有七个积分点。

由于界面单元厚度可以为零，因此要特别注意接触体的定义，零长度的边或零面积的面不能作为接触体边界描述的一部分。

MSC Nastran 中提供了三种用于模拟界面单元的材料模型，其中包括双线性模型（Bilinear，需要三个参数输入）、指数模型（Exponential，需要二个参数输入）、线性-指数模型（Linear-exponential，需要三个参数输入），如图 11-6 所示。具体材料模型的公式参见参考文献[10]。

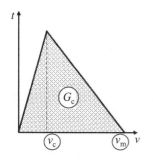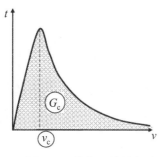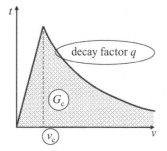

图 11-6　粘接区材料类型

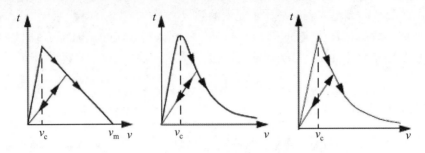

图 11-6　粘接区材料类型（续图）

11.1.3　采用 VCCT 法和粘接区技术模拟裂纹扩展分析实例

本例模拟如图 11-7 所示的蜂窝结构的裂纹扩展，该结构的芯部与表面薄板之间有初始分层。芯部的中心有一个孔，在薄板中间的上表面上施加一个向下的强迫位移，以研究薄板与芯部的脱层效应。

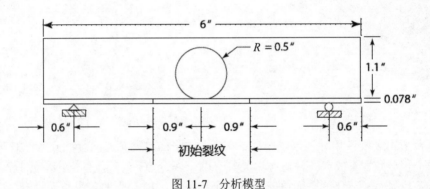

图 11-7　分析模型

采用平面应变假设，为简单起见，芯部和薄板都采用了各向同性材料，杨氏模量为 5.0×10^6 psi，泊松比为 0.3。采用两种不同的方法来模拟裂纹扩展的过程：

- 用粘接接触、裂纹扩展采用 VCCT 选项。
- 采用粘接区模型及界面单元。

1.　新建数据库文件并导入初始模型

（1）新建 MSC Patran 的空数据文件。单击菜单栏 Menu→File→New，输入模型数据文件名称为 vcct.db。

（2）单击菜单中的 File→Import，打开模型导入窗口。设置导入模型的格式为 MSC. Nastran Input，如图 11-8 中 a 所示，在相应路径下选取 vcct.dat 文件，单击 Apply 按钮。

（3）导入模型如图 11-9 所示，在薄板底边左侧一个节点受到 x、y 向的位移约束、右侧一个节点收到 y 向的位移约束。

（4）检查一下材料属性和单元属性的定义，该模型已设置好各向同性的材料参数，如图 11-10 所示。另外，对于单元属性，要注意将采用能考虑大应变的高级平面应变单元，如图 11-11 中 a 所示。

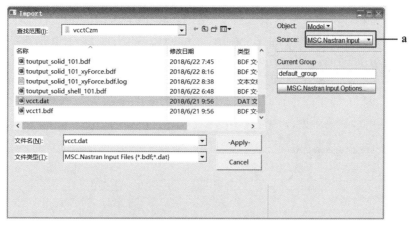

图 11-8　模型导入

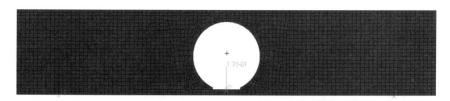

图 11-9　模型网格及边界条件

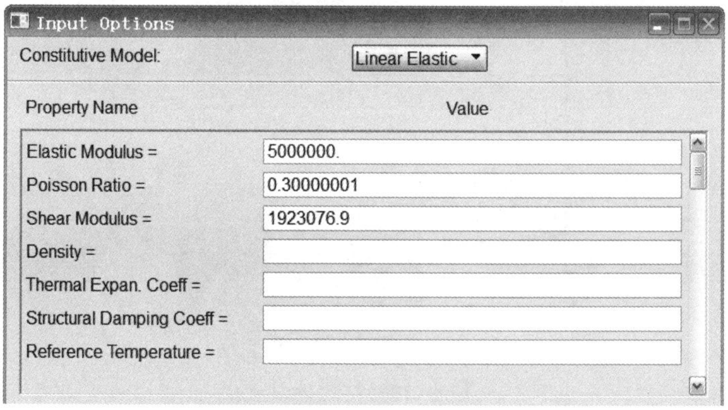

图 11-10　材料参数

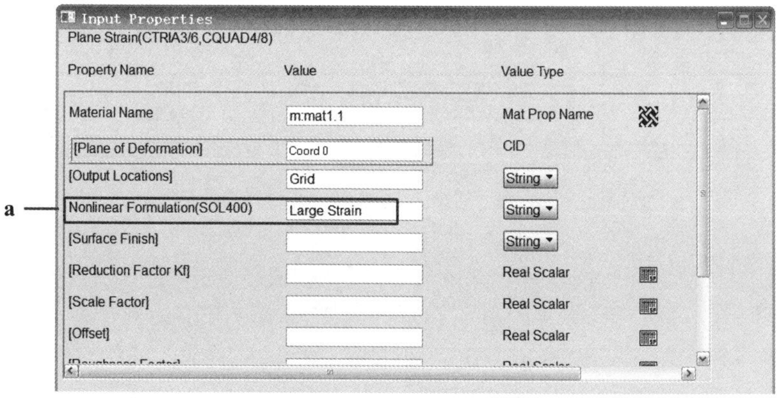

图 11-11　单元属性参数

（5）检查接触体的定义。单击工具栏中的 Loads/BCs 按钮，如图 11-12 中 a 所示，依次设置 Action、Object 的属性为 Plot Contours、Contact；如图 11-12 中 b 所示，设置 Option 为 Deformable Body；如图 11-12 中 c 所示，在 Current Load Case 下方选择 Untitled.SC1…；如图 11-12 中 d 所示，用鼠标选择全部接触体；如图 11-12 中 e 所示，选择 Entity Hilight，单击 Apply，在 🔲 显示状态可得到图 11-12 右上侧所示的接触体。如果选择 Group Color 则在图形区可得到图 11-12 中右下所示的接触体显示效果，注意此时没有定义为接触体的那部分单元没有显示出来。

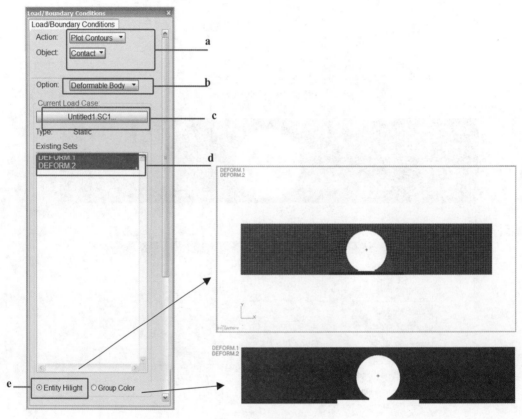

图 11-12　接触体显示

2. 定义裂纹边界条件

（1）为了选择裂纹尖端节点方便，可以只显示薄板接触体，如图 11-13 所示。

图 11-13　薄板接触体

（2）单击工具栏中的 Loads/BCs 按钮，如图 11-14 中 a 所示，依次设置 Action、Object 及 Type 的属性为 Create、Crack（VCCT）及 Nodal；如图 11-14 中 b 所示，在 New Set Name

文本框中输入 vcct.1；如图 11-14 中 c 所示，单击 Input Data...按钮，弹出 Input Data 对话框；如图 11-14 中 d 所示，在 C.G Resistance (GC) 文本框中输入 4.409，单击 OK 按钮完成输入；如图 11-14 中 e 所示，单击 Select Application Region 按钮，在 Application Region 列表框中，选择左侧结构中的右上角节点即节点 2381，如图 11-14 中 f 所示，单击 OK 按钮，然后单击 Apply 按钮，完成 vcct.1 的创建。

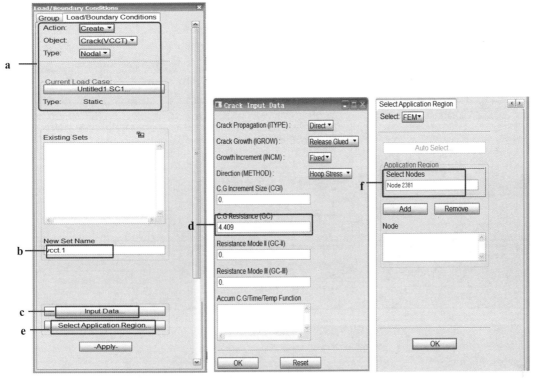

图 11-14　裂纹尖端定义

（3）类似的可以完成右侧裂纹尖端 vcct.2 的定义，此时裂纹尖端节点选择右侧结构的左上角节点 1136，其他设置与 vcct.1 的定义过程相同。

3. 设置分析参数并提交分析作业

（1）单击工具栏中的 Analysis 按钮，如图 11-15 中 a 所示，依次设置 Action、Object 及 Method 的属性为 Analyze、Entire Model 及 Full Run；如图 11-15 中 b 所示，在 Job Name 文本框中，输入 vcct1；如图 11-15 中 c 所示，单击 Solution Type ...按钮，弹出对话框；如图 11-15 中 d 所示，选择 IMPLICIT NONLINEAR；如图 11-15 中 e 所示，单击 Solution Parameters...按钮；如图 11-15 中 f 所示，单击 Contact Parameters...按钮；如图 11-15 中 g 所示，单击 Contact Detection...；如图 11-15 中 h 所示，使 Permanent Gluing (NLGLUE)处于不激活状态，因为随着裂纹的扩展，有些粘接状态会失效，随后单击两次 OK 按钮返回到接触参数对话框中；如图 11-15 中 i 所示，单击 Results Output Format 按钮；如图 11-15 中 j 所示，仅选择 MASTER/DBALL 结果输出格式，多次单击 OK 按钮，返回主菜单。

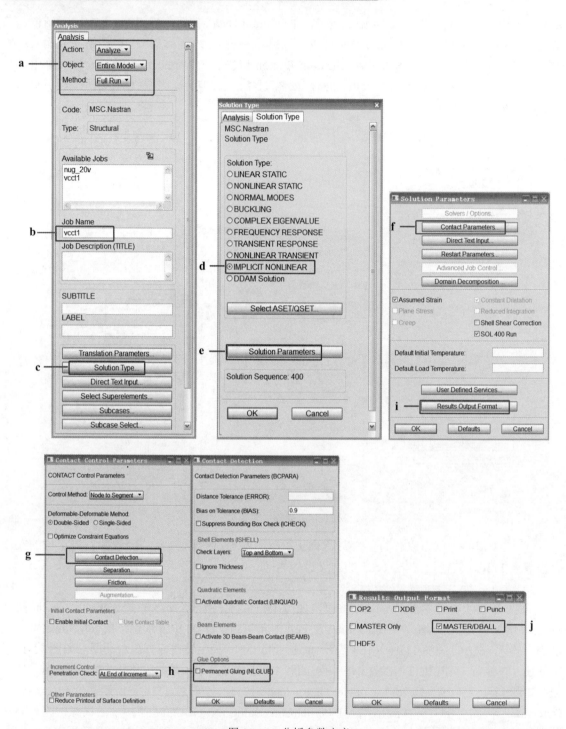

图 11-15 分析参数定义

（2）子工况设置。在 Analysis 的主窗口中单击 Subcases...按钮，如图 11-16 中 a 所示，在弹出的 Available Subcases 列表框中选择 Untitled1.SC1 工况；在 Analysis Type 列表框中选择 Static（即静力分析类型）。如图 11-16 中 b 所示，单击 Subcases Parameters...按钮，进入工况属性设置；如图

11-16 中 c 所示，单击 Load Increment Params.按钮；如图 11-16 中 d 所示，选择 Fixed；如图 11-16 中 e 所示，在增量步数、总时间、输出间隔的文本框中分别输入 100、1.0、1，单击 OK 按钮。如图 11-16 中 f 所示，单击 Iteration Parameters 按钮，进入非线性计算时的迭代设置。如图 11-16 中 g 所示，设最大迭代次数为 30，采用纯全牛顿迭代法，勾选 Load Error 选项，确认载荷容差值（Load Tolerance）为 0.01，单击 OK 按钮；如图 11-16 中 h 所示，激活采用接触表；如图 11-16 中 i 所示，单击 Contact Table；如图 11-16 中 j 所示，在弹出的对话框将两个接触体设置成粘接接触关系，单击 OK 两次；如图 11-16 中 k 所示，单击 Output Requests 按钮进入结果输出请求；如图 11-16 中 l 所示，选择 Constraint Forces，然后单击 OK 按钮回到主界面，完成 Subcases 的设置。

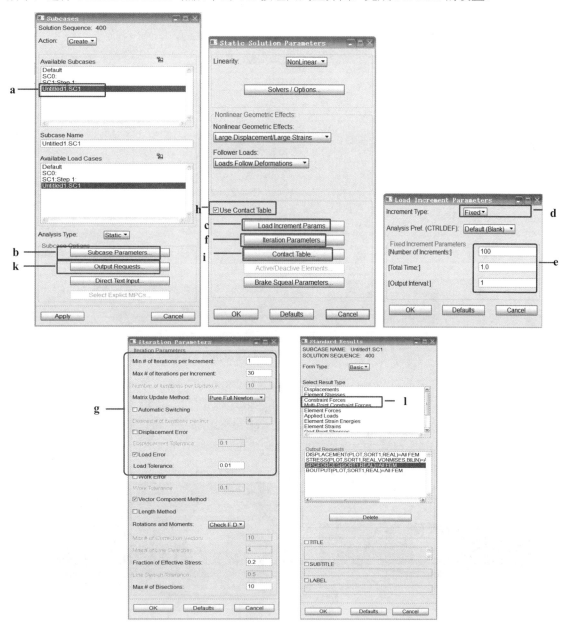

图 11-16　子工况定义

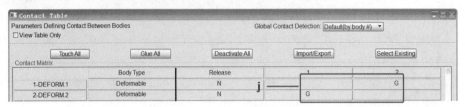

图 11-16　子工况定义（续图）

（3）单击 Subcases Select…按钮后，如图 11-17 中 a 所示，在弹出的列表框中选择 Untitled1.SC1 载荷步。单击 OK 按钮回到 Analysis 主界面，并提交 Nastran 运算。

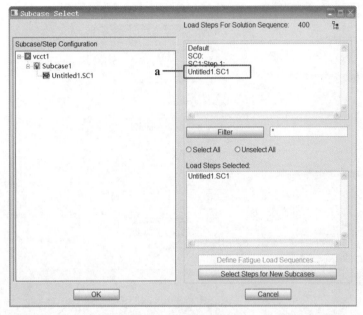

图 11-17　载荷步选择

4. VCCT 分析结果查看

（1）单击工具栏中的 Analysis 按钮，依次设置 Action、Object 及 Method 的属性为 Access Results、Attach MASTER 及 Result Entities，单击 Apply 按钮读取相关结果文件。

（2）单击工具栏中的 Result 按钮，依次设置 Action、Object 的属性为 Create 和 Quick Plot，选择在变形后的网格中显示柯西等效应力的云图，如图 11-18 所示。

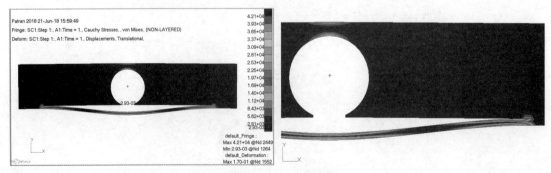

图 11-18　应力结果云图

（3）单击工具栏中的 Result 按钮，如图 11-19 中 a 所示，依次设置 Action、Object 及 Method 的属性为 Create、Graph 和 Y vs X，选择在变形后的网格中显示柯西等效应力的云图；如图 11-19 中 b 所示，选择所有的增量步；如图 11-19 中 c 和 d 所示，选择 Y 轴为计算得到的节点反力结果；如图 11-19 中 e 和 f 所示，选择 X 轴为计算得到的节点位移结果，然后单击 OK 按钮；如图 11-19 中 g 所示，选择位置为施加向下强迫位移的节点 293，单击 Apply 按钮，得到如图 11-20 所示的位移和力的关系曲线。

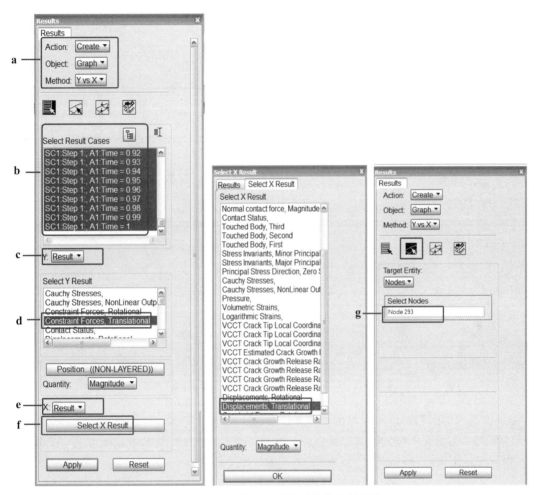

图 11-19　位移和力关系曲线绘制设置

至此，完成了用 VCCT 法模拟裂纹扩展的分析及结果查看，接下来采用粘接区模拟技术再分析一次。

5．新建数据库文件并导入初始模型

（1）新建 MSC Patran 的空数据文件。单击菜单栏 Menu→File→New，输入模型数据文件名称为 czm.db。

（2）顺次单击主工具条中 File→Import，打开模型导入窗口。设置导入模型的格式为 MSC. Nastran Input，如图 11-21 中 a 所示，在相应路径下选取 czm.dat 文件，单击 Apply 按钮。

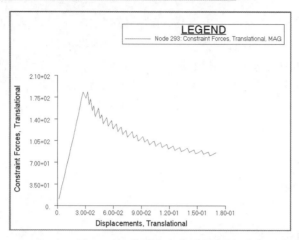

图 11-20　位移和力关系曲线

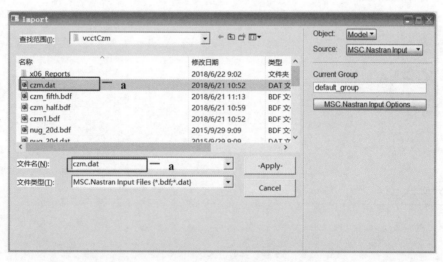

图 11-21　模型导入

（3）检查模型网格。读入模型的网格如图 11-22 所示，实际上在芯部和薄板之间还有一层粘接区单元，由于其厚度为 0（粘接区单元允许零厚度），查看起来不是很方便，在其他软件工具中，可以把薄板下移，就得到如图 11-22 所示的网格图。

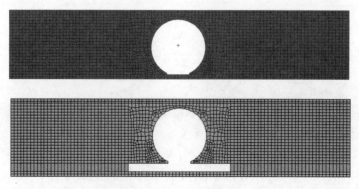

图 11-22　导入模型查看

（4）检查约束和强迫位移，与 VCCT 模型类似。

6. 定义材料属性

芯部和薄板的材料属性与 VCCT 模型一致，在模型导入时已有，下面主要是定义一下粘接区的材料属性。

单击工具栏中的 Materials 按钮，打开 Materials 窗口，如图 11-23 中 a 所示，依次设置 Action、Object 及 Method 的属性为 Create、Cohesive 及 Manual Input；如图 11-23 中 b 所示，在 Material Name 文本框中输入 mcohe.2；如图 11-23 中 c 所示，单击 Input Properties...按钮，弹出 Input Options 对话框；如图 11-23 中 d 所示，设置本构模型的类型参数；如图 11-23 中 e 所示，在 Cohesive Energy 中填入 4.409，在 Critical Opening Displacement 中填入 0.001，单击 OK 按钮再单击 Apply 结束 mcohe.2 材料属性的定义。

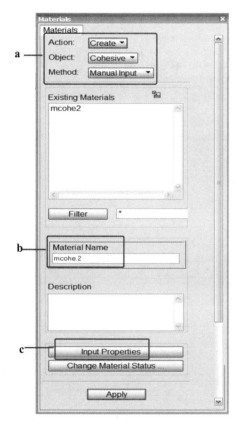
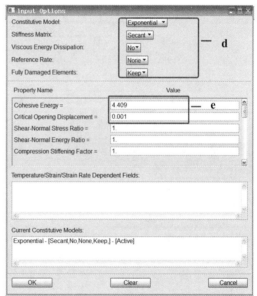

图 11-23　粘接区材料属性定义

7. 定义单元属性

芯部和薄板的单元属性与采用 VCCT 法分析时类似，在模型导入时已有，下面主要是定义一下粘接区的单元属性。

单击工具栏中的 Property 按钮，打开 Property 窗口，如图 11-24 中 a 所示，依次设置 Action、Object 及 Type 的属性为 Create、2D 及 2D Solid；如图 11-24 中 b 所示，在 Property Set Name 文本框中输入 pcohe.2；如图 11-24 中 c 所示，在 Option 中分别选择 Plane Strain 和 Interface；如图 11-24 中 d 所示，单击 Input Properties...按钮，弹出 Input Properties 对话框；如图 11-24

中 e 所示，在 Material Name 列表框中选择 mcohe.2 并设置界面积分策略、输出位置、刚度矩阵策略、厚度等参数，单击 OK 按钮完成属性参数输入；如图 11-24 中 f 和 g 所示，单击 Select Application Region 按钮，在 Application Region 列表框中选择所有的界面单元（如图 11-24 中 h 所示区域，在选择之前最好只显示该部分单元），单击 OK 按钮，然后单击 Apply 按钮完成活塞销单元属性的创建。

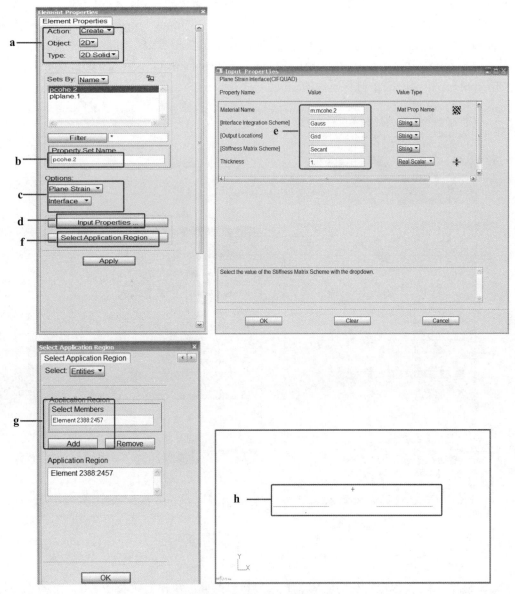

图 11-24　粘接区单元属性定义

8. 设置 CZM 分析参数并提交分析作业

（1）单击工具栏中的 Analysis 按钮，如图 11-25 中 a 所示，依次设置 Action、Object 及 Method 的属性为 Analyze、Entire Model 及 Full Run；如图 11-25 中 b 所示，在 Job Name 文本框中，输入 czm.fifth；如图 11-25 中 c 所示，单击 Solution Type ...按钮，弹出对话框，在弹出

的对话框中选择 IMPLICIT NONLINEAR；如图 11-25 中 d 所示，单击 Results Output Format 按钮；如图 11-25 中 e 所示，仅选择 MASTER/DBALL 结果输出格式，多次单击 OK 按钮，返回主菜单界面。

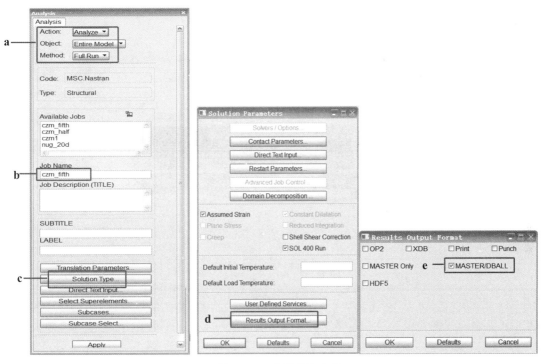

图 11-25　分析参数定义

（2）子工况设置。此部分操作与采用 VCCT 法分析时类似，具体操作请参考该部分内容。

（3）单击 Subcases Select…按钮后，如图 11-26 中 a 所示，在弹出的列表框中选择 Untitled1.SC1 载荷步。单击 OK 按钮回到 Analysis 主界面，并提交 Nastran 运算。

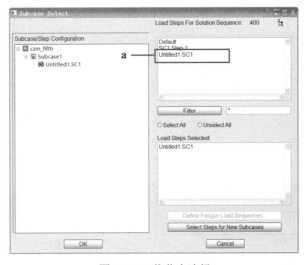

图 11-26　载荷步选择

9. CZM 分析结果查看

（1）单击工具栏中的 Analysis 按钮，依次设置 Action、Object 及 Method 的属性为 Access Results、Attach MASTER 及 Result Entities，单击 Apply 按钮读取相关结果文件。

（2）单击工具栏中的 Result 按钮，依次设置 Action、Object 的属性为 Create 和 Quick Plot，选择在变形后的网格中显示柯西等效应力的云图，如图 11-27 所示。

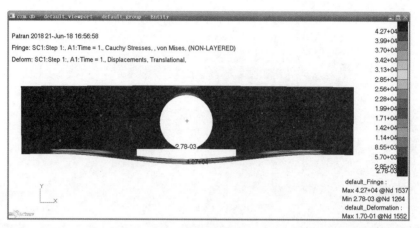

图 11-27　应力结果云图

（3）施加向下强迫位移的节点 293 的位移和力的关系曲线如图 11-28 所示，具体操作过程同 VCCT 模型分析结果处理查看部分。

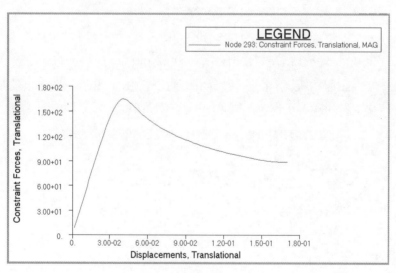

图 11-28　位移和力关系曲线

与采用 VCCT 法分析时得到的结果相比较，可以看出有一些差别。在实际应用时要依据具体材料属性及具体结构选择最合适的方法。

11.1.4　采用粘接脱开模拟裂纹扩展算例

本例模型如图 11-29 上部所示，厚梁与薄板粘接绑定，在右侧接触区有少量节点设为不激活粘接（Glue Deactivation）来模拟初始裂纹，外载作用于梁的中间位置，当厚梁和薄板间有节点的接触应力满足分离条件后二者开始分离。本算例包含了两种接触状态：粘接接触和粘接脱开。

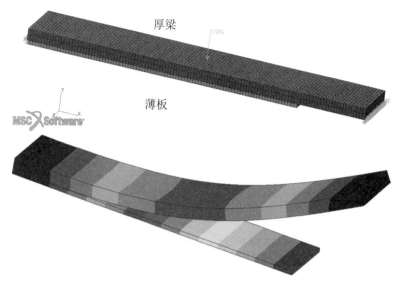

图 11- 29　粘接脱离算例模型及分离效果

1. 建立模型

（1）新建 Patran 的空数据文件。单击菜单栏 Menu→File→New，输入模型数据文件名称为 breaking_glue.db。

（2）顺次单击主工具条中 File→Import，打开模型导入窗口。设置导入模型的格式为 MSC.Nastran Input，如图 11-30 中 a 所示，在相应路径下选取 break-glue.bdf 文件，单击 Apply 按钮。

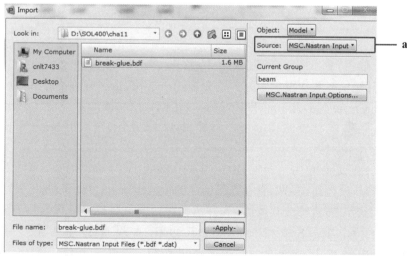

图 11-30　模型导入

（3）导入的模型已经包含了边界约束和载荷信息，需要定义接触信息。由于厚梁和薄板已经具备各自独立的属性定义，所以定义接触信息之前可以先将模型按照属性分组。顺次单击主工具条中 Group→Create，在弹出的对话框中设置 Method 为 Property Set，如图 11-31 中 a 所示，设置 Create 为 Multiple Groups，如图 11-31 中 b 所示，选中已有的属性集合，如图 11-3 中 c 所示，最后单击 Apply 按钮，程序会按照现有的属性集合将模型分组。

图 11-31　按属性分组

（4）定义接触体，顺次单击主工具条中 Tools→Modeling→Contact Bodies/Pairs，在弹出的对话框中定义 Create 为 Deformable Bodies，如图 11-32 中 a 所示，设置 Method 为 Groups，如图 11-32 中 b 所示，选取 Select Groups，如图 11-4 中 c 所示，选取组 beam 和 plate，如图 11-32 中 d 所示，单击 Apply 按钮。

接触体定义完成后，单击菜单项 Home 下的 Model Tree，如图 11-33 中 a 所示，窗口左侧会列举出模型信息，模型树中可以查看到已创建的接触体 beam_3D 和 plate_3D，双击 plate_3D，如图 11-33 中 b 所示，接着修改其属性。在弹出的对话框中将 Define 设置为 Glue Deactivation，如图 11-33 中 c 所示，单击 Select Deactivation Region，如图 11-33 中 d 所示，在平板上选取分离区域的节点，如图 11-33 中 e 所示，单击 Add 按钮，顺次单击 OK 按钮，最后单击 Apply 按钮确认。

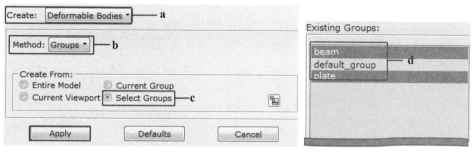

图 11-32　按组创建接触体

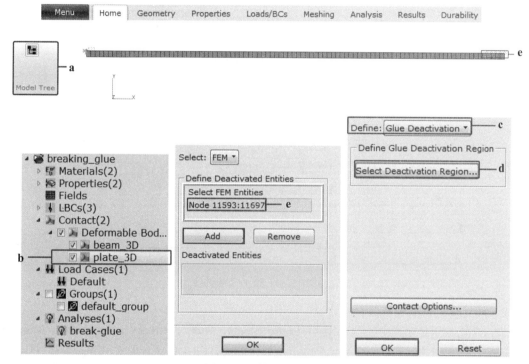

图 11-33　修改接触体

（5）定义接触对，在接触定义的对话框中，将 Option 设置为 Body Pair，如图 11-34 中 a 所示，定义接触对名称为 plate_beam，如图 11-34 中 b 所示，单击 Input Data，如图 11-34 中 c 所示，在弹出的对话框中勾选 Glued Contact，如图 11-34 中 d 所示，勾选 Allow Seperation，如图 11-34 中 e 所示。接着单击 Physical 按钮，如图 11-34 中 f 所示，在弹出的对话框中勾选 Breaking Glue，如图 11-34 中 g 所示，定义最大法向应力值为 5000，如图 11-34 中 h 所示，定义最大切向应力值为 5000，如图 11-34 中 i 所示，定义完成后顺次单击 OK 按钮。最后单击 Select Application Region，将 beam_3D 定义为主接触体，plate_3D 定义为从接触体后，单击 Apply 按钮。

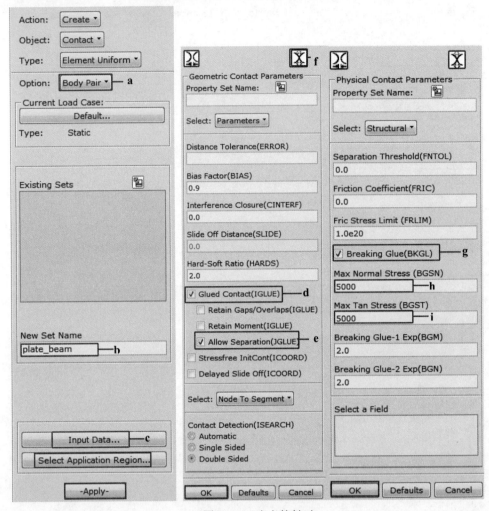

图 11-34 定义接触对

2．设置分析参数并提交分析作业

顺次单击应用菜单栏中的 Analysis→Entire Model，如图 11-35 中 a 所示，单击 Translation Parameters，在弹出的对话框中定义结果输出类型为 MASTER/DBALL 形式，如图 11-35 中 b 所示，Contact Detection 参数定义界面下取消 Permanent Gluing 勾选项，如图 11-35 中 c 所示，在结果输出界面追加接触结果输出，如图 11-35 中 d 所示。定义完成后可以直接单击 Apply 提交计算。

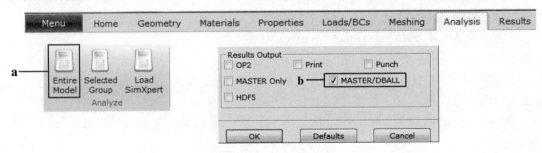

图 11-35 设置分析参数

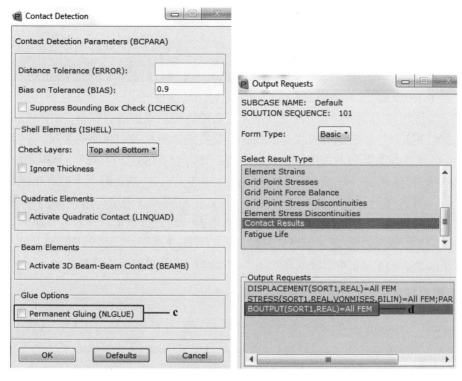

图 11-35　设置分析参数（续图）

3. 结果查看

读取 Master 结果文件浏览结果信息，可以查看最后一个载荷步对应的非线性应力和变形情况如图 11-36 所示，结构呈现粘接脱离现象。

图 11-36　非线性应力和变形图

11.2 惯性释放分析

惯性释放是一种用静力学模拟自平衡的准动态加载分析技术。MSC Nastran 很早就拥有线性的惯性释放分析功能，允许用户进行无约束的结构线性静力学分析，目前在 SOL 400 中已可以用于非线性静力学分析。允许用户在无约束的结构上施加静力载荷、计算被加速结构的变形和内部载荷。惯性释放法计算由施加载荷引起的刚体质量与加速度的乘积，并将其施加到变形体上，在线性加速度参考系中给出载荷平衡的静力学表达式，并由此计算得到结构相对位移和内部载荷。惯性释放的典型应用包括模拟飞行中的飞机、在测试跑道上的汽车或在轨的卫星。

惯性释放也常用于测算在附加载荷或在重心单位载荷作用下无约束部件的惯性柔度或动态刚度。惯性释放能提供动态加载自由结构的静力—动力收敛形状和弹性模态解。

虽然内部处理有些复杂，但惯性释放选项的界面非常简单。目前只要满足小变形/小转动条件，MSC Nastran SOL 400 非线性材料和接触分析均可进行惯性释放分析。

11.2.1 惯性释放功能的使用

在 MSC Nastran SOL 400 非线性分析中进行惯性释放分析很便捷，只需工况控制命令 IRLOAD 就能激活该功能。IRLOAD 只适用于 SOL 400，在其他解决方案序列中将被忽略。

IRLOAD 有两个选项：QLINEAR 和 NONE。QLINEAR 即激活小位移条件下的惯性载荷计算。NONE 则意味着不进行惯性释放分析，此乃默认选项。

SOL 400 惯性释放功能需要注意以下两个方面的事项及限制：

（1）SOL 400 中非线性惯性释放的通用性。

- 目前的应用只限于一套静力支持即约束所有六个刚体运动。约束条件必须只消除刚体运动而不引起任何附加变形和应力。因此，不允许有任何机构或对称边界。
- 这种方法只适用于在加载过程中模型的几何形状不改变的情况，如 SOL 400 LGDISP = -1（默认）。在非线性静力分析（ANALYSIS= NLSTAT）中，它激活小位移的惯性释放分析。当 IRLOAD = QLINEAR 且有大位移（PARAM，LGDISP，> 0）时，会引起一个致命的错误信息。
- 惯性释放分析不支持超单元。
- 刚体质量矩阵必须是非奇异的。当采用常规的线、面、实体单元并具有适当的密度时这个问题不会发生；但当有 CONM2 类的输入数据而且并不是所有的平动自由度都有相应的质量时就可能发生奇异。
- IRLOAD = QLINEAR 是一个总的工况控制命令，它激活 SOL 400 对所有施加静载荷进行惯性载荷计算，因此必须出现在比分析步更高的层面上。
- SOL 400 进行扰动分析时 IRLOAD = QLINEAR 将被忽视。
- IRLOAD =NONE（默认）停用惯性载荷的计算。
- 传统的惯性释放参数 INREL，在进行非线性链式分析和多物理场分析时将被忽略，但进行线性的多学科分析时是起作用的。

（2）当三维接触模型使用惯性释放时，推荐以下接触设置：

- 对常规的接触（非粘接接触），线性接触（在 BCPARA 卡片中的 LINCNT=1）的接触约束是基于未变形的几何，推荐用于惯性释放分析。

- IGLUE = 2 和 NLGLUE = 1，即采用一般粘接接触的节点到面段的接触探测。这些设置用于避免接触分析中出现超过 6 个刚体模态。避免使用 IGLUE = 0，因为在接触分析时它会增加超过 6 个刚体模态的可能性。

- JGLUE = 1–允许分离（可选）

- IBSEP = 2–如果有高阶单元且有分离

- 另外，运行带有接触的非线性惯性释放模型时，应尽可能避免接触与分离之间的振荡。建模时可以考虑以下建议：

  ➢ 采用 ICSEP > 0 而不是 ICSEP = 0

  ➢ 调整接触距离容差及偏系数

  ➢ 采用较小的 MAXSEP 和 NODSEP 参数

如有以下情况将会发生致命性错误信息：

（1）IRLOAD=QLINEAR 仅赋给一些（不是所有的）子工况。

（2）IRLOAD=QLINEAR 与大位移(PARAM,LGDISP, >0)选项一起使用。

（3）IRLOAD 与超单元一起使用。

11.2.2　惯性释放算例

本例的模型为如图 11-37 所示的带切口的翼型结构，该结构承受分布力载荷，在其翼面的一端施加了固定约束来模拟与机身的连接关系，算例将比较惯性释放功能打开后对结果数据的影响。

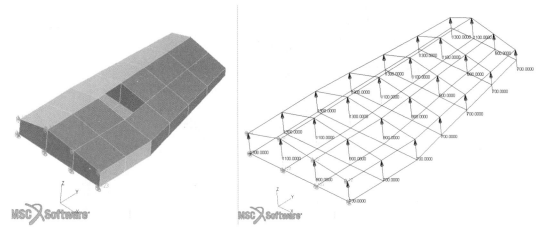

图 11-37　惯性释放算例模型

本章节包含两个输入文件：af_nose.dat 和 af_nose_noir.dat，其中 af_nose.dat 考虑了惯性释放的影响，af_nose_noir.dat 未考虑惯性释放的影响，下面比较两种情况下的结果数据。

图 11-38 为考虑惯性释放后最后一个载荷步计算出的变形云图，翼尖处的最大变形量为 0.0777，图 11-39 为未考虑惯性释放后最后一个载荷步计算出的变形云图，翼尖处的最大变形量为 2.97，比较两个结果可以看出，由于惯性释放的施加，结构的变形量会明显降低，翼展方向的云图分布不再呈均匀梯度变化。

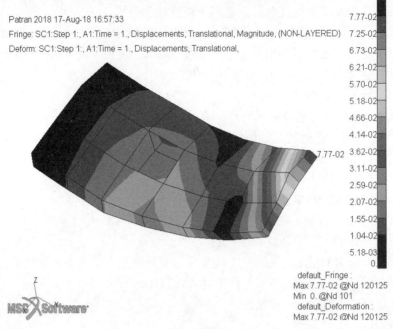

图 11-38　考虑惯性释放变形云图

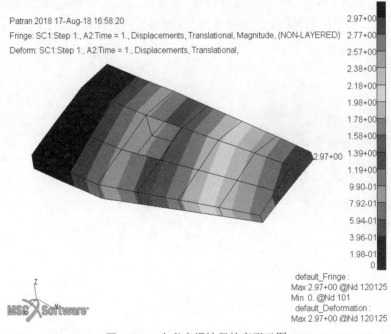

图 11-39　未考虑惯性释放变形云图

图 11-40 和图 11-41 为应力结果的比较，可以看出，考虑惯性释放的最大应力值会明显降低，最大应力也不再位于靠近约束的位置。

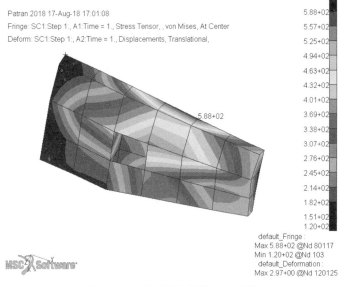

图 11-40　考虑惯性释放应力云图

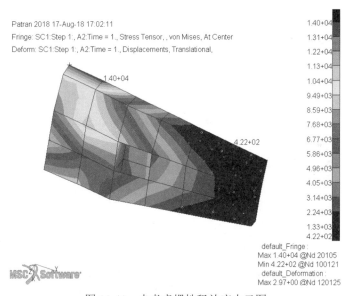

图 11-41　未考虑惯性释放应力云图

11.3　刹车啸叫分析

11.3.1　刹车啸叫分析介绍

刹车啸叫是指盘式制动系统中出现的令人厌烦的高频振动（2000～10000Hz）。有关该方面的研究已有一定的历史，金凯德（Kinkaid）等人在 2003 年发表了一篇很有价值的评论文章，给出了关于盘式制动器啸叫研究的综述及大量参考文献。从机理上分析，当活塞压力、摩擦和阻尼效应的特定组合导致两种稳定模态合并或聚结单个不稳定模态时，会产生高频噪声或啸叫。

防止模态聚结的解决方案是修改设计，包括改变材料、设计变更和添加阻尼部件或修改当前阻尼部件等。但由于结构、材料性能和载荷环境的复杂性，盘式制动器系统的分析一直很有挑战性。

刹车啸叫分析模型不仅需要部件的典型有限元网格（至少要有刹车片和刹车盘的），而且需要垫片和刹车盘之间的接触/摩擦连接的描述。这种接触/摩擦关系通常由非对称刚度矩阵表示。由于接触功能的限制，在 MSC Nastran 早期版本中进行啸叫分析有诸多限制，使用起来也不太方便。

MSC Nastran 专门开发了刹车啸叫分析功能，消除了以前版本的所有限制。此外，用户现在能在一次分析中考查不同的摩擦系数、加载和接触定义的各种组合引起结果差别。根据用户要求，系统矩阵可以包括由于预加载引起的微分刚度、大位移效应和完全非线性属性的定义。刹车啸叫分析也不再需要一系列的运行或多次重启动。

通过模型数据中的 BSQUEAL 卡片可以激活 SOL 400 中刹车啸叫分析。在子工况层面，在工况控制数据部分可选择 BSQUEAL。另外用户也可以选择不同的载荷因子计算复特征值。

与传统单元一样，高级的非线性单元现在可以用作刹车啸叫分析和其他线性扰动分析。然而，应该注意的是，高级非线性单元将比传统单元产生、使用和存储更多的数据。它将需要更多的内存和空间。高级非线性单元数据库的存储可以通过工况控制卡 DBSAVE 加以选择和控制。

11.3.2　刹车啸叫分析算例

图 11-42 为本算例的模型图。本算例的特点是：三维可变形体—可变形体带有摩擦接触，多个子工况/分析步，用户可选择的复数求解域—实时或模态空间，可选择复数的 Lanczos 或 Hessenberg 解算器，用户可以完全控制接触参数的设置。

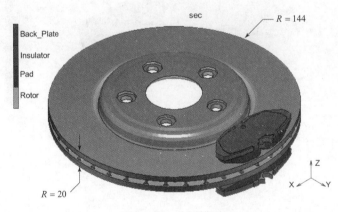

图 11-42　分析模型

1. 新建数据库文件并导入初始模型

（1）新建 MSC Patran 的空数据文件。单击菜单栏 Menu→File→New，输入模型数据文件名称为 brake.db。

（2）顺次单击主工具条中 File→Import，打开模型导入窗口。设置导入模型的格式为 MSC. Nastran Input，在相应路径下选取 brake.dat 文件，单击 Apply 按钮。

（3）导入模型如图 11-43 所示，模型中共包含 29723 个六面体单元和 42257 个节点。

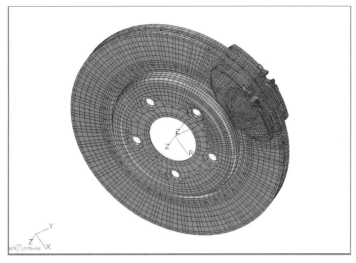

图 11-43 导入的网格模型

2. 导入模型数据检查

（1）检查一下材料属性和单元属性的定义。共有四种材料模型，有三种各向同性弹性材料，支撑板采用材料 mat1.1，隔热片采用材料 mat1.2，刹车盘用 mat1.4，刹车垫用的是各向异性材料 mat9.3。各种材料的参数如图 11-44 和 11-45 所示，注意，在本题中模量的单位为 $kg/(mm\text{-}sec^2)$、密度的单位为 kg/mm^3。

（a）mat1.1

（b）mat1.2

（c）mat1.4

图 11-44 导入的各向同性材料参数

每个部件的材料属性是否正确，需要检查单元属性来确定。图 11-46 所示为刹车盘的单元属性检查。

（2）检查接触体的定义。单击工具栏中的 Loads/BCs 按钮，如图 11-47 中 a 所示，依次设置 Action、Object 的属性为 Plot Contours、Contact；如图 11-47 中 b 所示，设置 Option 为 Deformable Body；如图 11-47 中 c 所示，在 Current Load Case 下方选择 Subcase 100…；如图 11-47 中 d 所示，用鼠标选择全部接触体；如图 11-47 中 e 所示，选择 Group Color，单击 Apply 在图形区可得到图 11-47 右侧所示的接触体显示效果。

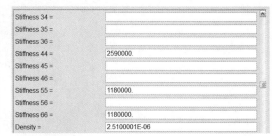

图 11-45 导入的各向异性材料参数

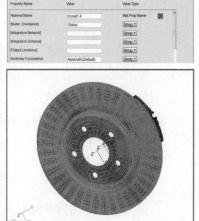

图 11-46 刹车盘单元属性检查

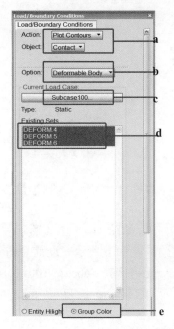
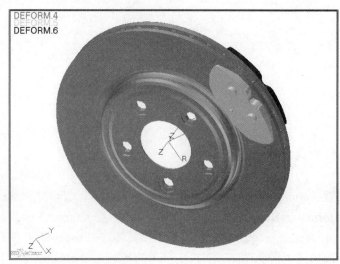

图 11-47 接触体定义查看

（3）检查载荷和约束的定义。如图 11-48 所示，约束主要是在刹车盘中间 5 个螺栓孔边节点固支、在隔热片端部约束 x 和 y 方向位移；载荷为在支撑板上施加 $500\,kg/(mm\text{-}sec^2)$ 的压力。

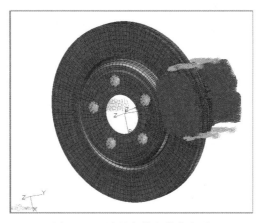

图 11-48　边界条件和载荷查看

3. 分析参数定义并输出分析数据文件

（1）单击工具栏中的 Analysis 按钮，如图 11-49 中 a 所示，依次设置 Action、Object 及 Method 的属性为 Analyze、Entire Model 及 Analysis Deck；如图 11-49 中 b 所示，在 Job Name 文本框中，输入 brake；如图 11-49 中 c 所示，单击 Translation Parameters...按钮，弹出对话框；如图 11-49 中 d 所示，在结果输出格式中勾选 OP2 和 Print，单击 OK 按钮返回主菜单。

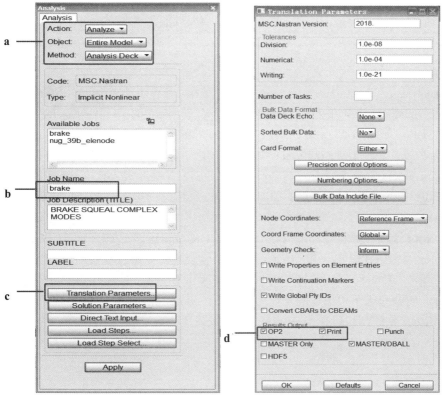

图 11-49　分析参数定义

（2）在 Analysis 主对话框中，单击 Solution Parameters...按钮，弹出对话框；如图 11-50 中 a 所示，单击 Contact Parameters...按钮；如图 11-50 中 b 所示，单击 Friction/Sliding 按钮；如图 11-50 中 c 所示，选择 Bilinear Coulomb，单击 OK 按钮返回；如图 11-50 中 d 所示，可以激活初始接触、采用接触表选项，并单击 Initial Contact 按钮来定义初始接触表，接触表的具体内容和分析步中的定义相同；多次单击 OK 按钮，返回主菜单。

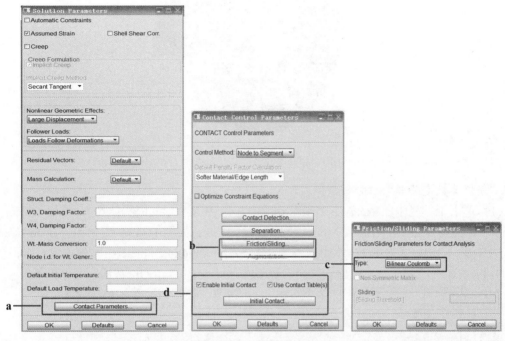

图 11-50　接触参数定义

（3）在 Analysis 主对话框中，单击 Load Steps...按钮，在弹出的 Available Steps 列表框中，设置 Step Name 为 Subcase100 并选择 Subcase100 工况，如图 11-51 中 a 所示；在 Analysis Type 列表框中选择 Static。如图 11-51 中 b 所示，单击 Step Parameters...按钮，进入分析步属性设置；如图 11-51 中 c 所示，单击 Load Increment Params 按钮，进入载荷增量参数设置；如图 11-51 中 d 所示，将 Increment Type 和 Analysis Pref.(CTRLDEF) 参数分别设置为 Fixed 和 MILDLY，表示用固定增量步长，增量步数默认为 10，单击 OK 按钮返回；如图 11-51 中 e 所示，单击 Iteration Parameters 按钮，进入非线性计算时的迭代设置；如图 11-51 中 f 所示，勾选 Displacement Error 和 Load Error 选项并把容差都设为 0.01，单击 OK 按钮返回；如图 11-51 中 g 所示，单击 Contact Table；如图 11-51 中 h 和 i 所示，将接触体设置成常规的接触关系，相互之间的摩擦系数为 0.5，单击 OK 返回；如图 11-51 中 j 所示，单击 Brake Squeal Parameter...按钮；如图 11-51 中 k 所示，将载荷乘子和平均刚度设为 0.5 和 100000；如图 11-51 中 m 所示，设置 Z 轴为旋转轴，单击 OK 按钮两次再单击 Apply 按钮完成载荷分析步的设置。

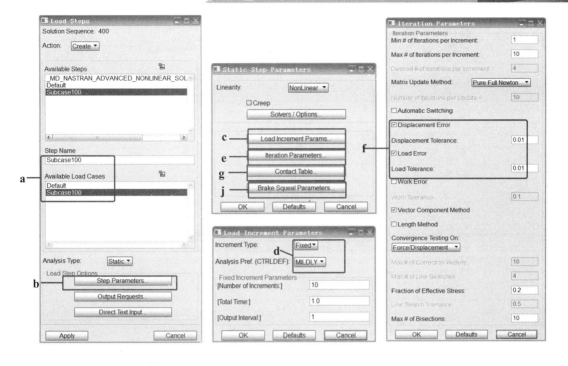

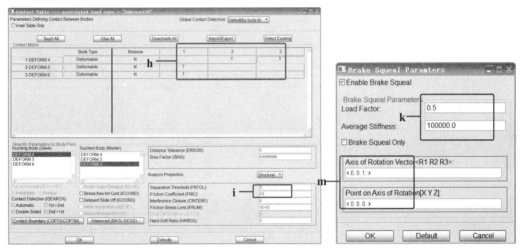

图 11-51　分析参数定义

（4）在如图 11-52 所示的 Analysis 主对话框中，单击 Load Step Select 按钮，在弹出的列表框中选择 Subcase100 工况；单击 OK 按钮回到 Analysis 主界面，生成 Nastran 运算的输入文件。

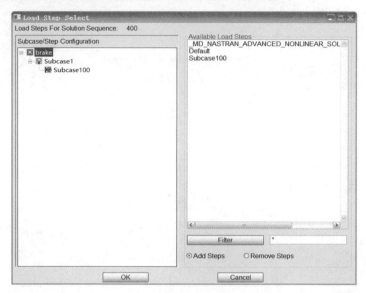

图 11-52　分析步选择

4. 分析数据文件修改并提交运算

用文本编辑器打开 brake.bdf 文件，对文件做相应的修改。

（1）在子工况部分，增加一些卡片。

```
SUBCASE 1
    AUTOSPC(noprint) = YES
    METHOD = 100
    CMETHOD = 200
    RESVEC=NO
    DISP(PLOT)=ALL
    SPC = 2
```

（2）对第 1 个分析步，修改部分卡片。

```
STEP 1
    SUBTITLE=Subcase100
    ANALYSIS = NLSTATIC
    NLSTEP = 1
$    BSQUEAL = 1
    BCONTACT = 1
$    SPC = 2
    LOAD = 5
$  Direct Text Input for this Step
```

（3）增加 3 个复模态求解的分析步。

```
  STEP 2
    LABEL = Brake Squeal modes at 10% piston load 0.5 friction coeff
    ANALYSIS=MCEIG
    BSQUEAL   = 1
    NLIC STEP 1 LOADFAC 0.1
  STEP 3
    LABEL = Brake Squeal modes at 50% piston load 0.5 friction coeff
    ANALYSIS=MCEIG
    BSQUEAL   = 1
```

```
    NLIC STEP 1 LOADFAC 0.5
STEP 4
    LABEL = Brake Squeal modes at 100% piston load 0.5 friction coeff
    ANALYSIS=MCEIG
    BSQUEAL  = 1
    NLIC STEP 1 LOADFAC 1.0
```

（4）在模型数据卡中增加模态、复模态分析参数卡片。

```
EIGRL, 100, , 20000.0
EIGC,   200, CLAN, , , , , 60
```

（5）数据修改完毕后提交 MSC Nastran 运算。

5．结果查看

（1）单击工具栏中的 Analysis 按钮，依次设置 Action、Object 及 Method 的属性为 Access Results、Attach Output2 及 Result Entities，读取 brake_squeal.op2 结果文件，单击 Apply 按钮完成结果文件导入。

（2）查看压力载荷完全加上后的位移云图及变形，如果想看到简洁的结果图，可以减少一些在图形区显示的信息，如图 11-53 所示。

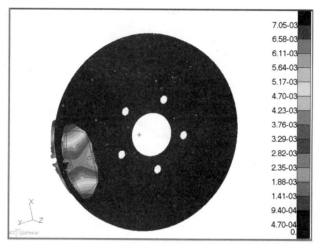

图 11-53　施加压力后的变形图及位移云图

（3）打开计算得到的 brake_squeal.06 文件，查看复模态的频率值，在 10%压力载荷作用下的前 7 阶频率值如图 11-54 所示，最低的不稳定模态的频率值为 1912.86。如果采用传统的单元类型，得到的前 7 阶频率值如图 11-55 所示，最低的不稳定模态的频率值为 1914.87，与采用高级非线性单元的结果有大约 0.1%的误差。

```
                C O M P L E X   E I G E N V A L U E   S U M M A R Y
ROOT   EXTRACTION              EIGENVALUE              FREQUENCY          DAMPING
NO.      ORDER        (REAL)           (IMAG)          (CYCLES)         COEFFICIENT
   1        1          0.0          3.619584E+03       5.760747E+02          0.0
   2        2          0.0          4.042318E+03       6.433550E+02          0.0
   3        3          0.0          5.252130E+03       8.359025E+02          0.0
   4        4          0.0          5.628656E+03       8.958284E+02          0.0
   5        5          0.0          6.235934E+03       9.924798E+02          0.0
   6        6     -1.633992E+02      1.201888E+04       1.912863E+03       2.719044E-02
   7        7      1.633992E+02      1.201888E+04       1.912863E+03      -2.719044E-02
```

图 11-54　10%压力载荷作用下前 7 阶频率值

BRAKE SQUEAL MODES AT 10% PISTON LOAD 0.5 FRICTION COEFF   SUBCASE 1   STEP 2

C O M P L E X   E I G E N V A L U E   S U M M A R Y

ROOT NO.	EXTRACTION ORDER	EIGENVALUE (REAL)	(IMAG)	FREQUENCY (CYCLES)	DAMPING COEFFICIENT
1	1	0.0	3.624246E+03	5.768166E+02	0.0
2	2	0.0	4.052549E+03	6.449832E+02	0.0
3	3	0.0	5.261494E+03	8.373928E+02	0.0
4	4	0.0	5.637190E+03	8.971867E+02	0.0
5	5	0.0	6.257465E+03	9.959064E+02	0.0
6	6	-1.627268E+02	1.203150E+04	1.914872E+03	2.705013E-02
7	7	1.627268E+02	1.203150E+04	1.914872E+03	-2.705013E-02

图 11-55　采用传统的单元类型得到的前 7 阶频率值

（4）在 Patran 上查看复数模态，如图 11-56 所示。

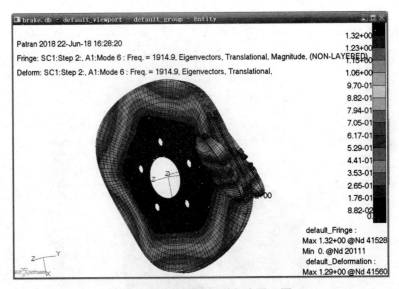

图 11-56　复数模态及特征向量云图

11.4　车门下沉分析

11.4.1　车门下沉分析内容

汽车作为一种交通工具，目前在人们的生活中起着举足轻重的作用，车辆的安全性和舒适性已日益受到生产厂商及用户的广泛重视。车身是汽车的重要组成部分，而车门又是车身上的一个相对独立又重要的总成，它对汽车的安全性和舒适性都有非常大的影响。车门刚度会影响汽车的安全性和舒适性等很多方面，因此是一项非常重要的参数。如何验证车门的设计，保证车门刚度足够，显得非常重要。

车门的垂直刚度是车门刚度的重要组成部分。根据车门实际使用情况，在车门的门锁位置施加垂直载荷，测量施加力位置的垂直方向的变形，将车门系统在承受垂直载荷时抗变形能力定义为汽车车门的垂直刚度。车门的垂直刚度分析也称为车门下沉分析。

车门也是一个比较复杂的部件，一般由车门本体、车门附件、内外饰等几部分组成。车门本体由车门内板、车门外板及各种加强板窗框等组成。车门附件包括门锁系统、车门铰链、车门限位器、车门玻璃升降器、车门玻璃、窗帘、车门密封条等。内门板上安装有玻璃升降器、门锁附件等，门内板由薄钢板冲压而成，其上分布有窝穴、空洞、加强筋，内板内侧焊有内板加强板。为了增强安全性，外板内侧一般通过防撞杆支撑架安装防撞杆，窗框下装有加强板。内板与外板通过翻边、粘合、滚焊等方式结合成一个整体的受力结构。

车门以绕安装在车门前侧的铰链为旋转轴实现开启和关闭动作。车门下沉分析包括的承载部件有外门板、内门板、上加强板、下加强板、门锁加强板、铰链加强板和铰链。

11.4.2　车门下沉分析算例

由于车门下沉的分析模型一般比较复杂，用很少的篇幅难以介绍清楚，本例不做具体操作的介绍，只以一个简化分析模型为例做简要介绍。

1.　分析模型

分析模型如图 11-57 所示，包括取左前车门、A 柱及附近部件。

图 11-57　分析模型

2.　网格及载荷

网格及载荷如图 11-58 所示，模型中包括多种类型的单元，如梁单元、壳单元、实体单元等。车门结构承受重力和集中力。重力按分布力施加，集中力通常施加在门锁附近。

图 11-58　模型网格及载荷

3. 约束

图 11-59 中显示了位移约束节点，对车身底部中部一些节点（图中圆圈内的节点）施加 3 个方向的平动约束，对其他约束节点施加对称约束即约束 1 个平动自由度和 2 个转动自由度。

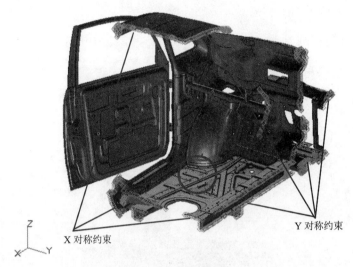

X 对称约束　　Y 对称约束

图 11-59　约束节点

4. 接触体的定义

模型定义了 8 个接触体，注意有些单元不会发生接触因而可以不属于任何接触体。单击工具栏中的 Loads/BCs 按钮，依次设置 Action、Object 的属性为 Plot Contours、Contact，选择要显示的接触体，可以区分显示各个接触体，如图 11-60～图 11-62 所示。

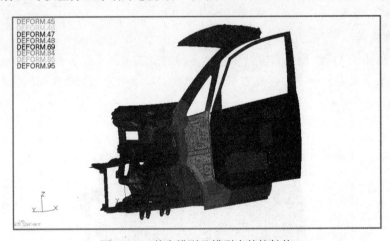

图 11-60　整个模型及模型中的接触体

5. 分析参数的定义

（1）分析结果的格式选择，车门下沉分析模型通常比较大，可以采用新加的 HD5 输出格式，如图 11-63 所示。HDF5 读写速度快，还可以用编辑器打开查询，如图 11-64 所示。

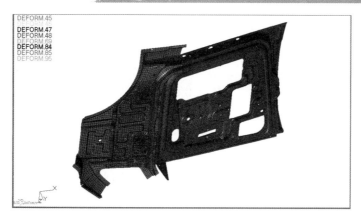

图 11-61　仅显示所有接触体

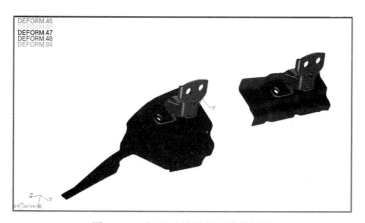

图 11-62　仅显示绞链附近的接触体

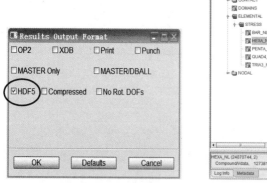

图 11-63　结果输出格式选择

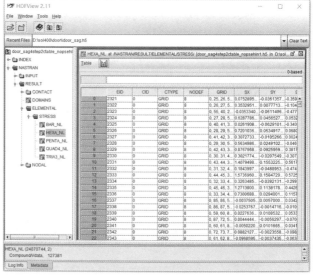

图 11-64　采用 HDFView2.1 查看 HDF5 格式结果文件

（2）车门下沉分析有 4 个子分析步，第一个是装配位置调整分析，给门锁处施加一个向下的小位移，此时结构的位移、应力很小，一般采用 2 个固定步长就足够了，如图 11-65 所示；第二个分析步时施加重力载荷，可以采用自适应步长，如图 11-66 所示；第三个分析步是施加集中力 1000N，载荷增量步策略可以与第二个分析步相同；第四个分析步是卸载，把第三步施加的集中力卸掉，载荷增量步策略也可以与第二个分析步相同。

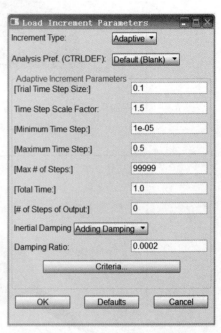

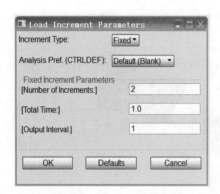

图 11-65　固定步长加载参数　　　　　图 11-66　自适应步长加载参数

（3）接触表的定义，4 个分析步可以采用相同的接触表，如图 11-67 所示。不会相互接触的接触体之间不需定义接触关系，以免增加接触探测的时间。

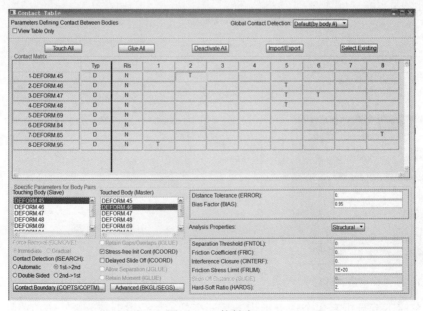

图 11-67　接触表

（4）子工况的选择及递交运算。按顺序选择 4 个子工况，如图 11-68 所示。选择结束后可以提交程序运行计算。

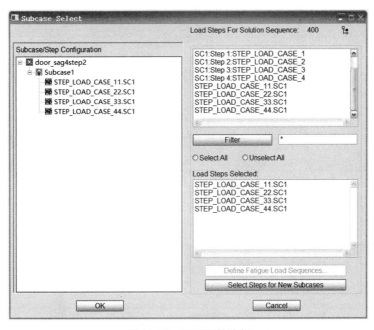

图 11-68　子工况的选择

6.　结果查看

（1）单击工具栏中的 Analysis 按钮，依次设置 Action、Object 及 Method 的属性为 Access Results、Attach HDF5 及 Result Entities，选取 HDF5 格式的结果文件，单击 Apply 按钮完成结果文件导入。

（2）查看各子工况结束时垂直方向的位移，图 11-69 和图 11-70 分别为第三、四子工况结束时的垂直方向位移云图及变形，与规范的数值进行对比，判断是否满足规范要求。

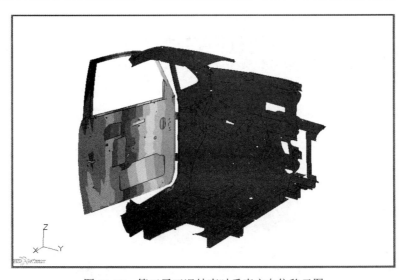

图 11-69　第三子工况结束时垂直方向位移云图

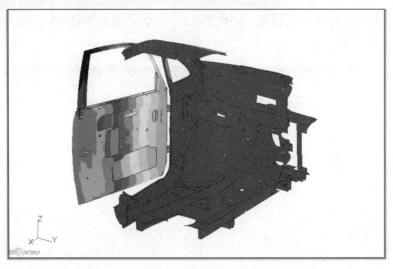

图 11-70　第四子工况结束时垂直方向位移云图

（3）查看各增量步的应力，在集中力全部加上时的等效应力云图如图 11-71 所示。注意因为模型中有不同类型的单元，对于梁单元和壳单元，查看应力时要选择截面位置。

图 11-71　第三子工况结束时等效应力云图

（4）查看等效塑性应变。如果第四子工况结束时的垂直位移明显比第一子工况结束时的垂直位移大，一般说明结构中有塑性应变存在，可以查看最后一个载荷增量步的等效塑性应变。一般只有很少的结构位置存在塑性应变，可以通过不同的组（group）来查看。图 11-72 为车门绞链的等效塑性应变云图。

图 11-72　最后一个增量步的等效塑性应变云图

11.5 重启动分析

非线性重启动分析的目的是允许用户使用先前收敛的求解结果、材料属性和几何属性作为一个新的起点继续分析。当用户想要更改加载序列、求解准则或扩展分析时，这是非常有用的。

11.5.1 重启动功能使用方法

SOL 400 具有友好的重启动分析功能。对 SOL 400 做重启动分析时，注意以下原则：

- 重启动必须在以前的收敛点继续进行非线性静力分析、非线性瞬态分析，具体的收敛点可以通过子工况、分析步和/或时间（LOADFAC）来指定。另外还需要使用 NLRESTART 工况控制命令来实现。注意，线性分析或线性扰动分析不支持重启动。
- 当冷启动为 ANALYSIS= NLSTAT 时，可以在任何用户指定输出的载荷增量步（由 NLPARM 模型数据卡片中的 NOUT 控制）重启动。
- 当冷启动为 ANALYSIS= NLTRAN 时，必须从一个保存或"检查点"的时间步重启动。检查点的时间是由 TESTEPNL 模型数据卡中 DT、NO 值以及 PARAM, NLPACK 确定。检查点时间是（DT *NO）*NLPACK 的整数倍。例如，如果 DT = 0.001s、NO= 10、NLPACK = 100，可以用于重启动的时间是 1.0、2.0 等。如果要求重启动时间与检查点时间不匹配，采用最近的检查点时间。同样的逻辑也可以用在 NLSTEP 模型数据卡片。
- 结构模型的几何和初始材料属性不能修改，这是显而易见的，因为对几何或初始材料属性的任何修改都会使以前的分析结果失去意义，需要非线性解从很早的时刻点重新开始。在这种情况下，进行另一个冷启动分析更简单。
- 请注意运行 NLRESTART 并采用高级非线性单元时，高级的非线性单元数据块的保存必须与冷启动相应，即要采用适当的 DBSAVE、NLPACK 和 INTOUT 参数。

工况控制部分的 DBSAVE 是用来控制 SOL 400 静力和瞬态非线性分析所用高级非线性单元数据块存储的。DBSAVE 的选项有：

（1）-1：不存储高级非线性单元的数据块。

（2）0：在每个工况结束时存储高级非线性单元的数据块（默认）。

（3）>0：在每 n 个结果输出要求时存储高级非线性单元的数据块。

如果 DBSAVE = 0，对于高级非线性单元的模型可以在每个工况（载荷步）结束时开始重启动。如果 DBSAVE = n（>0），可以在每 INTOUT * n 个输出点开始重启动。

对于 SOL 400 中的 NLTRAN 分析，输出文件时间点即重启动的时间点，还受由"PARAM, NLPACK, n"定义的 NLPACK 参数影响。例如，一个 NLTRAN 分析中 NLSTEP 卡片为：

```
NLSTEP, 900, 0.2
,fixed, 2000, 20
,mech, u
```

即作业有 2000 个增量步并要求每隔 20 个增量步输出一次结果。因此，总共输出 100 个时间步的结果。在 MSC Nastran 中 NLPACK 的默认值是 100，因而在这个模型中 MSC Nastran 将 100 步输出结果收集好后写入 OP2 文件中，即该模型一次性将结果写到 OP2 文件中。

如果 NLPACK = 1，MSC Nastran 在每个要求输出步将结果写到 OP2 文件中。在这个模型中，软件将有 100 次将结果写到 OP2 文件中，即用户将会有 100 个 OP2 文件。

以下对重启动涉及的卡片举例说明。

1. 文件管理命令

要重启动，必须使用文件管理命令来提供冷启动的数据。对于非线性重启动，需要两个命令：ASSIGN 和 RESTART。这两个命令 MSC Nastran 很早就有，SOL 400 没有特殊要求。

有很多方法可以提取重启动所用的数据。下面的例子中给出了一种方法。其他方法，请参阅参考文献[13]中的 File Management Statements（文件管理命令）部分或参考文献[22]第 7 章中的 Restart Procedures 部分。

2. 工况控制修改

一个 NLRESTART 工况控制命令的存在表明当前运行的是一个重启动作业。工况控制数据既包括已在冷启动执行子工况和分析步，还包括将在重启动执行的子工况和分析步。重启动要执行的第一个子工况、分析步和/或载荷因子由 NLRESTART 命令中的选项标明。下面的例子说明了这一点：

```
NLRESTART SUBCASE 1, STEP 2, TIME 0.3
SUBCASE 1
STEP 1
LOAD = 10
STEP 2
LOAD = 20
STEP 3
LOAD = 30
```

在上面的例子中，第一分析步到第二分析步 0.3 时刻是先前已执行的。重启动执行从第二分析步的时刻 0.3 开始并持续到第三分析步结束。如果时刻 0.3 不是在冷启动 NLPACK 参数确定保存的重启动点，SOL 400 将搜索最近的重启动点作为重启动数据并在该点重启动。对于重启动，在启动点（含）之前，子工况和分析步命令的构成必须与冷启动的相同。在重启动点之后，用户可以修改工况控制文件构成中的子工况和分析步命令。例如，在上面的示例中，在冷启动中必须有分析步 1 和 2。然而，在冷启动分析中是否有分析步 3 则无关紧要。

可以在非线性重启中修改以下工况控制命令：

● 边界条件，如：MPC 和 SPC。
● 非线性求解控制：NLSTEP、NLPARM 和 TSTEPNL。
● 施加的载荷：LOAD。
● 输出请求：如，DISP 和 NLSTRESS。
● 分析类型：ANALYSIS。

根据所选的 NLRESTART 命令选项，非线性重启动在逻辑上可以分为三种类型：工况重启动、分析步重启动或时刻重启动。

● 工况重启动从一个子工况开始重启动。上述五种修改对工况重启动都是合法的。
● 分析步重启动从一个分析步开始重启动，这可能是一个新分析步或先前已执行的分析步。虽然允许使用边界条件和分析类型修改，但用户有责任确定它们是否有意义。应特别注意分析类型的修改，在许多情况下没有意义，反而会导致错误的结果。

- 时刻重启动在用户指定的时刻开始重启动。对于时刻重启动,用户不能修改分析类型、边界条件或载荷。用户在尝试其他类型的修改时需要谨慎行事。同时,为了进行此类重启动,用户必须在 NLPACK 数据组边界指定时间(TIME)。如果不是,SOL 400 搜索最近的数据边界,并使用这个边界作为重启动点。

3. 模型数据修改

用于非线性重启动的模型数据文件只包含要添加到冷启动中的卡片。不能使用删除模型数据卡片“/”。这是为了提醒用户不能修改几何和初始属性。用户可以通过引入新卡片来对模型数据文件进行修改,这些卡片可以在原始卡片的副本上做适当的更改和采用新的标识号。下面的卡片列表可以在重启动时添加。

- 载荷卡片,如 LOAD、FORCE、PLOAD4 和 SPCD。
- NLSTEP、NLPARM、TSTEPNL 卡片。
- 边界条件卡片如 SPC、SPC1 和 MPC。

另一种方法是使用 NLIC 的情况下控制命令。

11.5.2 重启动算例

如图 11-73 所示钢板,一端固定,在其中间位置施加周期为 0.02s 的三角波形载荷,最初的动力学瞬态分析计算时长为 0.05s,接着使用重启动的方法将求解时间延长 0.1s。

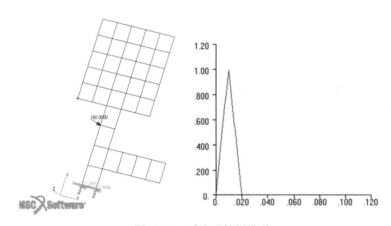

图 11-73　重启动算例模型

1. 原始模型计算

使用文本编译器打开初始模型文件 initial_run.bdf,察看模型内容如图 11-74 所示,模型为 SOL 400 非线性瞬态分析,求解时长为 0.05s,接着直接使用 MSC Nastran 2018 版本提交分析。

分析完成后,在 Patran 中链接分析得到的 OP2 结果文件,绘制节点 1(钢板上的一个角点)Z 向位移分量随时间变化的曲线,如图 11-75 所示。

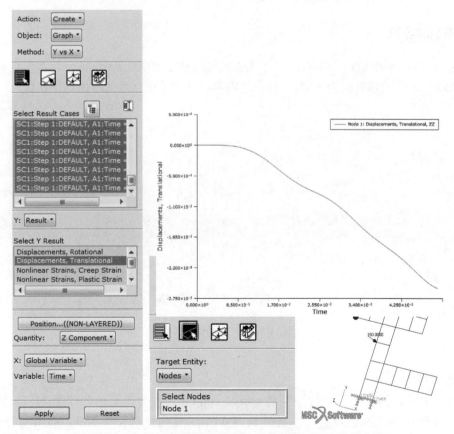

图 11-74　模型文件

图 11-75　输出钢板一个角点位置 Z 向位移随时间变化的曲线

2. 重启动

在同一路径下将原模型文件另存为 restart_run.bdf，打开重命名文件按照如图 11-76 内容追加重启动命令，其中 ASSIGN 命令定义了重启动的原始数据库链接，这里需要使用前一步计算完成后生成的 MASTER 和 DBALL 文件，NLRESTART 卡片需要添加在 SUBCASE 指令上方，载荷步 STEP1 不需要删除，但需要在其后面追加 STEP2 载荷步，同理模型数据段需要追加 NLSTEP 2 的求解参数定义，增加求解时间 0.1s 固定步长为 100 步。修改完成后递交到 MSC Nastran 2018 中计算。

```
ASSIGN MASTER='initial_run.MASTER'
RESTART
$ Replace the 19 in the above line with 7
$ to get a restart DBALL instead of what is currently written
$ Direct Text Input for File Management Section
$ Direct Text Input for Executive Control
$ Implicit NonLinear Analysis
SOL 400
CEND
NLRESTART
$ Direct Text Input for Global Case Control
TITLE = MSC.Nastran job created on 02-Jun-17 at 11:24:47
ECHO = NONE
SUBCASE 1
 STEP 1
   TITLE=MSC.NASTRAN JOB CREATED ON 09-FEB-07 AT 11:23:49
   SUBTITLE=trans_load_case_1
   ANALYSIS = NLTRAN
   NLSTEP = 1
   SPC = 2
   DLOAD = 12
   DISPLACEMENT(PLOT,SORT1,REAL)=ALL
   VELOCITY(PLOT,SORT1,REAL)=ALL
   STRESS(PLOT,SORT1,REAL,VONMISES,BILIN)=ALL
 STEP 2
   SUBTITLE=trans_load_case_2
   ANALYSIS = NLTRAN
   NLSTEP = 2
   SPC = 2
   DLOAD = 12
   DISPLACEMENT(SORT1,REAL)=ALL
   SPCFORCE(SORT1,REAL)=ALL
   STRESS(SORT1,REAL,VONMISES,BILIN)=ALL
$  Direct Text Input for this Step
BEGIN BULK
$ Direct Text Input for Bulk Data
PARAM     POST     1
PARAM     PRTMAXIM YES
PARAM     LGDISP   1
NLSTEP    1      .05
NLSTEP    2      .1
          FIXED   100
          GENERAL 25         5
          MECH    UPW    .01      .01     .01
$ Elements and Element Properties for region : p2
PSHELL    1     1     .005       1         1
$ Pset: "p2" will be imported as: "pshell.1"
CQUAD4    26    1     3       4      40     39     0.     0.
CQUAD4    27    1     39      40     42     41     0.     0.
CQUAD4    28    1     41      42     44     43     0.     0.
CQUAD4    29    1     43      44     46     45     0.     0.
```

图 11-76　追加了重启动命令的文件数据

计算完成后在 Patran 中链接新的 OP2 结果文件，显示出相同位置点上的 Z 向位移分量随时间变化的曲线，如图 11-77 所示，数据上可以清晰地看到重启动的求解时间从 0.051s 开始到 0.15s 结束，在原模型的求解结果上又被延长计算了 0.1s。

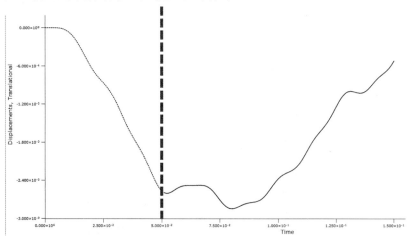

图 11-77　相同位置 Z 向位移随时间变化曲线的重启动结果

11.6 用户定义的服务及子程序

SOL 400 具有通过用户子程序对软件进行客户化的强大功能。使用该功能需要以下方面：

（1）标识调用用户子程序的少量选项。

（2）用户子程序采用 FORTRAN 或 C++语言编写。

（3）将用户子程序链接到 MSC Nastran，这是 MSC Nastran 系统组件架构（或称 SCA）的一部分。

（4）新卡片 UDSESV 允许用户定义状态变量数目及名字。

（5）在材料用户子程序中可以调用实用功能函数 GET_ELEM_PARAM、GET_NODE_PARAM 和 GET_GLOBAL_PARAM 来获取单元信息、节点信息以及通用数据。

（6）新的 SCA 接口 SCAIMDSolverRuntimeInfo 及其方法通知（NOTIFY）。一个服务中的通知方法将在工况开始、工况结束、增量步开始和增量步结束时调用。

（7）新卡片 GENUDS 允许用户在 SCAIMDSolverRuntimeInfo 接口中对通知方法定义输入数据。用户可以在这个卡片中定义整型数、实型数和字符型数据，当调用时，这些数据将作为参数传递给通知方法。

（8）状态变量可以输出到.f06、.op2、.h5 和.DBALL 文件中。可以在 GUI 中通过 DRA 获得状态变量的输出。

11.6.1 常用的用户子程序及分类

常用的用户子程序分为三类：单元、材料模型和接触，见表 11-1。

表 11-1 常用的用户子程序分类

类型	模型数据卡片	模型数据卡引用	用户子程序	目的
单元	ELEMUDS	PAXISYM PBAR PBARL PBEAM PBEAML PCOHE PCOMP PCOMPF PCOMPLS PLCOMP PLPLANE PLSOLID PROD PSHEAR PSHELL PSOLID	uselem	定义单元刚度阵、质量阵和广义内力
		PBUSHT	nlrsfd	挤压油膜阻尼器，由 Romac 提供

续表

类型	模型数据卡片	模型数据卡引用	用户子程序	目的
材料模型	MATUDS	MATHE	uelastomer	对超弹性材料定义应变能函数
		MATUSR	hypela2	定义非线性应力-应变关系和应力
			umat	定义非线性应力-应变关系和应力
		MAT1	crplaw	定义蠕变应变率
		MATF	ufail	定义材料失效准则
			uprogfail	定义因失效引起的弹性常数折减
		MATORT	orient	定义局部材料参考方向
		MCOHE	ucohes	定义拉伸力和张开位移之间的关系
接触	BCONUDS	BCBODY	motion	控制刚体运动
			ufric	定义摩擦系数
			sepfor	定义接触体分离力
			sepstr	定义接触分离应力
			ubrksqueal	定义摩擦系数和有效刚度

这些子程序的调用列表在 MSC Nastran 用户定义的服务用户指南（User Defined Services User's Guide）中有具体的定义。

选项 ELMUDS、MATUDS 和 BCONUDS 允许用户通过模型数据卡片定义整型数、实型数，并被传递到用户编写的用户子程序中。这些选项还指定一个组号（GROUP ID）。然后 这个组号被用于引用文件管理部分（FMS）的 CONNECT SERVICE 语句。每个用户子程序都需要一个 CONNECT SERVICE。例如，如果有三个不同的材料模型由 UMAT 用户子程序定义，就需要三个不同的 CONNECT SERVICE。也可以采用单个 UMAT 并通过条件逻辑来控制使用哪个材料模型，此时，只用一个 CONNECT SERVICE 即可。

这种引用同一用途的多个副本的能力允许该功能在多用户环境中使用，但会导致额外的复杂性。更多信息请参阅参考文献[13]和[26]。为了简单起见，本节的其余部分将着重介绍通常情况下如何使用用户子程序，通常一个文件可以包含所有用户子程序，并将与当前模拟相关联。

11.6.2　用户定义状态变量

UDSESV 模型数据卡片用于定义用户状态变量。这些状态变量与所有单元的积分点相关联。当使用壳单元或梁单元时，状态变量与每层的积分点相关联。注意第一个状态变量是温度。每一个状态变量的默认名称为 SVi，i 为状态变量的标号。例如，第三状态变量的默认名称是 SV3。使用 UDSESV 卡片，用户可以将状态变量定义为另一个名字。当 UDS 被调用时，这些状态变量将作为形参传到材料 UDS 中。

特别说明一下，第一个状态变量是为温度保留的，用户定义的状态变量可从状态变量数组中的第二个位置开始获得。具体的定义格式如下：

UDSESV		NSTATS								
	SV2	SV2_NAME	SV3	SV3_NAME	SV4	SV4_NAME	SV5	SV5_NAME	
	SV6	SV6_NAME	.etc.						

备注：

（1）这是一个全局卡片，它定义了材料用户子程序的用户状态变量。温度将始终作为第一个状态变量传递给材料类用户子程序；在这个卡片中不能重新定义它的名称。

（2）如果一个状态变量不是一个名字，SVi 将作为它的名字。i 是状态变量的索引数。

（3）对于输出，在 UDSESV 给出的状态变量名称或默认的 SVi 名称都可以用于工况控制卡片 NLOUT。状态变量名称将用作输出选择的关键字。

（4）第一状态变量总是温度。剩余的为用户定义的状态变量且仅为用户使用，MSC Nastran 本身不会使用它们。

GENUDS 模型数据卡片指定通过 SCAIMDSolverRuntimeInfo 接口实现的 SCA 服务。在这个卡片中还定义了用户提供的通知方法的输入数据。调用通知方法时，输入数据将作为参数传递给该方法。卡片格式如下：

GENUDS	SRV_ID								
	"INT"	IDATA1	IDATA2	IDATA3	IDATA4	IDATA5	IDATA6	IDATA7	
		IDATA8	IDATA9	...	IDATAn				
	"REAL"	RDATA1	RDATA2	RDATA3	RDATA4	RDATA5	RDATA6	RDATA7	
		RDATA8	RDATA9	...	RDATAn				
	"CHAR"	CDATA1	CDATA2	...	CDATAn				

备注：

（1）SER_ID 为 CONNECT SERVICE 命令行中 SCA 服务标识号。SCA 服务应该在 RuntimeInfo 接口中实现。

（2）一个 CDATAI 卡片不能是字符"INT""REAL"或"CHAR"。

11.6.3　用于获取 MSC Nastran 数据的多用途函数

近期版本中，软件提供三个实用功能函数 GET_ELEM_PARAM、GET_NODE_PARAM 和 GET_GLOBAL_PARAM。对于材料的 UDS，这些实用函数可被调用用于获取模型数据。关键词和相关的输入参数用于指示要提取什么类型的数据，实用功能函数将在输出参数中返回数据。提供 Fortran 和 C++可调用函数。

1. 一般参数

函数和关键词用于获取模型、机器和分析过程信息，这一类中可用的关键词有：

- SUBCASE_NUMBER
- STEP_NUMBER
- INCREMENT_NUMBER
- SUB_INCREMENT_NUMBER（如有）
- ITERATION_NUMBER
- CURRENT_TIME
- INCREMENTAL_TIME

- TIME_OF_PREVIOUS_STEP
- TIME_OF_PREVIOUS_INCREMENT
- FRACTIN_OF_STEP_COMPLETED
- LARGE_DISP_FLAG
- JOB_NAME
- JOB_DIRECTORY
- WORKING_DIRECTORY
- SCRATCH_DIRECTORY
- NUM_PROCS
- NUM_CPUS

2. 单元参数

函数和关键词用于获取与单元相关的数据，这类可用的关键词有：

- ELEMENT_TYPE
- DIRECT_STRESS_QUANTITIES
- SHEAR_STRESS_QUANTITIES
- NODES_OF_THE_ELEMENT
- INTEGRATION_POINTS_OF_THE_ELEMENT
- MATERIAL_ID_FOR_THE_ELEMENT
- ELEMENT_CLASS
- MAJOR_ENGINEERING_STRAIN
- MINOR_ENGINEERING_STRAIN
- CURRENT_VOLUME
- ORIGINAL_VOLUME
- TOTAL_TEMPERATURE
- INCREMENTAL_TEMPERATURE
- EQUIVALENT_VON_MISES_STRESS
- EQUIVALENT_STRESS_YIELD_STRESS_RATIO
- EQUIVALENT_ELASTIC_STRAIN
- EQUIVALENT_CREEP_STRAIN
- TOTAL_STRAIN_ENERGY_DENSITY
- ELASTIC_STRAIN_ENERGY_DENSITY
- PLASTIC_STRAIN_ENERGY_DENSITY
- GASKET_PRESSURE
- GASKET_CLOSURE
- PLASTIC_GASKET_CLOSURE
- FAILURE_INDEX
- TOTAL_VALUE_OF_FIRST_STATE_VARIABLE
- TOTAL_VALUE_OF_SECOND_STATE_VARIABLE
- TOTAL_VALUE_OF_THRID_STATE_VARIABLE

- VOLUME_FRACTION_OF_MARTENSITE
- EQUIVALENT_PHASE_TRANSFORMATION_STRAIN
- EQUIVALENT_TWIN_STRAIN
- EQUIVALENT_TRIP_STRAIN
- COMPONENTS_OF_CAUCHY_STRESS
- COMPONENTS_OF_TOTAL_STRAIN
- COMPONENTS_OF_ELASTIC_STRAIN
- COMPONENTS_OF_PLASTIC_STRAIN
- COMPONENTS_OF_CREEP_STRAIN
- COMPONENTS_OF_THERMAL_STRAIN
- COMPONENTS_OF_STRESS_PREFERRED_SYSTEM
- PHASE_TRANSFORMATION_STRAIN_TENSOR
- INTERLAMINAR_SHEAR_THICK_ELEMENTS_TXZ
- INTERLAMINAR_SHEAR_THICK_ELEMENTS_TYZ
- INTERLAMINAR_NORMAL_STRESS
- INTERLAMINAR_SHEAR_STRESS

3. 节点参数

函数和关键词用于获取节点数据，这类可用的关键词有：

- DISPLACEMENT
- ROTATION
- VELOCITY
- ROTATIONAL_VELOCITY
- ACCELERATION
- ROTATIONAL_ACCELERATION
- COORDINATE

4. 状态变量的输出

用户定义的变量可以在 MSC Nastran 输出.f06、op2、.h5 和.DBALL 文件。NLOUT 用于状态变量输出选择。在目前版本中，最多可以选择 100 个状态变量进行输出。后处理软件支持访问状态变量。

11.7 多质量配置功能

本节介绍一下 MSC Nastran 2018 新开发的多质量配置（MMC）功能。MMC 为用户提供一个在 MSC Nastran 中构建和分析附加质量工况的便捷方法。例如，可以使用这种方法在一次运行中分析几种不同有效载荷或不同燃料剩余状态的结构力学行为。先由 MASSID 工况数据卡片指定质量增量，然后采用 MASSSET 模型数据卡片来指定质量组合。在子工况中选择质量组合的方法类似于选择 SPC 和 MPC 等边界条件。MMC 的功能在参考文献[24]的第 18 章有完整的描述。

SOL 400 中的 MMC 功能可用于有用户指定质量工况的各类线性和非线性分析。在

X:\MSC.Software\MSC_Nastran_Documentation\20180\tpl\mmc 目录中有一些使用 MMC 功能案例的输入数据文件，其中文件 mmc400t1.dat 涉及静力学和动力学分析，mmc400s1.dat 则仅涉及静力学分析。下面是 mmc400t1.dat 的一些数据卡片：

SOL 400 非线性分析：

```
SOL 400
CEND
...
SUBCASE 1130
STEP 1
LABEL = Nonlinear Statics Step (LOADING)
ANALYSIS = NLSTAT
SPC = 100
LOAD = 1130
NLSTEP = 1
STEP 2
LABEL = Nonlinear Statics Step (UNLOADING)
ANALYSIS = NLSTAT
SPC = 100
NLSTEP = 1
STEP 10
LABEL = I.C. from the First NLSTAT Step with BASE Mass
ANALYSIS = NLTRAN
NLIC SUBCASE 1130 STEP 1
SPC = 100
DLOAD = 2130
NLSTEP =10
SUBCASE 1140
STEP 12
LABEL = I.C. from the First NLSTAT Step with Mass Case 11
ANALYSIS = NLTRAN
NLIC SUBCASE 1130 STEP 1
SPC = 100
DLOAD = 2130
TSTEPNL = 10
MASSSET = 11
...
BEGIN BULK
MASSSET 11 1.0 1.0 0 1.0 201
...
BEGIN massid = 201
...
ENDDATA
```

算例文件 mmc400s1.dat 涉及 MMC 的卡片也类似。图 11-78 和 11-79 为运行 mmc400s1.dat 算例得到的在不同质量状态下的应力云图，其中 Step102 的质量比 Step101 大。由于考虑了重力的作用，因此质量增加后应力明显增大。

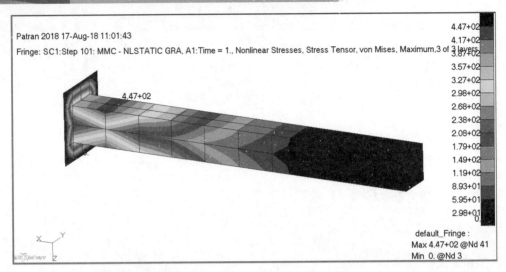

图 11-78　Step101 最大等效应力云图

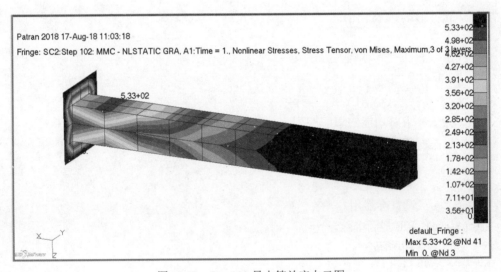

图 11-79　Step102 最大等效应力云图

12

常见问题解答与 SOL 600 功能介绍

12.1　SOL 400 常见问题解答

Q1：SOL 400 除了用于非线性分析之外，是否也可以做线性分析？

答： SOL 400 可以做线性、非线性、模态、屈曲和瞬态结构分析及其他分析类型的分析，在 QRG 工况分析控制 ANALYSIS 卡片中有完整的分析类型列表。SOL 400 是一个几乎包含了所有 MSC Nastran 求解功能的求解序列。

Q2：用 SOL 400 进行线性分析得到的结果会与从 SOL 101 分析得到的结果相同吗？

答： SOL 400 具有额外的控制和求解功能，而这些功能 SOL 101 中是没有的。为获得相同的结果，附加的控制必须把 SOL 400 分析设置成与用于 SOL 101 分析相同的方式求解。通常 SOL 400 控制默认设置会让用户从 SOL 400 和从 SOL 101 分析得到的结果相同。

Q3：用 SOL 400 进行非线性分析得到的结果会与从 SOL 106 静态或 SOL 129 瞬态非线性分析得到的结果相同吗？

答： 同样，SOL 400 中有额外的功能和附加控制，它们必须设置成与 SOL 106 或 SOL 129 相同的方式求解以便获得相同的结果。此外，SOL 400 有一套完整的大应变单元类型，使用户采用不同求解序列时不太可能得到相同的求解，除非是做一个小变形分析。但是，如果将分析设置为使用与 SOL 106 或 SOL 129 求解相同的单元并且限制应用于模型的条件，则应该得到与 SOL 106 或 SOL 129 分析相同的结果。

Q4：用 SOL 400 进行线性、模态、屈曲或非线性分析得到的结果会与从 SOL 101、SOL 103、SOL 105 和 SOL 106 分析得到的结果相同吗？

答： 一般来说，SOL 400 封装了这些求解序列并且应该能够重现它们的结果。同样，得到相同的答案需要有相同的单元类型、分析控制设置和过程。

Q5：是否可以用同样的模型进行线性和非线性分析，如果是这样的话，在现有的线性模型中增加非线性求解所需的数据的最好方法是什么？

答： 可以，使用同一模型进行线性和非线性分析是完全可能的。SOL 400 允许用户用同样的模型进行线性和非线性分析。为此，最好方法就是将线性模型数据读到一个图形化的前、后处理器（Patran）中，然后添加额外需要的模型属性比如接触等，确保指定适当的非线性分析控制参数，让前后处理器写出正确的 MSC Nastran 输入数据。

Q6：可以将原有的 MSC Nastran 其他求解序列的模型转换为 SOL 400 模型吗？如果可以，最好的方法是什么？

答：类似上一个回答，为了达到这个目的的最好办法是把现有的 MSC Nastran 模型数据读到一个图形化的前、后处理器中（如 Patran），添加所需额外的模型属性如接触或非线性材料特性等，确保指定适当的非线性分析控制参数，让前、后处理器写出正确的 MSC Nastran 输入数据。

Q7：是否可以将一个现有的 ABAQUS 模型数据转换成 SOL 400 模型数据？如果可以，最好的方法是什么？会得到同样的答案吗？

答：从 2014 版本开始，有专门的模型数据转换器可以将 ABAQUS 输入文件转换为 MSC Nastran 输入文件。在此之前，最好的策略是将 ABAQUS 输入文件读到 Patran 中，然后将求解器界面改成 MSC Nastran 的并添加额外的数据。要得到相同的求解结果取决于很多因素，包括选择的单元类型的兼容性、分析功能和算法（例如接触算法）以及选择的分析过程和控制。特别是，接触相互作用关系参数可能会影响分析结果。

Q8：Patran 支持 SOL 400 吗？

答：虽然 Patran 不能 100%支持 SOL 400 的功能，但它对 SOL 400 最常用的功能具备相当完整的支持，包括非线性材料、复合材料、接触、多个分析步/摄动分析等分析功能。MSC Patran 一致持续开发支持新的 SOL 400 分析功能。

Q9：SimXpert 支持 SOL 400 吗？

答：类似 Patran 对 SOL 400 的支持，但 SimXpert 目前不再有新的开发。

Q10：如果我是 SOL 400 的初学者，学习它最好的方法是什么？

答：除了可以阅读本书外，MSC 文档系统拥有一套 SOL 400 完整的求解问题的例题，例题的文字描述在文件名为 mdug_implicitsol400.pdf 的 MSC Nastran 演示问题手册中。这些例题的输入文件包含在软件的文档系统中。另外，Patran 有一套演示例题，可以在"Analysis"窗口下的"Run a Demo"选项中找到。一旦这些演示例题运行，Patran 可以用来查看模型、探讨模型是如何建立的。最后，MSC 网站中的 SimCompanion 站点上有对常见问题的解答知识库以及可以链接到 SOL 400 的培训课程。

Q11：我在哪里可以找到 SOL 400 演示问题手册中的例题输入文件？

答：这些输入文件安装后，通常放在以下目录中：X：\MSC.Software\MSC_Nastran_Documentation\20180\doc\mdug。还有一个完整的 MSC Nastran 测试问题库，这些测试例题的输入文件在 X:\MSC.Software\MSC_Nastran_Documentation\20180\tpl 中可以找到。同时，在 Patran 中采用"Run a Demo"演示后会留下用于运行分析的输入文件。

Q12：OP2、xdb、HDF5 和 MASTER/DBALL 支持什么样的结果？

答：虽然用户可以请求 SOL 400 输出在任何已有的 MSC Nastran 输出格式，只有 MASTER/DBALL、新 OP2（PARAM, POST,1）和 HDF5 格式包含所有 SOL 400 结果数据块。如果请求其他任何格式输出，则非线性应力/应变和接触结果数据块将丢失。因此，MSC 强烈建议用户采用 SOL 400 求解时使用 MASTER/DBALL、新 OP2 或 HDF5 输出格式。

Q13：如果运行分析而没有得到求解结果该如何处理？为何求解不收敛？

答：要做的第一件事是检查求解输出文件（*.f06、* .log、*.f04），寻找错误信息。通常会有消息说明求解没有收敛的原因。如何解决问题会有几个答案，取决于为什么分析没有得到求解结果。分析不能产生求解结果的原因可以分为两类：第一类涉及是否具有正确格式的输入文件，此类问题往往是最常见的，也是最容易修复的；第二类涉及可能被称为"适定性的问题"。这意味着我们的问题并没有违反任何物理定律，实际上我们正在试图求解的问题有一个有效的数值解。这种错误的一个典型例子是试图对非静定问题进行静力求解。有方法可以用来确定模型是否受到适当的约束，例如运行模态分析来寻找无约束刚体模态。

Q14：何时需要做非线性分析？

答： 一般来说，如果当应变接近 5% 或者模型中任何节点的挠度接近结构最小尺寸的 5%（薄壁结构和细长结构除外），应该做一个非线性分析。

Q15：如何知道线性接触分析是否给出正确的答案？何时需要做非线性接触分析？

答： 线性接触这一说法几乎是矛盾修辞法。接触问题的本质是必须跟踪节点的有限变形，以确定这些节点是否处于接触状态。这种变形几乎总是大到足以使线性接触解失效。线性接触的最适合的用途是用它连接不同的网格或在不发生分离的装配体建模。

Q16：线性屈曲分析和非线性屈曲分析的区别是什么？

答： 线性屈曲分析是基于结构的初始构型。非线性屈曲分析是基于结构的变形后的构形。变形和应力使结构变刚硬（如果处于拉伸状态）并导致固有频率增加。这就是为什么经常需要进行非线性屈曲分析以获得更为准确的屈曲模态和屈曲载荷。

Q17：什么是"应力强化模型"分析？

答： 在提取结构系统的特征值之前对模型进行预加载。此时刚度矩阵会包括初始应力的影响，如果结构承受拉伸的预载荷，特征值会增大，对特征模态也会有影响但没有对特征值影响的大。

Q18：RBE 单元会与模型的其他部分一起旋转吗？

答： 如果是进行大位移非线性分析，RBE 单元会与模型一起旋转。在线性分析中，节点的位移和旋转被假定为无限小。

Q19：Marc 单元也被称为高级的非线性单元或大应变的单元，何时使用？如何使用它们？

答： 大多数 MSC Nastran 单元最初设计用于线性分析。某些早期的单元被修改后可用于非线性分析（SOL 106 和 SOL 129），但并不是所有的单元都能用于非线性分析。MSC Nastran SOL 400 研发时采用了复制 Marc 中历经多年工程验证的、稳健、成熟的大变形和大应变分析程序和单元公式的策略，而不是"从零开始"开发新的单元和功能。如果采用新的非线性单元名称，在将用于 SOL 101 求解的线性模型转换为 SOL 400 求解的非线性模型时需要做很多工作，MSC Nastran 决定使用相同的单元名称、允许用户通过次级属性卡片如 PBEMN1、PSHLN1、PSHNL2 和 PSLDN1 控制单元公式。这种方法让用户直接控制单元的公式，但应注意，SOL 400 会针对具体分析的问题自动选择适当的公式。这意味着，如果一个大变形、大应变问题，SOL 400 自动使用大应变单元公式。因此，除非用户想直接控制公式（如采用缩减积分或其他特殊公式），最好让 MSC Nastran 选择要使用的公式，这也意味着不需要额外的输入。

Q20：壳和梁单元的偏置量是否随模型旋转？

答： 是的，前提是输入数据中参数 LGDISP 不小于 0 而且设置了：MDLPRM，OFFDEF，LROFF。

Q21：CBAR 单元与模型一起旋转吗？

答： 是的，前提是将 CBAR 单元转换为 CBEAM 单元。

Q22：CGAP 单元与模型一起旋转吗？

答：不是。涉及大变形的接触问题需要采用定义接触体来模拟。

Q23：CBEAM pin 标识与模型一起旋转吗？

答：不是。

Q24：在 Patran 后处理结果列表中的应力张量和非线性应力张量的数量有区别吗？

答：没有区别。线性分析采用"stress tensor"（应力张量），非线性分析为"nonlinear stress tensor"（非线性应力张量）。但事实上，它们应该是一样的。

Q25：MSC Nastran 在使用用户提供的应力-应变曲线时采用什么应力量？

答：小应变单元（传统 MSC Nastran 的单元），采用工程应力/应变；对于大应变非线性单元（新 Marc 单元），采用柯西应力。

Q26：施加的力会与模型一起旋转吗？

答：能与模型一起旋转的力称为"跟随力"，需要满足这些条件：①是一个非线性分析作业；②FORCE1 或 FORCE2 卡片用于加载；③采用了合适的 PARAM，LGDISP 参数。只有由 FORCE1、FORCE2、MOMENT1、MOMENT2 卡片施加的"跟随力"才会与模型一起旋转。RFORCE 卡片施加的力将根据指定的角速度/角加速度旋转。

Q27：如何不让力与模型一起旋转？

答：使用静力 FORCE 数据卡片。

Q28：施加的表面压力会与模型一起旋转吗？

答：只有 PLOAD、PLOAD2、PLOAD4 施加的"跟随压力"才会与模型一起旋转。更多的细节参见文献[13]。

Q29：是否可以创建一个不随着模型旋转的表面压力？

答：可以。采用 PLOAD4，如果载荷给定方向，施加压力将被固定在特定的方向且不会随着模型转动。参见参考文献[13]PLOAD4 备注 2：续行卡片是可选的。如果续行卡片第 2、3、4 场和 5 场是空白的，则假定载荷为垂直作用于表面的压力；如果这些字段不是空白的，则载荷将作用在这些场中定义的方向上。请注意，如果 CID 是曲线坐标系，则加载方向可能在单元的表面上变化。载荷强度是表面单位面积上的载荷，而不是垂直于载荷方向的单位面积上的载荷。

Q30：如果用户熟悉 MSC Nastran 线性分析但从来没有做过 SOL 400 非线性分析，如何知道要做哪些变化？

答：本书中列举了许多重要的功能和概念。当您阅读本书时，强烈建议您运行软件安装文档所附的例题并对这些例题进行修改后再运行。学习 MSC Nastran 的新功能时，有些用户喜欢创建大规模的模型（采用几十万、几百万个自由度）作为一个测试案例。对实际工程，这种规模的问题已比较常见，但对学习新功能则显得过大了，在大多数情况下，它会增加不必要的复杂性。因此，本书中的大多数例子都很小，一般小于十万个自由度。建议用户将有关例题的文件复制到本机测试目录，方便文件查看，并且不会无意中把一些安装目录中的文件弄乱。

Q31：怎样才能看到刚体的载荷-挠度结果曲线？

答：只适用于"载荷控制"的刚体，用户可以绘制刚体控制点的结果。

Q32：如何能监控非线性解是否趋向收敛？

答：详见本书第 3 章。简短的回答是：用一个能自动更新的文本编辑器监控 jobname.sts 文件。当一个新的载荷增量步收敛时，会有一行新的相关信息将出现在 sts 文件中。

Q33：是否能看到分析完成之前任何中间加载步的结果？

答：可以。可以让 MSC Nastran 写出收敛增量步结果到中间的 OP2 文件。具体参见参考文献[13]的 NLOPRM 卡片中的 OUTCTRL 参数 INTERM 选项。

Q34：如何能找到接触体之间的法向接触力、接触应力以及摩擦力、摩擦应力？

答：利用 BOUTPUT 工况控制输出的要求，这些值连同其他输出要求的结果会输出到 MASTER/DBALL 或新 OP2 文件中。

Q35：RBE 多点约束是固定结构表面的最佳方式吗？

答：这取决于表面上的约束。如果表面上的所有节点在一些方向具有相同的行为，RBE 便于使用。也很容易将一些区域"粘接"到刚性表面并使用刚性表面控制。用户也可以使用 SPC/SPC1。

Q36：除了 RBE 多点约束，还有用于部分结构位移控制的替代方案吗？

答：SPC/SPC1/SPCD/SPCR 可以结合在一起用于任何复杂的位移控制。如前面提到的问题，"粘接"部分区域到刚性表面采用刚性表面的控制也容易使用。

Q37：采用粘接到刚性表面与采用 RBE 多点约束或位移约束施加边界条件能得到相同的求解结果吗？

答：能，如果两个加载方法都做得正确会得到相同的结果。

Q38：如何模拟复杂的顺序加载问题？例如发动机缸头承受螺栓逐个拧紧然后施加热载荷？

答：将加载过程分成多个载荷工况，更多信息参见本书第 8 章中的算例。

Q39：如何知道 Patran 是否支持某一类型的分析建模或特征？

答：对于 Patran 界面对 MSC Nastran SOL 400 支持的细节，在 Patran 的手册 MSC Nastran Preference Guide 中有详细描述，包括单元、材料特性、载荷和约束等内容。

Q40：在模型中考虑接触的最简单的方法是什么？

答：如果简单地创建接触体（在 Patran Tools 菜单中有一个专门的建模工具用于基于组、材料属性、单元属性等自动创建接触体）和运行一个 SOL 400 非线性分析，默认包含接触相互作用关系，但不包括部件之间的摩擦。要包括摩擦，用户需要指定的摩擦模型及摩擦系数，用户可以指定一个全局性的摩擦系数、每个接触体的摩擦系数或每个接触对的摩擦系数；优先使用接触对的摩擦系数，全局的摩擦系数优先级最低。

Q41：SOL 400 支持哪些热的求解？

答：SOL 400 支持稳态和瞬态热分析（ANALYSIS=HSTAT 和与 HTRAN），支持热接触和热-结构耦合分析，具体参见本书第 9 章。另外还有来自 Sinda RC 网络方法。

Q42：SOL 400 里的 RCNS 和 RCNT RC 网络热分析选项是如何运作的？

答：这些"RC"分析选项用于运行 MSC Sinda 求解器的部分功能。单独的 MSC Sinda 相当于传统的热阻热容求解器的现代版产品，也称为有限差分集总参数网络求解器。可以模拟包括传导、对流、辐射等换热方式的温度场，并且可以使用 Fortran 语句扩展软件功能。使用 Patran 与 Sinda 的接口界面或 MSC Nastran 接口界面，从传统的有限单元生成 RC 网络。热载荷必须手动定义，但可以达到相同的效果。此外，MSC Nastran 包括了 Sinda 先进的辐射计算技术。

Q43：SOL 400 与 SOL 700 的区别是什么？

答：MSC Nastran SOL 700 集成了 MSC Dytran 等软件的显式结构动力学分析功能和流固

耦合分析功能，可进行各种高度瞬态非线性事件的仿真分析。该模块采用显式积分法，能模拟各种材料非线性、几何非线性和碰撞接触非线性，特别适合于分析包含大变形、高度非线性和复杂的动态边界条件的瞬时动力学过程。软件中同时提供拉格朗日求解器与欧拉求解器，因而既能模拟结构又能模拟流体。拉格朗日网格与欧拉网格之间可以进行耦合，从而可以分析流体与结构之间的相互作用，形成精确独特的流固耦合求解技术。该软件具有丰富的材料模型并且提供各种接触的定义模式，能够模拟从金属、非金属（包括土壤、塑料、橡胶，泡沫等）到复合材料，从线弹性、屈服、状态方程、破坏、剥离到爆炸燃烧等各种行为模式及模拟各种复杂边界条件。如有兴趣可以参考文献[9]中的第十五章，但要注意 SOL 700 模块功能在近期版本有较大的变动。

12.2　SOL 600 的功能与特点

MSC Nastran SOL 600 隐式非线性模块是与 Marc 求解器功能相对应的应用模块，在 MSC Nastran 2004 版本中开始添加。通过该模块，可以分析一系列关于几何非线性、材料非线性和接触在内的非线性问题。该模块与 MSC Nastran 高度集成，其很多分析功能、结果后处理都可以在 MSC Nastran 环境下完成。

SOL 600 集成了功能强大的非线性软件 Marc 的功能，可以求解各种高度结构非线性问题以及热分析、耦合分析问题等。SOL 600 所能解决的问题涵盖了很多工程领域，如航空航天、汽车、通用机械、生物医疗、电子电器等；能够解决各种类型的非线性问题，无论是简单的还是复杂的，包括多体接触、多工况载荷、非线性材料和几何非线性等。SOL 600 支持多种复杂的非线性材料模型，包括复合材料、粘弹性材料和超弹性材料等。SOL 600 可以对加工成型，如板料冲压、体成型等高度非线性的问题进行虚拟仿真，预测加工结果。网格自适应功能可以高效的解决复杂的问题，而不需要人为地对模型进行重新检查、重新划分网格和重新递交分析，可节约大量的时间和费用。

12.2.1　SOL 600 模块的常用分析功能

目前，SOL 600 模块支持结构的静力、模态、屈曲、瞬态动力过程的线性和非线性分析（包括材料非线性、几何非线性和接触），热分析以及热-机耦合分析。

SOL 600 模块提供 Lanczos 和 Inverse Power Sweep 两类方法，用于线性和非线性屈曲模态分析，提取用户指定的屈曲模态。

SOL 600 模块支持各向同性、正交各向异性和各向异性材料，可定义弹性、弹塑性、超弹性、粘弹性、蠕变等材料本构模型，并可考虑温度的影响。同时，它提供了层合复合材料的计算功能，各层分别指定材料模型、厚度和材料方向，并可指定失效准则。

SOL 600 模块支持以下类型的单元：
- 3/6 节点三角形壳/膜/平面应力/（广义）平面应变/轴对称单元。
- 4/8 节点四边形壳/膜/平面应力/（广义）平面应变/轴对称单元。
- 4/10 节点四面体单元。
- 6/15 节点五面体（楔形体）单元。
- 8/20 节点六面体单元。

- 2/3 节点梁/杆单元。
- 2/3 节点轴对称壳单元。
- 2 节点 gap 单元。
- 1/2 节点弹簧/阻尼单元。
- 质量点单元。
- RBE 单元以及多点约束。

此外，SOL 600 模块可以方便地进行重启动分析。更多详细内容可查阅参考文献[25]。

在非线性求解功能和方法上，SOL 600 与 SOL 400 虽各具特色，但也有不少共同之处，如两者的接触功能都比较强，都可以分析工程中复杂的接触问题。图 12-1 和图 12-2 分别为用户采用 SOL 600 和 SOL 400 分析汽车板簧得到的结果（非同一个模型）。

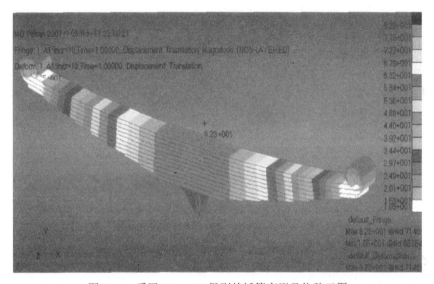

图 12-1　采用 SOL 600 得到的板簧变形及位移云图

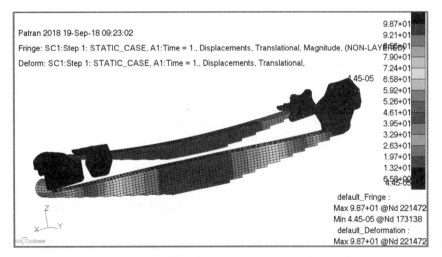

图 12-2　采用 SOL 400 得到的板簧变形及位移云图

12.2.2　SOL 600 模块的求解流程

SOL 600 模块的求解流程为：

（1）将 MSC Nastran 的数据文件 jid.bdf 读入 IFP（input file processor）。

（2）在 IFP 内将 MSC Nastran 的数据文件转换并生成为 Marc 的数据文件（jid.marc.dat）。

（3）若数据文件正确，执行 Marc 求解。

在 Marc 求解过程中和求解完成后，根据用户给定的参数卡片，还可实现以下功能：

（1）将 Marc 的结果文件.t16 转换为 MSC Nastran 的结果文件.op2 或.xdb。

（2）将 Marc 的结果输出文件.out 转换为 MSC Nastran 的结果输出文件.f06，文件内容可以完全一致，也可以有所变化。

（3）保留或删除 Marc 的输入数据文件及结果文件，通常包括 jid.marc.dat、jid.marc.out、jid.marc.sts、jid.marc.log、jid.marc.t16 等。

12.2.3　SOL 600 模块的应用案例

在添加了 SOL 600 之后，MSC Nastran 的非线性分析功能显著得到加强，特别是在涉及大变形、大应变以及接触分析功能的工程问题的求解。国际、国内用户采用 SOL 600 解决了不少复杂的工程实际问题。

比如国内用户利用 SOL 600 模块对如图 12-3 所示的飞机部件进行了非线性接触分析。该部件是飞机液压系统中的连接件——管接头。管接头是液压系统中导管与导管、导管与液压元件之间的能拆装的连接件的总称。根据导管和管接头之间不同的连接方法，管接头可以分为焊接式管接头、卡套式管接头、扩口式管接头和挤压式管接头等种类。其中卡套式管接头因为其良好的密封性能、抗振动及冲击性能和多次拆装功能而在航空液压系统中得到大量的应用。管接头密封性能的好坏在很大程度上取决于进行管路连接安装时对管接头螺母的拧紧力矩的合理选择。采取有限元分析法研究其装配过程中拧紧力矩对其性能的影响，得到的分析结果如图12-4 所示。

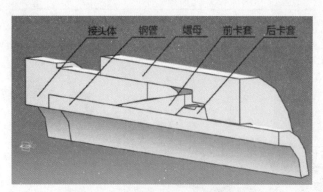

图 12-3　卡套式管接头结构示意图

先进复合材料结构合作研究中心（CRC-ACS）利用 SOL 600 对蜂窝板结构进行了屈曲分析，得到了不同强迫压缩位移下的非线性分析结果，如图 12-5 所示。

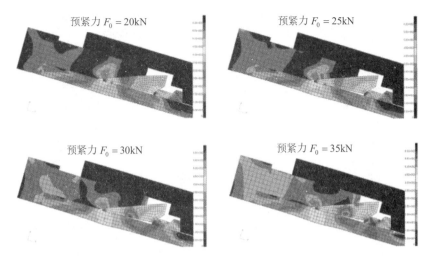

图 12-4   管接头在不同预紧力下各个部分的应力分布

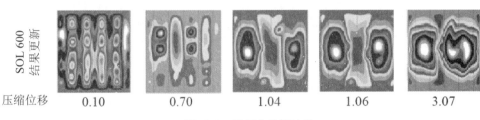

图 12-5   后屈曲分析结果

英国的萨里卫星科技有限公司（SSTL）利用 SOL 600 进行了蜂窝结构的屈曲和疲劳分析，得到的分析结果与实验结果趋势很接近。图 12-6 为施加不同方向载荷得到的分析结果。

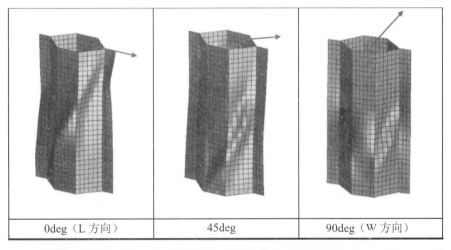

图 12-6   施加不同方向的载荷得到的结构变形（剪切应变均为 0～2%）

澳大利亚核科学技术组织（ANSTO）利用 SOL 600 进行核能设备接头模锻过程连接模拟以及连接结构的模态分析，图 12-7 为模锻连接模拟结果。

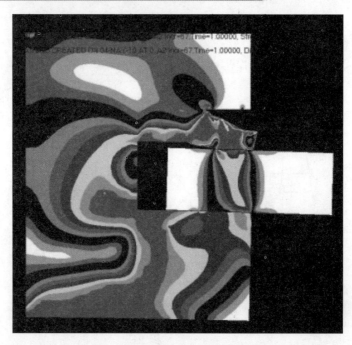

图 12-7　模锻连接分析结果云图

MSC 国内的技术部门与航天用户合作，利用 SOL 600 良好的二次开发功能，开发出来用于空间结构热振动分析的热-结构双向耦合系统。

近年来，航天器向着大型化和复杂化发展，其挠性附件具有尺寸大、质量轻、结构复杂等特点，如大型太阳帆板、桁架、柔性天线等。这些结构在复杂的空间环境中易受到激发而产生挠性振动，航天器在进出轨道阴影区时，挠性附件不仅发生弯曲变形同时还产生挠性振动，因此，对于挠性附件的热致运动对航天器性能的影响成为必须要考虑的重要因素。

热机双向耦合系统是基于 Patran、MSC Nastran、MSC Sinda 和 MSC Thermica 等成熟商用软件基础上研制而成，通过开发一些软件之间的接口、数据交换时间步控制等程序，实现了在轨热环境下瞬态的热致振动（或称热颤振）仿真分析。

在该系统中，采用 SOL 600 的用户子程序 IMPD 对节点坐标叠加上节点的位移，适时对热分析模型的数据进行修改；另外利用 SOL 600 的用户子程序 USINC，主要是读入 MSC Sinda 分析，并修改动力学分析的边界条件。图 12-8 和图 12-9 为分析得到的结果。

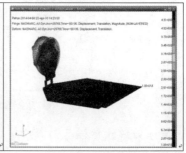

图 12-8　柔性结构瞬态分析结果

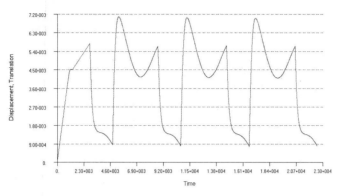

图 12-9　柔性结构最边沿点的位移与时间变化曲线图

参考文献

[1]   Richard H. MacNeal. Finite Element: Their Design and Performance. Marcel Dekker, Inc. 1994.

[2]   陈火红，于军泉，席源山．MSC.Marc/Mentat 2003 基础与应用实例[M]．北京：科学出版社，2004.

[3]   陈火红，祁鹏．MSC.Patran/Marc 教程和实例[M]．北京：科学出版社，2004.

[4]   张永昌．MSC.Nastran 有限元分析理论基础与应用[M]．北京：科学出版社，2004.

[5]   杨剑，张璞，陈火红．新编 MD Nastran 有限元实例教程[M]．北京：机械工业出版社，2007.

[6]   田利思，等．MSC Nastran 动力学分析指南．北京：中国水利水电出版社，2012.

[7]   MSC 软件公司．MSC 产品实用技术技巧．北京：中国水利水电出版社，2014.

[8]   孙丹丹，陈火红．全新 Marc 实例教程与常见问题解析[M]．2 版．北京：中国水利水电出版社，2016.

[9]   李保国，等．MSC Nastran 动力学分析指南[M]．2 版．北京：中国水利水电出版社，2018.

[10]   MSC Software. MSC Nastran 2018 Nonlinear (SOL 400) User's Guide.

[11]   MSC Software. MSC Nastran 2018 Demonstration Problems Manual.

[12]   MSC Software. MSC Nastran 2018 Thermal Analysis User's Guide.

[13]   MSC Software. MSC Nastran 2018 Quick Reference Guide.

[14]   Krueger, R., "Virtual Crack Closure Technique: History, Approach and Applications"[J], *Appl. Mech. Rev.*, 2004,57(2):109-143.

[15]   Holman, J. P., Heat Transfer, Sixth Edition, McGraw-Hill Book Company, 1986.

[16]   Auricchio, F. and Taylor, R.L., "Shape-memory alloy: modeling and numerical simulations of the finite-strain superelastic behavior"[J]. *Comput. Methods Appl. Mech. Engrg.*, 1997, 143:175-194.

[17]   陈火红．Marc 有限元实例分析教程[M]．北京：机械工业出版社，2002.

[18]   衡波志．飞机液压系统连接件及管路的有限元仿真分析[D]．南京：南京航空航天大学，2014.

[19]   MSC Software. MSC Nastran 2018 Linear Static Analysis User's Guide.

[20]   MSC Software. Patran 2018 Documentation: Basic Functions.

[21]   MSC Software. Digimat 2018 User's Manual.

[22]   MSC Software. MSC Nastran 2018 Reference Guide.

[23]   MSC Software. Patran 2018 Documentation: MSC Nastran Thermal.

[24]   MSC Software. MSC Nastran 2018 Dynamic Analysis User's Guide.

[25]   MSC Software. MSC Nastran 2018 Nonlinear (SOL 600) User's Guide.

[26]   MSC Software. MSC Nastran 2018 User Define Services User's Guide.

[27]   Miyazaki, S., Otsuka, S., et al., Transformation pseudo-elasticity and deformation- behavior in a Ti-50.6 at-percent Ni-Alloy[J]. Scr. Metall. 1981,15 (3): 287-292.